VDE-Schriftenreihe **130**

Zu den Autoren

Prof. Dipl.-Ing. (FH) **Gerhard Kiefer** sammelte seine Kenntnisse in einer 44-jährigen beruflichen Laufbahn bei einem Elektrizitätsversorgungsunternehmen, wobei er zuletzt als Leiter des Bereichs Regionalnetze tätig war.

Durch die Mitarbeit in DKE-Komitees und in VDEW-Gremien wurde er auch in die Verbandsarbeit einbezogen. An der Fachhochschule Karlsruhe, Fachbereich Energietechnik, war er Lehrbeauftragter für das Fach Elektrische Energiesysteme.

Obering. Dipl.-Ing. **Karl-Heinz Krefter** begann nach dem Studium der Elektrotechnik seine berufliche Tätigkeit bei den Vereinigten Elektrizitätswerken Westfalen AG in Dortmund. Im Bereich Elektrotechnische Verteilungsnetze arbeitete er im Netzbetrieb und im Anlagenbau und war verantwortlich in der elektrotechnischen Planung tätig. Er leitete die Hauptabteilung Anlagentechnik und Beleuchtung und war Geschäftsführer der VEW EUROtest GmbH.

Im Rahmen der VDEW und DKE arbeitete er in Gremien und Komitees mit. Er war unter anderem seit 1977 Mitglied des DKE-Komitees K221 „Errichten von Niederspannungsanlagen".

K.-H. Krefter hat eine Reihe von Fachaufsätzen und Fachbücher veröffentlicht, unter anderem in der VDE-Schriftenreihe das *Lexikon der Installationstechnik* und *DIN VDE 0100 – Daten und Fakten für das Errichten von Niederspannungsanlagen.*

Er leitete sicherheitstechnische Seminare des VDE Verband der Elektrotechnik Elektronik Informationstechnik e. V. und war Lehrbeauftragter an der Fachhochschule Dortmund für Schutzmaßnahmen und Arbeitssicherheit in der Elektrotechnik.

VDE-Schriftenreihe Normen verständlich **130**

Schutz gegen elektrischen Schlag

Was bei der Errichtung von Niederspannungsanlagen zu beachten ist – Hinweise für die Praxis

Prof. Dipl.-Ing. (FH) Gerhard Kiefer
Dipl.-Ing. Karl-Heinz Krefter

2008

VDE VERLAG GMBH • Berlin • Offenbach

Auszüge aus DIN-Normen mit VDE-Klassifikation sind für die angemeldete limitierte Auflage wiedergegeben mit Genehmigung Nr. 242.008 des DIN Deutsches Institut für Normung e.V. und des VDE Verband der Elektrotechnik Elektronik Informationstechnik e. V. Für weitere Wiedergaben oder Auflagen ist eine gesonderte Genehmigung erforderlich. Die zusätzlichen Erläuterungen geben die Auffassung der Autoren wieder. Maßgebend für das Anwenden der Normen sind deren Fassungen mit dem neuesten Ausgabedatum, die bei der VDE VERLAG GMBH, Bismarckstraße 33, 10625 Berlin und der Beuth Verlag GmbH, Burggrafenstraße 6, 10787 Berlin erhältlich sind.

Bibliografische Information der Deutschen Nationalbibliothek
Die Deutsche Nationalbibliothek verzeichnet diese Publikation in der Deutschen Nationalbibliografie; detaillierte bibliografische Daten sind im Internet über **http://dnb.d-nb.de** abrufbar:

ISBN 978-3-8007-3048-3
ISSN 0506-6719

Satz: Manuela Treindl, Laaber
Druck: H. Heenemann GmbH & Co, Berlin
Printed in Germany 2008-09

Vorwort

Im Juni 2007 wurden die überarbeiteten Normen DIN VDE 0100-410 „Schutz gegen elektrischen Schlag" (IEC 60364-4-41:2005-12 und Europäisches Harmonisierungsdokument HD 60384-4-41:2007-01) sowie DIN VDE 0100-540 „Erdungsanlagen, Schutzleiter und Schutzpotentialausgleichsleiter" (IEC 60364-5-54:2002 und Europäisches Harmonisierungsdokument HD 60364-5-54:2007) neu veröffentlicht. Beide Normen zählen zu den wichtigsten technischen Regeln der umfangreichen Normenreihe DIN VDE 0100 „Errichten von Niederspannungsanlagen". Als Sicherheitsgrundnormen sind die Teile 410 und 540 für nahezu alle Bereiche der Elektrotechnik von besonderer Bedeutung, die weit über das Errichten von Niederspannungsanlagen hinausgeht.

Der Anwender wird sich auch dieses Mal wieder mit den inhaltlichen und sprachlichen Änderungen bei ungewohnter Struktur und Gliederung und teilweise mit neuen Begriffen aus dem internationalen Wörterbuch auseinandersetzen müssen.

Auf die sachlichen Änderungen gegenüber den bisher gültigen Normen wird gleich im ersten Abschnitt und im Kapitel 10 dieses Buches hingewiesen. Sie werden dann in den jeweils folgenden Kapiteln genauer beschrieben.

Ausgehend vom Aufbau und Inhalt der Normenreihe DIN VDE 0100 und weiteren im Zusammenhang mit dem Schutz gegen elektrischen Schlag stehenden Normen werden die wichtigsten Begriffe erläutert und allgemeine Anforderungen dargestellt, wie z. B. die Wirkungen des Stroms auf den Menschen, Systeme nach Art der Erdverbindung, die äußeren Einflüsse, elektrische Anlagen für Sicherheitszwecke.

Das Konzept der Schutzmaßnahmen gegen elektrischen Schlag beruht auf dem Prinzip der zweifachen Sicherheit (Basisschutz und Fehlerschutz) und muss bei besonderer Gefährdung durch eine dritte Schutzebene (zusätzlicher Schutz) ergänzt werden. Die Auswahl der unterschiedlichen Schutzvorkehrungen und ihre Anwendungsmöglichkeiten werden in den weiteren Kapiteln beschrieben.

Ein Schwerpunkt dieses Buchs ist die richtige Berechnung und Ausführung der Erdungsanlagen, der Schutzleiter und des Schutzpotentialausgleichs als wichtige Voraussetzungen für die Wirksamkeit der meisten Schutzmaßnahmen. Rechengrundlagen und Tabellen erleichtern die Bestimmung von Ausbreitungswiderständen der Erder, die Dimensionierung der Schutzleiter und des Schutzpotentialausgleichs. Es werden die Funktion, die Auswahl und der Einsatz der Überwachungs- und Schutzeinrichtungen zu der jeweils passenden Schutzmaßnahme beschrieben.

Ein weiteres Kapitel beschäftigt sich mit dem Schutz gegen elektrischen Schlag in Betriebsstätten, Räumen und Anlagen besonderer Art, in Anlagen also, in denen von den „normalen" Umweltbedingungen abweichende äußere Einflüsse zu erwarten sind. Der Praktiker findet schließlich konkrete Handlungsanweisungen für die Prüfung der Schutzmaßnahmen.

Die inhaltliche Gliederung und das Stichwortverzeichnis ermöglichen eine schnelle und umfassende Information.

Das Buch richtet sich an Ingenieure, Techniker, Meister und Monteure, also an den Personenkreis, der die Verantwortung für Planung, Errichtung und Prüfung einer elektrischen Anlage trägt. Auch für Lehrkräfte und Ausbilder, Studenten, Schüler und Auszubildende, welche die Bestimmungen nicht unmittelbar anwenden, aber die Theorie beherrschen müssen, ist das Buch von großem Nutzen. Aber auch als Nachschlagewerk und als Hilfe zum Selbststudium wird „Schutz gegen elektrischen Schlag, was bei der Errichtung von Niederspannungsanlagen zu beachten ist" seine Anwendung finden.

Die Verfasser weisen darauf hin, dass das Buch die DIN-VDE-Normen nicht ersetzt, sondern ihr Verständnis erleichtern und das gezielte Nachschlagen ermöglichen soll. Bei Auseinandersetzungen vor allem rechtlicher Art, für Gutachten und verbindliche Stellungnahmen mit Hinweis auf die anerkannten Regeln der Technik sind die einschlägigen Normen in ihrer jeweils gültigen Fassung heranzuziehen.

Die Verfasser danken allen Kolleginnen und Kollegen, die durch Anregungen und Unterstützung zum Gelingen des Fachbuchs beigetragen haben, insbesondere Frau Birgit Szypula und Herrn Dipl.-Ing. (Univ.) Roland Werner für die Bearbeitung des Manuskripts.

Dortmund und Karlsruhe, im Juni 2008

Inhalt

1 Schutzmaßnahmen gegen elektrischen Schlag – DIN VDE 0100-410

Die Norm DIN VDE 0100-410:2007-06 „Errichten von Niederspannungsanlagen-Schutzmaßnahmen – Schutz gegen elektrischen Schlag“ wurde überarbeitet und neu herausgegeben. Sie gilt ab 01. Juni 2007 und ersetzt die Normen DIN VDE 0100-410:1997-01, DIN VDE 0100-410/A1:2003-06 und DIN VDE 0100-470:1996-02. Diese dürfen in einer Übergangsfrist bis 01. Februar 2009 weiter angewendet werden. Allerdings wird empfohlen, bei Neuanlagen, Erweiterungen oder Änderungen die neue Norm vom Zeitpunkt ihrer Herausgabe an zu berücksichtigen.

Als Harmonisierungsdokument wird die neue Norm unter HD 60364-4-41:2007 im europäischen Normenwerk geführt. Bei der IEC wurde sie unter der Bezeichnung IEC 60364-4-41:2005 veröffentlicht.

Zum Schutz gegen elektrischen Schlag ist neben der DIN VDE 0100-410 für das Errichten elektrischer Anlagen die übergeordnete Norm DIN VDE 0140 „Schutz gegen elektrischen Schlag – Gemeinsame Anforderungen für Anlagen und Betriebsmittel“ als Sicherheitsgrundnorm mit Pilotfunktion zu beachten. Das zuständige DKE-Komittee hat die darin getroffenen Festlegungen, soweit sie für das Errichten von Niederspannungsanlagen von Bedeutung sind, in DIN VDE 0100-410 übernommen. Die bisherigen in DIN VDE 0100-470 enthaltenen Regeln für die „Anwendung der Schutzmaßnahmen“ wurden ebenfalls in die neue DIN VDE 0100-410 eingefügt.

Damit steht dem Errichter von Niederspannungsanlagen aus der Normenreihe DIN VDE 0100 der Teil 410 als neue übersichtliche Norm zur Verfügung, die alle wesentlichen Regeln für den Schutz gegen elektrischen Schlag zusammenfasst.

In Verbindung mit dem Errichten von Niederspannungsanlagen werden immer häufiger elektrotechnische, elektronische und informationstechnische Betriebsmittel und Anlagen verwendet, für deren ordnungsgemäßen Betrieb weitere Normen zu beachten sind und die sicherstellen, dass eine gegenseitige nachteilige Beeinflussung vermieden wird. In diesem Zusammenhang wird u. a. auf folgende Normen hingewiesen

- DIN EN 60439-1 (VDE 0660-500) Niederspannungs-Schaltgerätekombinationen – Typgeprüfte und partiell typgeprüfte Kombinationen
- DIN EN 61386 (VDE 0605) Elektroinstallationsrohrsysteme für elektrische Energie und für Informationen
- DIN EN 61558-2-6 (VDE 0570-2-6) Sicherheit von Transformatoren, Netzgeräten und dergleichen – Besondere Anforderungen für Sicherheitstransformatoren
- DIN VDE 0101 Starkstromanlagen mit Nennwechselspannung über 1 kV

- DIN VDE 0141 Erdungen für spezielle Starkstromanlagen mit Nennspannung über 1 kV
- DIN EN 50310 (VDE 0800-2-310) Anwendung von Maßnahmen für Potentialausgleich und Erdung in Gebäuden mit Einrichtungen für die Informationstechnik
- DIN VDE 0100-442 Schutz von Niederspannungsanlagen bei Erdschlüssen in Netzen mit höherer Spannung
- DIN EN 62305-1 (VDE 0185-305-1) Blitzschutz – Allgemeine Grundsätze
- DIN EN 60728-11 (VDE 0855-1) Kabelnetze für Fernsehsignale, Tonsignale und interaktive Dienste, Sicherheitsanforderungen
- DIN EN 50162 (VDE 0150) Schutz gegen Korrosion durch Streuströme aus Gleichstromanlagen

Darüber hinaus wird auf die Kapitel 10 bis 18 dieses Buches verwiesen, in denen weitere Normen der Reihe DIN VDE 0100, aber auch andere Normen erläutert werden, soweit sie für den Schutz gegen elektrischen Schlag von Bedeutung sein können.

Nachfolgend soll zusammenfassend in Stichpunkten für den Praktiker die Frage beantwortet werden, welche wichtigen Änderungen die neue DIN VDE 0100-410:2007-06 gegenüber ihren Vorgängernormen aus dem Jahr 1997 beinhaltet

- Änderung der Abschaltzeiten beim Schutz durch automatische Abschaltung der Stromversorgung (siehe Kapitel 3).
- Bei Anwendung von Betriebsmitteln mit doppelter oder verstärkter Isolierung (Schutzklasse II) muss der Schutzleiter mitgeführt werden (siehe Kapitel 4).
- Für Steckdosenstromkreise im Laienbereich und Endstromkreise im Außenbereich ist der zusätzliche Schutz durch Fehlerstrom-Schutzeinrichtungen (RCDs) mit einem Bemessungsdifferenzstrom bis 30 mA vorzusehen (siehe Abschnitt 7.1).
- Als zusätzlicher Schutz kann auch ein zusätzlicher Schutzpotentialausgleich angewendet werden (siehe Abschnitt 7.2).
- Bei der Trennung von SELV- und PELV-Stromkreisen genügt Basisisolierung (Kapitel 6).
- Die Definitionen wichtiger in den Normen verwendeter Begriffe, wie sie im Internationalen Elektrotechnischen Wörterbuch (IEV) IEC 60050-826 enthalten sind, wurden in DIN VDE 0100-200:2006-06 entsprechend angepasst z. B. Hauptpotentialausgleich in Schutzpotentialausgleich (siehe Abschnitte 1.3 und 10.3).

Weitere Änderungen betreffen im Wesentlichen die Normenstruktur und ihre Gliederung, mit denen sich der Praktiker besonders dann vertraut machen sollte, wenn er mit dem Normentext häufig zu arbeiten hat.

1.1 Anwendungsbereich – DIN VDE 0100-100 und DIN VDE 0100-410

Die Normenreihe DIN VDE 0100 gilt für Planung, Errichtung und Prüfung von Niederspannungsanlagen bis AC 1000 V (Effektivwert) und bis DC 1500 V. Die bevorzugten Frequenzen bei Wechselspannung sind 50 Hz, 60 Hz und 400 Hz, wobei andere Frequenzen für besondere Anwendungsfälle nicht ausgeschlossen sind.

Beispiele für solche Anlagen sind nach E DIN IEC 60364-1 (VDE 0100-100):2003-08 u. a.

- Wohnungsanwesen
- Gewerbeanwesen
- Öffentliche Anwesen
- Industrieanwesen
- Landwirtschaftliche und gartenbauliche Anwesen
- Fertiggebäude
- Caravans, Campingplätze und ähnliche Plätze
- Baustellen, Ausstellungen, Messen und andere vorübergehend errichtete Anlagen
- Jachthäfen und Anlegestellen für Freizeitboote
- Beleuchtungsanlagen im Freien
- Feste Kabel- und Leitungsanlagen für Informations- und Kommunikationstechnik, Meldung, Steuerung und Ähnliches
- Erweiterung oder Änderung von Anlagen oder Teilen von Anlagen

Der Begriff „Anwesen" umfasst das Grundstück und alle Anlagen einschließlich der dazugehörigen Gebäude.

In Deutschland werden die Normen der Reihe DIN VDE 0100 auch für die öffentlichen Versorgungsnetze angewendet.

DIN VDE 0100 gilt **nicht** für nachstehende Anlagen, die jeweils nach den speziell dafür vorgesehenen Normen zu errichten sind:

- Elektrische Bahnanlagen
- Elektrische Anlagen von Kraftfahrzeugen, an Bord von Schiffen und auf beweglichen und fest verankerten Plattformen vor Küsten
- Elektrische Anlagen von Flugzeugen
- Anlagen im Bergbau, Tagebau und Steinbrüchen
- Elektrozaunanlagen
- Blitzschutzanlagen von Gebäuden

Die Planung einer elektrischen Anlage kann in enger Anlehnung an DIN VDE 0100 erfolgen, da die Gliederung der Normenreihe in sieben Gruppen mit den dazugehörigen Teilen dem Vorgehen bei der Planung entspricht:

- Gruppe 100 Anwendungsbereich, Allgemeine Anforderungen
  Hier ist zunächst zu klären, ob die zu planende Anlage in den Geltungsbereich von DIN VDE 0100 fällt.
- Gruppe 200 Allgemeingültige Begriffe
  Begriffe sind notwendig; sie dienen der Verständigung
- Gruppe 300 Allgemeine Angeben zur Planung elektrischer Anlagen
  Hier sind Stromversorgungssystem, Art der Erdverbindung, Spannung, Frequenz und dgl. festzulegen bzw. zu prüfen.
- Gruppe 400 Schutzmaßnahmen
  Im Zusammenhang mit den in Gruppe 300 getroffenen Festlegungen sind die Maßnahmen gegen elektrischen Schlag (Schutzmaßnahmen) auszuwählen.
- Gruppe 500 Auswahl und Errichtung elektrischer Betriebsmittel
  Nach den Teilen in den Gruppen 300 und 400 kann zunächst die Auswahl der Betriebsmittel vorgenommen werden, und danach kann dann die Errichtung erfolgen.
- Gruppe 600 Prüfungen
  Nach Errichtung der Anlage muss vor der ersten Inbetriebnahme eine Prüfung der Anlage vorgenommen werden.

Während die verschiedenen Teile in den Gruppen 100 bis 600 die Bestimmungen darstellen, die allgemein und immer zu beachten sind, enthalten die Teile der Gruppe 700 (siehe Kapitel 9) Bestimmungen, die zusätzlich in Betriebsstätten, Räumen und Anlagen besonderer Art gelten. Die Teile dieser Gruppen ergänzen die allgemein gültigen Festlegungen, in dem sie die Anforderungen verschärfen oder auch erleichtern.

Bild 1.1 zeigt die Gliederung der Normenreihe DIN VDE 0100, die auch den funktionellen Ablauf der Planung einer elektrischen Anlage erkennen lässt.

Der Teil 410 von DIN VDE 0100 „Schutz gegen elektrischen Schlag“ enthält Festlegungen, um die physiologische Wirkung eines elektrischen Schlages (siehe Abschnitt 1.6), hervorgerufen durch einen Strom, der durch den Körper eines Menschen oder Nutztieres fließt, zu begrenzen oder soweit möglich zu vermeiden. Gefordert wird der **Basisschutz** als Schutzmaßnahme gegen direktes Berühren aktiver Teile (siehe Abschnitt 2.2) und der **Fehlerschutz** als Schutzmaßnahme bei indirektem Berühren, wenn im Fehlerfall fremde leitfähige Teile Spannung annehmen (siehe Abschnitt 2.3).

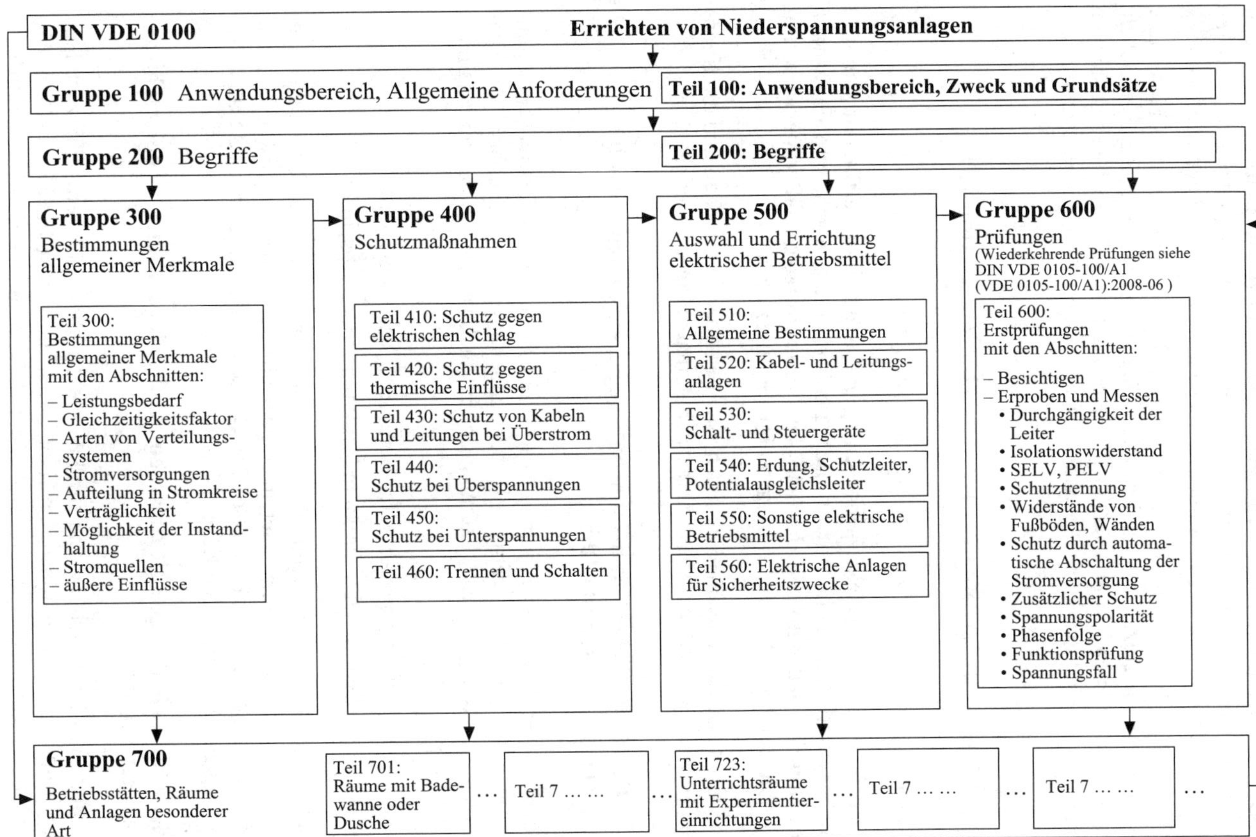

Bild 1.1 Struktur der Normen der Reihe DIN VDE 0100 (Quelle: DIN VDE 0100-200:2006-06)

Darüber hinaus kann eine dritte Schutzebene der **Zusätzliche Schutz** (siehe Kapitel 7) als Teil einer Schutzmaßnahme unter bestimmten Bedingungen von äußeren Einflüssen oder in bestimmten Räumen die besonderen Risiken begrenzen.

DIN VDE 0100-410 beschreibt entsprechende Schutzmaßnahmen und weitere Anforderungen, die einzeln oder in Kombination die vorgegebenen Ziele erreichen. Dabei sind die äußeren Einflüsse am Ort der elektrischen Anlagen die so genannten Umgebungsbedingungen (siehe Abschnitt 1.5 und Kapitel 9) zu berücksichtigen.

1.2 Allgemeine Anforderungen – DIN VDE 0100-410

Als Grundsatz für den Schutz gegen elektrischen Schlag gilt:

Gefährliche aktive Teile elektrischer Anlagen dürfen nicht berührbar sein und berührbare leitfähige Teile dürfen nicht gefährlich aktiv sein und das weder unter normalen Bedingungen, das heißt bei bestimmungsgemäßer Verwendung ohne Fehler, noch unter Bedingungen eines Fehlerfalles.

Diesem Grundsatz haben sich alle Entscheidungen über den Aufbau und die Kenngrößen der Anlagen und die Auswahl der Schutzmaßnahmen unterzuordnen.

1.2.1 Dreifache Sicherheit beim Schutz gegen elektrischen Schlag – Teil 410 Abschnitt 410.3

Der Schutz gegen elektrischen Schlag ist sowohl unter normalen Betriebsbedingungen als auch im Fehlerfall – gemeint ist der einfache Fehler – sicherzustellen. Dies wird erreicht durch geeignete Kombinationen unabhängiger Schutzmaßnahmen bestehend aus

- Basisschutz (Schutz gegen direktes Berühren), siehe Abschnitt 2.2
- Fehlerschutz (Schutz bei indirektem Berühren), siehe Abschnitt 2.3

Basisschutz und Fehlerschutz müssen unter bestimmten Bedingungen äußerer Einflüsse, in besonderen Räumen oder in Sonderfällen z. B. bei sorglosem Umgang mit der elektrischen Energie durch elektrotechnische Laien durch den „Zusätzlichen Schutz" ergänzt werden (siehe Kapitel 7 und 9). Es gilt

Dreifache Sicherheit gegen elektrischen Schlag, Basisschutz – Fehlerschutz – Zusätzlicher Schutz.

Basisschutz und Fehlerschutz sind in allen elektrischen Anlagen sicherzustellen. Die Auswahl der Schutzmaßnahmen richtet sich nach dem Einsatz und der Anwendung der elektrischen Energie, wobei die Bedingungen der äußeren Einflüsse zu berücksichtigen sind. Bei der Planung und Errichtung der elektrischen Anlagen sind die anzuwendenden Schutzmaßnahmen und die Betriebsmittel aufeinander abzustimmen.

Als Basisschutz in elektrischen Anlagen darf der Schutz durch Isolierung von aktiven Teilen oder der Schutz durch Abdeckung oder Umhüllung immer und überall angewendet werden.

Die häufigste Schutzmaßnahme für den Fehlerschutz (Schutz bei indirektem Berühren) ist der Schutz durch automatische Abschaltung der Stromversorgung (siehe Kapitel 3).

Weitere Maßnahmen sind

- Schutz durch doppelte oder verstärkte Isolierung (siehe Kapitel 4)
- Schutz durch Schutztrennung für die Versorgung eines Verbrauchsmittels (siehe Kapitel 5)
- Schutz durch Kleinspannung SELV oder PELV (siehe Kapitel 6)

1.2.2 Schutzvorkehrungen für besondere Anlagen und Betriebsmittel – Teil 410 Abschnitte 410.3.4 bis 410.3.9

In Anpassung an die Besonderheiten bestimmter Anlagen und deren Umgebung und unter Berücksichtigung der jeweils handelnden Personen sind Abweichungen von den allgemein geforderten Schutzmaßnahmen erforderlich. Beispiele dafür sind:

- Betriebsstätten Räume und Anlagen besonderer Art (siehe Kapitel 9)
- Anlagen, die nur zugänglich sind für Elektrofachkräfte, elektrotechnisch unterwiesene Personen oder Personen, die von Elektrofachkräften oder elektrotechnisch unterwiesenen Personen beaufsichtigt werden (siehe Abschnitte 8.1 und 8.2)
- Anlagen in nicht leitender Umgebung oder mit erdfreien örtlichen Potentialausgleich (siehe Abschnitte 8.3 und 8.4)
- mehr als ein Verbrauchsmittel mit dem Schutz durch Schutztrennung (siehe Abschnitt 8.5)
- Bei folgenden Betriebsmitteln darf der Fehlerschutz entfallen:
  - metallene Stützen von Freileitungsisolatoren im Handbereich
  - nicht zugängliche Stahlbewehrung von Betonmasten für Freileitungen
  - Metallrohre oder andere Metallgehäuse, die Betriebsmittel mit doppelter oder verstärkter Isolierung schützen
  - Körper mit kleinen Abmessungen (ungefähr 50 mm × 50 mm), die nicht in bedeutendem Kontakt mit einem Teil des menschlichen Körpers kommen können und eine Verbindung mit dem Schutzleiter nicht oder nur mit Schwierigkeiten hergestellt werden kann.
    Beispiele: Bolzen, Nieten, Kabelbefestigungen

1.3 Begriffe nach DIN VDE 0100-200:2006-06

Nachfolgend werden die wichtigsten Begriffe in alphabetischer Reihenfolge erläutert, soweit sie im Zusammenhang mit dem Schutz gegen elektrischen Schlag von Bedeutung sind. Dabei wird unter (Quelle) auf die DIN VDE Norm und ihren Abschnitt verwiesen, in der der Begriff zu finden ist. Auf die Angaben des Abschnitts im „Internationalen Elektrotechnischen Wörterbuch IEV)“ wurde verzichtet.

Die Definitionen weiterer Begriffe im Zusammenhang mit der Auswahl und Errichtung von Erdungsanlagen, Schutzleitern und Schutzpotentialausgleichsleitern sind im Kapitel 9 und Abschnitt 10.3 zu finden.

Abgeschlossene elektrische Betriebsstätten
sind Räume oder Orte, die ausschließlich zum Betrieb elektrischer Anlagen dienen und unter Verschluss gehalten werden. Der Verschluss darf nur von beauftragten Personen geöffnet werden. Der Zutritt ist nur Elektrofachkräften und elektrotechnisch unterwiesenen Personen gestattet.
Beispiele: Abgeschlossenen Schalt- und Verteilungsanlagen, Transformatorenräume, Maststationen.
(Quelle: DIN VDE 0100-200:2006-06 Abschnitt NC.3.2)

Ableitstrom
ist ein Strom, der in einem unerwünschten Strompfad unter üblichen Betriebsbedingungen fließt.
(Quelle: DIN VDE 0100-200:2006-06 Abschnitt 826-11-20)

Aktives Teil
ist ein Leiter oder leitfähiges Teil, der/das dazu vorgesehen ist, im üblichen Betrieb unter Spannung zu stehen, einschließlich eines Neutralleiters, vereinbarungsgemäß jedoch nicht eines PEN-Leiters, PEM-Leiters oder PEL-Leiters.
(Quelle: DIN VDE 0100-200:2006-06 Abschnitt 826-12-08)

Außenleiter
sind Leiter, die im üblichen Betrieb unter Spannung stehen und in der Lage sind, zur Übertragung oder Verteilung elektrischer Energie beizutragen, aber keine Neutralleiter oder Mittelleiter sind.
(Quelle: DIN VDE 0100-200:2006-06 Abschnitt 826-14-19)

Automatische Abschaltung der Stromversorgung/automatische Ausschaltung der Stromversorgung
ist die Unterbrechung eines oder mehrerer Außenleiter durch selbsttätiges Ansprechen einer Schutzeinrichtung im Falle eines Fehlerzustands.
(Quelle: DIN VDE 0100-200:2006-06 Abschnitt 826-12-18)

Basisisolierung
Schutz gegen elektrischen Schlag, wenn keine Fehlzustände vorliegen. Im Allgemeinen entspricht bei Niederspannungsanlagen, -netzen und -betriebsmitteln der Basisschutz dem Schutz gegen direktes Berühren.
(Quelle: DIN VDE 0100-200:2006-06 Abschnitt 826-12-05)

Berührungsspannung
ist die Spannung zwischen leitfähigen Teilen, wenn diese gleichzeitig von einem Menschen oder einem Tier berührt werden. Der Wert der Berührungsspannung kann durch die Impedanz des mit diesen leitfähigen Teilen in elektrischem Kontakt stehenden Menschen oder Tieres merklich beeinflusst werden.
(Quelle: DIN VDE 0100-200:2006-06 Abschnitt 826-11-5)

Berührungsstrom
ist der Strom durch den Körper eines Menschen oder Tieres, wenn dieser Körper ein Teil oder mehrere Teile einer elektrischen Anlage oder eines elektrischen Betriebsmittels, die leitfähig sind und unter Spannung stehen, berührt.
(Quelle: DIN VDE 0100-200:2006-06 Abschnitt 826-11-12)

Direktes Berühren
ist das Berühren aktiver Teile durch Menschen oder Tiere.
(Quelle: DIN VDE 0100-200:2006-06 Abschnitt 826-12-03)

Doppelte Isolierung
ist die Isolierung, die aus der Basisisolierung und der zusätzlichen Isolierung besteht.
(Quelle: DIN VDE 0100-200:2006-06 Abschnitt 826-12-16)

Einfache elektrische Trennung
ist die Trennung zwischen elektrischen Stromkreisen oder zwischen einem elektrischen Stromkreis und örtlicher Erde durch Basisisolierung.
(Quelle: DIN VDE 0100-200:2006-06 Abschnitt 826-12-28)

Elektrisch sichere Trennung
ist die gegenseitige Trennung von Stromkreisen mittels
- doppelter Isolierung
- Basisisolierung und elektrischer Schutzschirmung
- verstärkter Isolierung

(Quelle: DIN VDE 0100-200:2006-06 Abschnitt 826-12-29)

Elektrische Anlage im Freien
sind Anlagen außerhalb von Gebäuden als Teil von Verbraucheranlagen auf Straßen, Wegen oder Plätzen, z. B. in Höfen, Durchfahrten und Gärten, auf Bauplätzen, Bahnsteigen, Rampen und Dächern, an Kranen, Baumaschinen, Tankstellen und Gebäudeaußenwänden sowie unter Überdachungen

- Geschützte elektrische Anlagen im Freien sind z. B. Anlagen auf überdachten Bahnsteigen, in Toreinfahrten und überdachten Tankstellen.
- Ungeschützte elektrische Anlagen im Freien sind z. B. Anlagen auf Rampen und auf nicht überdachten Bahnsteigen.

(Quelle: DIN VDE 0100-200:2006-06 Abschnitt NC.1.5)

Elektrische Anlagen für Sicherheitszwecke
sind elektrische Anlagen, die dazu bestimmt sind, die Funktion von elektrischen Betriebsmitteln aufrechtzuerhalten, die von wesentlicher Bedeutung sind

- für die Sicherheit und Gesundheit von Personen und Nutztieren und/oder
- zur Vermeidung von Umweltschäden und Schäden an anderen Betriebsmitteln, wenn das Vermeiden von Umweltschäden und das Vermeiden von Schäden an anderen Betriebsmitteln durch nationale Rechtsvorschriften verlangt werden.

Die elektrische Anlage für Sicherheitszwecke schließt die Stromquelle und die Stromkreise bis zu den Klemmen der elektrischen Betriebsmittel ein. In bestimmten Fällen kann sie auch die Betriebsmittel einschließen.
(Quelle: DIN VDE 0100-200:2006-06 Abschnitt 826-10-04)

Elektrische Schutzabdeckung
ist ein Teil, das Schutz gegen direktes Berühren aus allen üblichen Zugriffsrichtungen bietet.
(Quelle: DIN VDE 0100-200:2006-06 Abschnitt 826-12-23)

Elektrische Schutzschirmung
ist die Trennung von Stromkreisen und/oder Leitern von gefährlichen aktiven Teilen mittels eines elektrischen Schutzschirms, der mit der Schutzpotentialausgleichsanlage verbunden ist und für den Schutz gegen elektrischen Schlag vorgesehen ist.
(Quelle: DIN VDE 0100-200:2006-06 Abschnitt 826-12-26)

Elektrische Schutztrennung
ist eine Schutzmaßnahme, bei der gefährliche aktive Teile eines Stromkreises gegenüber allen anderen Stromkreisen und Teilen, gegen örtliche Erde und gegen Berührung isoliert sind.
(Quelle: DIN VDE 0100-200:2006-06 Abschnitt 826-12-27)

Elektrische Schutzumhüllung
ist eine elektrische Umhüllung, die die inneren Teile eines Betriebsmittels umgibt, um den Zugang zu oder Zugriff auf gefährliche aktive Teile aus jeder Richtung zu verhindern.
(Quelle: DIN VDE 0100-200:2006-06 Abschnitt 826-12-22)

Elektrische Umhüllung
ist eine Umhüllung, die Schutz gegen vorhersehbare Gefahren durch Elektrizität bietet.
(Quelle: DIN VDE 0100-200:2006-06 Abschnitt 826-12-21)

Elektrischer Schlag
ist die physiologische Wirkung, hervorgerufen durch einen elektrischen Strom durch den Körper eines Menschen oder Tieres.
(Quelle: DIN VDE 0100-200:2006-06 Abschnitt 826-12-01)

Elektrischer Schutzschirm
ist ein leitfähiger Schirm, der zur Trennung eines Stromkreises und/oder elektrischer Leiter von gefährlichen aktiven Teilen verwendet wird.
(Quelle: DIN VDE 0100-200:2006-06 Abschnitt 826-12-25)

Elektrisches Handgerät
ist ein elektrisches Betriebsmittel, das dazu bestimmt ist, während des üblichen Gebrauchs in der Hand gehalten zu werden.
(Quelle: DIN VDE 0100-200:2006-06 Abschnitt 826-16-05)

Elektrisches Schutzhindernis
ist ein Teil, das unabsichtliches direktes Berühren, nicht aber direktes Berühren durch eine absichtliche Handlung verhindert.
(Quelle: DIN VDE 0100-200:2006-06 Abschnitt 826-12-24)

Fehlerschutz
ist der Schutz gegen elektrischen Schlag unter den Bedingungen eines Einzelfehlers.
(Quelle: DIN VDE 0100-200:2006-06 Abschnitt 826-12-06)

Fehlerspannung
ist die Spannung zwischen einer gegebenen Fehlerstelle und der Bezugserde bei einem Isolationsfehler.
(Quelle: DIN VDE 0100-200:2006-06 Abschnitt 826-11-02)

Fehlerstrom
ist der Strom, der über eine gegebene Fehlerstelle aufgrund eines Isolationsfehlers fließt.
(Quelle: DIN VDE 0100-200:2006-06 Abschnitt 826-11-11)

Fremdes leitfähiges Teil
ist ein leitfähiges Teil, das nicht zur elektrischen Anlage gehört, das jedoch ein elektrisches Potential, im Allgemeinen das einer örtlichen Erde, einführen kann.
(Quelle: DIN VDE 0100-200:2006-06 Abschnitt 826-12-11)

Handbereich
ist ein der Berührung zugänglicher Bereich, der sich von Standflächen aus erstreckt, die üblicherweise betreten werden, und dessen Grenzen eine Person in allen Richtungen ohne Hilfsmittel mit der Hand erreichen kann (**Bild 1.2**).
(Quelle: DIN VDE 0100-200:2006-06 Abschnitt 826-12-19)

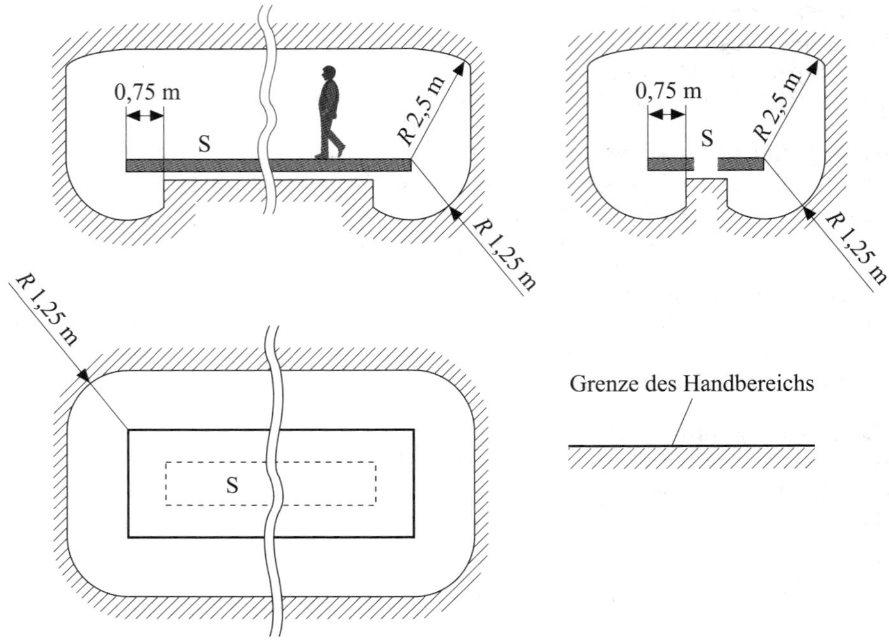

Bild 1.2 Handbereich
(Quelle: DIN VDE 0100-200:2006-06 Abschnitt 826-12-19)

Indirektes Berühren
ist das Berühren von Körpern elektrischer Betriebsmittel, die infolge eines Fehlzustandes unter Spannung stehen, durch Mensch oder Tiere.
(Quelle: DIN VDE 0100-200:2006-06 Abschnitt 826-12-04)

Kleinspannung, abgekürzt ELV
ist eine Spannung, die die in den Spannungsbereich I (siehe Abschnitt 1.4.1) festgelegten Spannungsgrenzwerte nicht überschreitet.
(Quelle: DIN VDE 0100-200:2006-06 Abschnitt 826-12-30)

Leitfähiges Teil
ist ein Teil, das elektrischen Strom führen kann.
(Quelle: DIN VDE 0100-200:2006-06 Abschnitt 826-12-09)

Nennspannung
ist die Spannung, durch die die elektrische Anlage oder ein Teil der elektrischen Anlage gekennzeichnet ist.
(Quelle: DIN VDE 0100-200:2006-06 Abschnitt 826-11-01)

Neutralleiter
ist der Leiter, der mit dem Neutralpunkt elektrisch verbunden und in der Lage ist, zur Verteilung elektrischer Energie beizutragen.
(Quelle: DIN VDE 0100-200:2006-06 Abschnitt 826-14-07)

Nicht leitende Umgebung
ist die Vorkehrung, durch die ein Mensch oder Tier, der/das einen unter einer gefährlichen Spannung stehenden Körper eines elektrischen Betriebsmittels berührt, durch die hohe Impedanz seiner Umgebung (zum Beispiel isolierende Wände und Fußböden) und durch das Fehlen geerdeter, leitfähiger Teile geschützt ist.
(Quelle: DIN VDE 0100-200:2006-06 Abschnitt 826-12-36)

PELV-System
ist ein elektrisches System, in dem die Spannung die Grenzwerte für Kleinspannung (ELV) nicht überschreitet

- unter üblichen Bedingungen und
- unter Einzelfehlerbedingungen, ausgenommen bei Erdschlüssen in anderen elektrischen Stromkreisen

PELV ist die Abkürzung für Funktionskleinspannung mit elektrisch sicherer Trennung.
(Quelle: DIN VDE 0100-200:2006-06 Abschnitt 826-12-32)

Schleifenimpedanz (Impedanz einer Fehlerschleife)
ist die Summe der Impedanzen (Scheinwiderstände) in einer Stromschleife, bestehend aus der Impedanz der Stromquelle, der Impedanz des Außenleiters von einem Pol der Stromquelle bis zur Messstelle und der Impedanz der Rückleitung (z. B. Schutzleiter, Erder und Erde) von der Messstelle bis zum anderen Pol der Stromquelle.
(Quelle: DIN VDE 0100-200:2006-06 Abschnitt NC.2.1)

Schutz durch Begrenzung des Beharrungsstroms und der Entladungsenergie
ist der Schutz gegen elektrischen Schlag durch eine solche Ausführung des Stromkreise oder Betriebsmittels, dass unter üblichen und unter Fehlerbedingungen der Beharrungsstrom und die Entladungsenergie auf einen ungefährlichen Wert begrenzt sind.
(Quelle: DIN VDE 0100-200:2006-06 Abschnitt 826-12-34)

Schutz gegen elektrischen Schlag
sind Maßnahmen, die das Risiko eines elektrischen Schlags vermindern.
(Quelle: DIN VDE 0100-200:2006-06 Abschnitt 826-12-02)

SELV-System
ist ein elektrisches System, in dem die Spannung die Grenzwerte für Kleinspannung (ELV) nicht überschreitet

- unter üblichen Bedingungen und
- unter Einzelfehlerbedingungen, auch bei Erdschlüssen in anderen Stromkreisen

SELV ist die Abkürzung für Sicherheitskleinspannung in einem nicht geerdeten System.
(Quelle: DIN VDE 0100-200:2006-06 Abschnitt 826-12-31)

Stromkreis für Sicherheitszwecke / Stromquelle für Sicherheitszwecke
ist ein Stromkreis oder eine Stromquelle, die dazu bestimmt ist, als Teil einer elektrischen Anlage für Sicherheitszwecke verwendet zu werden.
(Quelle: DIN VDE 0100-200:2006-06 Abschnitt 826-10-5/6)

Stromquelle mit begrenztem Strom
ist eine Einrichtung, die einen Stromkreis versorgt

- mit einem Beharrungsstrom und mit einer elektrischen Ladung, die auf ungefährliche Werte begrenzt sind, und
- mit einer elektrisch sicheren Trennung zwischen dem Ausgang der Einrichtung und den gefährlichen aktiven Teilen

(Quelle: DIN VDE 0100-200:2006-06 Abschnitt 826-12-33)

Trennen
ist die Funktion, die dazu bestimmt ist, aus Gründen der Sicherheit die Stromversorgung von allen Abschnitten oder von einem einzelnen Abschnitt der elektrischen Anlage zu unterbrechen, indem die elektrische Anlage oder deren Abschnitte von jeder elektrischen Stromquelle abgetrennt wird.
(Quelle: DIN VDE 0100-200:2006-06 Abschnitt 826-17-01)

Umhüllung
ist ein Gebilde, das die Schutzart sicherstellt, die für den vorgesehenen Verwendungszweck geeignet ist.
(Quelle: DIN VDE 0100-200:2006-06 Abschnitt 826-12-20)

Unbeeinflusste Berührungsspannung
ist die Spannung zwischen zwei gleichzeitig berührbaren Teilen, wenn solche leitfähigen Teile von einem Mensch oder einem Tier nicht berührt werden.
(Quelle: DIN VDE 0100-200:2006-06 Abschnitt 826-11-03)

Vereinbarter Grenzwert der unbeeinflussten Berührungsspannung
ist ein vereinbarter Höchstwert der unbeeinflussten Berührungsspannung, der bei festgelegten äußeren Einflussbedingungen zeitlich unbegrenzt bestehen bleiben darf.
(Quelle: DIN VDE 0100-200:2006-06 Abschnitt 826-11-04)

Verstärkte Isolierung
ist die Isolierung von gefährlichen aktiven Teilen, die im gleichen Maße Schutz gegen elektrischen Schlag bietet wie die doppelte Isolierung.
Die verstärkte Isolierung kann aus mehreren Schichten bestehen, die nicht einzeln als Basisisolierung oder zusätzliche Isolierung geprüft werden können.
(Quelle: DIN VDE 0100-200:2006-06 Abschnitt 826-12-17)

Zusätzliche Isolierung
ist die unabhängige Isolierung, die zusätzlich zur Basisisolierung als Fehlerschutz angewendet wird.
(Quelle: DIN VDE 0100-200:2006-06 Abschnitt 826-12-15)

Zusätzlicher Schutz
ist eine Schutzmaßnahme zusätzlich zum Basisschutz und/oder Fehlerschutz.
Im Allgemeinen wird der zusätzliche Schutz bei besonderen äußeren Einflüssen oder in Räumen besonderer Art angewendet. Durch ihn kann unter bestimmten Umständen, z. B. bei sorglosem Umgang mit der elektrischen Energie, eine gefährliche Situation vermieden oder abgemildert werden.
(Quelle: DIN VDE 0100-200:2006-06 Abschnitt 826-12-07)

1.4 Allgemeine Anforderungen nach DIN VDE 0100-300

Die Normenreihe DIN VDE 0100 enthält in ihrem Teil 300, „charakteristische Merkmale“ als Grundlage für die Planung und das Errichten der elektrischen Anlagen. Um eine funktionsgerechte, zuverlässige und wirtschaftliche Lösung zu erreichen, ist zunächst der Verwendungszweck der Anlage zu klären, um anschließend ihren Aufbau und die Stromversorgung festzulegen. Von Bedeutung dabei sind die äußeren Einflüsse, denen die Anlage ausgesetzt wird. In Abhängigkeit vom Anlagenaufbau, von den zu verwendeten Betriebs- und Verbrauchsmitteln in ihrer jeweiligen Umgebung, ihrer Verträglichkeit untereinander und der Möglichkeit zur Instandhaltung sind die Schutzmaßnahmen auszuwählen.

1.4.1 Festlegungen für Spannungen und Verteilungssysteme

DIN VDE 0100-410:2006-06 Abschnitt 410.3.1 legt fest, dass angegebene Werte für Wechselspannungen (AC) Effektivwerte sind. Werte für Gleichspannung (DC) sind oberschwingungsfrei. Da dies in der Praxis im allgemeinen nicht erreicht wird, spricht man deshalb von einer geglätteten Gleichspannung, die vereinbarungsgemäß dann als oberschwingungsfrei definiert wird, wenn eine überlagerte sinusförmige Wechselspannung eine Welligkeit von nicht mehr als 10 % aufweist.

Vorzugswerte für die nach DIN IEC 60038 (VDE 175) genormten Gleich- und Wechselspannung sind in **Tabelle 1.1** dargestellt. Das festgelegte Toleranzband der Spannungen liegt bei ± 10 %.

Für die Praxis sind verschiedene Spannungsbereiche für AC und DC im CENELEC-HD 6193 bzw. in der IEC-Publikation 60449 „Spannungsbereiche für elektrische Anlagen von Gebäuden“ dargestellt (**Tabelle 1.2**). Die Werte gelten für geerdete Netze und isolierte oder nicht wirksam geerdete Netze.

Gleichspannung in V	Wechselspannung in V
6	6
12	12
24	24
36	–
48	48
60	–
72	–
96	–
110	110
220	120/240[1)]
440	230/400[2)]
–	277/480[2)]
750	400/690[2)]
1500	1000[2)]

[1)] Einphasen-Dreileiternetze mit 60 Hz
[2)] Drehstrom-Drei- oder -Vierleiternetze mit 50 Hz und 60 Hz
Anmerkung: Die Spannungen über 230/400 V sind ausschließlich für die Anwendung in großen Industriebetrieben und Großbauten vorgesehen.

Tabelle 1.1 Normspannungen (Vorzugswerte) für Gleich- und Wechselspannung bis 1 000 V AC und 1 500 V DC

Spannungsbereich	Stromart	geerdete Netze		isolierte oder nicht wirksam geerdete Netze
		Außenleiter–Erde	Außenleiter–Außenleiter[1)]	Außenleiter–Außenleiter[1)]
I	AC[2)]	$U \leq$ 50 V		
	DC[3)]	$U \leq$ 120 V		
II	AC[2)]	50 V < $U \leq$ 600 V	50 V < $U \leq$ 1 000 V	
	DC[3)]	120 V < $U \leq$ 900 V	50 V < $U \leq$ 1 500 V	

[1)] für AC gilt die Spannung zwischen den Außenleitern L1, L2, L3;
für DC gilt die Spannung zwischen den Leitern L+, L–
[2)] für AC gelten Effektivwerte
[3)] die Werte für DC gelten für oberschwingungsfreie Gleichspannung

Tabelle 1.2 Darstellung der Spannungsbereiche für AC und DC

Der Spannungsbereich I gilt für Anlagen, bei denen der Schutz gegen elektrischen Schlag durch die maximal zulässige Höhe der Spannung sichergestellt werden soll (z. B. Kleinspannung SELV und PELV), und für Anlagen, in denen die Spannung aus Funktionsgründen begrenzt ist (z. B. Fernmeldeanlagen, Signalanlagen, Klingelanlagen, Steuer- und Meldestromkreise).

Der Spannungsbereich II umfasst die Spannungen zur Anwendung in Hausinstallationen sowie in gewerblichen und industriellen Anlagen (z. B. alle Spannungswerte der öffentlichen Energieversorgung unter 1 000 V Wechselspannung und 1 500 V Gleichspannung).

Die Einteilung der Spannungsbereiche I und II schließt nicht aus, dass für besondere Anwendungsfälle in den entsprechenden Bestimmungen dazwischen liegende Werte festgelegt werden können (z. B. $U \leq 25$ V Wechselspannung für Spielzeugeisenbahnen oder $U \leq 500$ V Wechselspannung für Sekundärstromkreise bei der Schutztrennung).

Bild 1.3a zeigt ungeerdete Gleich- und Drehstromsysteme, **Bild 1.3b** geerdete Gleich- und Drehstromsysteme.

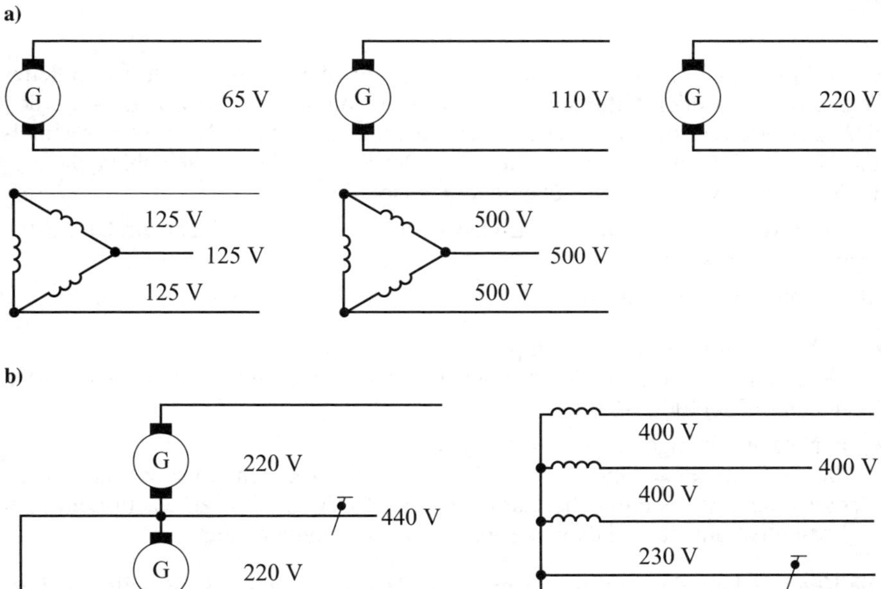

Bild 1.3
a) Ungeerdete Gleich- und Drehstromsysteme
b) Geerdete Gleich- und Drehstromsysteme

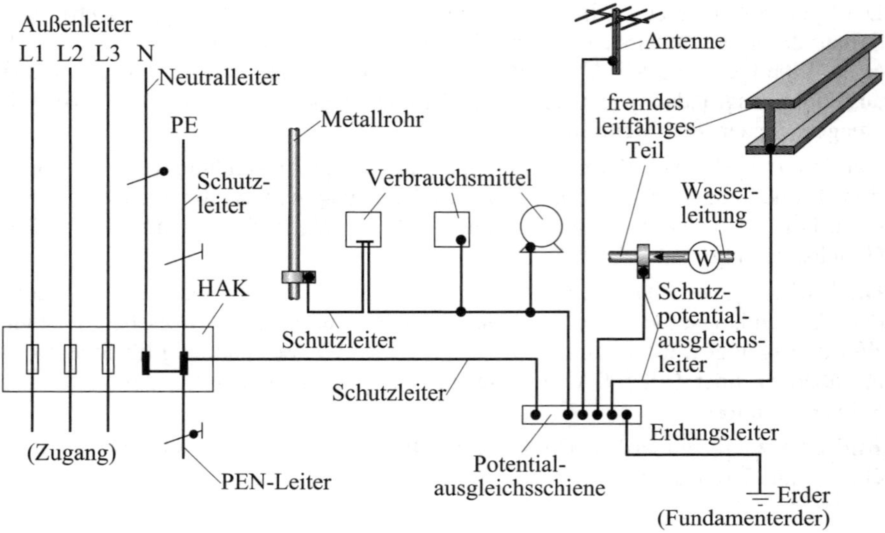

Bild 1.4 Leiterarten am Hausanschluss

Wenn in einem isolierten oder nicht wirksam geerdeten System ein Neutralleiter (Wechselstrom) oder Mittelleiter (Gleichstrom) mitgeführt wird, und es werden elektrische Betriebsmittel zwischen einem Außenleiter und dem Neutralleiter/Mittelleiter angeschlossen, so ist die Isolation der Betriebsmittel so auszuwählen, dass sie der Spannung zwischen den Außenleitern entspricht.

Das in **Bild 1.4** dargestellte Drehstromsystem ist das in Deutschland am häufigsten angewendete System.

Als Spannung gegen Erde gilt

- in Netzen mit geerdetem Sternpunkt
  die Spannung eines Außenleiters gegen einen geerdeten Netzpunkt, also 230 V in einem 230/400-V-Netz
- in Netzen mit ungeerdetem Sternpunkt
  die Außenleiterspannung, obwohl die Spannung gegen Erde normalerweise gleich null ist! Es muss aber damit gerechnet werden, dass an einem Leiter ein Erdschluss auftritt und dann die Außenleiterspannung anliegt.

Die Kennzeichnungen der am Beispiel eines Hausanschlusses dargestellten Leiterarten (Bild 1.4) werden in der **Tabelle 1.3** erläutert. (Definition der Leiterarten siehe Kapitel 2 und Abschnitt 10.3)

Benennung	Schaltzeichen nach DIN 40711 bzw. DIN 40717	alphanumerische Kennzeichnung nach DIN 42400	farbliche Kennzeichnung nach DIN 40705	Definition nach Teil 200
Außenleiter		L1/L2/L3	alle Farben außer Grün-Gelb Grün Gelb mehrfarbige Kennzeichnung	Leiter, die die Stromquelle mit den Verbrauchs-mitteln verbinden
Neutralleiter		N	in der Regel Blau	Leiter, der mit dem Mittel- oder Stern-punkt verbunden ist
Schutzleiter	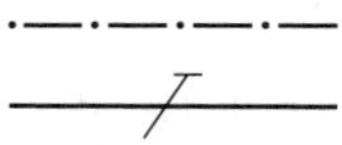	PE	muss Grün-Gelb sein	Leiter, der zum Schutz von Körpern oder einzubeziehenden Metallteilen dient
PEN-Leiter (früher Nullleiter)		PEN	muss Grün-Gelb sein	Leiter, der die Funktion von Neutralleiter und Schutzleiter in sich vereinigt
Der PEN-Leiter ist nach DIN VDE 0100-510:2007-06 an den Anschlussstellen zusätzlich „Blau" zu markieren.				

Tabelle 1.3 Leiterarten bei AC

1.4.2 Systeme nach Art der Erdverbindung – DIN VDE 0100-300 Abschnitt 312

Für die verschiedenen in der Praxis vorkommenden Systeme nach Art der Erdverbindung sowie die Erdung der zu schützenden Körper wurde auf internationaler Basis eine einheitliche Kennzeichnung durch Buchstaben erarbeitet. In dieses System können alle im Niederspannungsbereich vorkommenden Netzarten eingeordnet werden.

Die Art der Erdung beschreibt

- die Erdverbindung der speisenden Stromquelle (1. Buchstabe)
- die Erdverbindung der Körper der Betriebs- und Verbrauchsmittel (2. Buchstabe)
- die Anordnung des Neutral- und Schutzleiters in Anlagen, in denen der Schutzleiter mit dem Betriebserder des Netzes verbunden ist (3. und 4. Buchstabe).

Der **erste Buchstabe** nennt die Erdverbindung der speisenden Stromquelle

T Direkte Erdung eines Punktes, in Drehstromnetzen ist der geerdete Punkt im Allgemeinen der Sternpunkt

I Isolierung aller aktiven Teile von Erde oder Verbindung eines Punktes mit Erde über eine hochohmige Impedanz

Der **zweite Buchstabe** bezeichnet die Erdverbindungen der Körper der elektrischen Anlage

T Direkte Erdung der Körper, unabhängig von der möglicherweise bestehenden Erdung eines Punktes der Stromquelle

N Körper direkt mit dem Betriebserder verbunden, in Drehstromnetzen ist das üblicherweise der geerdete Neutralpunkt (Sternpunkt)

Der **dritte und/oder vierte Buchstabe** (durch Bindestrich von den ersten beiden Buchstaben getrennt) macht Aussagen über die Anordnung des Neutralleiters und Schutzleiters

S Neutralleiter und Schutzleiter sind getrennt (separat)

C Neutralleiter und Schutzleiter sind in einem Leiter kombiniert

C-S Neutralleiter und Schutzleiter sind in einem Teil der Anlage getrennt, in einem anderen Teil in einem Leiter kombiniert

In der Praxis kommen nachstehende Systeme zur Anwendung

- **TN-System,** wenn der einspeisende Transformator direkt geerdet ist und die Körper über den Schutzleiter mit dem Betriebserder verbunden sind. Je nach Anordnung des Neutralleiters und des Schutzleiters unterscheidet man drei Arten von TN-Systemen
  - **TN-S-System** – Neutralleiter und Schutzleiter werden getrennt verlegt (**Bild 1.5**)

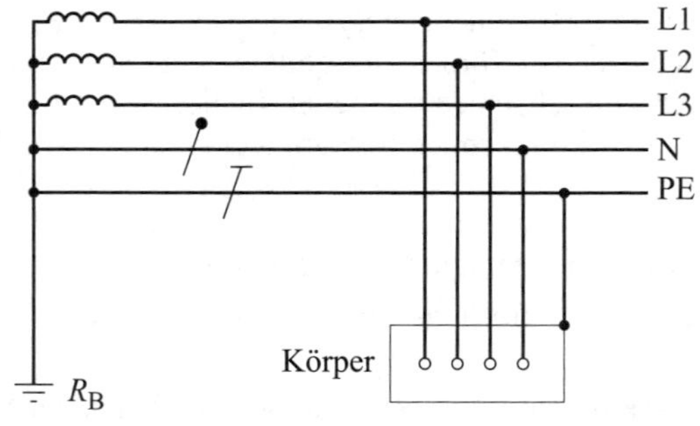

Bild 1.5 TN-S-System (fünf Leiter)

- **TN-C-System** – Neutralleiter und Schutzleiter werden in einem Leiter (PEN-Leiter) zusammengefasst (nur bei Querschnitten ab 10 mm^2 Cu zulässig) (**Bild 1.6**)

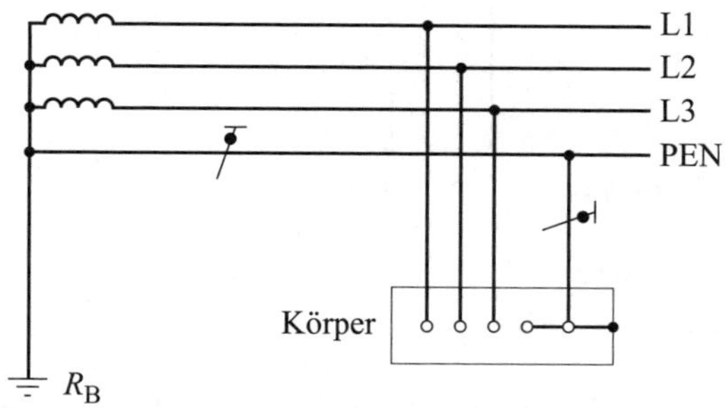

Bild 1.6 TN-C-System (vier Leiter)

- **TN-C-S-System** – Neutralleiter und Schutzleiter werden in einem Teil der Anlage kombiniert in einem Leiter, in dem anderen Teil der Anlage getrennt geführt (**Bild 1.7**)

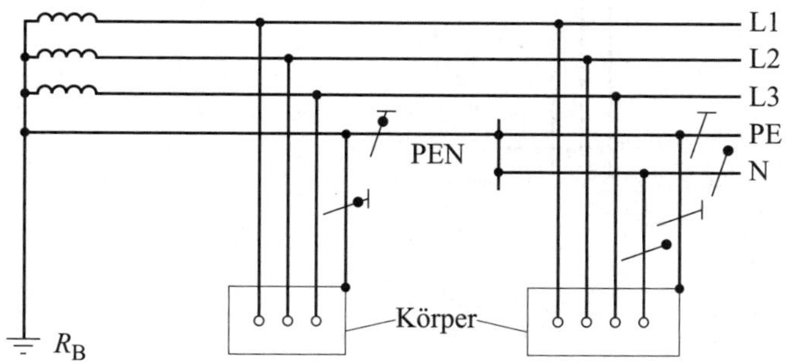

Bild 1.7 TN-C-S-System

- **TT-System,** wenn die Stromquelle und die Körper direkt mit der Erde verbunden sind. Vorausgesetzt wird allerdings, dass es sich um zwei voneinander unabhängige Erdungsanlagen handelt. Eine Verbindung zwischen den Erdern würde aus dem TT-System wieder ein TN-System machen (**Bild 1.8**)

Der hier als „N“ dargestellt Neutralleiter ist in den meisten Fällen im Niederspannungsnetz vom Speisepunkt bis zum Hausanschlusskasten ein PEN-Leiter. Er ist an mehreren Stellen im Netz mit Erde verbunden.

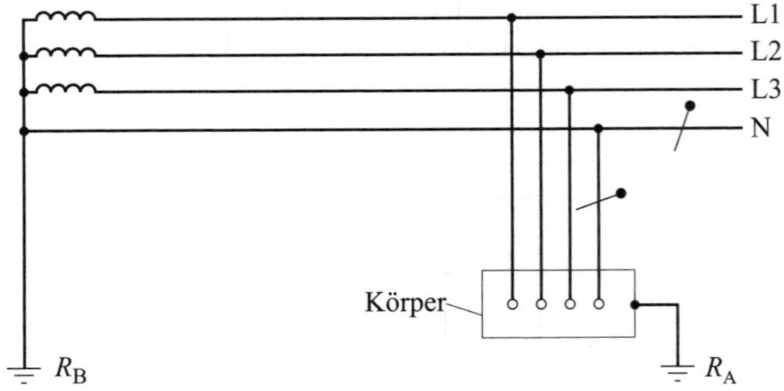

Bild 1.8 TT-System

- **IT-System,** wenn die Stromquelle gegen Erde isoliert ist und die Körper über einen Schutzleiter mit dem Erder in der Installationsanlage verbunden werden **(Bild 1.9)**

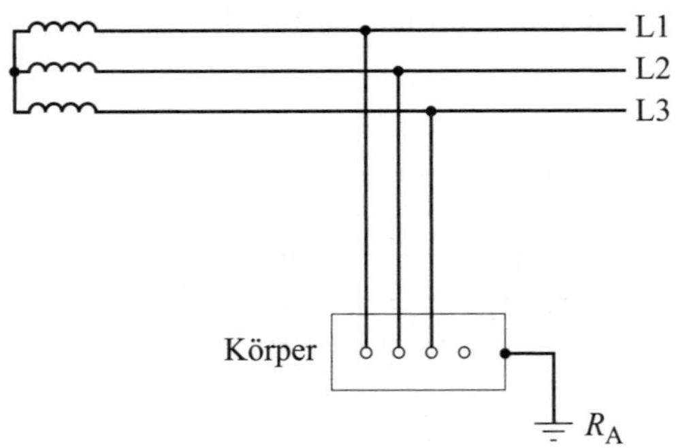

Bild 1.9 IT-System

Entsprechend ihrer Definition beschreiben die Kurzzeichen die Erdverbindung der Stromquelle (1. Buchstabe) und die Erdverbindung der Körper der Betriebs- und Verbrauchsmittel (2. Buchstabe). Es werden sowohl Aussagen über das Netz gemacht als auch über die Verbraucheranlage. Besonders zu beachten ist, dass die in der Installationspraxis am häufigsten angewendeten TN- und TT-Systeme sich aufgrund derselben Erdverbindung der Stromquellen im Netz nicht unterscheiden. Der erste Buchstabe weist in beiden Fällen auf die direkte Erdung der Stromquelle hin. Die Systeme unterscheiden sich lediglich in der Verbraucheranlage. Beim TN-System wird der Schutzleiter der Verbraucheranlage mit dem Betriebserder des Netzes verbunden. Dies geschieht üblicherweise durch den Potentialausgleichsleiter zwischen der Potentialausgleichsschiene und dem PEN-Leiter des Netzes am Hausanschlusskasten oder am Eingang der Verbraucheranlage. Beim TT-System entfällt diese Verbindung. Der Schutzleiter der Verbraucheranlage wird direkt geerdet, ohne Verbindung zum Betriebserder des Netzes. Da es im Netz also keine Unterschiede zwischen dem TN- und dem TT-System gibt, ist es folglich auch nicht richtig, zumindest aber irreführend, vom TN-Netz oder TT-Netz zu sprechen.

Nicht der Netzaufbau wird durch die Art der Erdung beschrieben, sondern das TN-, TT- und IT-System kennzeichnet in Verbindung mit der Abschalteinrichtung (Schutzeinrichtung) den Schutz bei indirektem Berühren (Fehlerschutz) durch Abschaltung oder Meldung.

Die frühere Bezeichnung „Netzformen" anstelle des jetzt verwendeten Begriffs „Art der Erdverbindung" wurde aufgegeben, weil der Begriff missverstanden werden konnte.

Tabelle 1.4 stellt die in der Vergangenheit verwendeten Begriffe den jetzt angewendeten gegenüber.

Kennzeichnung der Schutzleiter-Schutzmaßnahmen Schutzmaßnahmen durch Abschaltung oder Meldung	
VDE 0100:1973-05	**DIN VDE 0100-410:2007-06**
Nullung	TN-System mit Überstromschutzeinrichtung
(Schnelle Nullung) Bezeichnung aus der Literatur	TN-System mit Fehlerstromschutzeinrichtung
Fehlerstrom (FI)-Schutzschaltung	TT-System mit Fehlerstromschutzeinrichtung
Schutzleitungssystem	IT-System mit Isolationsüberwachungseinrichtung

Tabelle 1.4 Vergleich Schutzleiter-Schutzmaßnahmen nach alter und neuer Bezeichnung

Kriterien für die Auswahl der Art der Erdung

TT-System

- nur möglich in Gebieten ohne geschlossene Bebauung
- es muss möglich sein, in der Verbraucheranlage einen vom Betriebserder unabhängigen Erder zu errichten
- bei zu hoher Berührungsspannung in der Verbraucheranlage, die durch Spannungsverschleppung bei Fehlern im Netz hervorgerufen werden kann

TN-System

- in Gebieten mit geschlossener Bebauung (globales Erdungssystem), das sind nach DIN VDE 0141 Gebiete, in denen durch die dichte Bebauung Erder und Versorgungseinrichtungen mit Erderwirkung in ihrer Gesamtheit wie ein Maschenerder wirken

- in Gebieten ohne geschlossene Bebauung mit ausreichend geringer Netzimpedanz am Hausanschlusskasten, die die Einhaltung der Ausschaltbedingung für alle Endstromkreise ermöglicht
- keine zulässig hohe Berührungsspannung, z. B. als Folge möglicher Spannungsverschleppung

IT-System

- in Anlagen, bei denen eine besonders hohe Verfügbarkeit der elektrischen Energie verlangt wird (keine Unterbrechung der Versorgung im Fehlerfall) und Elektrofachkräfte für den Betrieb von Anlagen im Normalfall dauernd zur Verfügung stehen

1.4.3 Aufteilung in Stromkreise – DIN VDE 0100-300 Abschnitt 314

Eine elektrische Anlage muss in mehrere Stromkreise aufgeteilt werden, um die Folgen von Fehlern zu begrenzen und auftretende Gefahren zu vermeiden.

Das gilt in besonderer Weise für Stromkreise zur Versorgung sicherheitsrelevanter Betriebsmittel, damit diese nicht durch den Ausfall anderer Stromkreise beeinträchtigt werden. Außerdem sollte eine sinnvolle Aufteilung der Stromkreise die sichere Kontrolle, Prüfung und Instandhaltung der elektrischen Anlage erleichtern.

Die Sicherheit und Zuverlässigkeit der Anlage kann u. a. auch durch die Wahl der Schutzmaßnahmen gegen elektrischen Schlag beeinflusst werden. Die Anzahl der Stromkreise und ihre Aufteilung hängt ab von der Größe der Anlage, von der Ausstattung mit elektrischen Geräten sowie von der Benutzungshäufigkeit und Benutzungsdauer der Geräte.

Hinweise zur Anzahl der Stromkreise in Wohnungen finden sich in DIN 18015-2 „Elektrische Anlagen in Wohngebäuden“. In ausgedehnten gewerblichen und industriellen Anlagen kann es sinnvoll sein, mehrere Unterverteiler in den Lastschwerpunkten anzuordnen, um möglichst kurze Stromkreise zu erhalten.

Bei der Reihenschaltung von Schutzeinrichtungen sind die Selektivitätsbedingungen zu beachten (siehe Abschnitt 14.1). Als Grundsatz gilt: Selektivität zwischen zwei oder mehreren in Reihe geschalteten Schaltgeräten ist dann vorhanden, wenn bei einem Kurzschluss oder anderen Auslösebedingungen nur das Gerät, das Schalten soll, tatsächlich schaltet, das heißt, dass die der Fehlerstelle am nächsten liegende Schutzeinrichtung den Fehler abschalten muss. Dabei ist die Energieflussrichtung zu beachten. Auf diese Weise wird tatsächlich nur der fehlerbehaftete Teil der Anlage abgeschaltet.

1.4.4 Äußere Einflüsse – DIN VDE 0100-300 Anhang ZB

Bei der Planung und Errichtung der elektrischen Anlage sind die am Aufstellungsort zu erwartenden äußeren Einflüsse zu berücksichtigen. Betriebsmittel sind so auszuwählen, dass die äußeren Einflüsse keine Ausfälle, Störungen oder Schäden in den Anlagen verursachen.

Zu unterscheiden sind Einflüsse, die als „normal" gelten und für die üblicherweise alle Betriebsmittel ausgelegt sind und solche Einflüsse, die besondere Maßnahmen erfordern.

Letztere lassen sich wie folgt gliedern

- Besondere Einflüsse, hervorgerufen durch die Umgebung (z. B. Umgebungstemperatur)
  - Feuchtigkeit und korrosive Einflüsse
  - klimatische Verhältnisse (Temperatur, Wärme oder Kälte, Sonneneinstrahlung, Wind, Strahlung, Blitzeinwirkung)
  - Fremdkörpereinwirkung
  - Flora und Fauna
  - Erdbeben
- Besondere Einflüsse, hervorgerufen durch die Nutzung der zu versorgenden Gebäude und Betriebsstätten (z. B. Gebäude mit Menschenansammlung)
  - Kindergärten
  - Versammlungsstätten
  - Krankenhäuser
  - Hochhäuser
  - elektrische Betriebsstätten
  - abgeschlossene elektrische Betriebsstätten
- Besondere Bedingungen hervorgerufen durch die Bauweise der Gebäude oder der Räume, in denen die elektrischen Betriebsmittel eingesetzt werden (z. B. Räume mit leicht entzündlichen Stoffen)
  - feuergefährdete Betriebsstätten, z. B. Scheunen, Schreinereien, Spinnereien, Webereien, Papierfabriken (erhöhte Brandgefahr)
  - Raffinerien, Treibstofflager und ähnliche gasexplosionsgefährdete Betriebsstätten (Ex-Schutz, siehe DIN IEC 60079, DIN EN 61241, DIN VDE 0165)
  - Zelte, Traglufthallen, Wohnwagen nach Schaustellerart, Boote, Jachten und dgl., die häufigem Ab- und Aufbau sowie Schwingungen und Bewegungen (Transport) ausgesetzt sein können

DIN VDE 100, Gruppe 700 (siehe Kapitel 9) enthält zusätzliche Bestimmungen für Betriebsstätten, Räume und anlagen besonderer Art, die die allgemein gültigen Festlegungen ergänzen.

1.4.5 Verträglichkeit – DIN VDE 0100-300 Abschnitt 33

Elektrische Betriebs- und Verbrauchsmittel sind so auszuwählen, das keine Rückwirkungen von ihnen ausgehen, die andere Betriebsmittel oder Einrichtungen beeinflussen, stören oder betriebsunfähig machen.

Typische Verbrauchsmittel, die Störungen in der eigenen Anlage, aber auch im öffentlichen Netz hervorrufen können, sind z. B.

- Motoren, besonders solche mit schweren und häufigem Anlauf
- leistungsstarke Schweißgeräte mit automatischer Steuerung
- Elektrowärmegeräte größerer Leistung
- Wärmepumpen
- Kompressoren
- Verbrauchsmittel, die betrieben werden über Wechselstromsteller mit Vielperiodensteuerung oder mit Anschnittsteuerung
- halbgesteuerte Zweiweggleichrichtung

Störende Rückwirkungen, die von vorgenannten Betriebs- und Verbrauchsmitteln ausgehen können sind z. B.

- Über- und Unterspannung von längerer Dauer, sie sind auf Abweichungen von ± 10 % der Bemessungsspannung zu begrenzen.
- schnell wechselnde Lasten
  Sie verursachen in Abhängigkeit von der Kurzschlussfestigkeit der Einspeisung einen Spannungsfall, der sich vor allem auf Beleuchtungsanlagen störend auswirkt. Es treten sogenannten Flickererscheinungen (Spannungsfall in Abhängigkeit von der Anzahl der Spannungsänderungen pro Zeiteinheit) auf, die das menschliche Auge unangenehm beeinflussen können.
  DIN EN 61000-3-3 (VDE 0838-2) gibt Grenzwerte zur Beurteilung der Flickererscheinungen an.
- Einschaltströme
  Sie können ebenfalls einen Spannungsfall hervorrufen, der die zulässigen Grenzwerte (–10 % der Bemessungsspannung) nicht unterschreiten darf.

Weitere Störgrößen, allerdings von untergeordneter Bedeutung, können sein

- Oberschwingungsströme
- elektromagnetische Felder
- Gleichstromanteile in Wechselströmen
- hochfrequente Schwingungen
- Ableit- und Erdschlussströme

1.4.6 Elektrische Anlagen für Sicherheitszwecke – DIN VDE 0100-300 Abschnitt 35 und DIN VDE 0100-560

Die elektrische Anlage für Sicherheitszwecke wird zum Schutz von Personen zur Verfügung gehalten, wenn die allgemeine Stromversorgung ausfällt.

Es handelt sich also um Anlagen von der Stromquelle bis zu den Verbrauchsmitteln, die unabhängig von der allgemeinen Versorgung sein müssen. Die Notwendigkeit solcher Anlagen wird entweder durch behördliche Auflagen oder durch besondere Bestimmungen begründet, wie z. B.

DIN VDE 0100-710:2002:11 Medizinisch genutzte Bereiche (Krankenhäuser)

DIN VDE 0100-718:2005-10 Bauliche Anlagen für Menschenansammlungen (Theater, Warenhäuser).

Zum Schutz von Personen müssen bei Ausfall der allgemeinen Stromversorgung die elektrischen Anlagen für Sicherheitszwecke kurzfristig eingeschaltet werden. So wird z. B. verlangt, dass die Sicherheitsbeleuchtung der Rettungswege für Versammlungsstätten, Warenhäuser innerhalb von 1 s wirksam sein muss, um eine Panik zu vermeiden. In anderen Gebäuden (Hochhäuser, Krankenhäuser, Hotels) werden Unterbrechungszeiten bis 15 s für vertretbar gehalten. Daraus folgt, dass bei Ausfall der allgemeinen Stromversorgung die Sicherheitsversorgung selbsttätig anlaufen bzw. einschalten muss. Es sind aber auch Anwendungsfälle denkbar, bei denen eine Einschaltung von Hand möglich ist, wenn eine längere Unterbrechungszeit zugestanden werden kann. Neben der Unterbrechungszeit ist die Versorgungsdauer eine Kenngröße für die Auslegung der Sicherheitsversorgung. Die Versorgungsdauer ist abhängig von der Zahl der Menschen, den Rettungswegen und der Räumungszeit. Während der Versorgungsdauer müssen die elektrischen Anlagen für Sicherheitszwecke einem Brand widerstehen können.

Ob und in welchem Umfang eine Stromversorgung für Sicherheitszwecke vorgesehen werden muss, wird anhand der Art und Nutzung eines Gebäudes entweder in behördlichen Vorschriften generell festgelegt oder von Fall zu Fall von der zuständigen Behörde entschieden. Grundforderung ist, beim Ausfall der öffentlichen Stromversorgung eine Panik zu verhindern bzw. Rettungsarbeiten durchführen zu können. Gestützt werden diese Forderungen durch Verordnungen der Bundesländer, wie Landesbauordnung, Garagenverordnung, Versammlungsstätten-Verordnung, Arbeitsstätten-Verordnung, Waren- und Geschäftshaus-Verordnung, Schulbaurichtlinien u. a.

Danach können Stromversorgungen für Sicherheitszwecke notwendig werden für

- Versammlungsstätten
- Waren- und Geschäftshäuser (Banken, Kaufhäuser, Supermärkte, Einkaufszentren, Behörden- und Verwaltungsgebäude)

- Hochhäuser aller Art und Nutzung
- Beherbergungsstätten
- Krankenanstalten, ggf. größere Arztpraxen
- geschlossene Großgaragen

Darüber hinaus gibt es noch Anlagen bzw. Betriebsstätten, bei denen durch Ausfall des Netzes, je nach Art des gefertigten Produkts, erhebliche Produktionsschäden auftreten können, sodass der Einsatz einer Stromversorgung für Sicherheitszwecke zu überlegen ist.

Beispiele sind

- landwirtschaftliche Betriebe (Intensivtierhaltung, Treibhäuser)
- Großbaustellen (Wasserhaltung, Beleuchtung, Betoniervorgänge)
- EDV-Anlagen (Abfahren der Anlage)
- Rundfunk- und Fernsehanlagen (Sendebereich)
- militärische Anlagen (Radarstationen, Flugsicherungsanlagen)

Der Umfang der Versorgung (Leistungsbereitstellung) richtet sich dabei nach der Größe der einzelnen Systeme wie Beleuchtung, Kommunikationssysteme, Antriebssysteme, Lüftung und Klimageräte.

Die technischen Anforderungen (Umschaltzeit, Betriebsdauer, Wartungsintervalle, Probeläufe usw.) an Stromversorgungsanlagen für Sicherheitszwecke sind entweder in DIN-VDE-Normen festgelegt oder sie müssen zweck- und sicherheitsgerecht ausgewählt werden.

Wenn es sich um eine Stromversorgung für Sicherheitszwecke handelt, wobei gleichzeitig eine Versorgung durch das EVU/VNB auf der Grundlage der AVBEltV erfolgt, sind zusätzlich die Forderungen nach den

- allgemeinen Bedingungen für die Elektrizitätsversorgung von Tarifkunden (AVBEltV)
- technischen Anschlussbedingungen für den Anschluss an das Niederspannungsnetz (TAB)
- VDEW-Richtlinien für Planung, Errichtung und Betrieb von Anlagen mit Notstromaggregaten

zu beachten.

Die wichtigsten Anforderungen sind

- Die technische Ausführung des Anschlusses, die Schutzeinrichtungen und der Betrieb der Eigenerzeugungsanlage sind im Einzelnen mit dem EVU/VNB abzustimmen (TAB).

- Möglichkeiten der Rückspeisung in das EVU/VNB-Netz, des Parallelbetriebs mit dem EVU/VNB-Netz oder der Potentialanhebung des Neutralleiters bzw. PEN-Leiters des EVU/VNB-Netzes sind auszuschließen.
- Bei der Umschaltung der Verbrauchsanlage vom EVU/VNB-Netz auf die Stromversorgung für Sicherheitszwecke muss eine zwangsläufige allpolige Trennung der Außenleiter (L1, L2, L3) und des Neutralleiters (N) bzw. PEN-Leiters vom EVU/VNB-Netz erfolgen.
  Ausnahme: Ist wegen der Vermaschung von Erdungen und Potentialausgleichsleitern eine einwandfreie Trennung des PEN-Leiters bzw. des Schutzleiters und des Neutralleiters bei Anwendung des TN-Systems nicht praktikabel, kann nach Zustimmung des EVU/VNB darauf verzichtet werden. Das bedeutet, die Trennung der Außenleiter reicht aus.
- Die Umschalter bzw. Schützkombinationen müssen eine Stellung zwischen der Schaltung EVU/VNB-Netz/Ersatzstromquelle besitzen, in der die zu versorgende Installationsanlage sowohl vom EVU/VNB-Netz als auch von der Ersatzstromquelle getrennt ist.

1.4.6.1 Stromquellen für Sicherheitszwecke

Für Stromquellen für Sicherheitszwecke gelten folgende Anforderungen:

Eine Stromquelle für Sicherheitszwecke muss in der Lage sein, die geforderte Leistung über eine festgelegte Zeit (Versorgungsdauer) zu liefern. Als Stromquellen können verwendet werden

- Akkumulatoren-Batterien
- Primärelemente
- Generatoren mit netzunabhängiger Antriebsmaschine, z. B. Dieselmotor
- zusätzliche Netzeinspeisung, unabhängig von der normalen Versorgung, wobei hinreichend sichergestellt sein muss, dass nicht beide Einspeisungen gleichzeitig ausfallen können

Nach der Art der Umschaltung im Störungsfall von Netzbetrieb auf Betrieb für Sicherheitszwecke wird unterschieden in

- Stromquellen, die selbsttätig anlaufen und automatisch zugeschaltet werden
- Stromquellen, die von Hand in Betrieb gesetzt werden müssen

Selbsttätig anlaufende Ersatzstromquellen werden nach ihrer Unterbrechungszeit (Einschaltverzögerung) eingeteilt (**Tabelle 1.5**).

- Die erforderliche Versorgungsdauer muss gewährleistet sein.
- Ortsfeste Aufstellung in belüfteten Räumen, die nur für Elektrofachkräfte und elektrotechnisch unterwiesene Personen zugänglich sein dürfen.

Unterbrechung	Unterbrechungszeit in s	Bezeichnung der Anlage
unterbrechungslos	0	USV-Anlage[1]
sehr kurz kurz	≤ 0,15 > 0,15 bis ≤ 0,5	Schnell-Bereitschaftsanlage[2]
mittel lang	> 0,15 bis ≤ 15 > 15	Automatische Stromversorgung

[1] Unterbrechungsfreie Stromversorgungs-Anlage,
auch: Sofortbereitschafts-Anlage
No-break-Anlage
[2] auch: Short-break-Anlage

Tabelle 1.5 Einteilung der Stromquellen nach der Unterbrechungszeit

- Keine Beeinträchtigung durch Fehler in der allgemeinen Stromversorgung.
- Bei nur einer Stromquelle für die Sicherheitsversorgung darf diese nicht für andere Zwecke verwendet werden.
- Es sind geeignete Maßnahmen (z. B. mechanische Verriegelung) vorzusehen, die den Parallelbetrieb der Sicherheitsstromquelle mit der allgemeinen Versorgung ausschließt.
- Ist ein Parallelbetrieb mit Zustimmung des EVU vorgesehen, sind besondere Schutz- und Betriebseinrichtungen erforderlich.
- Der Schutz bei Kurzschluss und der Schutz bei indirektem Berühren müssen bei Einzelbetrieb unabhängig von der Stromversorgung, aber auch bei Parallelbetrieb voll wirksam sein.

1.4.6.2 Fehlerschutz (Schutz bei indirektem Berühren) in elektrischen Anlagen für Sicherheitszwecke

Alle, in DIN VDE 0100-410 beschriebenen Schutzmaßnahmen zum Schutz bei indirektem Berühren sind auch in elektrischen Anlagen für Sicherheitszwecke anwendbar. Dennoch sind Schutzmaßnahmen ohne Abschaltung im Fehlerfall und solche mit Abschaltung zu unterscheiden, da sie die Verfügbarkeit der Sicherheitsanlagen beeinflussen.

Schutzmaßnahmen ohne Abschaltung im Fehlerfall sollten, soweit dies möglich ist, bevorzugt angewendet werden

- Kleinspannung SELV und PELV (Kapitel 6)
- IT-System mit Isolationsüberwachungseinrichtung (Abschnitt 3.6)
- Schutzisolierung (Kapitel 4)
- Schutztrennung (Kapitel 5)

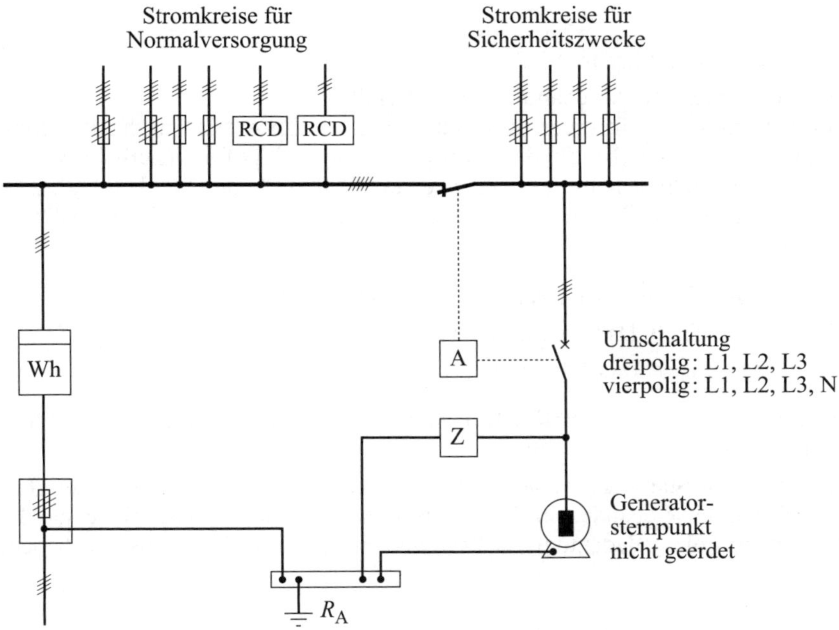

Bild 1.10 Stromversorgungsanlage für Sicherheitszwecke mit IT-System und Isolations-Überwachungseinrichtung.

Dieser Empfehlung liegt der Gedanke zu Grunde, dass während des Betriebs der Anlage für Sicherheitszwecke – auch im Fehlerfall – keine Abschaltung durch ein Schutzorgan erfolgt. Die Entscheidung, welche Maßnahme zur Anwendung gelangt, ist je nach Art, Betriebsweise und Wichtigkeit der Anlage zu treffen.

Kleinere Anlagen, z. B. Beleuchtungsanlagen, können sicherlich gut mit Schutzkleinspannung – ggf. auch mit Gleichspannung – ausgeführt werden. Auch ein schutzisoliertes System – alle Betriebsmittel in schutzisolierter Ausführung – ist sicher leicht realisierbar.

Bei größeren Anlagen sollte für das Stromversorgungssystem für Sicherheitszwecke ein IT-System mit Isolations-Überwachungseinrichtung aufgebaut werden. Dies schließt nicht aus, dass im Normalbetrieb ein TN-System oder ein TT-System mit den entsprechenden Schutzeinrichtungen (siehe Kapitel 3) vorhanden ist (**Bild 1.10**).

Der Generatorsternpunkt wird nicht geerdet. Das Gehäuse des Generators muss in den Hauptpotentialausgleich einbezogen werden, es sei denn, der Generator ist schutzisoliert. Die Bemessung des Anlagenerders ist unter Zugrundelegung der Bedingung)

$$R_A \cdot I_d \leq U_L \tag{1.1}$$

vorzunehmen (siehe Abschnitt 3.3).

Schutzmaßnahmen mit Abschaltung im Fehlerfall:
Das IT-System ist zum Teil sehr aufwendig, sodass im Einzelfall – nach Abwägung der erforderlichen Sicherheit für die Stromversorgungsanlage für Sicherheitszwecke – auch eine Schutzmaßnahme, bei der im ersten Fehlerfall eine Abschaltung in die Wege geleitet wird, in Erwägung zu ziehen ist. So können auch die Schutzmaßnahmen

- TN-System mit Überstrom-Schutzeinrichtung (Abschnitt 3.1)
- TN-System mit RCDs (Abschnitt 3.1)
- TT-System mit RCDs (Abschnitt 3.2)

zur Anwendung gelangen. In **Bild 1.11** ist ein TN-System mit Überstrom-Schutzeinrichtung dargestellt.

Der Erdungswiderstand der Anlage soll möglichst klein sein ($R_A \leq 2\ \Omega$). Bei kleineren Anlagen (ein Gebäude, ein Erder, z. B. Fundamenterder) ist der Widerstandswert des Erders ohne Bedeutung; er kann also auch höhere Werte als $2\ \Omega$ haben.

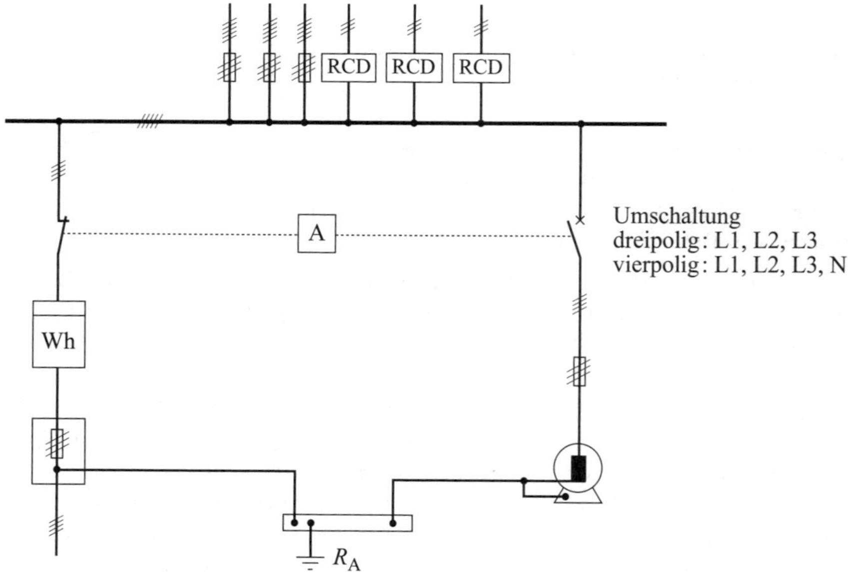

Bild 1.11 Stromversorgungsanlage für Sicherheitszwecke mit TN-System und Überstrom-Schutzeinrichtung

Bei ausgedehnten Anlagen (mehrere Gebäude, längere Versorgungswege, mehrere separate Erder) kann beim Vorliegen entsprechender Verhältnisse unter Anwendung der „Spannungswaage" auch ein größerer Wert zugelassen werden. Auf alle Fälle ist dem Potentialausgleich in der Anlage großes Gewicht beizumessen (siehe Kapitel 10 bis 13).

Die Abschaltbedingungen mit 0,1 s/0,2 s/0,4 s bzw. 5 s müssen aber auf alle Fälle eingehalten werden. Das bedeutet eine sorgfältige Planung und Berechnung der Kurzschlussströme, wozu die Generatorimpedanz und das Verhalten des Generators im Kurzschlussfall bekannt sein müssen.

Ein TT-System mit RCDs ist in **Bild 1.12** dargestellt.

Damit beim Betrieb der Sicherheitsversorgung ein Fehlerstrom zum Fließen kommen kann, muss der Sternpunkt des Generators geerdet werden.

Der Erder des Generatorsternpunkts muss außerhalb des Einflussbereichs des Erders der Anlage eingebracht werden.

Der Gesamterdungswiderstand soll auch hier möglichst niedrig ($R_A \leq 2\ \Omega$) sein. Kann dieser Wert nicht erreicht werden, so bestehen auch hier keine Bedenken, den Betrieb bei größeren Gesamterdungswiderständen durchzuführen. Für den Erder der Anlage gilt

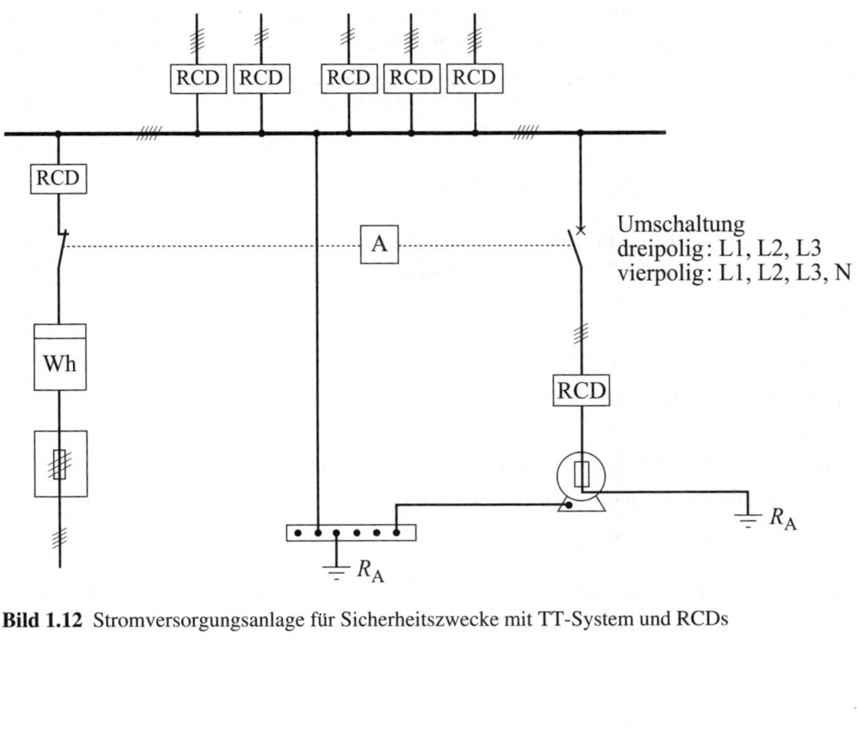

Bild 1.12 Stromversorgungsanlage für Sicherheitszwecke mit TT-System und RCDs

$$R_A = \frac{U_L}{I_{\Delta n}} \tag{1.2}$$

oder

$$R_A = \frac{U_L}{2 \cdot I_{\Delta n}} \tag{1.3}$$

wenn selektive RCDs eingesetzt werden.

Es zeigt sich, dass die Stromversorgung für Sicherheitszwecke bei Anwendung von TN- oder TT-Systemen nicht ganz unproblematisch ist, da die Erdungs- und Abschaltbedingungen nicht außer Acht gelassen werden dürfen.

Für Stromversorgungsanlagen für Sicherheitszwecke ist das IT-System mit Isolations-Überwachungseinrichtung die günstigere Lösung.

1.4.7 Kennzeichnung elektrischer Anlagen – DIN VDE 0100-510 Abschnitt 514

Elektrische Anlagen sind so zu kennzeichnen, dass die Möglichkeit von Verwechslungen ausgeschlossen werden kann. Das gilt für Schalt- und Steuergeräte, Schutzeinrichtungen, Kabel- und Leitungsanlagen und deren Anordnung. Art und Aufbau der Anlage sind in Schaltplänen zu erfassen. Wenn der Bedienende den Betriebszustand und das Funktionieren der Schalt- und Steuergeräte nicht beobachten kann und sich daraus mögliche Gefahren ergeben können, sind geeignete Anzeigen sichtbar anzuordnen. Solche Anzeigen müssen DIN EN 60073 (VDE 0199) und DIN EN 60447 (VDE 0196) entsprechen.

1.4.7.1 Schaltpläne – DIN VDE 0100-510 Abschnitt 514.5

Schaltpläne und Dokumentationen, soweit erforderlich, sind nach den Normen DIN EN 61346-1 und DIN EN 61082 anzufertigen.

Es sollten erfasst werden

- Art und Aufbau der Stromkreise mit den angeschlossenen Verbrauchern
- Typ, Anzahl, Querschnitt und Länge der Kabel und Leitungen, Art der Verlegung
- Einrichtungen für Schutz-, Trenn- und Schaltfunktionen und deren Anordnung
- Art, Typ und Bemessungswerte der Schutzeinrichtungen
- zu erwartende Kurzschlussströme.

Schaltpläne und Dokumentationen sollten nach jeder Änderung der Anlagen aktualisiert werden.

1.4.7.2 Kennzeichnung von Kabel- und Leitungsanlagen – DIN VDE 0100-510 Abschnitt 514.2

- **Kennzeichnung von Schutzleiter und PEN-Leiter** (siehe Abschnitt 12.8)
- Neutralleiter oder Mittelleiter müssen durchgehend in ihrem ganzen Verlauf blau gekennzeichnet sein. Bei mehr als fünf Adern in Kabeln, Leitungen oder flexiblen Leitungen müssen die Leiter farbig oder durch numerische Zeichen gekennzeichnet werden. Wird eine Ader mit numerischer Kennzeichnung als Neutralleiter verwendet, muss an jeder Anschlussstelle die blaue Markierung angebracht werden. Das gleiche gilt für ummantelte einadrige Kabel oder Leitungen, die bei großen Querschnitten mit mehr als 16 mm^2 mit der blauen Isolierung nicht erhältlich sind und für Leiter, die farblich nicht gekennzeichnet werden können (z. B. mineralisolierte Leiter, Leiter von Freileitungen). Wenn kein Neutralleiter vorhanden ist, kann der blaue Leiter auch als Außenleiter verwendet werden, vorausgesetzt Verwechslungen können ausgeschlossen werden. Der blaue Leiter als Schutzleiter ist nicht zulässig.
- **Kennzeichnung von Außenleitern** (siehe Abschnitt 10.4). Außenleiter müssen in ihrem gesamten Verlauf schwarz, braun oder grau gekennzeichnet werden. Eine dieser Farben ist auch für alle Außenleiter eines Stromkreises zulässig.

1.4.7.3 Kennzeichnung von Schutzeinrichtungen – DIN VDE 0100-510 Abschnitt 514.4

Schutzeinrichtungen müssen durch ihre Anordnung und durch ihre Kennzeichnung den jeweils geschützten Stromkreis bzw. den Betriebs- und Verbrauchsmitteln leicht zugeordnet werden können.

1.4.8 Vermeidung gegenseitiger nachteiliger Beeinflussung – DIN VDE 0100-510 Abschnitt 515

Elektrische Betriebsmittel müssen so ausgewählt und errichtet werden, dass jede schädigende Beeinflussung zwischen der elektrischen Anlage und nicht elektrischen Einrichtungen ausgeschlossen ist.

Es muss sichergestellt werden, dass **Spannungsverschleppungen** durch das Anbringen von elektrischen Betriebsmitteln auf Gebäudeoberflächen vermieden werden. Metallene Oberflächen, auf denen Betriebsmittel montiert werden, müssen mit dem Schutzleiter oder dem zusätzlichen Potentialausgleichsleiter der Anlage verbunden werden.

Betriebsmittel auf brennbaren Oberflächen müssen durch geeignete Zwischenlagen aus Isolierstoff mit einem Bemessungswert der Entflammbarkeit FH 1 nach DIN EN 60707 (VDE 0304-3) feuersicher getrennt werden.

Betriebsmittel unterschiedlicher Stromart und Spannungen, die gemeinsam z. B. in Schaltschränken oder auf Schalttafeln verwendet werden, sind getrennt anzuordnen, wenn eine gegenseitige nachteilige Beeinflussung zu erwarten ist.

1.4.9 Elektromagnetische Verträglichkeit – DIN VDE 0100-510 Abschnitt 515.3

Anmerkung: In der Norm als Abschnitt 5.3 nummeriert.

Elektromagnetische Verträglichkeit ist die Fähigkeit eines Geräts oder einer Anlage, in der jeweiligen elektromagnetischen Umgebung zufriedenstellend zu arbeiten, ohne dabei selbst elektromagnetische Störungen zu verursachen, die für andere in dieser Umgebung vorhandene Betriebsmittel unannehmbar wären.

Elektromagnetische Ereignisse werden hervorgerufen z. B. durch Schalthandlungen, Kurzschlussströme, Blitzströme, Ströme mit hohen Änderungsgeschwindigkeiten. Sie können in anderen Betriebsmitteln, z. B. in Leitungen der Informationstechnik, Überspannungen induzieren, die Anlagen beeinflussen oder schädigen.

Um solche Ereignisse zu vermeiden, müssen zunächst Produkte ausgewählt und eingesetzt werden, die die Anforderungen der elektromagnetischen Verträglichkeit erfüllen. Das Einhalten solcher Schutzanforderungen wird im Regelfall für Geräte vermutet, die mit den EMV-Normen übereinstimmen. Darüber hinaus sind nachstehende Anforderungen bei der Errichtung der Anlagen zu erfüllen.

- Empfindliche Betriebsmittel sollten nicht in der Nähe von Energiequellen mit starker elektromagnetischer Strahlung eingesetzt werden.

  Beispiele für solche Energiequellen

  - elektrische Motoren
  - Schweißmaschinen
  - Gleichrichter
  - Frequenzumrichter
  - Transformatoren
  - Aufzüge
  - Leuchtstofflampen
  - Kommutierung induktiver Lasten (z. B. Schwachstromkontakte, Halbleiter)
  - Leistungsverteiler mit Stromschienen
  - Computer
- bei vermeidbaren Störungen, Anordnung sensibler Betriebsmittel außerhalb des Empfindlichkeitsbereichs störender Energiequellen
- Herstellen des Potentialausgleichs für metallene Gehäuse, Umhüllungen und Schirmung mit möglichst kurzen Verbindungen
- einadrige Kabel und Leitungen sollen in metallenen Umhüllungen geführt werden, die an den Potentialausgleich angeschlossen werden

- Energie- und Signalkabel voneinander räumlich trennen oder schirmen, Verlegung auf verschiedenen metallenen oder isolierenden Trageeinrichtungen mit einem Mindestabstand von 30 cm, Kreuzungen nur im rechten Winkel zueinander
- ausreichende Trennung der Ableiter von Blitzschutzanlagen von allen anderen elektrischen Einrichtungen (mindestens 2 m)
- Verwendung von Signalleitungen in geschirmter Ausführung und/oder mit verdrillten Aderpaaren
- um das Fließen von Fehlerströmen durch geerdete Schirme oder geerdete Leiter von Signal- und Datenkabeln zu vermeiden, kann ein paralleler Potentialausgleichsleiter erforderlich werden; das gilt in besonderer Weise für mehrere Gebäude, die über geschirmte Datenkabel miteinander verbunden sind und über ein TT-System versorgt werden
- Vermeiden von Induktionsschleifen durch die Wahl geeigneter Kabel- und Leitungswege. Eine geschlossene Fläche möglichst klein halten
- Auswahl von Schutzeinrichtungen mit zeitverzögerter Charakteristik, um das Auslösen bei schnellen transienten Überspannungen zu vermeiden (z. B. bei FI-Schutzeinrichtungen).
- besonders sensible Betriebsmittel können u. U. durch einen Einbau von Überspannungs-Schutzeinrichtungen geschützt werden
- in Gebäuden mit vernetzten informationstechnischen Einrichtungen oder in Gebäuden, wo solche Einrichtungen zukünftig zu erwarten sind, sollen Schutzleiter (PE) und Neutralleiter (N) nicht als PEN-Leiter wie in **Bild 1.13b**, sondern von der Speisestelle an wie in **Bild 1.13a** getrennt geführt werden
- Kabel- und Rohrleitungen aus Metall (z. B. für Gas, Wasser, Heizung) sollen an derselben Stelle auf möglichst engem Raum ins Gebäude geführt werden.

Zur Vermeidung von elektromagnetischen Störungen auf Signalleitungen in bestehenden Gebäuden können folgende Maßnahmen vorgesehen werden

- faseroptische Systeme für Signalverbindungen
- Verwendung von Betriebsmitteln der Schutzklasse II
- Speisung von Betriebsmitteln der Informationstechnik über Trenntransformatoren

Im TT-System ist zu beachten, dass höhere Überspannungen zwischen aktiven Teilen und Körpern auftreten können, wenn die Körper mit verschiedenen Erdern verbunden sind.

Im IT-System tritt im Fall des ersten Isolationsfehlers die Außenleiterspannung zwischen Körper und dem Außenleiter auf. Dies ist für elektronische Betriebsmittel, die zwischen Außenleiter und Neutralleiter angeschlossen sind, nicht akzeptabel.

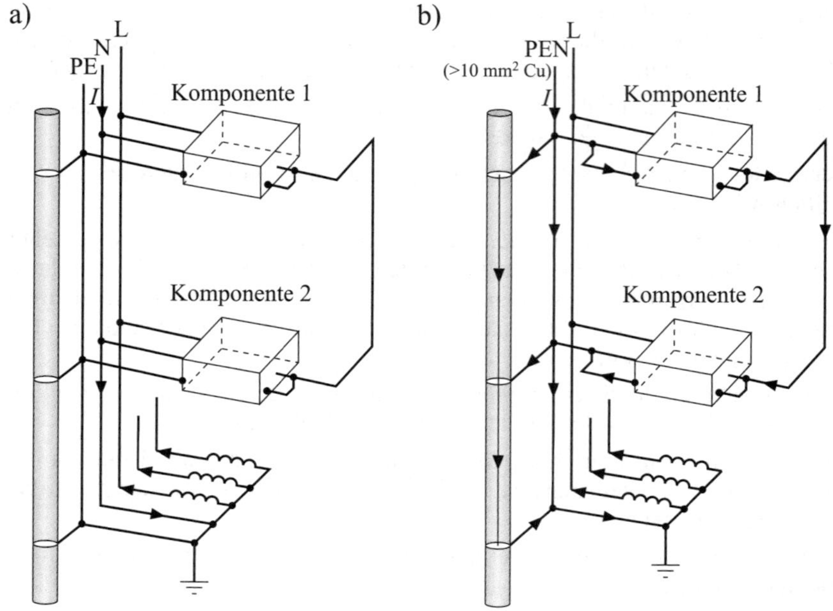

Bild 1.13 Vermeiden von Schutzleiterströmen in einem Potentialausgleichssystem, z. B. über Schirme von Nachrichtenkabeln
a) PE- und N-Leiter getrennt
b) PEN-Leiter

Bei Mehrfacheinspeisungen im TN- und TT-System sollten die Sternpunkte der verschiedenen Stromquellen nur zentral an ein und demselben Punkt mit Erde verbunden werden.

Im TN-System müssen bei Umschaltung von einer Versorgung auf die andere bei verteiltem Neutralleiter die Außenleiter und der Neutralleiter (vierpolig) geschaltet werden.

Versorgungsleitungen aus Metall (z. B. Wasser, Gas, Fernwärme) und die Kabel (Energie, Telefon, TV) sollten vorzugsweise an derselben Stelle ins Gebäude eingeführt und mit der Haupterdungsschiene durch Leiter mit möglichst niedriger Impedanz verbunden werden. Folgende Möglichkeiten sind in Erwägung zu ziehen

- für unterschiedliche Gebäude mit getrenntem Potentialausgleichssystem kann es vorteilhaft sein, für Signal- und Datenübertragung eine galvanische Trennung der Kommunikationsnetze, z. B. durch metallfreie Glasfaserkabel, Richtfunk oder Trenntransformatoren, zu verwenden
- Verwenden von Betriebsmitteln der Schutzklasse II

- Signalkabel in geschirmter Ausführung oder mit verdrillten Aderpaaren
- Verlegung von Einzeladerleitungen in geerdeten metallenen Umhüllungen
- In Abhängigkeit vom Umfang und der Bedeutung der Kommunikationseinrichtungen müssen unterschiedliche Netzwerkstrukturen für Potentialausgleichsleiter und Erdungsleiter realisiert werden:
  - Wohnungen und kleine gewerbliche Anlagen, sternförmiges Netz der Schutzleiter
  - kleine Anlagen mit untereinander verbundenen Betriebsmitteln für Kommunikationszwecke
  - aus mehreren Maschen bestehendes sternförmiges Verbindungsnetz, Potentialausgleichsleiter für Funktionszwecke zwischen Körper der Kommunikationseinrichtungen und der Masche so kurz wie möglich (< 50 cm)
  - hohe Dichte von Betriebsmitteln für Kommunikationszwecke
  - Einrichtung eines vermaschten Potentialausgleichsnetzwerks (z. B. Maschen von 2 m × 2 m) unter Einbeziehung der Metallkonstruktionen des Gebäudes
  - in mehrstöckigen Gebäuden sind in Abhängigkeit vom Umfang der Kommunikationseinrichtungen in jeder Etage entsprechende Potentialausgleichsnetzwerke zu errichten, die untereinander an mindestens zwei Stellen durch Leiter verbunden werden

1.4.10 Grenzen für Schutzleiterströme – DIN VDE 0100-510 Abschnitt 516 und Anhang NA

Siehe Abschnitt 12.7

1.5 Auswahl und Errichtung elektrischer Betriebsmittel – DIN VDE 0100-510

Um die Sicherheit der Betriebsmittel und einen zufriedenstellenden Betrieb der Anlage bei bestimmungsgemäßer Verwendung sicherzustellen, sind bei ihrer Auswahl und Errichtung die Anforderungen der einschlägigen Normen zu beachten. Das gilt für die Einhaltung der Schutzmaßnahmen allgemein und in besonderer Weise für den Schutz gegen elektrischen Schlag.

Es wird gefordert, dass jedes elektrische Betriebsmittel den Europäischen Normen (EN), den Harmonisierungsdokumenten (HD) oder den nationalen Normen, in die die HD übernommen worden sind, entsprechen. Im Falle des Fehlens anwendbarer Normen müssen die betreffenden Betriebsmittel nach besonderen Vereinbarungen zwischen dem Planer bzw. Auftraggeber der elektrischen Anlage und dem Errichter ausgewählt werden.

Zu den wichtigsten Größen, die die **Betriebsbedingungen** der Anlage beschreiben und entsprechend auszuwählen sind, zählen

- die **Spannung** (bei Wechselspannung der Effektivwert) mit dem jeweils höchsten bzw. niedrigsten Wert bei bestimmungsgemäßen Betrieb
- der **Strom** (bei Wechselstrom der Effektivwert), der bei ungestörtem Betrieb fließt, aber auch Ströme, die unter anormalen Bedingungen (z. B. beim Auftreten eines Fehlers) bis zum Ansprechen der Schutzeinrichtungen Betriebsmittel und Anlagen belasten
- die **Frequenz**, die mit dem Bemessungswert der Betriebsmittel übereinstimmen muss, wenn die Eigenschaften der Anlagenkomponenten durch die Frequenz beeinflusst werden
- die **Leistung**, für die die Anlage auszulegen ist, wobei die unterschiedlichen Betriebsarten (Kurzzeiten, Aussetz-, Takt-, Dauerbetrieb) zu berücksichtigen sind
- die **Verträglichkeit**, die sicherstellt, dass die Betriebsmittel im bestimmungsgemäßen Betrieb weder schädliche Einflüsse auf andere Betriebsmittel verursachen noch das Versorgungsnetz unzulässig beeinflussen (siehe Abschnitt 1.4.5)
- die **Stoßspannungsfestigkeit**, der Betriebsmittel, die mindestens so groß sein muss, wie Überspannungen am Einbauort zu erwarten sind.

Die Betriebsmittel sind nach den **äußeren Einflüssen**, denen sie am Einsatzort ausgesetzt werden, auszuwählen (siehe Abschnitt 1.4.4). Ihre Eigenschaften hinsichtlich der äußeren Einflüsse werden durch Schutzarten oder durch Übereinstimmung mit den Prüfanforderungen festgelegt. Reicht der durch die Bauweise des Betriebsmittels vorgesehener Schutz gegen äußere Einflüsse nicht aus, kann ein zusätzlicher Schutz am Einbauort (z. B. eine zusätzliche Abdeckung) vorgesehen werden.

Der Schutz vor äußeren Einflüssen ist sowohl für die richtige Funktion der Anlage als auch für die Zuverlässigkeit der Schutzmaßnahmen von Bedeutung.

DIN VDE 0470-1, werden die „**Schutzarten durch Gehäuse (IP-Code)**" beschrieben. Sie sollen sicherstellen:

- Schutz von Personen gegen Zugang zu gefährlichen Teilen (Berührungsschutz)
- Schutz des Betriebsmittels gegen Eindringen von festen Fremdkörpern (Fremdkörperschutz)
- Schutz des Betriebsmittels gegen schädliche Einwirkungen durch das Eindringen von Wasser (Wasserschutz)

Den Schutzumfang, den das Gehäuse bietet, zeigt das **IP-Kurzzeichen (IP-Code)**. Dem gleichbleibenden Buchstaben IP werden zwei Kennziffern für den Berührungs- und Fremdkörperschutz (erste Ziffer) und für den Wasserschutz (zweite Ziffer) und gegebenenfalls weitere Buchstaben angehängt.

Kennzeichnung der IP-Schutzarten:

IP 2 3 C S

- Code-Buchstaben → IP
- erste Kennziffer (von 0 – 6 reichend) Berührungs- und Fremdkörperschutz → 2
- zweite Kennziffer (von 0 – 8 reichend) Wasserschutz → 3
- zusätzlicher Buchstabe A, B, C, D (fakultativ) → C
- ergänzender Buchstabe H, M, S, W (fakultativ) → S

Soll eine Ziffer nicht angegeben werden, ist die Ziffer durch den Buchstaben X zu ersetzen. Zusätzliche Buchstaben können ersatzlos entfallen. Bei mehreren Buchstaben werden sie in alphabetischer Reihenfolge angegeben.

Der Schutzumfang der Schutzarten ist in **Tabelle 1.6** angegeben.

Kenn-ziffer	erste Ziffer		zweite Ziffer
	Berührungsschutz	**Fremdkörperschutz**	**Wasserschutz**
0	kein Schutz	kein Schutz	kein Schutz
1	Schutz gegen Berührung mit Handrücken	Schutz gegen feste Fremdkörper 50 mm Durchmesser	Schutz gegen senkrecht tropfendes Wasser
2	Schutz gegen Berührung mit Fingern	Schutz gegen feste Fremdkörper 12,5 mm Durchmesser	Schutz gegen schräg (15°) tropfendes Wasser
3	Schutz gegen Berührung mit Werkzeugen	Schutz gegen feste Fremdkörper 2,5 mm Durchmesser	Schutz gegen Sprühwasser schräg bis 60°
4	Schutz gegen Berührung mit einem Draht	Schutz gegen feste Fremdkörper 1,0 mm Durchmesser	Schutz gegen Spritzwasser aus allen Richtungen
5	Schutz gegen Berührung mit einem Draht	staubgeschützt	Schutz gegen starkes Strahlwasser
6	Schutz gegen Berührung mit einem Draht	staubdicht	Schutz gegen starkes Strahlwasser
7	–	–	Schutz gegen zeitweiliges Untertauchen in Wasser
8	–	–	Schutz gegen dauerndes Untertauchen in Wasser

Tabelle 1.6 Schutzumfang der IP-Schutzarten

Der zusätzliche (fakultative) Buchstabe hat eine Bedeutung für den Schutz von Personen und trifft eine Aussage über den Schutz gegen den Zugang zu gefährlichen Teilen mit

• Handrücken	Buchstabe A
• Finger	Buchstabe B
• Werkzeug	Buchstabe C
• Draht	Buchstabe D

Der ergänzende (fakultative) Buchstabe hat eine Bedeutung für den Schutz des Betriebsmittels und gibt ergänzende Informationen speziell für

• Hochspannungsgeräte	Buchstabe H
• Wasserprüfung während des Betriebs	Buchstabe M
• Wasserprüfung bei Stillstand	Buchstabe S
• Wetterbedingungen	Buchstabe W

Beispiele:

IP12

- Berührungsschutz: Schutz gegen Berühren mit dem Handrücken
- Fremdkörperschutz: Schutz gegen feste Fremdkörper mit 50 mm Durchmesser
- Wasserschutz: Schutz gegen schräg (15°) tropfendes Wasser

IPX4

- Berührungsschutz: freigestellt
- Fremdkörperschutz: freigestellt
- Wasserschutz: Schutz gegen Spritzwasser aus allen Richtungen

IP3XH

- Berührungsschutz: Schutz gegen Berührung mit Werkzeugen
- Fremdkörperschutz: Schutz gegen feste Fremdkörper 2,5 mm Durchmesser
- Wasserschutz: freigestellt
- Betriebsmittel für Hochspannung

1.6 Stromfluss durch den menschlichen Körper – VDE 0140-479-1:2007-05, Vornorm

Die Gefährdung, die von der Elektrizität ausgeht, ist immer verbunden mit dem elektrischen Strom, der durch den menschlichen Körper fließt. Je nach Größe und Zeitdauer treten unterschiedliche physikalische, chemische und physiologische Wirkungen auf.

Physikalische und chemische Wirkungen

- Strommarken an der Stromeintrittsstelle/Stromaustrittsstelle
- Innere Verbrennungen, z. B. an Gelenken
- Flüssigkeitsverluste, Verkochungen
- Verbrennungen bei Lichtbogen
- Blendungen bei Lichtbogen

Physiologische Wirkungen

- Muskelkontraktion
- Nervenerschütterungen
- Muskelverkrampfungen (Erstickungsgefahr)
- Blutdrucksteigerung
- Herzstillstand
- Herzkammerflimmern

Seit Jahrzehnten beschäftigen sich Mediziner und Ingenieure damit, die Wirkungen des Stroms auf den menschlichen Körper zu analysieren und gefährliche Grenzen aufzuzeigen. Die weltweit durchgeführten Untersuchungen wurden von der IEC-Arbeitsgruppe TC 64/WG 4 ausgewertet und in internationalen Fachberichten zusammengestellt. Als Ergebnis wurde die IEC-Norm IEC/TS 60479-1:2005 Corrigendum Oktober 2006 „Wirkungen des elektrischen Stroms auf Menschen und Nutztiere“ veröffentlicht, die in Deutschland als Vornorm unter der Bezeichnung VDE V 0140-479-1:2007-05 herausgegeben wurde. Diese Technische Spezifikation hat den Rang einer Sicherheitsgrundnorm. Sie soll eine grundlegende Orientierung über die Wirkungen des elektrischen Stroms auf Personen und Nutztiere geben, um Anforderungen für die elektrische Sicherheit, den Schutz gegen elektrischen Schlag festlegen zu können.

1.6.1 Begriffe im Zusammenhang mit der Wirkung des elektrischen Stroms auf Menschen – DIN IEC/TS 60479-1 (VDE V 0140-479-1):2007-05 Abschnitt 3

Längsdurchströmung
Strom, der längs durch den menschlichen Körper fließt, z. B. von einer Hand zu den Füßen.

Querdurchströmung
Strom, der quer durch den menschlichen Körper fließt, z. B. von Hand zu Hand.

Körperinnenimpedanz
Impedanz zwischen zwei Elektroden in Berührung mit zwei Teilen des menschlichen Körpers bei Vernachlässigung der Hautimpedanz. Sie kann überwiegend als ohmsch angenommen werden und hängt hauptsächlich vom Stromweg ab. Der Einfluss der Größe der Berührungsfläche ist gering.

Hautimpedanz
Impedanz zwischen einer auf der Haut aufliegenden Elektrode und dem darunter liegenden leitfähigen Gewebe. Sie ist abhängig von der Spannung, der Durchströmungsdauer, der Berührungsfläche, dem Kontaktdruck, der Feuchte der Haut und dem Hauttyp. Bei niedriger Berührungsspannungen ändert sich die Hautimpedanz stark mit den übrigen Einflussgrößen, bei höheren Berührungsspannungen sinkt die Hautimpedanz beträchtlich und wird vernachlässigbar, wenn die Haut durchschlägt. Mit steigender Frequenz sinkt die Hautimpedanz.

Gesamtkörperimpedanz
Vektorielle Summe der Körperinnenimpedanz und der Hautimpedanz. Sie besteht aus Ohm'schen und kapazitiven Komponenten. **Bild 1.14** zeigt als Beispiel die Gesamtkörperimpedanz in Abhängigkeit von der Berührungsspannung, bei AC 50/60 Hz trockener Haut, einen Stromweg von Hand zu Hand und Werte, die von 5 %, 50 % und 95 % aller Menschen nicht überschritten werden.

Wahrnehmbarkeitsschwelle
Minimalwert des Berührungsstroms, der von einer durchströmten Person noch wahrgenommen wird.

Reaktionsschwelle
Minimalwert des Berührungsstroms, der unbeabsichtigte Muskelkontraktionen bewirkt.

Die Wahrnehmbarkeitsschwelle und die Reaktionsschwelle (Linie a in Bild 1.17) hängen hauptsächlich von der Berührungsfläche, den Berührungsbedingungen (Trockenheit, Feuchte, Temperatur) und den individuellen physiologischen Eigenschaften des Menschen ab.

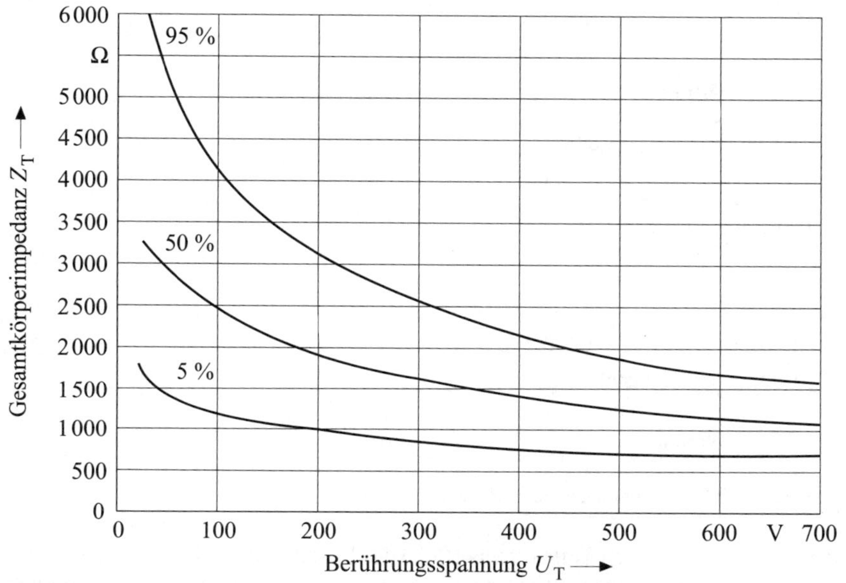

Bild 1.14 Gesamtkörperimpedanz in Abhängigkeit von der Berührungsspannung bei AC bei einem Stromweg von Hand zu Hand

Loslassschwelle

Maximalwert des Berührungsstroms, bei dem eine Person, die die Elektroden hält, noch loslassen kann.

Die Loslassschwelle (Linie b in Bild 1.17) hängt bei Wechselstrom von der Berührungsfläche, der Form und Größe der Elektroden sowie von den individuellen physiologischen Eigenschaften des Menschen ab. Bei Gleichstrom gibt es keine festlegbare Loslassschwelle, lediglich der Beginn und die Unterbrechung des Stroms führen zu schmerzhaften und krampfartigen Muskelkontraktionen.

Schwelle des Herzkammerflimmerns

Minimalwert des Berührungsstroms, der Herzkammerflimmern bewirkt.

Die Schwelle für Herzkammerflimmern hängt sowohl von den physiologischen Eigenschaften des Menschen (Aufbau des Körpers, Zustand der Herzfunktion) als auch von den elektrischen Einflüssen (Einwirkungsdauer, Stromweg, Stromstärke) ab. Die Kurven c_1 bis c_3 in Bild 1.17 zeigen die Wahrscheinlichkeit des Herzkammerflimmerns auf.

Vulnerable Phase

Bild 1.15 zeigt das Elektrokardiogramm (EKG) mit dem Bewegungsablauf eines Herzschlags. Der Aufbau der T-Zacke wird als Vulnerable Phase bezeichnet.

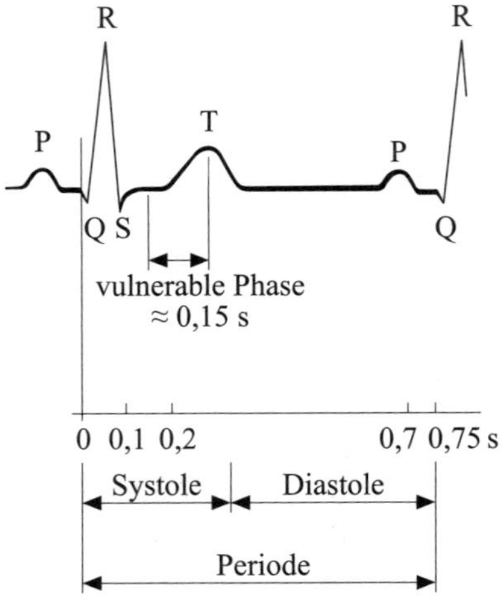

Bild 1.15 EKG mit Bewegungsablauf eines Herzschlags

Sie überdeckt einen kleinen Teile (etwas 10 %) des Herzzyklus, bei dem sich das Herz in einem inhomogenen Zustand der Erregbarkeit befindet und Herzkammerflimmern auftritt, wenn es durch einen Strom genügender Größe erregt wird.

Die Auswirkungen des Herzkammerflimmerns zeigt **Bild 1.16** an einem EKG in Verbindung mit dem Blutdruckverlauf. Die Pumptätigkeit des Herzens und damit die Sauerstoffversorgung des Gehirns bricht zusammen und führt nach kurzer Zeit zum Tod des Menschen. Dieser Zustand kann von außen nur durch einen Defibrillator beseitigt werden.

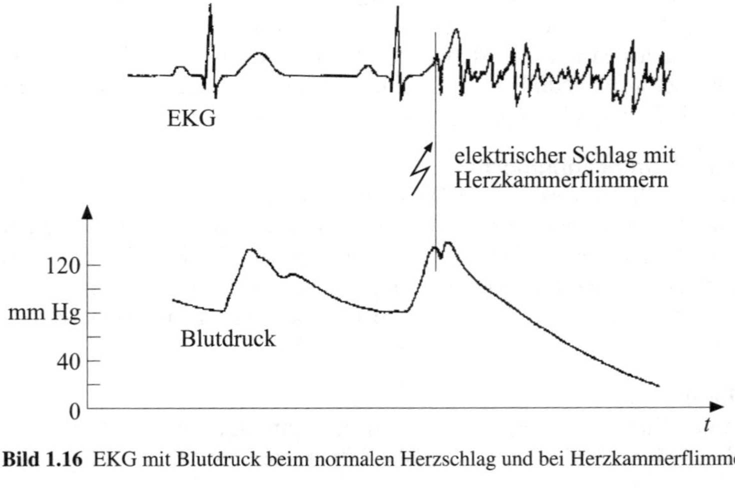

Bild 1.16 EKG mit Blutdruck beim normalen Herzschlag und bei Herzkammerflimmern

1.6.2 Wirkungen des Stroms auf den Menschen – DIN IEC/TS 60479-1 (VDE V 0140-479-1):2007-05 Abschnitt 5

Die der Norm zugrundeliegenden Ergebnisse wurden durch Tierversuche und bei klinischen Versuchen gewonnen. Nur wenige Experimente mit Strömen von sehr kurzer Dauer (z. B. einer Zeit von 0,03 s bei Berührungsspannungen bis 200 V) wurden an lebenden Personen durchgeführt. Die Aussagen der IEC-Norm liegen in der Regel auf der sicheren Seite. Sie können unter den üblichen physiologischen Bedingungen als Grundlage für sicherheitstechnische Überlegungen herangezogen werden. Die Bedingungen gelten auch für Kinder unabhängig vom Alter und Gewicht.

Bild 1.17 für AC und **Bild 1.18** für DC zeigen die zu erwartenden Schädigungen (Wirkungsbereiche) in Abhängigkeit der Stromstärke und Zeitdauer für Körperlängsdurchströmungen beim Stromfluss von der linken Hand zu beiden Füßen.

Die Wirkungsbereiche werden in **Tabelle 1.7** für AC und **Tabelle 1.8** für DC erläutert.

Bereiche	Bereichsgrenzen	physiologische Wirkungen
AC-1	bis zu 0,5 mA Grenzlinie a	Wahrnehmung möglich, aber im Allgemeinen keine Schreckreaktion
AC-2	über 0,5 mA bis Grenzlinie b	Wahrnehmung und unwillkürliche Muskelkontraktionen wahrscheinlich, aber im Allgemeinen keine schädlichen physiologischen Wirkungen
AC-3	Grenzlinie b bis Grenzlinie c_1	starke unwillkürliche Muskelkontraktionen, Schwierigkeiten beim Atmen, reversible Störungen der Herzfunktion, Immobilisierung (Muskelverkrampfung) können auftreten; Wirkungen zunehmend mit Stromstärke und Durchströmungsdauer; im Allgemeinen kein organischer Schaden zu erwarten
AC-4[1)]	über der Grenzlinie c_1	es können pathophysiologische Wirkungen auftreten wie Herzstillstand, Atemstillstand und Verbrennungen oder andere Zellschäden; Wahrscheinlichkeit von Herzkammerflimmern ansteigend mit Stromstärke und Durchströmungsdauer
	$c_1 - c_2$	AC-4.1 Wahrscheinlichkeit von Herzkammerflimmern ansteigend bis etwa 5 %
	$c_2 - c_3$	AC-4.2 Wahrscheinlichkeit von Herzkammerflimmern ansteigend bis etwa 50 %
	über der Grenzlinie c_3	AC-4.3 Wahrscheinlichkeit von Herzkammerflimmern über 50 %

[1)] Bei Durchströmungsdauer unter 200 ms tritt Herzkammerflimmern nur auf, wenn die entsprechenden Schwellenwerte in der vulnerablen Periode überschritten werden. Hinsichtlich des Herzkammerflimmerns bezieht sich Bild 1.17 auf die Wirkungen des Stroms beim Stromweg von der linken Hand zu den Füßen. Bei anderen Stromwegen muss der Herzstromfaktor berücksichtigt werden.

Tabelle 1.7 Zeit-Stromstärke-Bereiche für Wechselstrom von 50 Hz bis 100 Hz, für den Stromweg von einer Hand zu beiden Füßen – Zusammenfassung der Bereiche von Bild 1.17
(Quelle: DIN IEC/TS 60479-1 (VDE V 0140-479-1):2007-05)

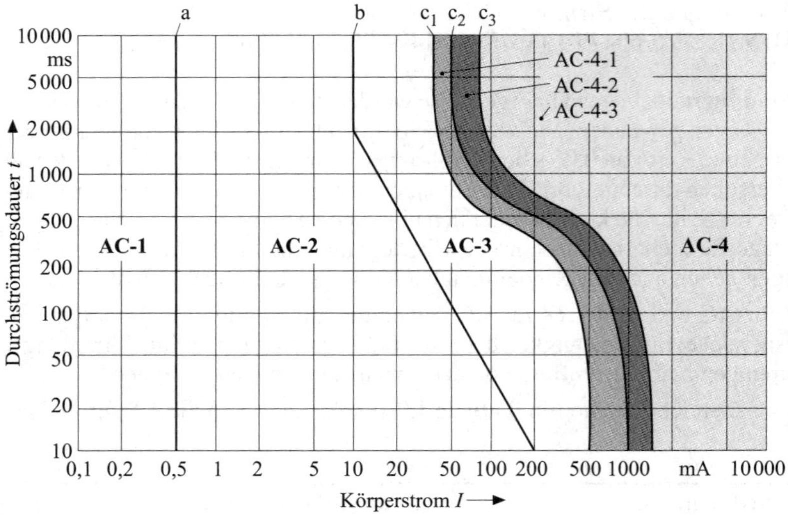

Bild 1.17 Konventionelle Zeit-Stromstärke-Bereiche mit Wirkungen von Wechselströmen (15 Hz bis 100 Hz) auf Personen bei einem Stromweg von der linken Hand zu den Füßen (weitere Erklärungen siehe Tabelle 1.6)
(Quelle: DIN IEC/TS 60479-1 (VDE V 0140-479-1):2007-05)

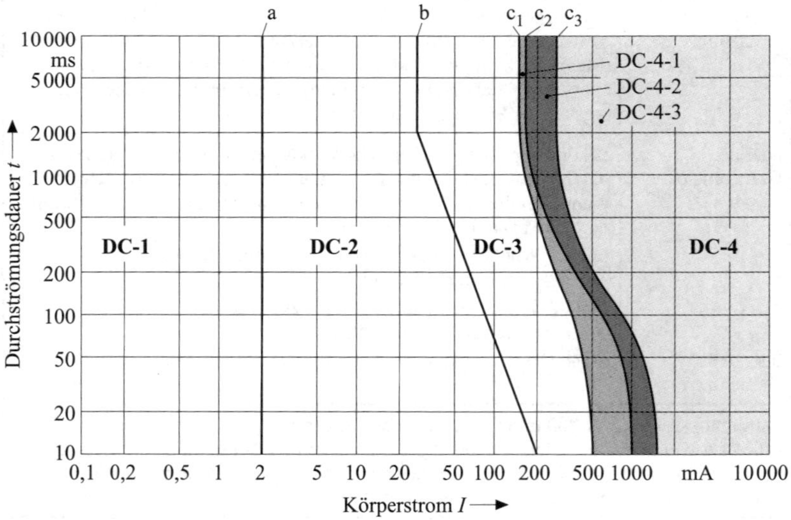

Bild 1.18 Konventionelle Zeit-Stromstärke-Bereiche mit Wirkungen von Gleichströmen auf Personen bei Längsdurchströmung mit aufsteigendem Strom (weitere Erklärungen siehe Tabelle 1.7)
(Quelle: DIN IEC/TS 60479-1 (VDE V 0140-479-1):2007-05)

Bereiche	Bereichsgrenzen	physiologische Wirkungen
DC-1	bis zu 2 mA Grenzlinie a	leicht stechende Empfindung beim Ein- und Ausschalten oder bei schneller Änderung der Stromstärke
DC-2	über 2 mA bis Grenzlinie b	unwillkürliche Muskelkontraktionen wahrscheinlich, besonders beim Ein- und Ausschalten oder bei schneller Änderung des Stroms, aber üblicherweise keine schädlichen physiologischen Wirkungen
DC-3	Grenzlinie b bis Grenzlinie c_1	starke unwillkürliche Muskelkontraktionen und reversible Störungen der Reizbildung und Reizleitung im Herzen können zunehmend mit Strömstärke und Durchströmungsdauer auftreten; im Allgemeinen kein organischer Schaden zu erwarten
DC-4[1)]	über der Grenzlinie c_1	es können pathophysiologische Wirkungen auftreten wie Herzstillstand, Atemstillstand und Verbrennungen oder andere Zellschäden; Wahrscheinlichkeit von Herzkammerflimmern ansteigend mit Stromstärke und Durchströmungsdauer
	$c_1 - c_2$	DC-4.1 Wahrscheinlichkeit von Herzkammerflimmern ansteigend bis etwa 5 %
	$c_2 - c_3$	DC-4.2 Wahrscheinlichkeit von Herzkammerflimmern ansteigend bis etwa 50 %
	über der Grenzlinie c_3	DC-4.3 Wahrscheinlichkeit von Herzkammerflimmern über 50 %

[1)] Bei Durchströmungsdauer unter 200 ms tritt Herzkammerflimmern nur auf, wenn die entsprechenden Schwellenwerte in der vulnerablen Periode überschritten werden. Hinsichtlich des Herzkammerflimmerns bezieht sich Bild 1.16 auf die Wirkungen des Stroms beim Stromweg von der linken Hand zu den Füßen. Bei anderen Stromwegen muss der Herzstromfaktor berücksichtigt werden.

Tabelle 1.8 Zeit-/Strom-Bereiche für Gleichstrom für den Stromweg von einer Hand zu den Füßen – Zusammenfassung der Bereiche von Bild 1.18
(Quelle: DIN IEC/TS 60479-1 (VDE V 0140-479-1):2007-05)

2 Grundsätzliches zum Schutz gegen elektrischen Schlag – DIN VDE 0100-410 Abschnitt 4

Der Schutz gegen elektrischen Schlag muss beim ordnungsgemäßen Betrieb einer elektrischen Anlage sicherstellen, dass keine Personen und Nutztiere zu Schaden kommen und keine Sachwerte beschädigt oder vernichtet werden. So muss verhindert werden, dass ein gefährlicher Strom den Körper eines Menschen oder Nutztieres durchfließt. Der Strom wird dann als gefährlich bezeichnet, wenn dabei ein schädigender (pathophysiologischer) Effekt (elektrischer Schlag) auftritt.

Um dieses Ziel zu erreichen, ist folgender Grundsatz zu beachten:

Gefährliche aktive Teile dürfen nicht berührbar sein, und berührbare leitfähige Teile dürfen nicht gefährlich aktiv sein und das weder unter normalen Betriebsbedingungen (ohne Fehler bei bestimmungsgemäßer Verwendung) noch unter Bedingungen eines Fehlerfalls.

2.1 Schutz gegen elektrischen Schlag – Teil 410 Abschnitt 410.3

Das Konzept der Schutzmaßnahmen gegen elektrischen Schlag beruht auf dem Prinzip der zweifachen Sicherheit und muss bzw. kann bei besonderer Gefährdung durch eine dritte Schutzebene ergänzt werden.

Grundsätzlich sind zu unterscheiden

- Schutz gegen elektrischen Schlag unter normalen Bedingungen:
  Basisschutz (Schutz gegen direktes Berühren)
- Schutz gegen elektrischen Schlag unter Einzelfehlerbedingungen:
  Fehlerschutz (Schutz bei indirektem Berühren)
- zusätzlicher Schutz zum Basis- oder Fehlerschutz unter Fehlerbedingungen:
  Zusatzschutz (Schutz bei direktem Berühren)

Einzelfehler treten auf häufigsten auf, wenn ein gefährliches aktives Teil durch Fehler der Basisisolierung (z. B. Fehler an der Isolierung oder Umhüllung) berührbar wird oder wenn ein berührbares leitfähiges Teil (Körper), das unter normalen Bedingungen nicht aktiv ist, gefährlich aktiv wird (z. B. Fehler der Basisisolierung gegen Körper).

Es sind deshalb immer zwei unabhängige Schutzvorkehrungen (Basisschutz und Fehlerschutz) vorzusehen, die sich nicht derart beeinflussen dürfen, dass ein Fehler der einen Schutzvorkehrung die Wirkung der anderen nachteilig beeinträchtigen könnte. Zu betrachten ist der Einzelfall. Es darf darauf vertraut werden, dass normalerweise zwei oder mehrere Fehler an zwei unabhängigen Schutzvorkehrungen zeitgleich nicht auftreten werden.

Das Zusammenwirken von Basisschutz und Fehlerschutz gewährleistet seit vielen Jahren einen sicheren Umgang mit elektrischen Anlagen und Betriebsmitteln. Dabei hat sich die Philosophie der Gleichwertigkeiten der Schutzmaßnahmen ebenso bewährt wie die durch die Praxis bestätigte Annahme, dass mit zwei Gefährdungsereignissen (z. B. Körperschluss und Versagen des Fehlerschutzes) gleichzeitig nicht gerechnet werden muss.

Die Praxis zeigt aber auch, dass in besonderen Anwendungsfällen ein erhöhtes Risiko bestehen kann, wenn z. B. Personen oder Tiere direkte Berührung mit Erdpotential haben, ungünstige Umgebungsbedingungen wie zu hohe Temperaturen, extreme Klimabedingungen, Feuchtigkeit und Wasser, hohe mechanische Beanspruchung auftreten oder mit der Sorglosigkeit der Benutzer elektrischer Betriebsmittel zu rechnen ist. In solchen Fällen, wenn der Basisschutz oder Fehlerschutz ausfallen können oder nicht wirksam sind, kann die Verwendung von Fehlerstrom-Schutzeinrichtungen (RCDs) mit einem Bemessungsdifferenzstrom ≤ 30 mA als dritte Schutzebene als zusätzlichen Schutz gegen elektrischen Schlag sinnvoll sein.

Verlangt wird der zusätzliche Schutz in bestimmten Betriebsstätten, Räumen und Anlagen besonderer Art, deren Schutzmaßnahmen in Teilen der Gruppe 700 beschrieben werden (siehe Kapitel 9).

Alle Schutzmaßnahmen gegen elektrischen Schlag müssen so geplant und ausgeführt werden, dass sie bei bestimmungsgemäßem Gebrauch und geeigneter Instandhaltung während der voraussichtlichen Lebensdauer der Anlage wirksam bleiben.

Bild 2.1 gibt einen Überblick über den Schutz gegen elektrischen Schlag in drei Schutzebenen.

Die Beispielbilder zeigen die in der Praxis am häufigsten angewendeten Schutzmaßnahmen

- die Basisisolierung, die Abdeckung und die Umhüllung als Basisschutz
- den Schutz durch automatische Abschaltung im Fehlerfall als Fehlerschutz
- die Fehlerstrom-Schutzeinrichtung (RCD) mit einem Bemessungsdifferenzstrom $I_{\Delta n} \leq 30$ mA als zusätzlichen Schutz

Der Basisschutz als teilweiser Schutz (Hindernisse oder Anordnung aktiver Teile außerhalb des Handbereichs) ist nur in Anlagen mit und ohne Fehlerschutz zulässig, die von Elektrofachkräften oder elektrotechnisch unterwiesenen Personen betrieben und überwacht werden, z. B. in abgeschlossenen elektrischen Betriebsstätten.

Als Fehlerschutz können anstelle des Schutzes durch automatische Abschaltung (siehe Kapitel 3) auch andere Schutzvorkehrungen zur Anwendung kommen wie

Schutz gegen elektrischen Schlag			
Schutzebene	**Definition**	**Schutzvorkehrungen**	**Beispiele**
1 Basisschutz Schutz gegen direktes Berühren	Schutz vor Gefahren, die sich aus einer Berührung mit aktiven Teilen ergeben. In allen Anlagen und Betriebsmitteln erforderlich.	• Basisisolierung • Abdeckung • Umhüllung Unter besonderen Bedingungen teilweiser Schutz: • Hindernisse • Anordnung außerhalb des Handbereichs (Abstände)	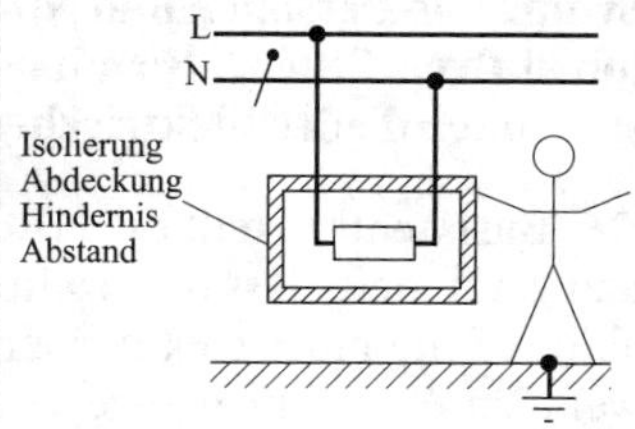
2 Fehlerschutz Schutz bei indirektem Berühren	Schutz vor Gefahren, die sich im Fehlerfall aus einer Berührung mit dem Körper oder fremden leitfähigen Teilen ergeben. In allen Anlagen und Betriebsmittel erforderlich.	• Schutz durch automatische Abschaltung TN-, TT-, IT-System • doppelte oder verstärkte Isolierung • Schutztrennung • Kleinspannung SELV, PELV	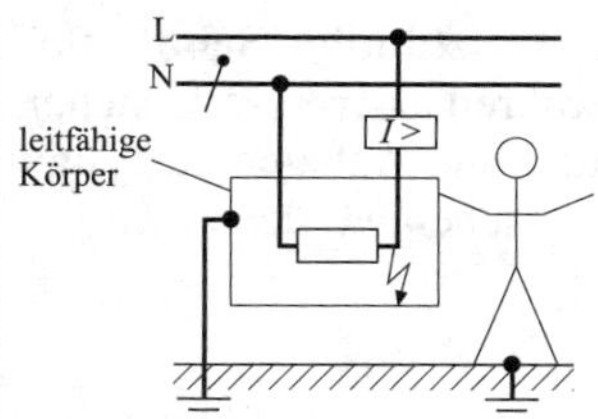 z. B. Schutz durch automatische Abschaltung
3 Zusatzschutz Schutz bei direktem Berühren	Ergänzungen der Schutzmaßnahmen gegen direktes Berühren, z. B. wenn diese unwirksam werden. Nur in definierten Sonderfällen erforderlich.	• Fehlerstrom-Schutzeinrichtung (RCD), ≤ 30 mA • zusätzlicher Schutzpotentialausgleich	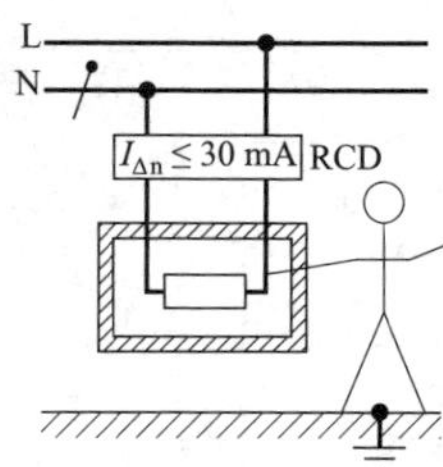

Bild 2.1 Definition des Schutzes gegen elektrischen Schlag in drei Schutzebenen

die doppelte oder verstärkte Isolierung (frühere Bezeichnung: Schutzisolierung z. B. für Elektrokleingeräte im Haushalt, die Schutztrennung für ein oder mehrere Verbrauchsmittel oder die Schutzkleinspannung SELV und PELV (siehe Kapitel 4 bis 6 und 8).

Als Zusätzlicher Schutz kann an Stelle der häufig eingesetzten Fehlerstrom-Schutzeinrichtung (RCD mit $I_{\Delta n} \leq 30$ mA) auch ein zusätzlicher Schutzpotentialausgleich für die gesamte Anlage oder für einen eingeschränkten Bereich vorgesehen werden (siehe Abschnitt 7.2).

2.2 Basisschutz – Teil 410 Abschnitt 411.2 und Anhang A und B

Als Basisschutz (Schutz gegen direktes Berühren) gelten alle Maßnahmen zum Schutz von Personen und Nutztieren vor Gefahren, die sich aus einer Berührung mit aktiven Teilen, also mit den während des Betriebes dauernd unter Spannung stehenden Teilen elektrischer Betriebsmittel ergeben.

Der Basisschutz stellt die erste Schutzbarriere gegen einen elektrischen Schlag dar und verhindert, dass bei bestimmungsgemäßer Anwendung Personen oder Nutztiere aktive Teile einer elektrischen Anlage berühren können. Der Basisschutz ist, von wenigen Ausnahmen abgesehen, immer erforderlich.

Bild 2.2 zeigt einen Überblick über die verschiedenen Möglichkeiten von Maßnahmen für den Schutz gegen direktes Berühren.

Der **vollständige Schutz** stellt den Schutz gegen absichtliches und unabsichtliches Berühren aktiver Teile sicher. Er ist uneingeschränkt für alle elektrischen Betriebsmittel und Anlagen zulässig und muss von wenigen Ausnahmen abgesehen immer vorgesehen werden.

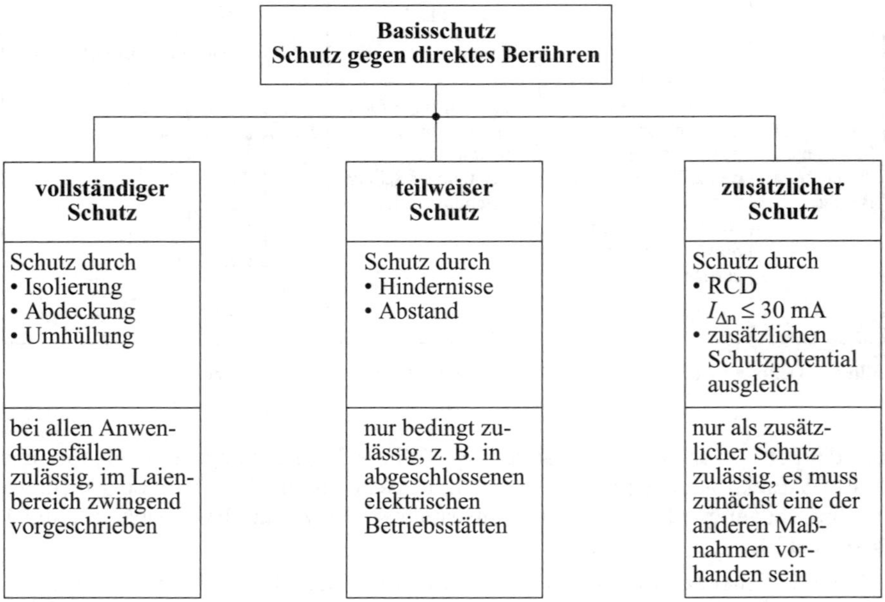

Frühere Bezeichnung des Basisschutzes nach VDE 0100:1973-5 „Schutz gegen zufälliges Berühren“

Bild 2.2 Schutzmaßnahmen für den Basisschutz

Der **teilweise Schutz** soll das unabsichtliche Berühren aktiver Teile verhindern. Er ist in Anlagen zulässig, die nur von Elektrofachkräften oder elektrotechnisch unterwiesenen Personen betrieben und überwacht werden, z. B. in abgeschlossenen elektrischen Betriebsstätten.

Der **zusätzliche Schutz** bietet beim Versagen der bestehenden Schutzmaßnahmen gegen direktes Berühren zusätzliche Sicherheit. Er wird deshalb nur dort angewendet, wo besondere Gefährdungen bzw. besondere Betriebsbedingungen zu erwarten sind (siehe Kapitel 7 und 9).

Bild 2.3 zeigt Beispiele für den Basisschutz.

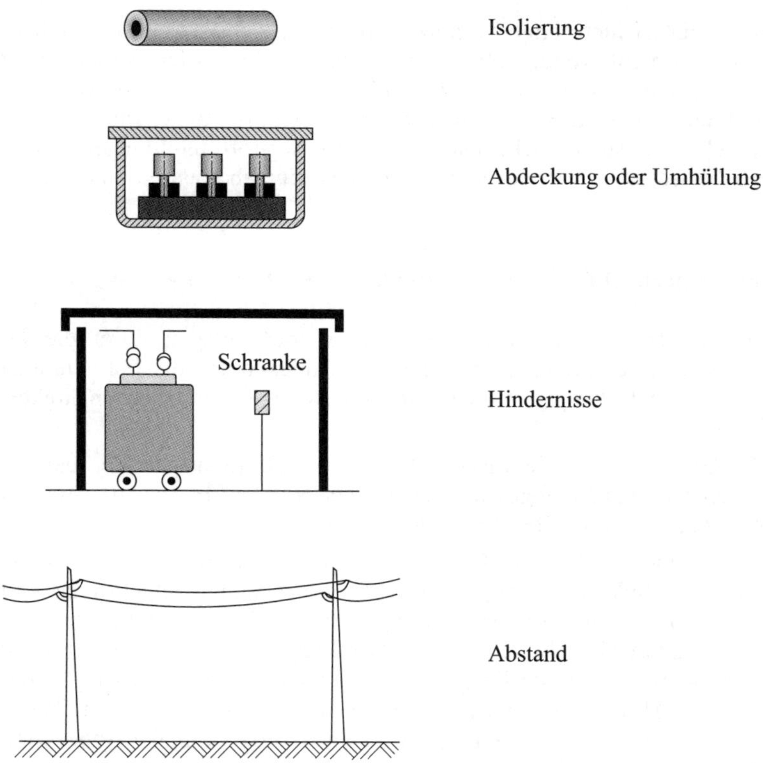

Bild 2.3 Beispiele für den Basisschutz

2.2.1 Schutz durch Isolierung – Teil 410 Anhang A1

Die Basisisolierung muss das Berühren aktiver Teile verhindern.

Verlangt wird:

- aktive Teile müssen vollständig mit der Isolierung abgedeckt sein
- die Isolierung darf nur durch Zerstörung entfernbar sein
- sie muss den elektrischen, mechanischen, thermischen und chemischen Beanspruchungen dauerhaft standhalten
- sie muss mit den entsprechenden Normen der Betriebsmittel übereinstimmen

Die Basisisolierung ist nicht ohne Weiteres mit der Betriebsisolierung gleichzusetzen. Sie müssen nicht, können aber identisch sein. Die Betriebsisolierung ist die für die Reihenspannung der Betriebsmittel bemessene Isolierung aktiver Teile gegeneinander und gegen Körper. Sie muss nicht den Anforderungen der Basisisolierung entsprechen. Beispiel: Lacke, Farbanstriche, Faserstoffumhüllungen, Papier reichen möglicherweise als Betriebsisolierungen aus, sind aber als Basisisolierung ungeeignet.

2.2.2 Schutz durch Abdeckungen, Umhüllungen – Teil 410 Anhang A

Abdeckungen sind Teile elektrischer Betriebsmittel oder Anlagen, durch die der Schutz gegen direktes Berühren in allen üblichen Zugangs- oder Zugriffsrichtungen gewährleistet wird. Abdeckungen müssen einen vollständigen Schutz gegen direktes Berühren sicherstellen.

Häufig ist das Gehäuse eines elektrischen Betriebsmittels so ausgebildet, dass es die Bedingungen der vollständig geschlossenen Abdeckung erfüllt, und dadurch ein sicherer Schutz gegen direktes Berühren erreicht wird.

Da dies aber für manche Geräte aus Gebrauchsgründen (Haartrockner, Heizlüfter) und aus Belüftungsgründen (Filmprojektor) nicht möglich ist, müssen Öffnungen in der Isolierung zugelassen werden. Die Öffnungen dürfen aber nur so groß gewählt werden, dass normalerweise ein ungewolltes Berühren spannungsführender Teile ausgeschlossen ist. Das bewusste Umgehen dieser lückenhaften Isolierung durch die Anwendung von Hilfsmitteln, wie z. B. Stricknadeln und Drähte, wird nicht berücksichtigt. Ebenso wird nicht mit einer gewaltsamen Zerstörung, der Abdeckung oder einer Erweiterung der Öffnungen gerechnet.

Anforderungen an Abdeckungen

- Abdeckungen vor aktiven Teilen müssen mindestens der IP-Schutzart IP2X oder IPXXB entsprechen. (Ausnahme: beim Auswechseln von Teilen z. B. bei Lampenfassungen und Sicherungsunterteilen von Schraubsicherungen).

Die IP-Schutzart IP2X bedeutet, dass Löcher mit Durchgriffsöffnungen bis 12,5 mm Durchmesser („findersicher“) zugelassen sind.

- Für obere horizontale Flächen wird IP4X oder IPXXD gefordert. Dadurch soll verhindert werden, dass Gegenstände, die dort abgelegt werden, durch vorhandene Öffnungen in die Betriebsmittel fallen können.
- Sichere Befestigung der Abdeckung, ausreichende Festigkeit und Haltbarkeit unter Berücksichtigung der zutreffenden äußeren Einflüsse.
- Das vollständige oder teilweise Entfernen von Abdeckungen darf nur möglich sein
  - mit Werkzeug oder Schlüssel
  - nach Abschalten der Stromversorgung
  - bei vorhandener Zwischenabdeckung, die wiederum allen Bedingungen der Abdeckungen entspricht
- Befindet sich hinter der Abdeckung ein Betätigungselement in der Nähe berührungsgefährlicher Teile, so ist DIN EN 50274 (VDE 0660-514) „Anordnung von Betätigungselementen in der Nähe berührungsgefährlicher Teile“ zu beachten.

Die Bedingungen für Abdeckungen gelten in gleicherweise für Umhüllungen. Abdeckungen und Umhüllungen sind neben der Isolierung der am häufigsten verwendete Schutz gegen direktes Berühren an elektrischen Betriebsmitteln und Anlagen. In abgeschlossenen elektrischen Betriebsstätten wird die Abdeckung häufig auch als teilweiser Schutz gegen direktes Berühren verwendet.

2.2.3 Schutz durch Hindernisse – Teil 410 Anhang B

Hindernisse bieten einen teilweise Schutz gegen direktes Berühren, in dem sie die zufällige Annäherung an spannungsführende Teile verhindern, z. B. während der Bedienung der Anlage. Sie müssen aber nicht das absichtliche Berühren durch bewusstes Umgehen der Hindernisse ausschließen. Als Hindernisse gelten Schutzleisten, Geländer, Gitterwände und ähnliche Bauteile. Sie dürfen ohne Werkzeug oder Schlüssel abnehmbar sein, jedoch muss die Befestigung eine unbeabsichtigtes Entfernen verhindern.

Schutz durch Hindernisse darf nur in abgeschlossenen elektrischen Betriebsstätten vorgesehen werden, in denen nur Elektrofachkräfte bzw. elektrotechnisch unterwiesene Personen tätig werden.

2.2.4 Schutz durch Abstand – Teil 410 Anhang B

Durch Abstand wird ein teilweiser Schutz gegen direktes Berühren aktiver Teile sichergestellt. Es wird davon ausgegangen, dass spannungsführende Teile so ausreichend weit entfernt angebracht werden, dass eine Berührung unter betriebsüblichen

Bedingungen nicht möglich ist. Das gilt z. B. für Freileitungen, Fahrleitungen oder Kranschleifleitungen. Im definierten Handbereich (siehe Bild 1.2) dürfen sich keine gleichzeitig berührbaren Teile unterschiedlichen Potentials befinden. Für gleichzeitig berührbare Teile gilt ein Abstand von mindestens 2,50 m.

Wird eine Standfläche durch ein Hindernis (z. B. Geländer) begrenzt, so beginnt der Handbereich an diesem Hindernis. Falls in der Nähe sperrige Gegenstände z. B. Leitern befördert werden, ist der Abstand entsprechend zu vergrößern.

Wie beim Schutz durch Hindernisse darf der Schutz durch Abstand auch nur dort angewendet werden, wo er nach den Normen ausdrücklich erlaubt ist.

2.2.5 Elektrische Anlagen ohne Basisschutz

DIN VDE 0100-410:1983-11 nennt Ausnahmeregelungen für den Schutz gegen direktes Berühren, die in den Nachfolgeausgaben nicht mehr enthalten sind. Nach der alten Norm darf auf den Basisschutz verzichtet werden, wenn betriebliche Belange dies erfordern, wie z. B. bei Schweißeinrichtungen, Glüh- und Schmelzöfen sowie bei bestimmten elektrochemischen Anlagen. Um ausreichende Sicherheit zu gewährleisten, müssen alternative Maßnahmen vorgesehen werden:

- Reduzierung der Spannung auf ungefährliche Werte
  Für Schweißstromquellen für Lichtbogenhandschweißen (DIN EN 50060, VDE 0543) und nach den Sicherheitsanforderungen für Lichtbogenschweißen in gewerblichen und industriellen Bereich (DIN EN 60974-1, VDE 0544-1) gelten als Höchstwerte bei Gleichspannung 113 V Scheitelwert, bei Wechselspannung 68 V Scheitelwert und 48 V Effektivwert.
  Die Arbeitsspannungen liegen in Abhängigkeit von dem Schweißstrom deutlich niedriger.
- isolierende Werkzeuge (z. B. isolierter Haltegriff der Schweißelektroden)
- isolierender Standort oder isolierende Fußbekleidung
- Warnschilder an der Schweißanlage
- Kennzeichnung der Schweißstromquelle bei erhöhter Gefährdung mit dem Zeichen [S]

Da die aktuelle Norm keine Ausnahmeregeln für die beschriebenen Betriebsmittel ohne Basisschutz enthält, muss der Betreiber in eigener Verantwortung für ausreichende Sicherheit sorgen. Dies lässt sich auch aus dem Abschnitt 410.3.8 der aktuellen Norm DIN VDE 0100-410:2007-06 herleiten, der da lautet:

„Wenn bestimmte Bedingungen einer Schutzmaßnahme nicht erfüllt werden können, müssen ergänzende Vorkehrungen so angewendet werden, dass die Schutzvorkehrungen zusammen denselben Grad an Sicherheit bewirken.“

2.3 Fehlerschutz – Teil 410 Abschnitt 411.3

Der Fehlerschutz (Schutz bei indirektem Berühren) ist der Schutz von Personen und Nutztieren vor Gefahren, die sich unter den Bedingungen eines Einzelfehlers aus der Berührung mit Körpern der Betriebsmittel oder fremden leitfähigen teilen ergeben können.

Alterserscheinungen oder mechanische und thermische Beanspruchungen können zum Versagen des Basisschutzes führen und verursachen Isolationsfehler, die die leitfähigen Gehäuseteile (Körper) oder andere fremde leitfähige Teile unter Spannung setzen können. Vor den dadurch entstehenden Gefahren zu schützen, ist Aufgabe des Fehlerschutzes. Nach dem Basisschutz ist der Fehlerschutz die zweite Schutzbarriere gegen einen elektrischen Schlag und verhindert im Fehlerfall eine unmittelbare Gefährdung für Mensch und Tier.

Es wird deshalb gefordert, dass der Schutz gegen elektrischen Schlag in allen Anlagen immer aus einer geeigneten Kombination von zwei unabhängigen Schutzvorkehrungen, der Basisschutzvorkehrung und der Fehlerschutzvorkehrung bestehen muss. Eine Ausnahme bildet die doppelte oder verstärkte Isolierung, die sowohl den Basisschutz als auch den Fehlerschutz erfüllt (siehe Kapitel 4).

Das Schutzziel beim Fehlerschutz kann durch folgende Maßnahmen erreicht werden

- automatische Abschaltung der Stromversorgung beim Auftreten eines Fehlers in der vorgegebenen Zeit, um die Auswirkungen eines gefährlichen Körperstroms zu begrenzen
- Begrenzen des Fehlerstroms auf Werte, die niedriger sind als der gefährliche Körperstrom
- verhindern, dass ein Fehlerstrom fließen kann

Bild 2.5 zeigt die verschiedenen Schutzvorkehrungen für den Fehlerschutz. Am häufigsten wird in den elektrischen Anlagen die automatische Abschaltung im Fehlerfall (TN- und TT-System, siehe Abschnitte 3.1 und 3.2) bevorzugt. Ferner werden allgemein erlaubt

- Schutz durch Meldung (IT-System, Abschnitt 3.3)
- Schutz durch doppelte oder verstärkte Isolierung (Kapitel 4)
- Schutz durch Schutztrennung für die Versorgung eines Verbrauchsmittels (Kapitel 5)
- Schutz durch Kleinspannung SELV oder PELV (Kapitel 6).

Die weiteren im Bild 2.5 genannten Schutzvorkehrungen sind nur unter besonderen Bedingungen zulässig wie z. B. in Anlagen, die nur von Elektrofachkräften oder elektrotechnisch unterwiesenen Personen betrieben und überwacht werden.

2.4 Zusätzlicher Schutz – Teil 410 Abschnitt 415

Wie der Name sagt, darf der zusätzliche Schutz nur als zusätzliche Vorkehrung zum Basisschutz und/oder zum Fehlerschutz angewendet werden. Als alleinige Maßnahme zum Schutz gegen elektrischen Schlag ist er ausdrücklich nicht erlaubt. Ziel ist es, beim Einsatz des zusätzlichen Schutzes besondere Risiken, wie sie z. B. in Teilen der Gruppe 700 der Normenreihe DIN VDE 0100 (siehe Kapitel 9) genannt werden, abzusichern.

Der zusätzliche Schutz wird durch den Einsatz von **Fehlerstrom-Schutzeinrichtungen** (RCDs) mit einem Bemessungsdifferenzstrom, der 30 mA nicht überschreitet, realisiert.

Die Schutzwirkung von RCDs bei der direkten Berührung eines aktiven Leiters beruht einerseits auf dem relativ kleinen Bemessungsdifferenzstrom und andererseits auf der schnellen Abschaltung. Berührt ein Mensch oder ein Tier ein aktives Teil, so kommt je nach den Verhältnissen (Standortwiderstand, Stromweg, Körperwiderstand usw.) ein Strom zum Fließen (**Bild 2.4**). Liegt dieser Strom unter 30 mA, so ist er in der Regel ungefährlich; liegt der Strom über 30 mA, also im gefährlichen Bereich, so schaltet die RCD in einer Zeit kleiner 0,2 s ab.

Der zusätzliche Schutz bleibt unwirksam, wenn der den Körper durchfließende Strom nicht über Erder, sondern zwischen Außenleitern oder Außenleiter und Neutralleiter fließt, z. B. bei einem Hand-Hand-Unfall. Ein solcher Strom kann von einer RCD nicht unterbrochen werden. Deshalb darf nicht davon ausgegangen werden, dass mit dem zusätzlichen Schutz z. B. gefahrlos unter Spannung gearbeitet werden kann.

Der zusätzliche Schutz kann auch als Ergänzung zum Fehlerschutz durch einen **zusätzlichen Schutzpotentialausgleich** errichtet werden. Dabei muss sichergestellt

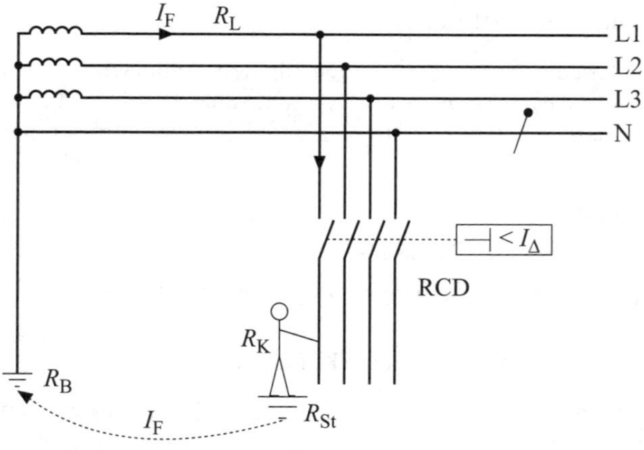

Bild 2.4 RCD beim direkten Berühren (Darstellung TT-System)

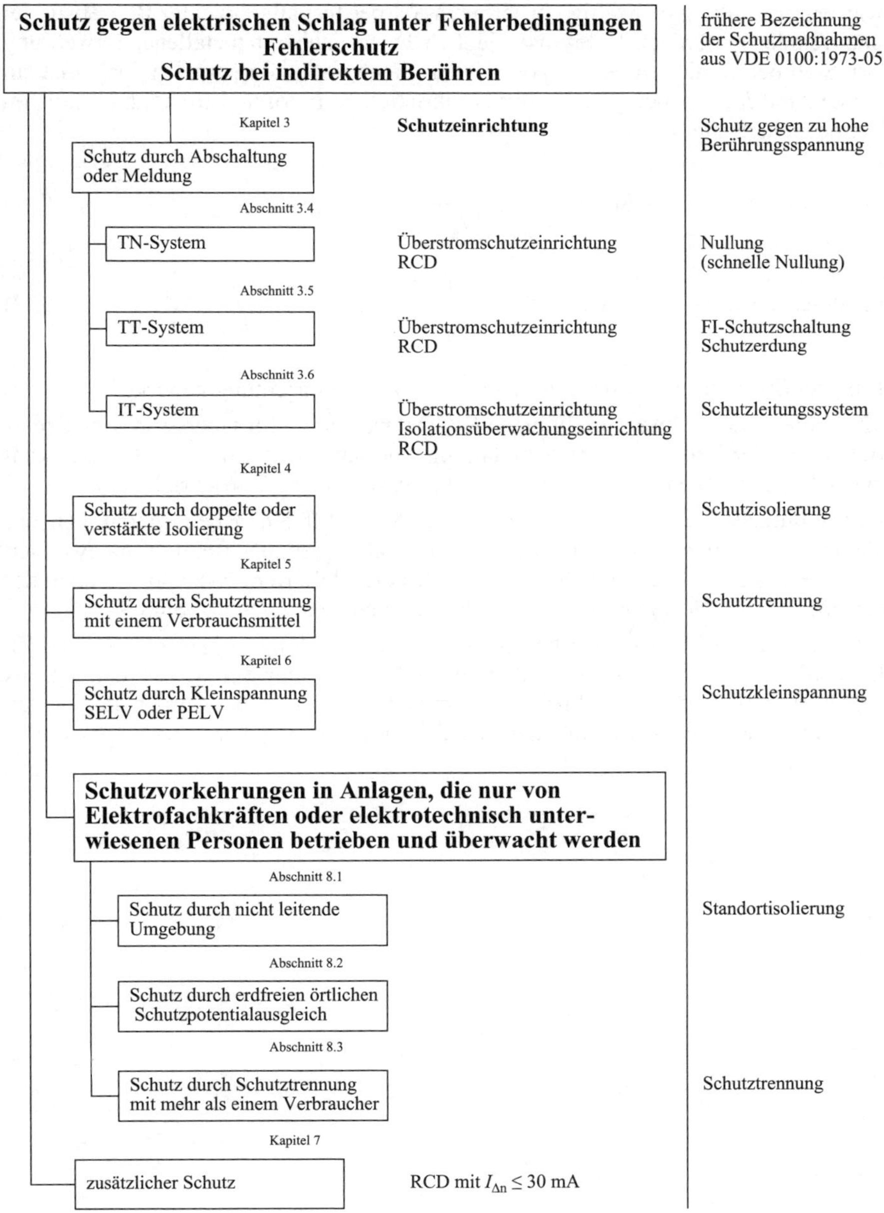

Bild 2.5 Übersicht über die Schutzmaßnahmen des Fehlerschutzes

werden, dass alle gleichzeitig berührbaren Körper fest angebrachter Betriebsmittel und fremden leitfähigen Teile einschließlich der erreichbaren metallenen Bewehrung von Stahlbeton mit dem Schutzpotentialausgleich verbunden werden. Dabei ist ein Widerstand R zwischen gleichzeitig berührbaren Körpern und fremden leitfähigen Teilen sicherzustellen von:

in Wechselspannungssystem $$R \leq \frac{50\ \text{V}}{I_a} \tag{2.1}$$

in Gleichspannungssystemen $$R \leq \frac{120\ \text{V}}{I_a} \tag{2.2}$$

I_a ist der Strom in A, der das Abschalten der Schutzeinrichtung bewirkt.

Für Fehlerstrom-Schutzeinrichtungen (RCDs) ist das $I_{\Delta n}$, für Überstrom-Schutzeinrichtungen der Strom, der eine Abschaltung innerhalb von 5 s bewirkt. Die Auswahl des Schutzpotentialausgleichsleiters wird in Abschnitt 13.2 beschrieben.

Der Schutzpotentialausgleich wird in der Praxis für einen begrenzten Teil der elektrischen Anlage oder für einen räumlich abgegrenzten Bereich angewendet. Anforderungen zum zusätzlichen Schutz für besondere Bereiche sind in Teilen der Gruppe 700 der Normenreihe DIN VDE 0100 genannte (siehe Kapitel 9).

Der zusätzliche Schutz wird bei besonderer Gefährdung eingesetzt (Kapitel 7). Im Bild 2.5 werden ferner die alten Bezeichnungen der Schutzmaßnahmen aus VDE 0100:1973-05, wie sie hier und da immer noch verwendet werden, dem neuen nun auch schon seit Jahren üblichen Bezeichnungen gegenübergestellt.

3 Fehlerschutz durch automatische Abschaltung der Stromversorgung – DIN VDE 0100-410 Abschnitt 411

Personen und Nutztiere müssen vor Gefahren geschützt werden, die beim Berühren von Körpern elektrischer Betriebsmittel im Falle eines Fehlers entstehen. Beim Schutz durch automatische Abschaltung schaltet eine Schutzeinrichtung die Stromversorgung des zu schützenden Stromkreises oder Betriebsmittels in einer vorgegebenen Zeit ab, wenn die zulässige Berührungsspannung überschritten wird. Voraussetzung für den Schutz durch automatische Abschaltung

- Auswahl des Systems nach Art der Erderverbindung (siehe Abschnitt 1.4.3)
  - TN-System
  - TT-System
  - IT-System
- Auswahl der Schutzeinrichtung
  - Überstrom-Schutzeinrichtung
  - RCD
  - Isolationsüberwachungseinrichtung
- Koordinierung des Systems nach Art der Erdverbindung mit der Schutzeinrichtung
- In jedem Gebäude müssen der Erdungsleiter und fremde leitfähige Teile im Gebäude (siehe Abschnitt 1.3.2) über die Haupterdungsschiene zum Schutzpotentialausgleich (frühere Bezeichnung: „Hauptpotentialausgleich") verbunden werden (siehe Kapitel 11 und 13).
- Für jeden Stromkreis muss ein Schutzleiter vorhanden sein, der über die zugeordnete Erdungsklemme oder Erdungsschiene geerdet ist (siehe Kapitel 12).
- Die Körper der Betriebsmittel müssen an einen Schutzleiter angeschlossen werden, der mit dem örtlichen Erdungssystem in Verbindung steht.
- Gleichzeitig berührbare Körper müssen mit dem gleichen Erdungssystem einzeln, in Gruppen oder gemeinsam verbunden werden.
- Metallmäntel von Fernmeldekabel und -leitungen müssen mit dem Schutzpotentialausgleich verbunden werden. Dabei sind Anforderungen der Eigner oder Betreiber dieser Betriebsmittel zu berücksichtigen.
- Die Schutzeinrichtung muss im Falle eines Fehlers die Stromversorgung in der nach **Tabelle 3.1** geforderten Abschaltzeit automatisch unterbrechen. Die Abschaltzeiten sind abhängig von der Spannung Außenleiter gegen Erde. Ist diese Spannung (Ausgangsspannung der Stromquelle) AC $U_0 \leq 50$ V und DC $U_0 \leq 120$ V, muss der Stromkreis im Fehlerfall nicht abschalten, es sei denn aus anderen Gründen als dem Schutz gegen elektrischen Schlag.

System	50 V < U_0 ≤ 120 V		120 V < U_0 ≤ 230 V		230 V < U_0 ≤ 400 V		U_0 > 400 V	
	AC	DC	AC	DC	AC	DC	AC	DC
TN	0,8 s		0,4 s	5 s	0,2 s	0,4 s	0,1 s	0,1 s
TT	0,3 s		0,2 s	0,4 s	0,07 s	0,2 s	0,04 s	0,1 s
U_0 Nennwechselspannung oder Nenngleichspannung Außenleiter gegen Erde								

Tabelle 3.1 Maximale Abschaltzeiten im TN- und TT-System

Die Abschaltzeiten gelten für Endstromkreise mit einem Nennstrom nicht größer als 32 A. Für andere Stromkreise z. B. für Verteilungsstromkreise sind erlaubt in

- TN-Systemen bis zu 5 s
- TT-Systemen bis zu 1 s
  Eine weitere Ausnahme gilt für TT-Systeme, wenn die Abschaltung durch eine Überstrom-Schutz-Einrichtung erreicht werden soll und alle fremden leitfähigen Teile in der Anlage an den Schutzpotentialausgleich über die Haupterdungsschiene angeschlossen sind, dann darf die für TN-Systeme zugelassene Abschaltzeit angewendet werden.
- Wenn die vorgegebene Abschaltzeit nicht eingehalten werden kann, muss ein zusätzlicher Schutzpotentialausgleich vorgesehen werden.
- Abweichungen von den Abschaltzeiten sind in Verteilungsnetzen zulässig. In Freileitungsnetzen und in Erde verlegten Kabelnetzen sowie in Hauptstromversorgungssystemen nach DIN 18015-1 mit der Schutzmaßnahme „Doppelte oder verstärkte Isolierung“ ist es ausreichend, wenn am Anfang des zu schützenden Leitungsabschnittes eine Überstrom-Schutzeinrichtung vorhanden ist und wenn im Fehlerfall mindestens der Strom zum Fließen kommt, der eine Auslösung der Schutzeinrichtung unter festgelegten Bedingungen (großer Prüfstrom, siehe Abschnitt 14.1.2.6) bewirkt.
- Für Steckdosenstromkreise, z. B. für solche mit einem Bemessungsstrom nicht größer als 20 A, die von Laien benutzt werden und die zur allgemeinen Verwendung bestimmt sind oder für Steckdosenstromkreise im Außenbereich mit einem Bemessungsstrom bis 32 A wird der zusätzliche Schutz verlangt (siehe Kapitel 7).

3.1 Schutz im TN-System – Teil 410 Abschnitt 411.4

Im TN-System bedeutet der erste Buchstabe (T), dass ein Punkt der speisenden Stromquelle direkt geerdet wird. In Drehstromnetzen ist das im Allgemeinen der Neutralpunkt, wenn er nicht verfügbar ist, kann auch ein Außenleiter geerdet werden.

Der zweite Buchstabe (N) verlangt, dass die Körper der Betriebsmittel direkt mit dem Betriebserder der Stromquelle bzw. des Netzes über den PEN-Leiter bzw. den Schutzleiter wirksam und zuverlässig verbunden werden (siehe Bild 1.5, Bild 1.6, Bild 1.7). Um einen möglichst geringen Gesamterdungswiderstand eines TN-Systems sicherzustellen, soll neben der Erdung unmittelbar am Transformator der PEN-Leiter bzw. der Schutzleiter an zusätzlichen, möglichst gleichmäßig verteilten Punkten im Netz und an der Übergabestelle vom Netz zur Hausinstallation, also am Hausanschlusskasten, geerdet werden. Dabei wird z. B. der Fundamenterder des Gebäudes mit der Potentialausgleichsschiene und die Potentialausgleichsschiene mit dem PEN-Leiter bzw. dem Schutzleiter verbunden. Durch einen geringen Gesamterdungswiderstand des TN-Systems soll sichergestellt werden, dass das Potential des PEN-Leiters bzw. des Schutzleiters möglichst wenig vom Erdpotential abweicht.

Anstelle des früher geforderten Gesamterdungswiderstands von 2 Ω wird durch die aktuelle Norm der Verteilungsnetzbetreiber verpflichtet, die Bedingung (Spannungswaage) einzuhalten

$$\frac{R_B}{R_E} \leq \frac{50\ \text{V}}{U_0 - 50\ \text{V}} \tag{3.1}$$

Dabei bedeuten

R_B der Erdungswiderstand in Ω aller parallelen Erder (Betriebserder)

R_E der kleinste Erdungswiderstand in Ω von fremden leitfähigen Teilen, die sich in Kontakt mit Erde befinden und nicht mit einem Schutzleiter verbunden sind und über die ein Fehler zwischen Außenleiter und Erde auftreten kann

U_0 die Nennwechselspannung in V Außenleiter gegen Erde

U_L 50 V, vereinbarte Grenze der dauernd zulässigen Berührungsspannung.

Nach dieser Bedingung darf R_E bei $U_0 = 230$ V betragen

$$R_E \geq 3{,}6 \cdot R_B \tag{3.2}$$

Bild 3.1 zeigt die Aufteilung der Spannungen an der Fehlerstelle und am Betriebserder des Netzes.

Wenn der Einzelerder R_E größer als $3{,}6 \cdot R_B$ ist, wird die dauernd zulässige Berührungsspannung $U_L = U_1$ am Betriebserder R_B 50 V nicht übersteigen. Der geringe Widerstand des fehlerbehafteten Außenleiters beeinflusst das Ergebnis nur unbedeutend.

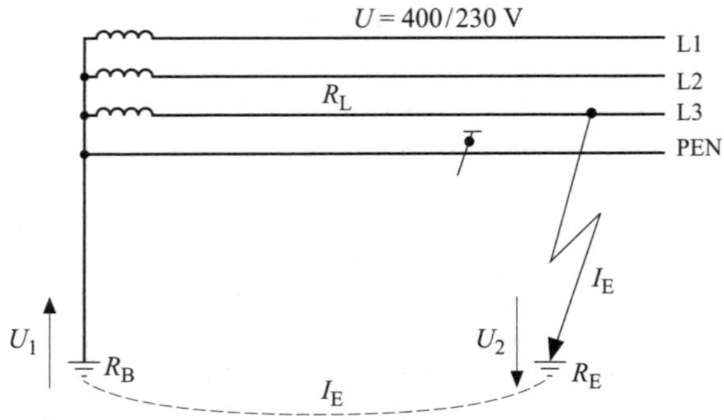

Bild 3.1 Aufteilung der Spannungen an R_E und R_B

In der Praxis kann man davon ausgehen, dass die Spannungswaage, das Verhältnis

$$\frac{R_B}{R_E} \leq \frac{1}{3{,}6} \tag{3.3}$$

von wenigen Ausnahmen abgesehen immer eingehalten wird. Selbst bei höheren Werten für den Betriebserder, also bei Werten größer 2 Ω, wird die Berührungsspannung 50 V nicht überschreiten.

Bei einem Erdschluss eines Außenleiters steigt die Spannung der Außenleiter gegen Erde an (**Bild 3.2**). Sie sollte nach Möglichkeit die Reihenspannung der in Verbraucheranlagen eingesetzten Betriebsmittel in Höhe von 250 V nicht übersteigen. Berechnungen (siehe Literatur [16], Abschnitt 7.1.5) zeigen, dass dieser Wert nur eingehalten werden kann, wenn im Fehlerfall die Spannung am Betriebserder 36,4 V nicht überschreitet. Steigt die Berührungsspannung auf den zulässigen Wert von 50 V an, wird die Isolation der Betriebsmittel mit 258,4 V beansprucht, was aufgrund jahrzehntelanger betrieblicher Erfahrung als vertretbar angesehen wird.

Für die automatische Abschaltung im TN-System dürfen für den Fehlerschutz nachstehende Schutzeinrichtungen verwendet werden

- Überstrom-Schutzeinrichtung
- Fehlerstrom-Schutzeinrichtung (RCDs), nur in TN-S-Systemen möglich; in TN-C-S-Systemen kann die RCD nur hinter dem Aufteilungspunkt von PEN- und Schutzleiter verwendet werden; es muss sichergestellt werden, dass auf der Lastseite der RCD kein PEN-Leiter vorhanden ist

Wenn RCDs für die Abschaltung im Fehlerfall eingesetzt werden, muss der Stromkreis zusätzlich nach DIN VDE 0100-430 durch Überstrom-Schutzeinrichtungen gegen Überlast und Kurzschluss geschützt werden.

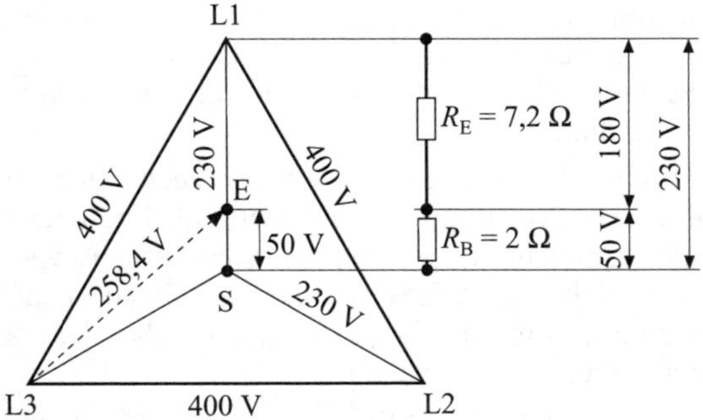

Bild 3.2 Spannung des Sternpunkts gegen Erde bei Erdschluss des Außenleiters L1

Die Selektivitätsbedingungen der Schutzeinrichtungen untereinander werden in Abschnitt 14.4 beschrieben.

Für die Abschaltung müssen die Kennwerte der Schutzeinrichtungen und die Stromkreisimpedanzen folgende Anforderungen erfüllen:

$$Z_S \le \frac{U_0}{I_a} \tag{3.4}$$

Dabei bedeuten

Z_S die Impedanz der Fehlerschleife bestehend aus
- der Stromquelle
- dem Außenleiter bis zum Fehlerort
- dem Schutzleiter zwischen dem Fehlerort und der Stromquelle

I_a der Strom, der das automatische Abschalten der Schutzeinrichtung innerhalb der geforderten Zeit bewirkt. Der Abschaltstrom ist gleich dem Kurzschlussstrom der Fehlerschleife $I_a = I_k$ (Berechnung von Kurzschlusstrom siehe Kapitel 16). Für Überstrom-Schutzeinrichtungen können die Abschaltzeiten den Zeit-Strom-Kennlinien (siehe Kapitel 14) entnommen werden. Die Abschaltzeiten bei Fehlerstrom-Schutzeinrichtungen, auch bei zeitverzögerten (selektiven) RCDs der Bauart S werden immer eingehalten, auch für Abschaltzeiten (0,2 s) bei $U_0 \le 400$ V.

Für RCDs gilt

- $I_a = I_{\Delta n}$
- bei zeitverzögerter (selektiver) Bauart $I_a = 2\,I_{\Delta n}$

U_0 Spannung Außenleiter gegen Erde.

In Kapitel 16 werden Rechenverfahren zur Ermittlung der Kurzschlussströme beschrieben. Auch lassen sich maximal zulässige Stromkreislängen für ausgewählte Querschnitte berechnen, damit im Fehlerfall ein ausreichend großer Kurzschlussstrom fließt, der den Stromkreis sicher abschaltet.

Wenn in seltenen Fällen die automatische Abschaltung in der vorgegebenen Zeit nicht erreicht werden kann, muss ein zusätzlicher Schutzpotentialausgleich als Ergänzung zum Fehlerschutz vorgesehen werden. Er muss alle gleichzeitig berührbaren Körper der fest angebrachten Betriebsmittel und leitfähigen Teile sowie die metallene Hauptbewehrung von Stahlbeton soweit möglich einschließen und mit den Schutzleitern aller Betriebsmittel und Steckdosen verbunden werden.

Es gelten die gleichen Bedingungen wie im Abschnitt 2.4 für den zusätzlichen Schutzpotentialausgleich beschrieben.

3.2 Schutz im TT-System – Teil 410 Abschnitt 411.5

Wie im TN-System bedeutet der erste Buchstabe (T) im TT-System, dass ein Punkt der speisenden Stromquelle direkt geerdet wird. Der Erdungswiderstand des Erders (Betriebserder) sollte möglichst klein sein.

Der zweite Buchstabe (T) verlangt, dass in der Verbraucheranlage ein oder mehrere Erder (Anlagenerder) errichtet werden, die von dem Betriebserder elektrisch zu trennen sind, d. h., sie dürfen sich nicht gegenseitig beeinflussen. In der Praxis bedeutet dies, dass zwischen den Erdern mindestens ein Abstand von 20 m einzuhalten ist (siehe Bild 1.8).

In Gebieten „geschlossener Bebauung“ mit zahlreichen metallenen Verbindungen in der Erde ist die erforderliche Trennung kaum möglich. Ist in solchen Fällen die Unabhängigkeit des Erders in der Verbraucheranlage von der Betriebserde nicht zu erreichen, handelt es sich um ein mehr oder weniger gutes TN-System, auch wenn die Verbindung zwischen PEN-Leiter des Netzes und der Haupterdungsschiene in der Verbraucheranlage fehlt.

Gleichzeitig berührbare Körper und solche, die durch dieselbe Schutzeinrichtung geschützt werden, müssen an denselben Anlageerder angeschlossen werden. Es ist deshalb zweckmäßig für die gesamte Verbraucheranlage nur einen Anlagenerder zu errichten, oder mehrere Einzelerder zu einem Anlagenerder zusammenzuschließen.

Die Schutzwirkung im TT-System wird erreicht durch eine Abschaltung in ausreichend kurzer Zeit oder durch Begrenzung der an einem Körper auftretende Berührungsspannung auf die konventionelle Berührungsspannung U_L.

Für die Abschaltung sind als Schutzeinrichtungen zugelassen

- Überstrom-Schutzeinrichtungen
- Fehlerstrom-Schutzeinrichtungen (RCDs)

Der Zusammenhang zwischen Abschaltstrom der Schutzeinrichtung unter Einhaltung der geforderten Abschaltzeit, Widerstand des Anlagenerders und des Schutzleiters und der konventionellen Berührungsspannung zeigt folgende Beziehung:

$$R_A \cdot I_a \leq U_L \tag{3.5}$$

Es bedeuten

R_A Summe der Widerstände in Ω des Anlagenerders und Schutzleiters vom Körper zum Erder

I_a Strom in A, der die automatische Abschaltung bewirkt
- bei Verwendung einer normalen RCD ist $I_a = I_{\Delta n}$
- bei Verwendung einer zeitverzögerten (selektiven) RCD ist $I_a = 2\, I_{\Delta n}$

U_L konventionelle Berührungsspannung in V

Überstrom-Schutzeinrichtungen werden in der Praxis kaum verwendet, da unter üblichen Netz- und Installationsverhältnissen die Abschaltbedingungen nur schwer erfüllt werden können. Dagegen sind die Bedingungen beim Einsatz von normalen Fehlerstrom-Schutzeinrichtungen, die im Fehlerfall spätestens nach 0,3 s abschalten, immer zu erfüllen. Das Gleiche gilt auch für zeitverzögerte (selektive) RCDs mit einer Abschaltzeit bis 1,0 s.

In der Praxis liegt die tatsächliche Abschaltzeit der RCDs bei unter 0,1 s bzw. unter 0,5 s.

3.2.1 Parallelschaltung von RCDs

Eine Besonderheit ergibt sich bei der Bemessung des Erders, wenn mehrere RCDs parallel arbeiten und nur einen Erder besitzen. Dies kann vorkommen

- in Mehrfamilienhäusern mit einem Fundamenterder und mehreren Anlagen, die über RCDs geschützt sind (**Bild 3.3**)
- auf Baustellen, wenn in einem Baustromverteiler mehrere RCDs benötigt werden
- in größeren Anlagen mit mehreren RCDs
- bei Festplatzanschlüssen, wenn für mehrere Schausteller mehrere RCDs eingebaut sind

Da von jeder Anlage – über jeden Schalter – Fehler- und Ableitströme zu erwarten sind, darf der (Sammel-)Erder nicht mehr bestimmt werden nach der Gleichung

$$R_A \leq \frac{U_L}{I_{\Delta n}} \tag{3.6}$$

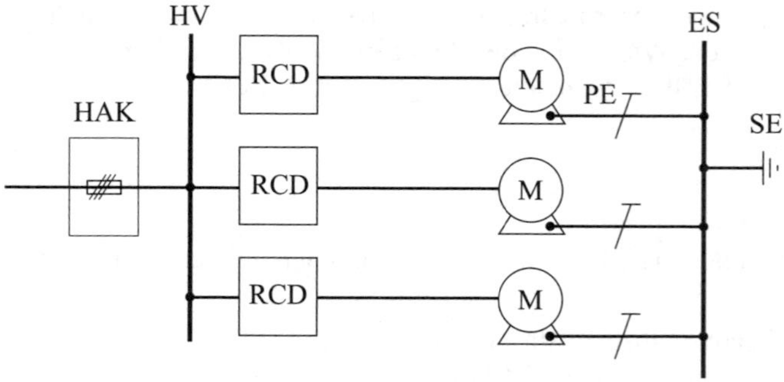

Bild 3.3 Ein Erder für mehrere RCDs

HAK Hausanschlusskasten
HV Hauptverteilung
RCD Residual Current protective Devices
M Motor (Verbraucher)

PE Schutzleiter
ES Erder-Sammelschiene
SE (Sammel-)Erder

Es kann die Gl. (3.7) verwendet werden

$$R_{SE} \leq \frac{U_L}{g \cdot \Sigma I_{\Delta n}} \tag{3.7}$$

Es bedeuten:

R_{SE} Widerstand des Sammelerders in Ω

U_L zulässige Berührungsspannung in V

g Gleichzeitigkeitsfaktor
$g = 0,5$ für zwei bis vier RCDs
$g = 0,35$ für fünf bis zehn RCDs
$g = 0,25$ für mehr als zehn RCDs

$\Sigma I_{\Delta n}$ Summe der Bemessungsdifferenzströme in A. werden normal empfindliche und hoch empfindliche Schalter gleichzeitig eingesetzt, müssen die Bemessungsdifferenzströme der hoch empfindlichen Schalter vernachlässigt werden, da sonst die Gefahr einer falschen Dimensionierung des Sammelerders besteht. Selektive RCDs müssen mit dem doppelten Bemessungsdifferenzstrom berücksichtigt werden.
Bei unübersichtlichen Verhältnissen wird noch eine Kontrolle des Ergebnisses empfohlen. Dabei muss die Bedingung erfüllt sein

$$R_{SE} \cdot I_{\Delta n\,(max)} \leq U_L \tag{3.8}$$

wobei $I_{\Delta n\,(max)}$ der größte Bemessungsdifferenzstrom der eingesetzten RCDs ist. Selektive RCDs sind auch hierbei mit doppeltem Bemessungsdifferenzstrom anzusetzen.

3.2.2 Reihenschaltung von RCDs

Wenn eine Anlage mit mehreren parallel geschalteten RCDs noch zusätzlich mit einem zentralen RCD ausgerüstet werden soll (**Bild 3.4**), genügt es nicht, die Schalter nur hinsichtlich Nennstrom und Bemessungsdifferenzstrom zu staffeln. Da die Schalter selektiv arbeiten sollen, was aber bei größeren Fehlerströmen nach Ebene II nicht möglich ist, ist noch eine zeitliche Staffelung nötig. Das bedeutet, der vorgeschaltete RCD – Ebene I – muss zusätzlich eine Zeitverzögerung erhalten. Für eine derartige selektiv arbeitende RCD ist für Verteilungsstromkreise eine maximale Abschaltzeit von 1 s zulässig.

Selektive RCDs (siehe auch Abschnitt 16.5.2) sind nach DIN EN 61008-1 (VDE 0664-10) genormt. Sie werden durch das Bildzeichen [S] gekennzeichnet. Vorzugswerte für den Nennstrom sind I_n = 16 A, 25 A, 40 A, 63 A und für den Bemessungsdifferenzstrom $I_{\Delta n}$ = 0,1 A und 0,3 A.

Selektive RCDs mit Zeitverzögerung werden auch für I_n = 100 A und 160 A mit den Bemessungsdifferenzströmen $I_{\Delta n}$ = 0,5 A und 1,0 A angeboten. Der für eine Anlage erforderliche Erdungswiderstand muss durch getrennte Betrachtung der verschiedenen Ebenen ermittelt werden, wobei der kleinste der errechneten Erdungswiderstände maßgebend ist. Für Bild gilt die Ebene II, unter Berücksichtigung des Gleichzeitigkeitsfaktors:

$$R_{SE} \leq \frac{U_L}{g \cdot \Sigma I_{\Delta n}} = \frac{50\ \text{V}}{0{,}35 \cdot 5 \cdot 0{,}03\ \text{A}} = 952{,}4\ \Omega$$

Für die Ebene I gilt:

$$R_A \leq \frac{U_L}{2\, I_{\Delta n}} = \frac{50\ \text{V}}{2 \cdot 0{,}3\ \text{A}} = 83{,}3\ \Omega$$

Der Erdungswiderstand der Anlage darf demnach 83 Ω nicht überschreiten.

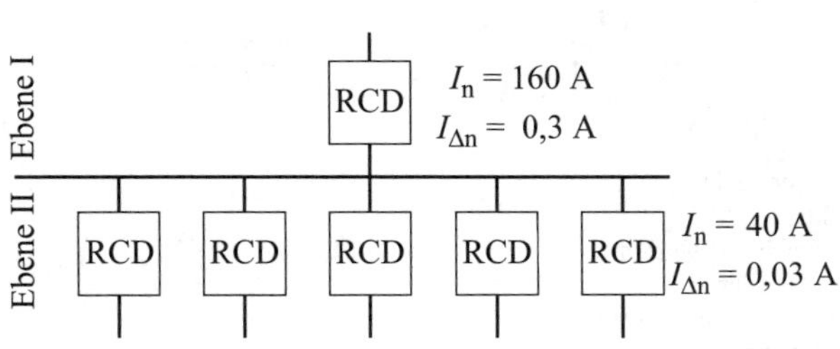

Bild 3.4 RCDs in Reihe geschaltet

3.3 Schutz im IT-System – Teil 410 Abschnitt 411.6

Der erste Buchstabe im IT-System (I) bedeutet, dass alle aktiven Teile der Stromquelle gegen Erde isoliert sind. Oder ein Punkt des Stromkreises ist über eine hochohmige Impedanz mit Erde verbunden, wenn Betriebsgründe dies erfordern. In der Regel wird diese Verbindung mit dem Neutralpunkt des Versorgungssystems oder mit einem künstlichen Neutralpunkt hergestellt. Wenn ein solcher Punkt nicht zur Verfügung steht oder nicht erreichbar ist, darf auch ein Außenleiter über eine hohe Impedanz mit Erde verbunden werden.

Der zweite Buchstabe (T) weist darauf hin, dass die Körper der Betriebsmittel in der Verbraucheranlage zu erden sind (siehe **Bild 3.5**).

Bei richtiger Auslegung der Anlage schafft das IT-System die Möglichkeit im Fehlerfall den Betrieb aufrecht zu erhalten. Beim Erdschluss oder Körperschluss fließt nur ein geringer Fehlerstrom. Eine zu hohe Berührungsspannung entsteht nicht.

Beim ersten Fehler (Erdschluss) nimmt der Schutzleiter das Potential des den Fehler auslösenden Außenleiters an, was aber keine Gefahr darstellt, da über den Schutz-

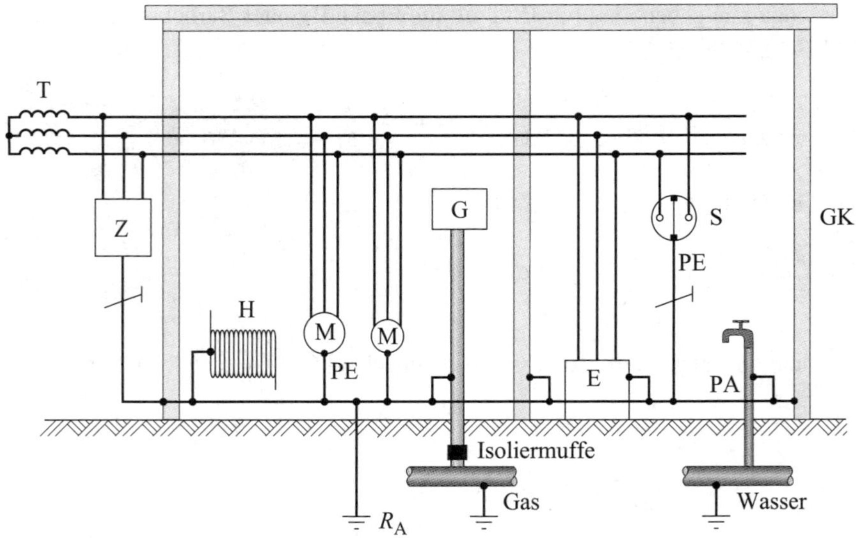

Bild 3.5 IT-System mit Isolations-Überwachungseinrichtung

T	Transformator	S	Steckdose
H	Heizungskörper	Z	Überwachungseinrichtung
M	Motor	R_A	Anlagenerder
G	Gasverbraucher	PA	Potentialausgleichsleiter
E	Elektrogerät	PE	Schutzleiter
		GK	Gebäudekonstruktion

potentialausgleich alle Körper und alle berührbaren Metallteile dieses Potential annehmen, somit also auch keine Potentialdifferenzen überbrückt werden können. Das IT-System geht hinsichtlich seines Betriebszustandes in ein TN- oder TT-System über. Dabei ist zu beachten, dass im Fehlerfall die Spannung gegen Erde der Spannung zwischen den Außenleitern entspricht. Bei einem zweiten Fehler, in einem anderen Außenleiter, muss es dann zu einer Auslösung der Schutzeinrichtung kommen.

Das IT-System muss folgende Voraussetzungen erfüllen (Bild 3.5):

- Die Versorgung erfolgt über einen separaten Transformator oder über einen eigenen Generator.
- Der Sternpunkt des Stromerzeugers darf nicht direkt geerdet werden. Gegebenenfalls ist eine hochohmige Erdung möglich.
- Alle Körper der elektrischen Anlage sind einzeln, gruppenweise oder gemeinsam geerdet und mit dem Schutzleiter verbunden. Die Erdung der verschiedenen Körper darf auch durch Verbindungen mit fremden leitfähigen Teilen zustande kommen.
- Die Erdung des Schutzpotentialausgleichsleiters an einem oder mehreren Erdern muss folgender Bedingung für jeden Erder genügen:

  $$R_A \cdot I_d \leq U_L \tag{3.9}$$

  Darin bedeuten:
  R_A Erdungswiderstand einschließlich Schutzleiterwiderstand in Ω
  I_d Fehlerstrom im Falle des ersten Fehlers in A unter Berücksichtigung der Ableitströme und der Gesamtimpedanz der elektrischen Anlage gegen Erde
  U_L vereinbarte Grenze der zulässigen Berührungsspannung in V
- Der erste Fehler muss durch eine optische und/oder akustische Meldung angezeigt werden. Die Meldung muss so lange bestehen bleiben bis der Fehler beseitigt ist. Wenn beide Signale vorhanden sind, kann die hörbare Meldung vorzeitig abgeschaltet werden.
- Im IT-System dürfen folgende Überwachungs- und Schutzeinrichtungen verwendet werden:
  - Isolationsüberwachungseinrichtung (IMDs) (siehe Abschnitt 14.3)
  - Differenzstrom-Überwachungseinrichtungen (RDMs) (siehe Abschnitt 14.4)
  - Isolationsfehler-Sucheinrichtungen (siehe Abschnitt 14.5)
  - Überstrom-Schutzeinrichtungen
  - Fehlerstrom-Schutzeinrichtungen (RCDs)

Im Fehlerfall geht das IT-System je nach Lage des Fehlers entweder in ein TN- oder TT-System über. Deshalb sind nach dem Auftreten des ersten Fehlers folgende Bedingungen für die Abschaltung der Stromversorgung im Falle eines zweiten Fehlers einzuhalten:

1. Wenn die Körper einzeln oder in Gruppen geerdet sind, sind die Bedingungen wie im TT-System einzuhalten, mit der Ausnahme, dass der Sternpunkt des Transformators betriebsmäßig nicht geerdet sein muss:

$$R_A \leq \frac{50\ \text{V}}{I_a} \tag{3.10}$$

R_A Die Summe der Widerstände in Ω des Erders und des Schutzleiters für die Körper

I_a Strom in A, der die Schutzeinrichtung für TT-Systeme innerhalb der geforderten Zeit abschaltet (siehe Tabelle 3.1 und die beschriebenen Ausnahmen im folgenden Text)

2. Wenn die Körper über einen Schutzleiter verbunden und gemeinsam geerdet sind, gelten die Bedingungen wie für das TN-System mit der Ausnahme, dass der Sternpunkt des Transformators betriebsmäßig nicht geerdet sein muss, und zusätzlich noch zu unterscheiden ist, ob der Neutralleiter im System mitgeführt wird oder nicht.

Wenn der Neutralleiter nicht mitgeführt ist, gilt

$$Z_S \leq \frac{U}{2 \cdot I_a} \tag{3.11}$$

In den Gleichungen bedeuten

U_0 Nennspannung zwischen Außenleiter und Neutralleiter

U Nennspannung zwischen den Außenleitern

Z_S Impedanz der Fehlerschleife, bestehend aus dem Außenleiter und dem Schutzleiter des Stromkreises

Z_S Impedanz der Fehlerschleife, bestehend aus dem Neutralleiter und dem Schutzleiter des Stromkreises

I_a Strom, der die automatische Abschaltung innerhalb der vorgesehenen Zeit bewirkt (Abschaltzeiten siehe Tabelle 3.1 und die beschriebenen Ausnahmen im folgenden Text)

Können diese Bedingungen (Gleichungen und Abschaltzeiten) nicht eingehalten werden, so ist

- entweder ein zusätzlicher Schutzpotentialausgleich herzustellen
- oder es ist für jedes Verbrauchsmittel eine RCD vorzusehen

Wenn gleichzeitig ein zweiter Fehler auftritt, sind Überstrom-Schutzeinrichtungen und RCDs zugelassen. Bei Überstrom-Schutzeinrichtungen ist darauf zu achten, dass beim zweiten Fehler ein ausreichend großer Strom fließt, der die Anlage in der vorgegebenen Zeit abschaltet. Diese Bedingung ist bei normalen RCDs wie auch bei zeitverzögerten Bauarten immer erfüllt. Allerdings kann bei zwei Fehlern an verschiedenen Betriebsmitteln in unterschiedlichen Außenleitern eine Abschaltung nur sichergestellt werden, wenn für jedes Verbrauchsmittel eine eigene RCD vorgesehen wird. Bei der Planung einer Anlage mit RCDs im IT-System ist auf die kapazitiven Ableitströme zu achten. Wenn sie zu groß werden, könnte eine Abschaltung bereits beim Auftreten eines ersten Fehlers nicht ausgeschlossen werden.

Beispiele für die Einsatzmöglichkeiten des IT-Systems sind Anwendungsfälle, bei denen es auf besonders hohe Sicherheit und Zuverlässigkeit der Stromversorgung ankommt oder eine Unterbrechung des Betriebes einen erheblichen wirtschaftlichen Schaden bedeuten würde; z. B.

- Bergbau unter Tage
- chemische Industrie
- Ersatzstromerzeuger
- störungsempfindlicher Produktionsablauf
- Operationsräume und Intensivstationen in Krankenhäusern

3.4 Schutz durch Kleinspannung ohne sichere Trennung – FELV – Teil 410 Abschnitt 411.7

Der Schutz durch Kleinspannung ohne sichere Trennung FELV (**F**unctional **E**xtra **L**ow **V**oltage) kann angewendet werden, wenn die Spannung auf Werte $U \leq 50$ V AC bzw. $U \leq 120$ V DC begrenzt bleibt und nicht alle Bedingungen der Schutzmaßnahmen SELV und PELV (siehe Kapitel 6) erfüllt werden. Das gilt insbesondere dann, wenn die Stromquelle und/oder auch andere Betriebsmittel keine sichere Trennung gewährleisten. Allerdings ist auch für FELV-Stromkreise die Forderung zu erfüllen, dass keinen direkte Verbindung zum einspeisenden System besteht. Für eine solche Trennung reicht die Basisisolierung zu Systemen höherer Spannung aus. Zugelassen sind Transformatoren nach DIN VDE 0550-1 und DIN VDE 0500-3 oder andere Stromquellen, die eine gleichwertige Sicherheit bieten. Das schließt normalerweise Spartransformatoren, Potentiometer oder Halbleiterbauelemente als Stromquelle aus, es sei denn, der Ausgangstromkreis wird als eine Erweiterung des Primärstromkreises angesehen und durch die im Eingangsstromkreis angewendete Schutzmaßnahme geschützt.

Die Kleinspannung FEL wird häufig aus Funktionsgründen eingesetzt, wo Spannungen bis 50 V AC und 120 V DC verlangt werden und nicht alle Bedingungen der Schutzmaßnahme SELV oder PELV erfüllt werden müssen. Beispiele sind Steuerstromkreise mit Relais, ferngesteuerte Schalter, Schütze und andere Betriebs-

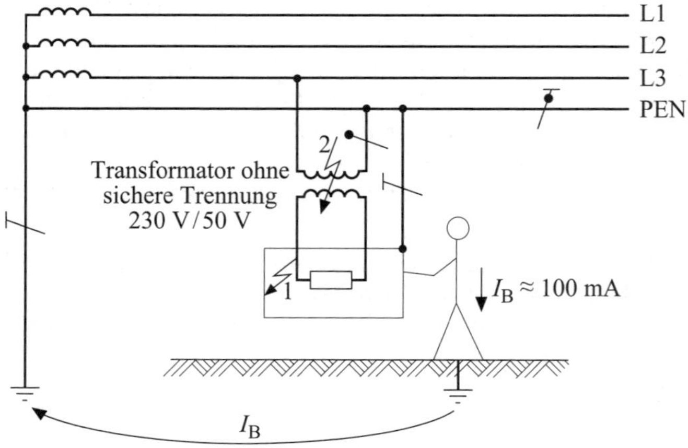

Bild 3.6 FELV; Schaltbild mit Isolationsfehlern

mittel, deren Isolierung im Hinblick auf die Stromkreise mit höherer Spannung keine doppelte oder verstärkte Isolierung aufweisen.

Bild 3.6 zeigt den prinzipiellen Aufbau eines FELV-Systems. Beim ersten Isolationsfehler tritt noch keine Berührungsspannung auf, und es kommt kein Berührungsstrom zum Fließen. Nachteilig ist, dass dieser erste Fehler unter Umständen, je nach Lage der Fehlerstelle und der Schaltung, nicht bemerkt wird. Erst wenn ein zweiter Isolationsfehler (2) oder ein Erdschluss, ungünstig zum ersten Fehler gelegen, hinzukommt, ist mit einem Berührungsstrom zu rechnen. Unter der Annahme, dass die Leiterwiderstände, von Außenleiter und Schutzleiter bzw. PEN-Leiter, von der Stromquelle bis zur zweiten Fehlerstelle annähernd gleich groß sind, wird durch den Menschen eine Berührungsspannung von $U_T = U_0 / 2$ überbrückt, und es kommt ein Berührungsstrom zum Fließen von

$$I_B = \frac{\frac{U_0}{2}}{Z_T} \tag{3.12}$$

Bei einem 400/230-V-Primärsystem und einer Körperimpedanz von $Z_T = 1\,150\ \Omega$ (Bild 1.14: 5-%-Kurve bei $U_T = 115$ V) würde dann ein Berührungsstrom fließen von

$$I_B = \frac{\frac{U_0}{2}}{Z_T} = \frac{\frac{230\ \text{V}}{2}}{1\,150\ \Omega} = 0{,}1\ \text{A} = 100\ \text{mA}$$

Dieser Strom liegt nach Bild 1.17 in dem Bereich, der bei längerer Durchströmungsdauer Herzkammerflimmern auslösen kann. Spätestens beim zweiten Fehler muss deshalb eine Abschaltung durch ein Schutzorgan in die Wege geleitet werden, was voraussetzt, dass die Körper der Betriebsmittel mit dem Schutzleiter des Primärsystems verbunden sind.

Anforderungen an die Schutzmaßnahme FELV:

- **Basisschutz** (Schutz gegen direktes Berühren)
  - Isolierung aktiver Teile entsprechend der Nennspannung des Primärstromkreises der Stromquelle. Prüfung der Isolierung mit einer Prüfspannung von 1 500 V AC für eine Zeit von mindestens 1 min (siehe Abschnitt 2.2.1)
  - Abdeckung oder Umhüllung in der Schutzart IP2X bzw. IPXXB (siehe Abschnitt 2.2.2)
- **Fehlerschutz** (Schutz bei indirektem Berühren)
  Die Körper der Betriebsmittel des FELV-Stromkreises müssen mit dem Schutzleiter des Primärstromkreises der Stromquelle verbunden werden. Sie sind in die Schutzmaßnahme des vorgelagerten Netzes, im Fehlerfall durch automatische Abschaltung der Stromversorgung, einzubeziehen.
  Eine weitere Anwendung des Fehlerschutzes kann eine Kombination des FELV-Stromkreises mit der Schutztrennung (siehe Abschnitt 5.2) sein. Dabei sind die Körper der Betriebsmittel des FELV-Stromkreises mit den Körpern, die in die Schutztrennung einbezogen sind, zu verbinden (siehe **Bild 3.7**)

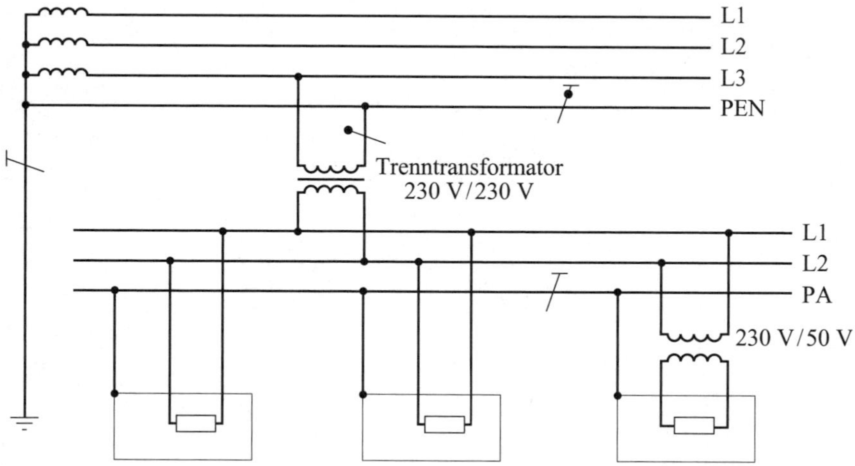

Bild 3.7 Schutz gegen indirektes Berühren bei FELV-Stromkreisen und Schutztrennung, Transformator ohne sichere Trennung

- Die **Stromquelle** für das FELV-System muss entweder ein Transformator mit mindestens einfacher Trennung zwischen den Wicklungen sein oder sie muss den Bedingungen der Kleinspannungen SELV oder PELV entsprechen (siehe Abschnitt 6.1)
- **Steckvorrichtungen** für FELV-Stromkreise dürfen nicht in andere Spannungssysteme eingefürt werden können. Sie müssen einen Schutzkontakt haben.

4 Doppelte oder verstärkte Isolierung – DIN VDE 0100-410 Abschnitt 412

Die doppelte oder verstärkte Isolierung (früher Schutzisolierung) als Schutz gegen elektrischen Schlag erfüllt sowohl den Basisschutz als auch den Fehlerschutz durch

- eine zusätzliche Isolierung zur Basisisolierung
- eine Verstärkung der Basisisolierung

die jeweils sicherstellen, dass beim Versagen der Basisisolierung keine gefährlichen Körperströme zum Fließen kommen (**Bild 4.1** und **Bild 4.2**).

Zu unterscheiden sind Betriebsmittel mit doppelter oder verstärkter Isolierung (schutzisolierte Betriebsmittel oder Betriebsmittel der Schutzklasse II) und vor Ort errichtete Anlagen mit doppelter oder verstärkter Isolierung.

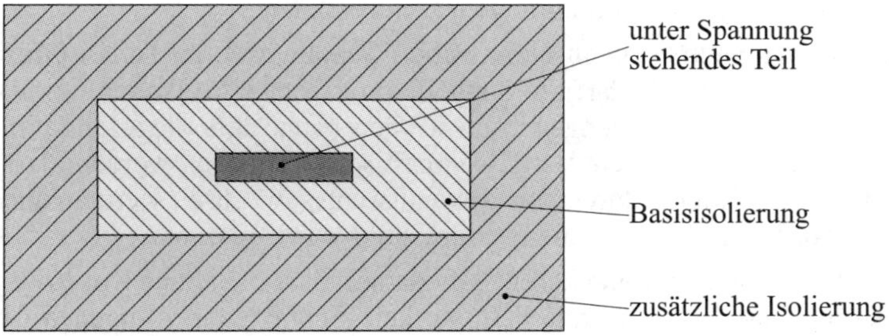

Bild 4.1 Schutzisolierung durch zusätzliche Isolierung

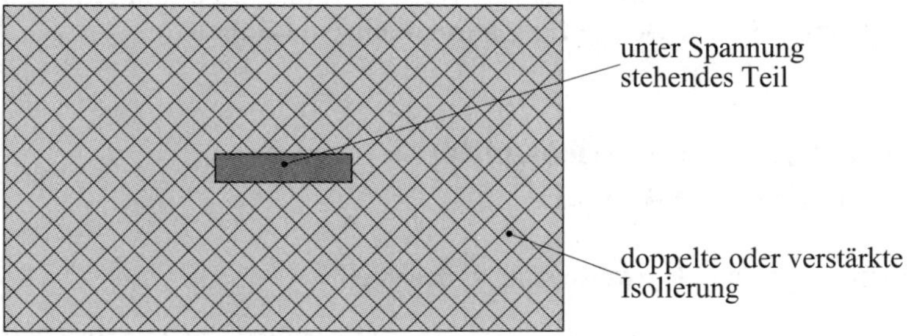

Bild 4.2 Schutzisolierung durch doppelte oder verstärkte Isolierung

- **Betriebsmittel mit doppelter oder verstärkter Isolierung** müssen typgeprüft und nach den einschlägigen Normen entsprechend gekennzeichnet sein. Das gilt auch für Betriebsmittel, die in ihren Produktnormen mit Schutzklasse II als gleichwertig beschrieben werden, wie z. B. Betriebsmittelkombinationen mit vollständiger Isolierung (siehe DIN EN 60439-1 (VDE 0660-500), Betriebsmittel mit doppelter oder verstärkter Isolierung werden mit dem Doppelquadrat, dem Symbol für Schutzklasse II ⧈ gekennzeichnet.
- **Betriebsmittel, die nur eine Basisisolierung haben,** erhalten beim Errichten der elektrischen Anlage eine zusätzliche Isolierung, die zusammen mit der Basisisolierung den gleichen Grad an Sicherheit gewährleisten muss wie Betriebsmittel der Schutzklasse II.
- **Betriebsmittel mit nicht isolierten aktiven Teilen** benötigen eine verstärkte Isolierung, die während der Montage angebracht wird und die den gleichen Grad an Sicherheit erreichen muss wie Betriebsmittel der Schutzklasse II. Eine solche Lösung ist allerdings nur dann zugelassen, wenn die Konstruktionsmerkmale die Anbringung einer doppelten Isolierung nicht zulassen.

Wenn die doppelte oder verstärkte Isolierung während der Errichtung der Anlagen hergestellt wird, sind solche Betriebsmittel mit dem Symbol ⊗ an sichtbarer Stelle an der Außen- und Innenseite der Umhüllung zu kennzeichnen.

Als alleinige Schutzmaßnahme gegen elektrischen Schlag z. B. in Teilen einer Anlage oder für einen Stromkreis darf die doppelte oder verstärkte Isolierung nur dann angewendet werden, wenn nachgewiesen werden kann, dass die Anlage im normalen Betrieb wirksam überwacht wird. Dadurch soll vermieden werden, dass Teile der schutzisolierten Anlage durch den Anwender ausgewechselt werden, und so die Wirksamkeit der Schutzmaßnahme beeinträchtigt werden könnte.

Die Wirksamkeit der Schutzisolierung beruht u. a. darauf, dass metallene Konstruktionsteile der Betriebsmittel nicht zugänglich und kein Schutzleiter vorhanden ist bzw. nicht angeschlossen werden darf. Daraus folgt, dass Stromkreise mit doppelter oder verstärkter Isolierung keine Steckdosen enthalten dürfen.

Die Schutzisolierung darf nicht angewendet werden, wenn Nutzer der Anlagen Teile der Betriebsmittel ohne Berechtigung auswechseln können.

4.1 Anforderungen an Betriebsmittel – Teil 410 Abschnitt 412.2.1

Folgende Anforderungen und Hinweise sind zu beachten

- Elektrische Betriebsmittel mit doppelter oder verstärkter Isolierung (Betriebsmittel der Schutzklasse II) sind nach den einschlägigen Normen herzustellen und mit dem Doppelquadrat ▣ zu kennzeichnen. Dabei handelt es sich hauptsächlich um leichte Handgeräte im Haushalt oder um Werkzeuge, die vom Hersteller mit zweiadrigen (Wechselstrom) oder dreiadrigen (Drehstrom) Anschlussleitungen ohne Schutzleiter ausgerüstet und auch mit Steckern versehen werden, bei denen der Schutzkontakt fehlt (Konturenstecker) oder, falls er doch vorhanden ist, nicht angeschlossen wird. Bei einer Reparatur ist jedoch nichts einzuwenden, wenn in einer Leitung ein Schutzleiter mitgeführt wird und z. B. ein Wechselstromgerät mit einer dreiadrigen Anschlussleitung und einem Schutzkontaktstecker versehen wird. Der Schutzleiter wird im Stecker am Schutzkontakt angeschlossen (die Leitung wird geschützt), darf aber in keinem Fall auch am Gerät angeschlossen werden. Der Schutzleiter ist im Gerät möglichst kurz abzuschneiden und gegebenenfalls zu isolieren.

- Elektrische Betriebsmittel können in den einschlägigen Produktnormen als mit Schutzklasse II gleichwertig deklariert werden (z. B. schutzisolierte Schaltgerätekombinationen, gekennzeichnet mit dem Doppelquadrat ▣). Die geerdeten Leiter, wie Schutzleiter, PEN-Leiter, Schutzpotentialausgleichsleiter usw., an berührbaren Körper oder andere leitfähige Teile, wie Tragkonstruktionen oder Tragschienen dürfen nicht angeschlossen werden. Wenn in Einzelfällen ein solcher Leiter angeschlossen werden muss, so geht die Eigenschaft der Schutzisolierung für dieses Betriebsmittel verloren, und das Symbol ▣ (Doppelquadrat) muss unkenntlich gemacht werden. Werden die geerdeten Leiter nur durchgeschleift, bleibt die schutzisolierende Eigenschaft der Schaltgerätekombination erhalten, und das Symbol ▣ (Doppelquadrat) braucht nicht entfernt zu werden. Die Schiene oder das Tragorgan sind aber als geerdet zu kennzeichnen, was durch die Anbringung des Erdungszeichens mit dem Symbol ⏚, durch eine deutliche Beschriftung „PE" oder durch ein Klebeband in den Farben „Grün-Gelb" erfolgen kann. Auch das Durchschleifen von Kabeln und Leitungen mit geerdetem Schirm ist zulässig, wenn die Schirme auf isolierten Klemmen geführt werden.
- Die Wirksamkeit der Schutzmaßnahmen schutzisolierter Betriebsmittel hat der Hersteller durch die in den Normen vorgeschriebenen Typprüfungen nachzuweisen. Gefordert wird, die Nichtzugänglichkeit von gefährlichen Teilen und Körpern mit dem Prüfstift nach DIN EN 61032 (VDE 0470-2):1998-10 zu prüfen. Ferner ist das schutzisolierte Betriebsmittel in der Regel einer Spannungsprüfung zu unterziehen. Bei 230 V Bemessungsspannung beträgt die Prüfspannung je nach Geräteart zwischen 2 000 V und 4 000 V.
- Die zusätzliche Isolierung an Betriebsmitteln, die nur eine Basisisolierung haben, wird häufig vor Ort durch geeignete Abdeckungen und Umhüllungen hergestellt. Die Anforderungen werden in Abschnitt 4.2 beschrieben, die im Prinzip auch für die Verstärkung der Isolierung an nicht isolierten aktiven Teilen einer elektrischen Anlage gelten. Auch dabei handelt es sich um die Herstellung der Schutzisolierung vor Ort. Allerdings ist das Anbringen der verstärkten Isolierung nur zulässig, wenn Konstruktionsgründe die doppelte Isolierung nicht zulassen.

4.2 Anforderungen an Abdeckungen und Umhüllungen – Teil 410 Abschnitt 412.2.2

Elektrische Betriebsmittel, die von aktiven Teilen nur durch eine Basisisolierung getrennt sind, können durch isolierende Abdeckungen oder Umhüllungen als zusätzliche Isolierung vor Ort soweit ertüchtigt werden, dass sie den Grad an Sicherheit wie Betriebsmittel der Schutzklasse II erreichen, wenn nachstehende Forderungen erfüllt werden:

- Isolierende Umhüllungen müssen einer Schutzart von mindestens IPXXB oder IP2X entsprechen. Prüfung mit dem Gelenktastfinder nach DIN EN 60529 (VDE 0470-1).
- Durch die isolierende Umhüllung dürfen keine leitfähigen Teile geführt werden, die ein Potential übertragen könnten.
- Die isolierende Umhüllung darf keine Schrauben oder andere Befestigungsmittel enthalten, die die vorgesehene Isolierung beeinträchtigen könnten.
- Wenn mechanische Verbindungen (z. B. Bedienungsgriffe eingebauter Geräte) durch die isolierende Umhüllung geführt werden müssen, sollten sie so angeordnet werden, dass eine Spannungsverschleppung auch im Fehlerfall nicht möglich ist, d. h. der Schutz bei indirektem Berühren nicht beeinträchtigt wird.
- Die isolierende Umhüllung muss den betriebsüblichen mechanischen, elektrischen und chemischen Beanspruchungen standhalten.
- Hinter Deckeln und Türen, die ohne Werkzeug geöffnet werden können, müssen alle leitfähigen Teile durch eine isolierende Abdeckung der Schutzart IP2X oder IPXXB geschützt sein.
- Die Umhüllung bzw. Abdeckung darf den Betrieb der durch sie geschützten Betriebsmittel nicht nachteilig beeinflussen.
- Wenn Zweifel an der Wirksamkeit der zusätzlichen bzw. verstärkten Isolierung auftreten, sollte eine geeignete Spannungsprüfung nach DIN VDE 0100-600 durchgeführt werden (siehe Abschnitt 15.4.3).

4.3 Anforderungen an Kabel- und Leitungsanlagen – Teil 410 Abschnitt 412.2.4

Kabel- und Leitungsanlagen, die ihren Produktnormen entsprechen und nach DIN VDE 0100-520 verlegt werden, müssen in Verbindung mit schutzisolierten Anlagen folgende Anforderungen erfüllen:

- Die Bemessungsspannung darf nicht geringer sein als die Nennspannung des Versorgungssystems, mindestens aber 300/500 V.

- Für Kabel und Leitungen ist in den Normen keine Überspannungsfestigkeit festgelegt. Es wird aber angenommen, dass ihre Isolierung mindestens gleichwertig zu den Anforderungen für verstärkte Isolierung ist.
- Die Basisisolierung erhält einen ausreichenden mechanischen Schutz z. B. durch einen nicht metallenen Mantel oder durch nicht metallene geschlossene oder zu öffnende Installationskanäle.
- Kabel- und Leitungsanlagen in schutzisolierten Stromkreisen sollten weder mit dem Doppelquadrat ⧈ noch mit dem Symbol ⏚ gekennzeichnet sein.

5 Schutztrennung – DIN VDE 0100-410 Abschnitt 413

Der Schutz gegen elektrischen Schlag durch Schutztrennung wird sichergestellt durch Maßnahmen

- **des Basisschutzes (Schutz gegen direktes Berühren) durch Isolierung der aktiven Teile oder durch Abdeckung oder Umhüllung**
- **des Fehlerschutzes (Schutz bei indirektem Berühren), bei dem die Betriebsmittel vom speisenden Netz galvanisch sicher getrennt und nicht geerdet werden**

Die Trennung der Verbraucher vom speisenden Netz erfolgt durch einen Trenntransformator, einen Motorgenerator oder durch eine vergleichbare Stromquelle.

Ziel ist es, dass im Sekundärkreis keine Berührungsspannungen entstehen, die entweder vom Primärnetz übertreten oder im Sekundärnetz erzeugt werden. Deshalb sind Maßnahmen vorzusehen, die Erdschlüsse im Sekundärnetz und Spannungsübertragungen aus dem Primärnetz sicher verhindern.

Bild 5.1 zeigt einen Transformator mit sicherer elektrischer Trennung.

Nach DIN VDE 0100-410 ist zu unterscheiden zwischen der Schutztrennung mit nur einem Verbrauchsmittel und dem Anschluss mehrerer Verbraucher hinter einer Stromquelle. Die Schutztrennung mit mehr als einem Verbrauchsmittel ist nur zulässig, wenn die Anlage ausschließlich durch Elektrofachkräfte bzw. elektrotechnisch unterwiesenen Personen betrieben und überwacht werden (siehe Abschnitt 8.3).

Die Schutztrennung mit nur einem Verbrauchsmittel ist eine Schutzmaßnahme, die einen hohen Schutzwert bietet. Vor allem bei schwierigen Verhältnissen, wie sie z. B. in leitfähigen Bereichen mit begrenzter Bewegungsfreiheit nach Teil 706 (Kessel und Schiffsbau) vorliegen (siehe Abschnitt 9.6).

Häufig zur Anwendung gelangen Trenntransformatoren als „Rasiersteckdosen-Transformator“ oder als „Rasiersteckdosen-Einheit“ nach DIN EN 61558-2-5

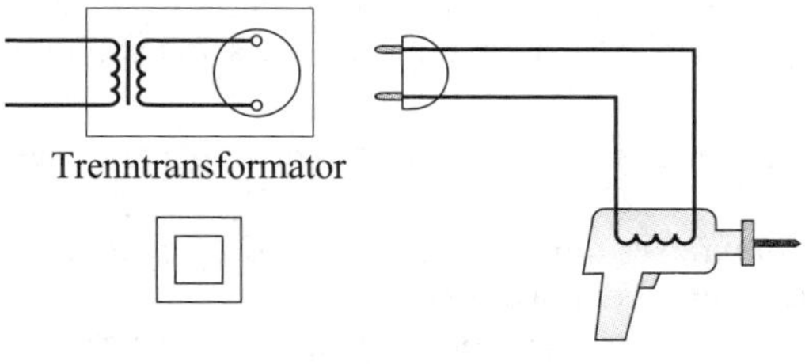

Bild 5.1 Schutztrennung

(VDE 0570-2-5). Die Primär- und Sekundärspannung darf 250 V AC nicht überschreiten. Die Leerlaufspannung darf maximal 275 V AC sein. Die Bemessungsleistung muss zwischen 20 VA und 50 VA liegen. Es sind nur Transformatoren „unbedingt kurzschlussfester" und „bedingt kurzschlussfester" Ausführung zulässig.

5.1 Anforderungen an den Basisschutz – Teil 410 Abschnitt 413.2

Die in Abschnitt 2.2 beschriebenen Anforderungen für den Basisschutz sind zu erfüllen. Bei der Schutztrennung ist die ordnungsgemäße Basisisolierung von besonderer Bedeutung. Das gilt gleichermaßen für die Betriebsmittel und die anzuschließenden Verbraucher, insbesondere auch zwischen dem Stromkreis der Stromquelle und dem Stromkreis mit Schutztrennung.

5.2 Anforderungen an den Fehlerschutz – Teil 410 Abschnitt 413.3

Nachstehende Anforderungen sind zu erfüllen

- Der Stromkreis muss von einer Stromquelle mit mindestens einfacher Trennung versorgt werden. Als Stromquelle können verwendet werden:
  - Trenntransformatoren nach DIN EN 61558-2-4 (VDE 0570-2-4)
  - Motorgeneratoren nach der Normenreihe DIN EN 60034 (VDE 0530)
  - Generatoren mit nicht elektrischen Antrieb nach der Normenreihe DIN EN 60034 (VDE 0530)
  - Andere Stromquellen, die eine gleichwertige Sicherheit bieten.
- Die Spannung des Stromkreises darf nicht größer sein als 500 V.
- Ortsveränderliche Stromquellen müssen schutzisoliert sein.
- Ortsfeste Stromversorgungseinrichtungen müssen entweder schutzisoliert sein, oder so isoliert werden, dass sie die gleiche Sicherheit bieten wie schutzisolierte Geräte (siehe Kapitel 4).
- Leitungen und Geräte sind so zu wählen, dass ein Erdschluss unbedingt verhindert wird. Daraus folgt
  - Aktive Teile des Sekundärstromkreises dürfen weder mit Erde, Schutzleiter noch mit anderen Stromkreisen verbunden werden.
  - Die betriebsmäßige Erdung von Körpern oder von aktiven Teilen der Stromkreise ist nicht zulässig.

- Der Stromkreis mit Schutztrennung sollte möglichst eingegrenzt werden. Die gesamte Leitungslänge sollte 500 m nicht überschreiten. Ein Richtwert für die Leitungslänge lässt sich errechnen aus dem Produkt der Nennspannung des Stromkreises in Volt und der gesamten Leitungslänge in Meter.

  Leitungslänge in m $\times$ U_n in V $\leq$ 100 000

  Damit beträgt die maximale Leitungslänge l_{ges} bei

  - U_0 = 230 V 435 m
  - U_0 = 400 V 250 m
- Es wird empfohlen, Kabel und Leitungen für Stromkreise mit Schutztrennung von anderen Kabel- und Leitungsanlagen getrennt zu verlegen. Sie sind gegen starke mechanische Beanspruchung zu schützen. Flexible Kabel und Leitungen müssen an Stellen mechanischer Beanspruchung über ihre gesamte Länge sichtbar sein. Um die Gefahr von Erdschlüssen herabzusetzen, sind nach Möglichkeit Gummischlauchleitungen vom Typ H07RN-F bzw. A07RN-F oder gleichwertige Ausführungen zu verwenden.
- Bei gemeinschaftlich verlegten Kabel- und Leitungsanlagen müssen mehradrige Kabel und Leitungen ohne metallene Umhüllung oder isolierte Leiter in isolierten Elektroinstallationskanälen ausgewählt werden. Dabei wird vorausgesetzt, dass die Bemessungsspannung mindestens so groß ist wie die höchste Nennspannung und jeder Stromkreis gegen Überstrom geschützt ist.
- In Sonderfällen kann ein Schutzpotentialausgleich erforderlich werden, wenn z. B. der Standort des Benutzers leitend ist wie z. B. in Kesseln oder auf Stahlgerüsten. In solchen Fällen ist der Körper der Verbrauchsmittel mit dem Standort durch einen Schutzpotentialausgleichsleiter zu verbinden. Er ist außerhalb der Zuleitung sichtbar zu verlegen. Sein Querschnitt ist nach DIN VDE 0100-540 zu bemessen (siehe Abschnitt 13.3.2).

6 Kleinspannung SELV und PELV – DIN VDE 0100-410 Abschnitt 414

Kleinspannung SELV und PELV sind Schutzmaßnahmen gegen elektrischen Schlag, die sowohl den Basisschutz (Schutz gegen direktes Berühren) als auch den Fehlerschutz (Schutz bei indirektem Berühren) sicherstellen. Die Abkürzungen SELV und PELV werden in der internationalen Normung verwendet und lassen sich aus dem Englischen ableiten

- SELV – **S**afety **E**xtra **L**ow **V**oltage
- PELV – **P**rotection **E**xtra **L**ow **V**oltage

Ihre Schutzwirkung beruht auf der geringen Nennspannung der Stromkreise bis maximal 50 V Wechselspannung (Effektivwert) oder 120 V Gleichspannung (oberschwingungsfrei) und auf der galvanisch sicheren Trennung der Stromkreise von anderen Versorgungssystemen.

Die **maximalen Spannungen** entsprechen dem Spannungsbereich I (vergleiche Abschnitt 1.4.1 und Tabelle 1.2), der für Anlagen gilt, bei denen der Schutz gegen elektrischen Schlag durch die maximal zulässige Höhe der Spannung sichergestellt werden soll und in denen die Spannung aus Funktionsgründen begrenzt ist (z. B. Fernmeldeanlagen, Steuer- und Meldestromkreise, Signalanlagen). Für besondere Anlagen können auch niedrige Werte festgelegt werden, wie z. B. $U \leq 25$ V AC für Spielzeugeisenbahnen. In den Normen der Gruppe 700 von VDE 0100 (siehe Kapitel 9) werden für bestimmte Anwendungsfälle ebenfalls niedrige Werte als AC 50 V und DC 120 V gefordert, z. B. bei besonderen Umgebungsbedingungen.

Für SELV- und PELV-Stromkreise wird eine **elektrisch sichere Trennung** zu Stromkreisen höherer Spannungen und zu allen Nicht-SELV- und PELV-Stromkreisen gefordert. Vorzusehen ist eine gegenseitige Trennung der Stromkreise durch

- doppelte Isolierung (siehe Kapitel 4)
- verstärkte Isolierung (siehe Kapitel 4)
- Basisisolierung und elektrische Schutzschirmung
  Das bedeutet, dass mindestens die Basisisolierung anzuwenden ist mit einem leitfähigen Schirm (Schutzschirm), z. B. Kabelbewehrung aus Metall, die mit dem Schutzleiter oder dem Schutzpotentialausgleichsleiter zu verbinden ist.

Zwischen den SELV- oder PELV-Systemen untereinander und zwischen SELV-Systemen und Erde reicht die **einfache elektrische Trennung (Basisisolierung)** aus.

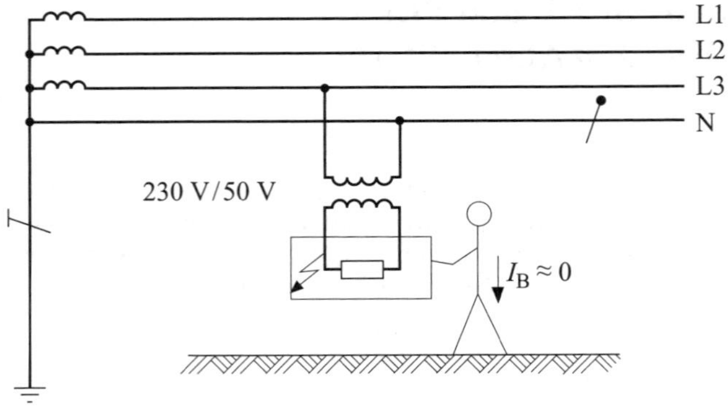

Bild 6.1 SELV; Schaltbild mit Isolationsfehler

Der Schutz durch die Kleinspannungen SELV und PELV unterscheidet sich durch die Erdung.

Aktive Teile der SELV-Stromkreise dürfen nicht geerdet werden. Auch die Erdung der Körper der Betriebsmittel ist nicht zulässig.

Wenn ein Mensch ein mit einem Isolationsfehler (direkter Körperschluss) behaftetes Betriebsmittel berührt, kann kein merklicher Strom über den menschlichen Körper zum Fließen kommen. Der Berührungsstrom ist nahezu null. **Bild 6.1** zeigt die Situation.

Der über den menschlichen Körper gegen Erde fließende Strom wird durch die Leiterkapazität und die damit verbundenen kapazitiven Ableitströme gegen Erde bestimmt. Da die Spannung relativ gering ist, sind die in der Praxis hierbei auftretenden Ströme sehr klein und liegen normalerweise deutlich unterhalb der Wahrnehmbarkeitsschwelle.

Erst bei einem zweiten Fehler (vollkommener Erdschluss eines anderen Leiters), zusätzlich zum ersten Fehler, ist damit zu rechnen, dass ein Berührungsstrom zu Fließen kommt. Er dürfte in der gleichen Größenordnung liegen wie in der nachfolgenden Berechnung beim Schutz durch die Kleinspannung PELV.

Bei „Schutz durch Kleinspannung PELV“ darf ein Leiter des Systems direkt geerdet werden.

Im Fehlerfall kommt bei einem direkten Körperschluss ein Strom zustande, der eine Höhe von

$$I_B = \frac{U}{Z_T} \tag{6.1}$$

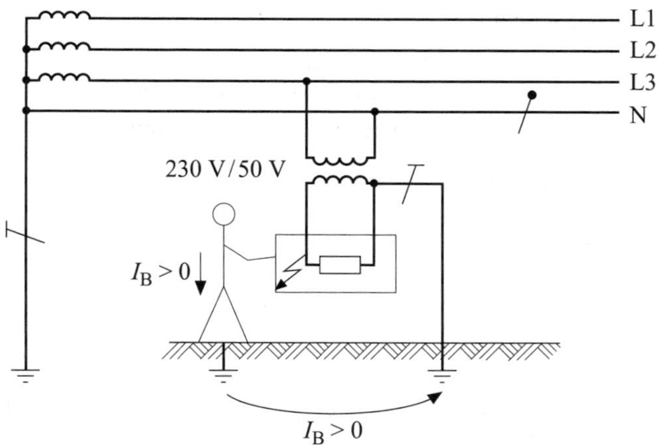

Bild 6.2 PELV; Schaltbild mit Isolationsfehler

annehmen kann, wenn die anderen Widerstände im Fehlerstromkreis (Fehlerwiderstand, Standortwiderstand, Leitungswiderstand, Erdungswiderstand) als sehr klein gegenüber der Körperimpedanz angenommen werden. **Bild 6.2** zeigt die Situation.

Bei der Spannung von $U = 50$ V und $Z_T = 1\,450\ \Omega$ (Bild 1.14: 5-%-Kurve bei 50 V) fließt damit ein Berührungsstrom von

$$I_B = \frac{50\ \text{V}}{1\,450\ \Omega} = 0{,}0345\ \text{A} = 34{,}5\ \text{mA}$$

Dieser Strom ist unter den hier angenommenen Bedingungen, die als normal gelten können, nach Bild 1.17 ungefährlich. Er liegt bei längerer Einwirkungsdauer im Bereich AC 3, bei dem die physiologischen Wirkungen im Allgemeinen keinen organischen Schaden erwarten lassen.

6.1 Basisschutz (Schutz gegen direktes Berühren) – Teil 410 Abschnitt 414.2

Wichtige Voraussetzung für den Basisschutz der SELV- und PELV-Stromkreise ist die Begrenzung der Betriebsspannung auf Werte des Spannungsbereichs I, wie sie nachfolgend beschrieben werden. Darüber hinaus müssen die Bedingungen der Abschnitte 6.3 und 6.4 erfüllt werden für

- die sichere Erzeugung der Spannung
- die sichere Trennung zu Stromkreisen höherer Spannung
- die sichere Trennung von SELV- und PELV-Stromkreisen untereinander
- die Verwendung geeigneter, unverwechselbarer Steckvorrichtungen

Anforderungen an SELV-Stromkreise

Der Basisschutz wird gefordert für Anlagen in den Spannungsgrenzen

- AC 25 V < $U \leq$ 50 V
- DC 60 V < $U \leq$ 120 V

Der Basisschutz wird verwirklicht durch Isolierungen, die einer Prüfspannung von 500 V AC effektiv für 1 min standhalten, oder durch Abdeckungen oder Umhüllungen (Gehäuse) der Schutzart IP2X oder IPXXB.

Im Allgemeinen kann der Basisschutz bei normalen, trockenen Umgebungsbedingungen entfallen, wenn nachstehende Spannungsgrenzen eingehalten werden:

- AC $U \leq$ 25 V
- DC $U \leq$ 60 V

Beispiele: Halogen-Niedervoltleuchten, Spielzeugeisenbahn.

Ausnahmen sind in Sonderfällen möglich, wenn z. B. Betriebsmittel in Wasser eingetaucht werden. Bei Spannungen bis AC 12 V und DC 30 V wird generell kein Basisschutz gefordert.

Anforderungen an PELV-Stromkreise

Für Spannungsbereiche zwischen AC 25 V und 50 V bzw. DC 60 V und 120 V gelten die gleichen Anforderungen wie für SELV-Systeme. Für Spannungsbereiche AC bis 25 V und DC bis 60 V kann im Allgemeinen auf den Basisschutz ebenfalls verzichtet werden. Allerdings sind die Körper und/oder aktiven Teile durch einen Schutzleiter mit der Haupterdungsschiene zu verbinden. Wenn die Spannungen AC 12 V und DC 30 V nicht überschreiten, kann generell auf den Basisschutz verzichtet werden.

6.2 Fehlerschutz (Schutz bei indirektem Berühren) – Teil 410 Abschnitt 414.2

Der Fehlerschutz für SELV- und PELV-Stromkreise wird nicht gefordert.

6.3 Stromquellen für SELV- und PELV-Stromkreise – Teil 410 Abschnitt 414.3

Wichtige Voraussetzung für den Schutz gegen elektrischen Schlag durch die Kleinspannung SELV oder PELV ist die sichere Trennung oder die Unabhängigkeit der Stromquelle von Stromkreisen mit höherer Spannung. Als Stromquellen für SELV- und PELV-Stromkreise sind zugelassen (siehe dazu Beispiele nach **Bild 6.3**):

6.3.1 Sicherheitstransformatoren

Die Sicherheitstransformatoren erfüllen die Anforderungen nach der Normenreihe EN 61558 (VDE 0570) „Sicherheit von Transformatoren, Netzgeräte und dergleichen". Wichtigste Voraussetzung ist die sichere Trennung der Sekundärwicklung von der Primärwicklung durch geeignete konstruktive Maßnahmen. Die Isolation der Wicklungen ist als doppelte oder verstärkte Isolierung auszuführen. Die Wicklungen sind getrennt von einander anzuordnen. Sie dürfen weder direkt noch indirekt über andere Metallteile miteinander in Verbindung kommen. Die Wirksamkeit der sicheren Trennung muss durch entsprechende Spannungsprüfungen nachgewiesen werden. Beim Aufbau der SELV- bzw. PELV-Stromkreise ist ferner das Verhalten der Transformatoren im Überlast und Kurzschlussfall zu beachten. Zur Auswahl stehen kurzschlussfeste, bedingt kurzschlussfeste und nicht kurzschlussfest Transformatoren.

Nach der Normenreihe EN 61558 (VDE 0570) stehen nachstehende Ausführungsarten zur Verfügung:

- Sicherheitstransformator für allgemeine Anwendung nach DIN EN 61558-2-6
- Transformatoren für Spielzeuge nach DIN EN 61558-2-7 (VDE 0570-2-7)
- Klingel- und Läutewerktransformatoren nach DIN EN 61558-2-8
- Transformatoren für Handleuchten der Schutzklasse III für Wolframdrahtlampen nach DIN EN 61558-2-9 (VDE 0570-2-9)

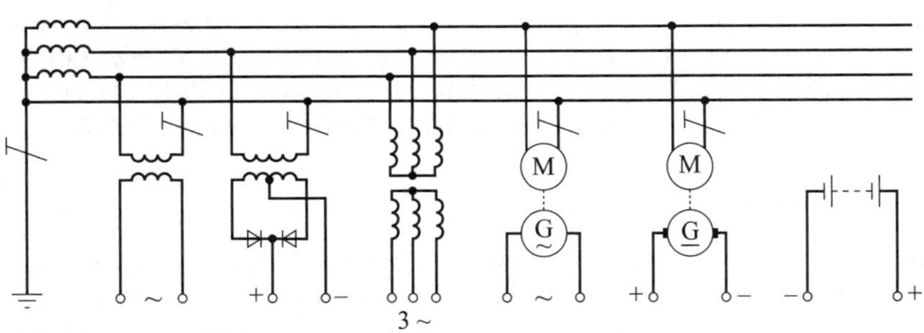

Bild 6.3 Beispiele für das Erzeugen der Kleinspannung für SELV und PELV

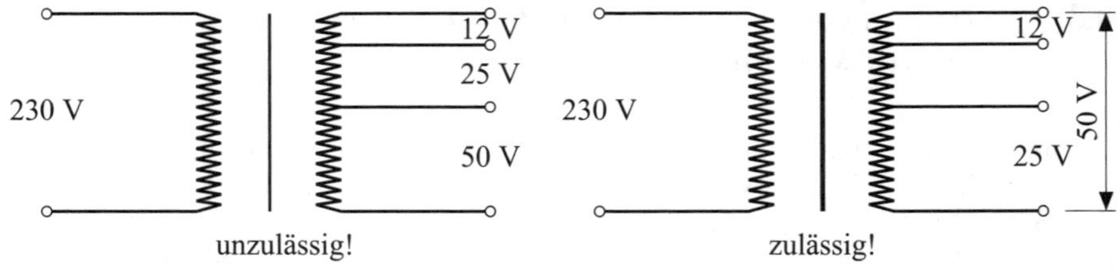

Bild 6.4 Transformatoren mit Anzapfungen

Transformatoren mit Anzapfungen an der Sekundärwicklung müssen so hergestellt werden, dass eine Erhöhung der zulässigen Nennspannung nicht möglich ist. Die Anzapfungen sind so auszuführen, dass nur die vorgesehenen Spannungen abgegriffen werden können (siehe dazu **Bild 6.4**).

6.3.2 Motorgeneratoren und Umformer

Motorgeneratoren und Umformer mit sicherer Trennung der Wicklungen müssen den gleichen Grad an Sicherheit erfüllen wie die Sicherheitstransformatoren. Sie müssen z. B. der Norm DIN EN 60034-1 (VDE 0530-1) entsprechen.

6.3.3 Generatoren

Generatoren mit nicht elektrischen Antrieb (Diesel-Aggregate, Otto-Motoren, Gas-Motoren) gehören zu den unabhängigen Stromquellen. Wenn sie für kleine Spannungen ausgelegt sind, können sie für die Versorgung von SELV- oder PELV-Stromkreise verwendet werden. Sie dürfen nicht mit Stromkreisen höherer Spannung verbunden werden. Die Generatoren entsprechen der Norm DIN EN 60034-1 (VDE 0530-1).

6.3.4 Elektrochemische Stromquellen

Batterien, Akkumulatoren, Galvanische Elemente oder andere elektrochemische Stromerzeuger nach DIN VDE 0510, soweit sie überhaupt für SELV- oder PELV-Stromkreise verwendet werden, gehören ebenfalls zu den unabhängigen Stromquellen, die eine sichere Trennung zu den Stormkreisen höherer Spannung garantieren.

6.3.5 Elektronische Einrichtungen

Auch bei elektronischen Einrichtungen z. B. nach DIN EN 50178 (VDE 0160) muss eine sichere Trennung garantiert werden. Außerdem muss sichergestellt werden, dass bei einem Fehler im Gerät die Ausgangsspannung die maximal zulässigen Werte AC 50 V oder DC 120 V nicht überschreitet, es sei denn, die Spannung an den Ausgangsklemmen wird in kurzer Zeit auf die genannten oder niedrige Werte herabgesetzt, wenn ein aktives Teil berührt wird oder im Fehlerfall zwischen einem aktiven Teil und einem Körper.

Als „kurze Zeiten“ sind wie folgt einzuhalten:

- $t = 0{,}1$ s bei $U_0 > 400$ V
- $t = 0{,}2$ s bei $U_0 \leq 400$ V
- $t = 0{,}4$ s bei $U_0 \leq 230$ V

Um diese Werte zu überprüfen, kann ein Spannungsmesser mit etwa 3 000 Ω Innenwiderstand an den Ausgangsklemmen angelegt werden. Die Spannung muss dabei in der festgelegten Zeit auf ungefährliche Werte zurückgehen.

6.3.6 Ortsveränderliche Stromquellen

Ortsveränderliche Stromquellen zum Erzeugen von Kleinspannung, die von einem Netz höherer Spannung versorgt werden, müssen in eine Schutzmaßnahme einbezogen werden. Die häufige Verwendung von schutzisolierten Geräten wie z. B. Sicherheitstransformatoren oder Motorgeneratoren ist dabei vorzuziehen. Werden nicht schutzisolierte Stromquellen eingesetzt, ist ihr Körper (Gehäuse) an den Schutzleiter anzuschließen und so in die Schutzmaßnahme des vorgelagerten Netzes einzubeziehen. Im Übrigen gelten alle Anforderungen der stationär aufgestellten Sicherheitstransformatoren (Abschnitt 6.3.1).

6.4 Anforderungen an Stromkreise für SELV- und PELV – DIN VDE 0100-410 Abschnitt 414.4

Für SELV- und PELV-Stromkreise gilt

- Basisisolierung zwischen aktiven Teilen der SELV- und PELV-Stromkreise und anderen SELV- oder PELV-Stromkreisen
- Basisisolierung zwischen aktiven Teilen von SELV-Stromkreisen und Erde
- Sichere Trennung durch doppelte oder verstärkte Isolierung der SELV- oder PELV-Stromkreise von den aktiven Teilen anderer Stromkreise, die nicht zu den SELV- oder PELV-Stromkreisen gehören. Anstelle der sicheren Trennung reicht auch die Basisisolierung mit Schutzschirmung für die höchste vorkommende Spannung aus.
- Sichere Trennung zwischen den aktiven Teilen der elektrischen Betriebsmittel der SELV- und PELV-Stromkreise (Schütze, Relais, Hilfsschalter) und allen Teilen eines Stromkreises höherer Spannung.

- Kabel- und Leitungsanlagen der SELV- und PELV-Stromkreise müssen von aktiven Teilen anderer Stromkreise sicher getrennt werden. Dabei wird vorausgesetzt, dass die von den SELV- und PELV-Stromkreisen sicher getrennten Anlagen mindestens eine Basisisolierung haben. Die sichere Trennung der Leiter von SELV- und PELV-Stromkreisen lässt sich durch eine der folgenden Anordnungen erreichen
  - Räumliche getrennte Anordnung der Leiter
  - Zusätzlich zur Basisisolierung muss der Leiter von einem nicht metallenen Mantel oder einer isolierenden Umhüllung (Installationsrohr, Installationskanal) umschlossen sein.
  - Für die Trennung von Stromkreisen höherer Spannung ist ein geerdeter metallener Mantel oder eine geerdete metallene Schirmung erforderlich.
  - Leiter in mehradrigen Kabel, Leitungen oder Leiterbündel mit verschiedenen Spannungen müssen einzeln oder gemeinsam für die höchste vorkommende Spannung isoliert sein.
- Für Stecker und Steckdosen der SELV- und PELV-Systeme gelten folgende Anforderungen
  - Steckvorrichtungen (Stecker, Steckdosen, Kupplungen, Gerätestecker) dürfen nicht in Steckvorrichtungen anderer Spannungssysteme eingeführt werden können.
  - Das gleiche gilt auch für SELV- und PELV-Stromkreise untereinander
  - Steckvorrichtungen für SELV-Stromkreise dürfen keinen Schutzleiterkontakt haben
  - Schutzleiterkontakte für Steckvorrichtungen in PELV-Stromkreisen sind zulässig
  - Steckvorrichtungen für Kleinspannungen können nach DIN VDE 60309 (VDE 0623) ausgewählt werden.
- Körper von SELV-Stromkreisen dürfen nicht geerdet werden oder mit Schutzleitern oder Körpern eines anderen Stromkreises verbunden werden. Wenn solche Verbindungen zufällig oder unvermeidbar entstehen, ist der Schutz gegen elektrischen Schlag nicht allein durch SELV, sondern auch von den Schutzvorkehrungen der anderen Stromkreise abhängig.
- Die PELV-Stromkreise und die Körper der von ihnen versorgten Betriebsmittel dürfen geerdet werden. Dies wird realisiert durch eine Verbindung mit Erde oder mit einem geerdeten Schutzleiter an der Stromquelle.
- Die Anforderungen für den Basisschutz der SELV- und PELV-Stromkreise in Abhängigkeit der von den unterschiedlichen Spannungen sind in Abschnitt 6.1 beschrieben.

7 Zusätzlicher Schutz – DIN VDE 0100-410 Abschnitt 415

Der zusätzliche Schutz (Schutz bei direktem Berühren) ist eine Maßnahme zum Schutz von Personen und Nutztieren vor Gefahren, die sich aus der Berührung mit aktiven Teilen elektrischer Betriebsmittel ergeben, wenn der Basisschutz (Schutz gegen direktes Berühren) versagt und der Fehlerschutz (Schutz bei indirektem Berühren) nicht wirksam werden kann (siehe auch Abschnitt 2.4).

Der zusätzliche Schutz wird auch als dritte Schutzebene bezeichnet, die bei besonderen Risiken oder bei Sorglosigkeit im Umgang mit der elektrischen Energie den Benutzer schützt und eine Gefährdung auf ein Minimum begrenzt.

7.1 Zusätzlicher Schutz durch Fehlerstrom-Schutzeinrichtungen – DIN VDE 0100-410 Abschnitt 415.1

Durch den Einbau einer Fehlerstrom-Schutzeinrichtung (RCD) mit einem Bemessungsdifferenzstrom, der 30 mA nicht überschreitet, wird beim Versagen des Basis- oder Fehlerschutzes bei einer Körperdurchströmung der Stromkreis abgeschaltet. Der Schutz wird sichergestellt einerseits durch geringen Fehlerstrom bzw. Differenzstrom, bei dem eine hochempfindliche RCD anspricht und andererseits durch die schnelle Abschaltung innerhalb von 10 ms bis 40 ms. Liegt der Strom, der durch den menschlichen Körper fließt, unter 30 mA, so ist er normalerweise ungefährlich. Liegt der Strom über 30 mA, also im gefährlichen Bereich, so schaltet die RCD in einer Zeit unter 40 ms ab. **Bild 7.1** zeigt die Wirkungsbereiche des Wechselstroms auf den menschlichen Körper (siehe auch Bild 1.17) mit eingetragenen maximalen Abschaltzeiten einer RCD mit $I_{\Delta n} \leq 30$ mA.

Der Schutz gegen elektrischen Schlag ist, von Ausnahmen abgesehen, in den meisten Fällen durch den Basisschutz und durch den Fehlerschutz sichergestellt. Dennoch gibt es Situationen, in denen der zusätzliche Schutz eine unmittelbare Gefährdung verhindern kann. Aus der Unfallstatistik lassen sich entsprechende Beispiele nennen:

- Sorglosigkeit des Benutzers im Umgang mit elektrischen Betriebsmitteln wie Reparatur unter Spannung
- fehlerhafte Isolierung oder Umhüllung an einem Betriebsmittel mit frei liegenden aktiven Teilen

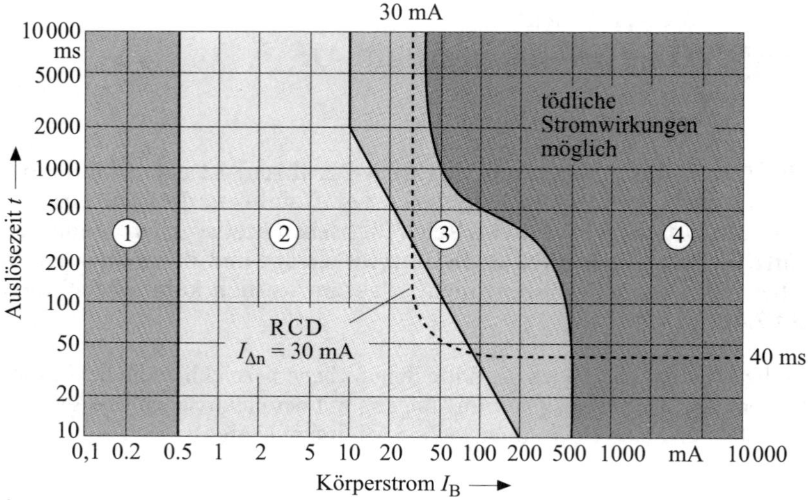

Bild 7.1 Wirkungsbereiche von Wechselströmen auf den menschlichen Körper mit maximalen Abschaltzeiten einer hochempfindlichen RCD
Bereich 1: AC 1 Üblicherweise keine Reaktion
Bereich 2: AC 2 Üblicherweise keine schädlichen Effekte
Bereich 3: AC 3 Üblicherweise kein organischer Schaden zu erwarten
Bereich 4: AC 4 Gefährliche Effekte wie Herzstillstand, Atemstillstand und Herzkammerflimmern zu erwarten

- Unterbrechung des Schutzleiters und gleichzeitiger Körperschluss an einem Betriebsmittel (**Bild 7.2 links**)
- Vertauschen von Außenleiter und Schutzleiter beim Anschluss eines Verbrauchsmittels (**Bild 7.2 rechts**)

DIN VDE 0100 verlangt deshalb den zusätzlichen Schutz für bestimmte Anlagenbereiche bzw. Stromkreise

- Steckdosen mit einem Bemessungsstrom nicht größer als 20 A, die für die Benutzung durch Laien oder zur allgemeinen Verwendung bestimmt sind. (Ausnahmen in gewerblichen oder industriellen Anlagen, die ständig von Elektrofachkräften oder elektrotechnisch unterwiesenen Personen überwacht werden)
- Endstromkreise im Außenbereich, an denen tragbare Betriebsmittel mit einem Bemessungsstrom nicht größer als 32 A angeschlossen werden.
- Betriebsstätten, Räume und Anlagen besonderer Art nach DIN VDE 0100 – Gruppe 700, soweit in den einzelnen Teilen der zusätzliche Schutz verlangt wird. **Tabelle 7.1** gibt einen Überblick über Anlagen, in die die Fehlerstrom-Schutzeinrichtung mit einem Bemessungsstrom $I_{\Delta n} \leq 30$ mA einzubauen ist.

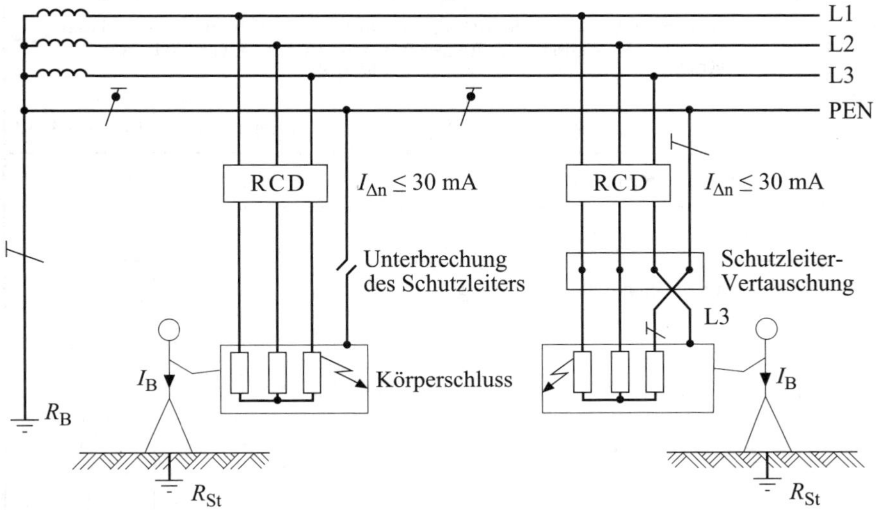

Bild 7.2 Möglichkeiten zum Berühren von aktiven Teilen
Links: durch Schutzleiterunterbrechung und gleichzeitigen Körperschluss
Rechts: durch Vertauschen von Außenleiter und Schutzleiter

Der Berührungsstrom I_B in Bild 7.2, der bei einer Berührung durch den Körper des Menschen fließt, kann wie folgt abgeschätzt werden:

$$I_B = \frac{U_0}{R_{ges}} \tag{7.1}$$

Darin sind

I_B Berührungsstrom in A

U_0 Spannung des Systems gegen Erde in V

R_{ges} Gesamtwiderstand der Strombahn in Ω, wobei die Widerstände für Transformator, Leitungsnetz und der Gesamterdungswiderstand vernachlässigt werden können; es genügt im Allgemeinen, den Körperwiderstand und den Standortwiderstand anzusetzen

Es werden alle Teile der Gruppe 700 aufgeführt, in denen der zusätzliche Schutz oder eine Fehlerstrom-Schutzeinrichtung mit einem Bemessungsdifferenzstrom $I_{\Delta n} \leq 30$ mA als Abschalteinrichtung in Verbindung mit dem Fehlerschutz für Teile der Anlage oder einzelne Stromkreise, z. B. für Steckdosenstromkreise, gefordert werden.

Der „zusätzliche Schutz" mit Fehlerstrom-Schutzeinrichtungen $I_{\Delta n} \leq 30$ mA wird verlangt in Teilen der Gruppe 700 „Betriebsstätten, Räume und Anlagen besonderer Art" von DIN VDE 0100			
Teil	**Titel**	**Normenabschnitt**	**Buchabschnitt**
701	Orte mit Badewannen oder Dusche	412.5	9.1
702	Schwimmbäder und andere Becken	471.4.2+3	9.2
703	Räume und Kabinen mit Saunaheizungen	412.5	9.3
704	Baustellen	410.3.10	9.4
705	Landwirtschaftliche und gartenbauliche Betriebsstätten	411.1	9.5
708	Elektrische Anlagen von Campingplätzen	530.5.6	9.7
709	Marinas	531.2	9.8
710	Medizinisch genutzte Bereiche	413.1.3	9.9
711	Ausstellungen, Shows und Stände	481.3.1.4	9.10
714	Beleuchtungsanlagen im Freien	413.1	9.12
717	Elektrische Anlagen auf Fahrzeugen und in transportablen Baueinheiten	413.1	9.14
720	Plätze für Wohnwagen/Caravans, Campingplätze und ähnliche Bereiche	531.2	9.16
723	Unterrichtsräume mit Experimentiereinrichtungen	412.5.3	9.18
753	Fußboden- und Decken-Flächenheizungen	413.1	9.22

Tabelle 7.1 Teile der DIN VDE 0100 – Gruppe 700, in denen der zusätzliche Schutz bzw. Fehlerstrom-Schutzeinrichtungen mit $I_{\Delta n} \leq 30$ mA gefordert werden.

Der zusätzliche Schutz kann zwar eine Gefährdung bei direktem Berühren aktiver Teile, z. B. wenn der Basisschutz fehlerhaft ist, verhindern, er darf aber nicht als Schutz gegen direktes Berühren ohne Basisschutz verwendet werden. Wenn die hochempfindliche RCD in ausgedehnten Anlagen eingesetzt wird, können Fehlauslösungen in Folge eines zu hohen Ableitstroms die Stromversorgung unterbrechen. Da ist es ratsam, mehrere RCDs überschaubaren Teilen der elektrischen Anlage oder den Stromkreisen zuzuordnen, um so zu hohe Ableitströme zu vermeiden. Die verbreitete Annahme, hinter einer hochempfindlichen RCD könne relativ gefahrlos an unter Spannung stehenden Teilen gearbeitet werden, ist beim genauen Hinsehen ein gefährlicher Irrtum. Das gleichzeitige Berühren von zwei Außenleitern oder einem Außenleiter und dem Neutralleiter (Rechte Hand – linke Hand – Durchströmung) kann die RCD nicht abschalten. Da ist es ratsam, das Arbeiten unter Spannung, wenn es denn erforderlich ist, den speziell dafür ausgebildeten Elektrofachkräften bzw. den elektrotechnisch unterwiesenen Personen unter den jeweils zugelassenen Bedingungen zu überlassen.

7.1.1 Zusatzschutz durch RCD in TN- und TT-Systemen

Der zusätzliche Schutz kann in TN- und TT-Systemen zentral für die gesamte elektrische Anlage, aber auch dezentral für einzelne Anlagenteile und Stromkreise verwirklicht werden. Um die Versorgungssicherheit zu erhöhen, ist es ratsam, mehrere RCDs einzusetzen. Wenn der zusätzliche Schutz für bestimmte Stromkreise (z. B. für Steckdosen im Laienbereich) gefordert wird, sollten für solche Stromkreise die RCDs getrennt von den übrigen Anlagenteilen vorgesehen werden. Für bestimmte Verbrauchsmittel sollte auf den Zusatzschutz verzichtet werden, wenn eine besonders hohe Verfügbarkeit der Stromversorgung erwartet wird. Dies gilt z. B. für Gefriergeräte oder Einbruchmeldeanlagen, die allerdings im Laienbereich zukünftig dann fest angeschlossen werden müssen. **Bild 7.3** und **Bild 7.4** zeigen den prinzipiellen Aufbau eines Stromkreises mit dem Zusatzschutz.

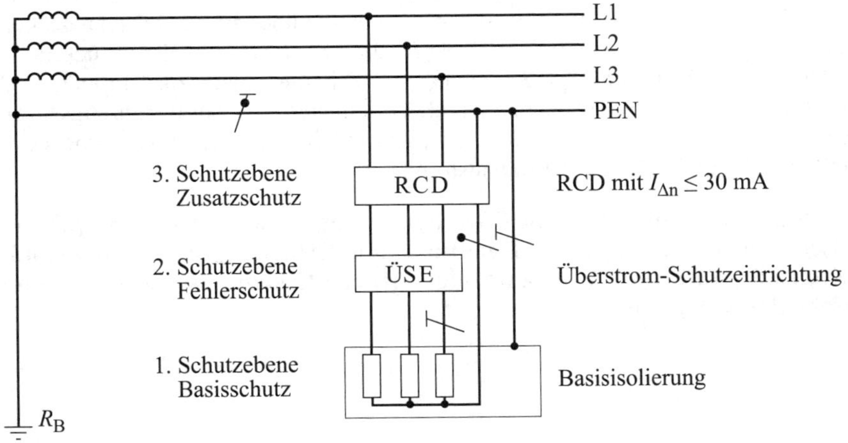

Bild 7.3 Zusatzschutz; Aufbau der Schutzebenen Basisschutz, Fehlerschutz und Zusatzschutz im TN-System

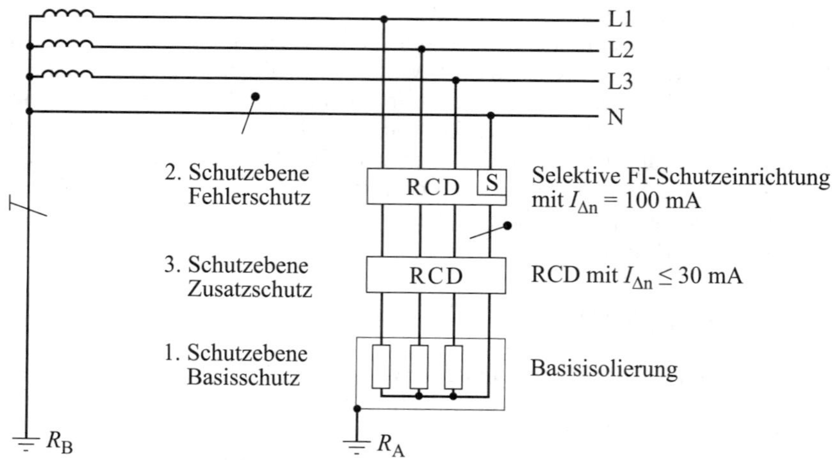

Bild 7.4 Zusatzschutz; Aufbau der Schutzebenen Basisschutz, Fehlerschutz und Zusatzschutz im TT-System

7.1.2 Zusatzschutz durch RCD im IT-System

Im IT-System kann der Zusatzschutz mit RCD $I_{\Delta n} \leq 30$ mA nicht ohne Weiteres angewandt werden. Je nach Aufbau der Anlage, Einbaustelle der RCD und Berührungsstelle durch den Menschen können Verhältnisse vorliegen, die dazu führen, dass bei direktem Berühren die RCD nicht auslöst. Wie **Bild 7.5** zeigt, wird von der RCD nur der Teil des Stroms I_{F1} als Fehlerstrom erkannt, der über die Betriebskapazitäten C_1 und die Ohm'schen Ableitwiderstände R_1 direkt zur Stromquelle zurückfließt. Der Anteil des Fehlerstroms I_{F2}, der nach der RCD in die Anlage zurückfließt, wird von der RCD nicht als Fehlerstrom erkannt. Verteilt sich z. B. der Berührungsstrom (Fehlerstrom I_F) im Verhältnis 50 : 50 für I_{F1} und I_{F2}, so wird die RCD erst bei etwa 50 mA bis 60 mA Berührungsstrom auslösen.

Der Zusatzschutz mit RCD im IT-System ist in seiner Anwendung problematisch und erfordert spezielle Kenntnisse und Erfahrungen im Umgang mit IT-Systemen. Erforderlich ist auch, dass genaue Erkenntnisse über Art und Umfang der Anlage vorliegen.

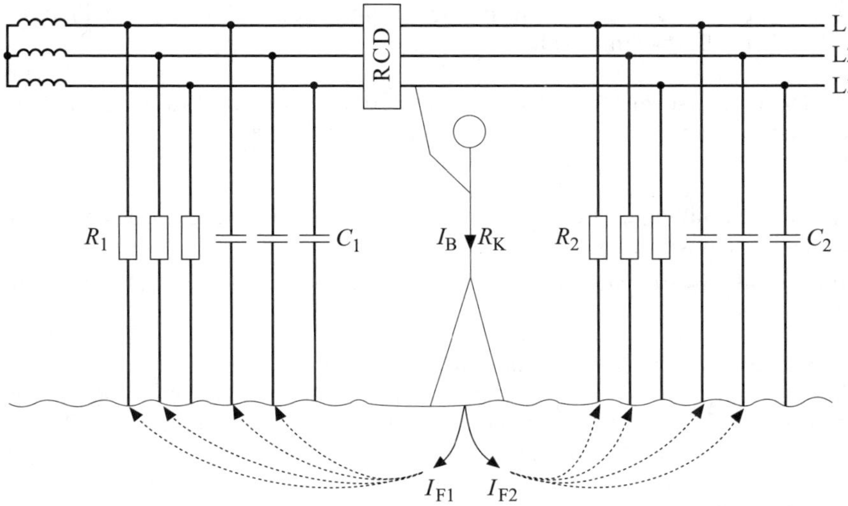

Bild 7.5 Zusatzschutz durch RCD im IT-System; Aufteilung des Fehlerstroms beim direkten Berühren durch den Menschen

7.1.3 Zusätzlicher Schutz durch RCD bei Schutzisolierung

Es kann nicht ausgeschlossen werden, dass die doppelte oder verstärkte Isolierung schutzisolierter Betriebsmittel durch Alterung, unsachgemäße Behandlung oder andere Umstände Beschädigungen aufweisen, die den Kontakt mit aktiven Teilen ermöglichen. Dasselbe gilt für die Umhüllung (Gehäuse) der Betriebsmittel und deren Anschlussleitungen.

Die meisten schutzisolierten Geräte (z. B. Werkzeuge, elektrische Haushaltsgeräte) werden über Steckdosen angeschlossen, für deren Stromkreise im Laien- und Außenbereich bereits der zusätzliche Schutz gefordert wird. Aber auch in schutzisolierten Stromkreisen erfüllt eine RCD mit $I_{\Delta n} \leq 30$ mA bei einer Berührung aktiver Teile durch den Menschen die Funktion des zusätzlichen Schutzes.

7.1.4 Zusätzlicher Schutz durch RCD bei Schutztrennung

Ziel der Schutzmaßnahme Schutztrennung ist es, bei der hochohmigen Trennung des geschützten Stromkreises zur Erde gefährliche Berührungsströme zu vermeiden. Da beim Berühren aktiver Teile kein gefährlicher Berührungsstrom zum Fließen kommt, ist der zusätzliche Schutz durch RCD mit $I_{\Delta n} \leq 30$ mA nicht wirksam.

7.1.5 Hinweise für die Anwendung des zusätzlichen Schutzes in der Praxis – Teil 410 Abschnitt 411.3.3

Nach der neuen Norm DIN VDE 0100-410:2007-06 ist der zusätzliche Schutz durch Fehlerstrom-Schutzeinrichtungen mit einem Bemessungs-Differenzstrom $I_{\Delta n} \leq 30$ mA zwingend vorgeschrieben für

- Steckdosen mit einem Bemessungsstrom bis 20 A, die von elektrotechnischen Laien genutzt werden
- Endstromkreise für im Außenbereich verwendete tragbare Betriebsmittel mit einem Bemessungsstrom bis 32 A

Dies bedeutet, dass zunächst für alle Steckdosen in Wohnungen und weitgehend auch in gewerblichen Bereichen der zusätzliche Schutz vorzusehen ist. Es würde zwar ausreichen, den zusätzlichen Schutz nur in direkter Verbindung mit der Steckdose einzusetzen. Da dies aber, abgesehen von Ausnahmen, nicht üblich ist, wird der zusätzliche Schutz dem Stromkreis zuzuordnen sein. Je nach Art und Umfang der anzuschließenden Verbrauchsmittel ist bei hohen Ableitströmen eine ausreichende Zuverlässigkeit der Stromversorgung durch entsprechende Aufteilung der Stromkreise z. B. in Licht- und Steckdosenstromkreise sicherzustellen. Folglich wird es sich anbieten, zur Vermeidung von unerwünschten Abschaltungen getrennte Stromkreise für Betriebsmittel mit höheren Ableitströmen oder Fehlerströmen mit Gleichstromanteilen vorzusehen.

Für Betriebsmittel, die eine hohe Zuverlässigkeit der Stromversorgung verlangen z. B. Gefrierschränke, EDV, Sicherheitseinrichtungen, sollte auf den zusätzlichen Schutz verzichtet werden, indem solche Betriebsmittel nicht über Steckdosen, sondern fest angeschlossen werden. Allerdings wird eine solche Forderung in der Praxis auf Schwierigkeiten stoßen und zu eigenverantwortlichen Abweichungen von der Norm führen, z. B. durch einen deutlichen Hinweis an der Steckdose, dass sie nur für den vorgesehenen Zweck genutzt werden darf.

Alternativ dazu bietet sich für empfindliche Verbrauchsmittel jeweils ein eigener, mit dem zusätzlichen Schutz ausgerüsteter Stromkreis an.

Ausnahmen vom zusätzlichen Schutz für Steckdosen sind erlaubt, wenn die Anlage z. B. in Industriebetrieben durch Elektrofachkräfte oder elektrotechnisch unterwiesene Personen ständig überwacht und Gefährdungen rechzeitig erkannt und beseitigt werden.

Die Zuverlässigkeit der Stromversorgung in Stromkreisen mit zusätzlichem Schutz wird auch beeinflusst von der richtigen Auswahl der Fehlerstrom-Schutzeinrichtung. In Reihe geschaltete FI-Schutzschalter müssen den fehlerbehafteten Stromkreis selektiv abschalten. Der Bemessungsdifferenzstrom der vorgeschalteten RCD vom Typ S muss mindestens dem Dreifachen des Wertes der nachgeschalteten RCD entsprechen. Auch die Art der Fehlerströme beeinflusst die Auswahl der

Fehlerstrom-Schutzeinrichtungen. Bei sinusförmigen Wechselfehlerströmen und bei pulsierenden Gleichfehlerströmen werden RCD vom Typ A und bei zusätzlichen Gleichfehlerströmen RCD vom Typ B verwendet, die dann auch in Baueinheit mit Überstrom-Schutzeinrichtungen eingesetzt werden können. Die unterschiedlichen Fehlerstrom-Schutzeinrichtungen und ihre Anwendung werden in Abschnitt 14.2 beschrieben.

Tragbare Betriebsmittel mit einem Bemessungsstrom nicht größer als 32 A, die im Außenbereich verwendet werden, dürfen nur an Stromkreisen mit dem zusätzlichen Schutz durch RCD mit einem Bemessungsdifferenzstrom nicht größer als 30 mA angeschlossen werden. Die Norm empfiehlt in solchen Fällen den Einsatz einer netzspannungsunabhängigen Fehlerstrom-Schutzeinrichtung mit eingebautem Überstromschutz (FI/LS-Schalter), ein Gerät, das den Personen-, Brand- und Leitungsschutz in einer Einheit sicherstellt.

Die Fehlerstrom-Schutzeinrichtung mit einem Bemessungsdifferenzstrom $I_{\Delta n} \leq 30$ mA kann auch beim Schutz durch automatische Abschaltung der Stromversorgung (Schutz bei indirektem Berühren) als Abschalteinrichtung im TN- und TT-System und bedingt auch im IT-System eingesetzt werden (siehe Kapitel 3 und Abschnitte 7.1.1 und 7.1.2). Auch in Teilen der Gruppe 700 von DIN VDE 0100 wird die RCD mit einem Bemessungsdifferenzstrom $I_{\Delta n} \leq 30$ mA sowohl als Abschalteinrichtung beim Fehlerschutz als auch als zusätzlicher Schutz eingesetzt (siehe Tabelle 7.1 und Kapitel 9).

7.2 Zusätzlicher Schutz durch zusätzlichen Schutzpotentialausgleich – Teil 410 Abschnitt 415.2

Bei der Anwendung des zusätzlichen Schutzpotentialausgleichs ist zu beachten:

- der zusätzliche Schutzpotentialausgleich ist ein Zusatz zum Fehlerschutz (Schutz bei indirektem Berühren)
- mit der zusätzlichen Schutzpotentialausgleichsanlage müssen verbunden werden
  - alle gleichzeitig berührbaren Körper der fest angebrachten Betriebsmittel
  - alle fremden leitfähigen Teile einschließlich, soweit praktikabel, die metallene Hauptbewehrung von Stahlbeton
  - Schutzleiter der Steckdosen
  - Schutzleiter der Betriebsmittel
- Der Widerstand R zwischen gleichzeitig berührbaren Körpern und fremden leitfähigen Teilen muss folgende Bedingung erfüllen

$$R \leq \frac{50\ \text{V}}{I_a} \quad \text{für AC} \tag{7.2}$$

$$R \leq \frac{120\ \text{V}}{I_\text{a}} \qquad \text{für DC} \tag{7.3}$$

I_a Strom in A, der das Abschalten der Schutzeinrichtung bewirkt:

– für Fehlerstrom-Schutzeinrichtungen (RCD) $I_{\Delta n}$

– für Überstrom-Schutzeinrichtungen der Strom, der eine Abschaltung innerhalb von 5 s bewirkt.

- der zusätzliche Schutzpotentialausgleich darf die gesamte Anlage, Teile der Anlage, einen Bereich oder ein Gerät erfassen
- der zusätzliche Schutzpotentialausgleich wird in einigen Teilen der Gruppe 700 der Normenreihe DIN VDE 0100 verlangt (siehe Kapitel 9)
- Dimensionierung der Schutzpotentialausgleichsleiter siehe Abschnitt 13.2
- Der Teil 410 Abschnitt 415.2 macht darauf aufmerksam, dass – unabhängig vom zusätzlichen Schutzpotentialausgleich – für jeden Stromkreis eine Abschalteinrichtung aus Gründen des Brandschutzes oder der thermischen Überbeanspruchung der Betriebsmittel vorgesehen werden muss. Da es sich beim zusätzlichen Schutzpotentialausgleich um einen Zusatz zum Fehlerschutz handelt, muss aber auch im Fehlerfall der Stromkreis bei dem häufig angewendeten Schutz durch automatische Abschaltung durch eine Schutzeinrichtung unterbrochen werden.

8 Schutzvorkehrungen in Sonderfällen – DIN VDE 0100-410 Anhang B und C

Im Anhang B werden folgende Schutzvorkehrungen zum Basisschutz (Schutz gegen direktes Berühren) beschrieben

- Schutz durch Hindernisse, Abschnitt 2.2.3
- Schutz durch Anordnung außerhalb des Handbereichs (Schutz durch Abstand), Abschnitt 2.2.3

Der Anhang C nennt nachstehende Schutzvorkehrungen zum Fehlerschutz (Schutz bei indirektem Berühren (Bild 2.5)

- Schutz durch nicht leitende Umgebung
- Schutz durch erdfreien örtlichen Schutzpotentialausgleich
- Schutztrennung mit mehr als einem Verbrauchsmittel

Allen Schutzmaßnahmen gemeinsam ist, dass sie nur in Anlagen angewendet werden dürfen, die durch Elektrofachkräfte oder elektrotechnisch unterwiesenen Personen betrieben und überwacht werden. Dadurch sollen unbefugte Änderungen an den Anlagen vermieden werden.

Alle Schutzmaßnahmen sind in der Anwendung sicher nicht unproblematisch. Sie sollten deshalb nur in Sonderfällen, z. B. in abgeschlossenen elektrischen Betriebsstätten, angewendet werden, wenn keine anderen Schutzvorkehrungen möglich oder wirtschaftlich sinnvoll sind.

8.1 Schutz durch Hindernisse – Teil 410 Anhang B Abschnitt B2

Hindernisse müssen so gestaltet und eingebaut werden, dass sie unbeabsichtigte körperliche Annäherung zu aktiven Teilen verhindern. Ebenso muss sichergestellt werden, dass aktive Teile beim Bedienen der Betriebsmittel unter normalen Betriebsbedingungen nicht unbeabsichtigt berührt werden können.

Hindernisse bieten keinen Schutz gegen absichtliches Annähern oder Berühren. Hindernisse dürfen zwar ohne die Verwendung von Werkzeug oder Schlüssel entfernbar sein, sie müssen aber so gesichert sein, dass unbeabsichtigtes Entfernen ausgeschlossen ist.

8.2 Schutz durch Anordnung außerhalb des Handbereichs – Teil 410 Anhang B Abschnitt B.3.3

Der Handbereich wird in Bild 1.2 dargestellt. Er soll unbeabsichtigtes Berühren aktiver Teile verhindern. Dabei ist darauf zu achten, dass gleichzeitig berührbare Teile unterschiedlichen Potentials nicht innerhalb des Handbereichs angeordnet sind.

Zwei Teile gelten dann als gleichzeitig berührbar, wenn sie nicht mehr als 2,5 m auseinander angeordnet sind.

8.3 Schutz durch nicht leitende Umgebung – Teil 410 Anhang C Abschnitt C.1

Die nicht leitende Umgebung (Räume) wird durch Isolierung des Fußbodens und der Wände erreicht. Ferner ist sicherzustellen, dass zwischen Körpern untereinander und zu fremden leitfähigen Teilen ein ausreichender Abstand besteht oder Hindernisse vorgesehen werden. Ziel ist es, beim Versagen der Basisisolierung das gleichzeitige Berühren von Teilen mit unterschiedlichem Potential zu verhindern (siehe **Bild 8.1**).

Folgende Anforderungen sind zu erfüllen

- Alle elektrischen Betriebsmittel haben Schutzvorkehrungen gegen direktes Berühren (Basisschutz).
- Die Betriebsmittel sind mit ausreichendem Abstand so anzuordnen, dass Personen unter normalen Umständen nicht gleichzeitig zwei ihrer Körper oder einem Körper und ein fremdes leitfähiges Teil berühren können, wenn die Möglichkeit besteht, dass diese Teile bei einem Fehler des Basisschutzes unterschiedliches Potential annehmen können.

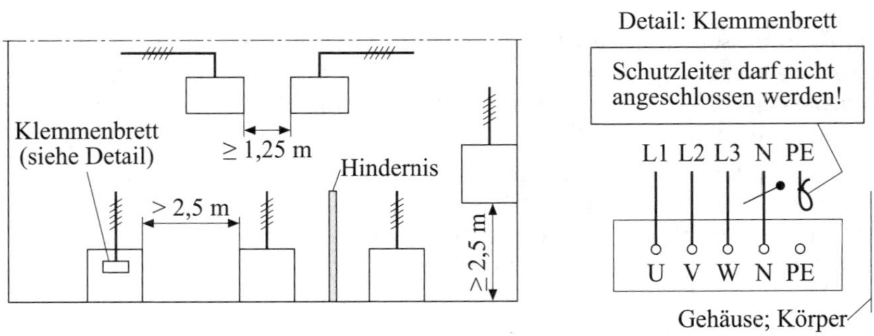

Bild 8.1 Schutz durch nicht leitende Räume

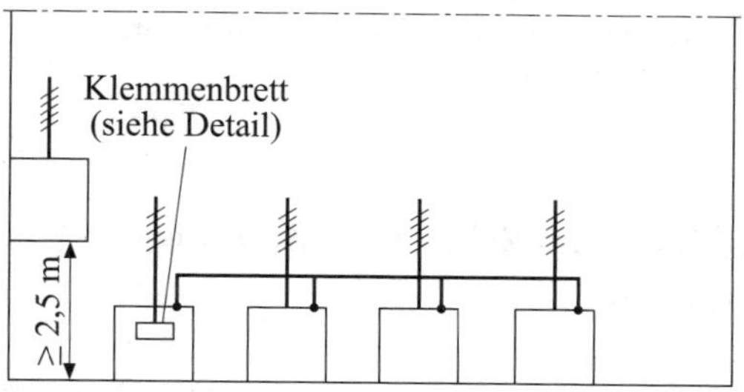

Bild 8.2 Erdfreier, örtlicher Schutzpotentialausgleich

- Ein ausreichender Abstand zwischen Körpern untereinander und zwischen Körper und fremden leitfähigen Teilen ist dann gegeben, wenn er nicht kleiner ist als 2,5 m. Außerhalb des Handbereichs genügt ein Abstand von 1,25 m. Der Abstand kann weiter verkleinert werden, wenn zwischen den Körpern und leitfähigen Teilen Hindernisse aufgebaut werden, die nach Möglichkeit aus elektrisch nicht leitendem Material bestehen. Elektrisch leitende Hindernisse dürfen nicht mit Erde oder Körpern verbunden werden.
- Die Abstände können zu den fremden leitfähigen Teilen weiter eingeschränkt werden, wenn die fremden leitfähigen Teile isoliert sind oder eine Isolierung mit ausreichender mechanischer Festigkeit angebracht wird. Die Isolierung muss einer Prüfspannung von mindestens 2 000 V standhalten. Der Ableitstrom darf unter normalen Bedingungen 1 mA nicht überschreiten.
- Der Widerstand von isolierenden Fußböden und Wänden darf unter den in DIN VDE 0100-600 festgelegten Bedingungen an keiner Stelle kleiner sein als (siehe DIN VDE 0100-410 Anhang C Abschnitt C.1.5)
  - 50 kΩ bei $U \leq 500$ V
  - 100 kΩ bei $U > 500$ V

  Werden diese Werte nicht eingehalten, gelten die Fußböden und Wände aus der Sicht des Schutzes gegen elektrischen Schlag als fremde leitfähige Teile.
- Die bisherigen Anforderungen müssen dauerhaft wirksam bleiben. Sie sind auch dann sicherzustellen, wenn bewegliche oder tragbare Betriebsmittel verwendet werden sollen.
- Nur durch eine ständige fachliche Überwachung kann gewährleistet werden, dass durch bauliche oder andere Veränderungen keine Spannungen in den nicht leitenden Raum als auch aus diesem Raum heraus verschleppt werden.
- Isolierende Fußböden und Wände dürfen nicht durch Feuchtigkeit beeinträchtigt werden.
- Die Schutzleiter der die Betriebsmittel versorgenden Kabel oder Leitungen dürfen nicht angeschlossen werden.

Die Anforderungen zeigen, dass es nicht unproblematisch ist, den Schutz durch nicht leitende Bereiche anzuwenden. Er sollte deshalb nur dann bevorzugt werden, wo keine anderen Schutzmaßnahmen anwendbar sind.

8.4 Schutz durch erdfreien örtlichen Schutzpotentialausgleich – Teil 410 Anhang C Abschnitt C.2

Der Schutz durch erdfreien örtlichen Schutzpotentialausgleich soll eine gefährliche Berührungsspannung verhindern.

Folgende Anforderungen sind zu erfüllen

- Alle elektrischen Betriebsmittel haben Schutzvorkehrungen gegen direktes Berühren (Basisschutz).
- Alle gleichzeitig berührbaren Körper und fremde leitfähige Teile müssen durch den Schutzpotentialausgleichsleiter miteinander verbunden werden (Ermittlung des Querschnitts siehe Abschnitt 13.3).
- Das Schutzpotentialausgleichssystem darf weder direkt noch über Körper oder fremde leitfähige Teile mit Erde elektrisch verbunden werden. Wenn diese Bedingung nicht zu erfüllen ist, sollte eine Schutzmaßnahme z. B. durch automatische Abschaltung der Stromversorgung bevorzugt werden.
- Beim Betreten des potentialgleichen Raumes können Personen u. U. einem gefährlichen Potentialunterschied ausgesetzt werden. Dies gilt insbesondere dann, wenn ein leitender, gegen Erde isolierter Fußboden an das erdfreie örtliche Schutzpotentialausgleichssystem angeschlossen ist. Um eine solche Gefährdung zu vermeiden, sind geeignete Vorsichtsmaßnahmen am Eingang des potentialgleichen Raums vorzusehen.
- Die Schutzleiter der die Betriebsmittel versorgenden Kabel oder Leitungen dürfen nicht angeschlossen werden.

8.5 Schutztrennung mit mehr als einem Verbrauchsmittel – Teil 410 Anhang C Abschnitt C.3

Die Anforderungen der Schutztrennung, wie sie in Kapitel 5 beschrieben werden, gelten im vollen Umfang mit der Ausnahme, dass nur ein elektrisches Verbrauchsmittel angeschlossen werden darf.

Werden mehrere Verbrauchsmittel eingesetzt, sind zusätzliche Maßnahmen zu erfüllen (**Bild 8.3**).

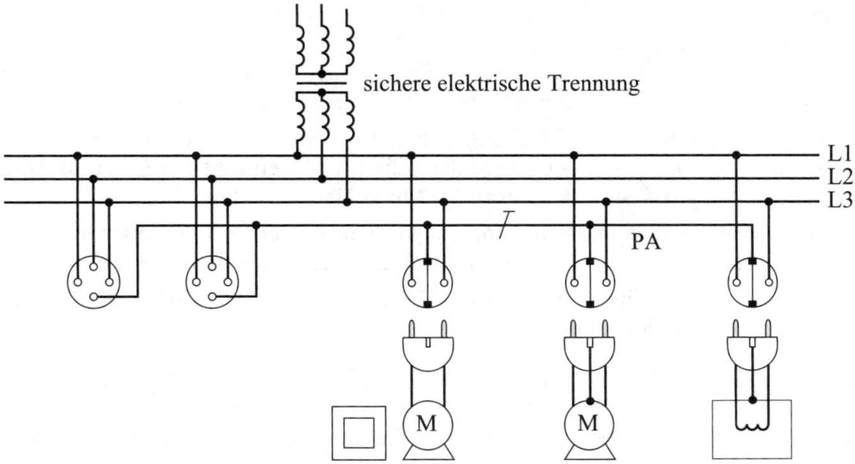

Bild 8.3 Schutztrennung mit mehreren Verbrauchsmitteln

- Die Körper der an den getrennten Stromkreis angeschlossenen Betriebsmittel müssen miteinander durch isolierte, nicht geerdete Schutzpotentialausgleichsleiter verbunden werden.
- Die Potentialausgleichsleiter dürfen nicht mit Schutzleitern oder Körpern anderer Stromkreise oder mit irgendwelchen fremden leitfähigen Teilen in Kontakt kommen.
- Die Steckvorrichtungen des getrennten Stromkreises müssen mit Schutzkontakten ausgerüstet sein. Sie sind mit dem Schutzpotentialausgleichsystem zu verbinden. Verwendet werden können Schutzkontaktsteckdosen, Perilexsteckvorrichtungen oder Steckvorrichtungen für industrielle Anwendung nach DIN EN 60309-2 (VDE 0623-20).
- Alle flexiblen Anschlussleitungen müssen Schutzleiter enthalten, die als Schutzpotentialausgleichsleiter verwendet werden. Ausgenommen sind Anschlussleitungen, die Betriebsmittel mit doppelter oder verstärkter Isolierung versorgen. Solche schutzisolierten Betriebsmittel können aber auch über Anschlussleitungen mit Schutzleiter (Schutzpotentialausgleichsleiter) angeschlossen werden, der dann nicht verwendet wird.
- Eine gefährliche Berührungsspannung kann durch gleichzeitig auftretende Fehler (Körperschluss) an zwei verschiedenen Betriebsmitteln auftreten, die mit unterschiedlichen Außenleitern in Verbindung stehen. In einem solchen Fall muss die Stromversorgung durch die vorgeschaltete Schutzeinrichtung z. B. bei $U \leq 230$ V innerhalb von 0,4 s abgeschaltet werden (siehe Kapitel 3). Es wird empfohlen, die Abschaltzeit im ungünstigsten Fehlerfall zu überprüfen. Unter Vernachlässigung

der Impedanz des Transformators und die der Leitungen bis zu den Steckdosen lässt sich mit den Widerständen der Anschlussleitungen der Kurzschlussstrom ermitteln, mit dem aus dem Zeit-Strom-Diagramm der vorgeschalteten Sicherung (z. B. Betriebsklasse Gg) die Abschaltzeit bestimmt werden kann.

- Die Länge der Kabel- und Leitungsanlagen sollten 500 m oder den Wert von 100 000 als Produkt aus der Länge der Kabel- und Leitungen in Meter und der Nennspannung des Stromkreises in Volt nicht überschreiten.
- Bei der Schutzmaßnahme Schutztrennung ist eine Fehlerstrom-Schutzeinrichtung (RCD) als Abschalteinrichtung nicht wirksam (siehe Abschnitt 7.1.4).
- In leitfähigen Bereichen mit begrenzter Bewegungsfreiheit ist die Schutztrennung nicht zulässig (siehe Abschnitt 9.6).

Die Schutztrennung ist unter der Voraussetzung, dass sie in Anlagen eingesetzt wird, die nur von Elektrofachkräften und elektrotechnisch unterwiesenen Personen betrieben und überwacht werden, eine sichere Schutzmaßnahme, deren Wirksamkeit weitgehend von der Zuverlässigkeit des ungeerdeten Schutzpotentialsystems und der sicheren elektrischen Trennung zu den Körpern und fremden leitfähigen Teilen des Primärsystems abhängt.

9 Schutz gegen elektrischen Schlag in Betriebsstätten, Räumen und Anlagen besonderer Art – DIN VDE 0100 Gruppe 700

Entsprechend der Gliederung der Normenreihe DIN VDE 0100 (Abschnitt 1.1) wird in den Schriftstücken der Gruppen 100 bis 600 das Errichten der elektrischen Anlagen unter „normalen Bedingungen" beschrieben, die üblicherweise für den Betrieb der Anlagen gelten und für die die einzelnen Betriebsmittel entsprechend ihren Bestimmungen ausgelegt sind.

In der Gruppe 700 werden nun in Anpassung an die Besonderheiten bestimmter Betriebsstätten, Räume und Anlagen die Grundbestimmungen entweder verschärft, erweitert oder in Einzelfällen aufgehoben. Dies setzt voraus, dass die zusätzlichen Festlegungen sich an den sicherheitstechnischen Voraussetzungen für elektrische Anlagen in ihrer jeweiligen Umgebung mit den dort anzutreffenden Umwelteinflüssen und Betriebsverhältnissen orientieren.

Die unterschiedlichen Einflüsse lassen sich unterteilen in

- Einwirkungen der Umgebung auf die Betriebsmittel (mögliche Schädigung der Betriebsmittel) durch Staub, Feuchtigkeit, Korrosion, mechanische Beanspruchung und durch die Netzverhältnisse
- Auswirkungen der Betriebsmittel auf die Umgebung (mögliche Gefährdung der Umgebung) durch die Funktion der Betriebsmittel, durch verminderten Körperwiderstand, erhöhte Brandgefahr, besondere menschliche Verhaltensweisen, leitfähige Umgebung bei begrenzter Bewegungsfreiheit, fehlenden Schutz gegen direktes Berühren

In der Praxis treten solche von den normalen Bedingungen abweichenden Einflüsse selten einzeln unabhängig voneinander auf, sondern in Kombination.

Die nachfolgenden Abschnitte 9.1 bis 9.21 nennen für die besonderen Anwendungsfälle die zusätzlichen oder von den bisher beschriebenen Festlegungen abweichende Anforderungen, die zu erfüllen sind. Soweit keine Angaben gemacht werden, gelten die Festlegungen in den Kapiteln 1 bis 8 und 10 bis 18.

9.1 Orte mit Badewanne oder Dusche – E DIN VDE 0100-701:2008-10

9.1.1 Anwendungsbereich

Die Festlegungen gelten für elektrische Anlagen an Orten mit einer fest eingebauten Badewanne oder Dusche und für die angrenzenden Bereiche. Dazu zählen auch fabrikfertige Bade- oder Duscheinrichtungen, wenn sie elektrisch fest angeschlossen werden. Sie gelten nicht für Einrichtungen, die für den Notfall vorgesehen sind, z. B. Notduschen in Laboratorien. Für medizinische Zwecke oder für behinderte Personen können spezielle Anforderungen zusätzlich erforderlich sein.

Einteilung in Bereiche mit unterschiedlichen Anforderungen

Bereich 0: Das Innere der Bade- oder Duschwanne: Bei Duschen ohne Wanne entfällt der Bereich 0, allerdings wird Bereich 1 erweitert.

Bereich 1: Begrenzung durch den Fertigfußboden und die waagrechte Fläche in 225 cm Höhe über dem Fertigfußboden, evtl. auch höher, wenn der fest eingebaute Wasserauslauf höher als 225 cm ist. Als senkrechte Begrenzung gilt die äußere Umrandung der Bade- oder Duschwanne. Bei Duschen ohne Wanne wird ein Abstand von 120 cm vom Mittelpunkt der festen Wasseraustrittsstelle an der Wand oder Decke festgelegt.
Der Raum unterhalb der Bade- oder Duschwanne liegt außerhalb der definierten Bereiche, wenn er nur mit Werkzeug zugänglich ist. Er gehört zum Bereich 1, wenn er offen, also ohne Werkzeug erreichbar ist.

Bereich 2: Waagrechte Begrenzung wie im Bereich 1, die senkrechte Begrenzung liegt 60 cm parallel von der äußeren Grenze des Bereichs 1 entfernt.
In den Beispielen in Bild 9.2 (Dusche ohne Wanne) entfällt der Bereich 2, der Bereich 1 wird in der waagrechten Ausdehnung von 60 cm auf 120 cm erweitert.

Fest angebrachte Abtrennungen können die Bereiche einschränken. Die genaue Anordnung der Bereiche kann beispielhaft **Bild 9.1** und **Bild 9.2** entnommen werden.

9.1.2 Schutz gegen elektrischen Schlag

Wenn der **Schutz sowohl gegen direktes Berühren (Basisschutz) als auch bei indirektem Berühren (Fehlerschutz)** als SELV oder PELV verwirklicht werden soll, ist er für alle elektrischen Betriebsmittel vorzusehen. Abdeckungen oder Umhüllungen müssen mindestens der Schutzart IP2X oder IPXXB entsprechen, oder es ist eine Isolierung vorzusehen, die einer effektiven Prüfwechselspannung von 500 V mindestens 1 min standhält (siehe Kapitel 6).

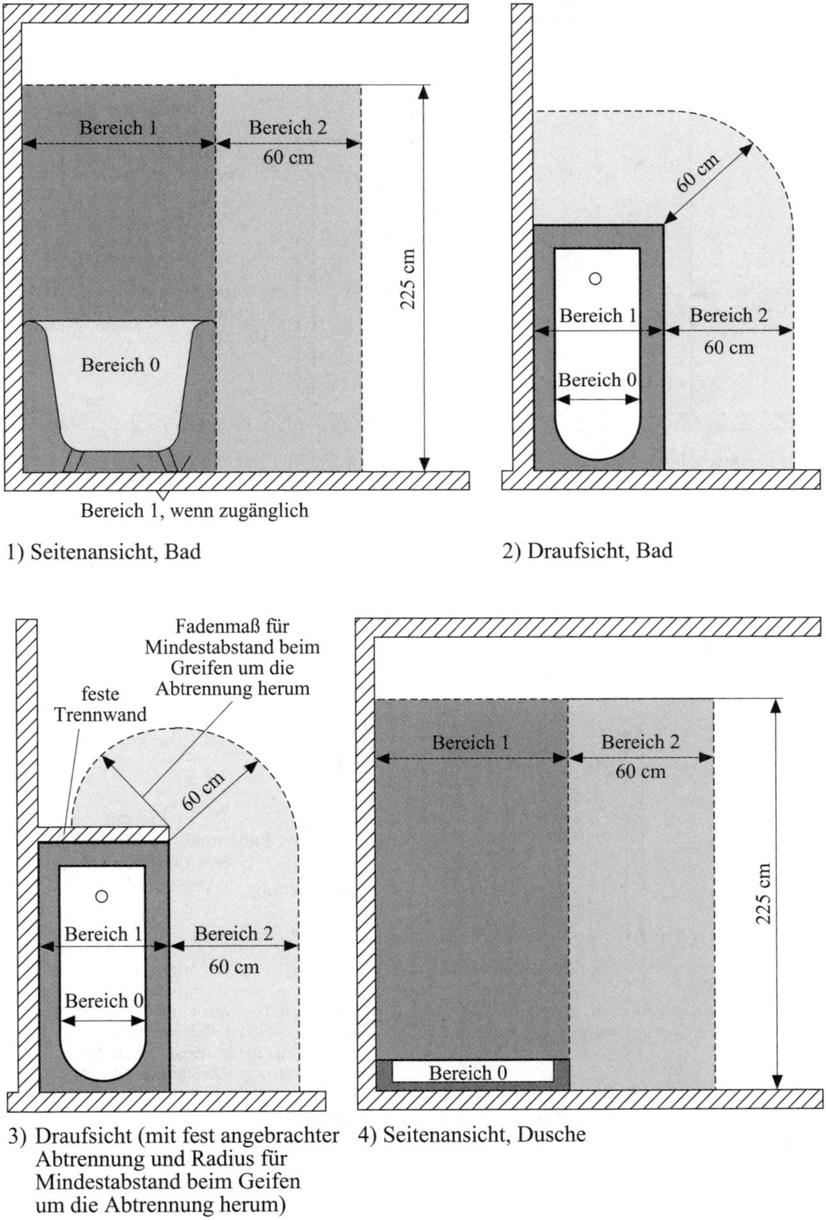

1) Seitenansicht, Bad

2) Draufsicht, Bad

3) Draufsicht (mit fest angebrachter Abtrennung und Radius für Mindestabstand beim Geifen um die Abtrennung herum)

4) Seitenansicht, Dusche

Bild 9.1 Abmessungen der Bereiche 0, 1 und 2 in Räumen mit Badewanne und Dusche

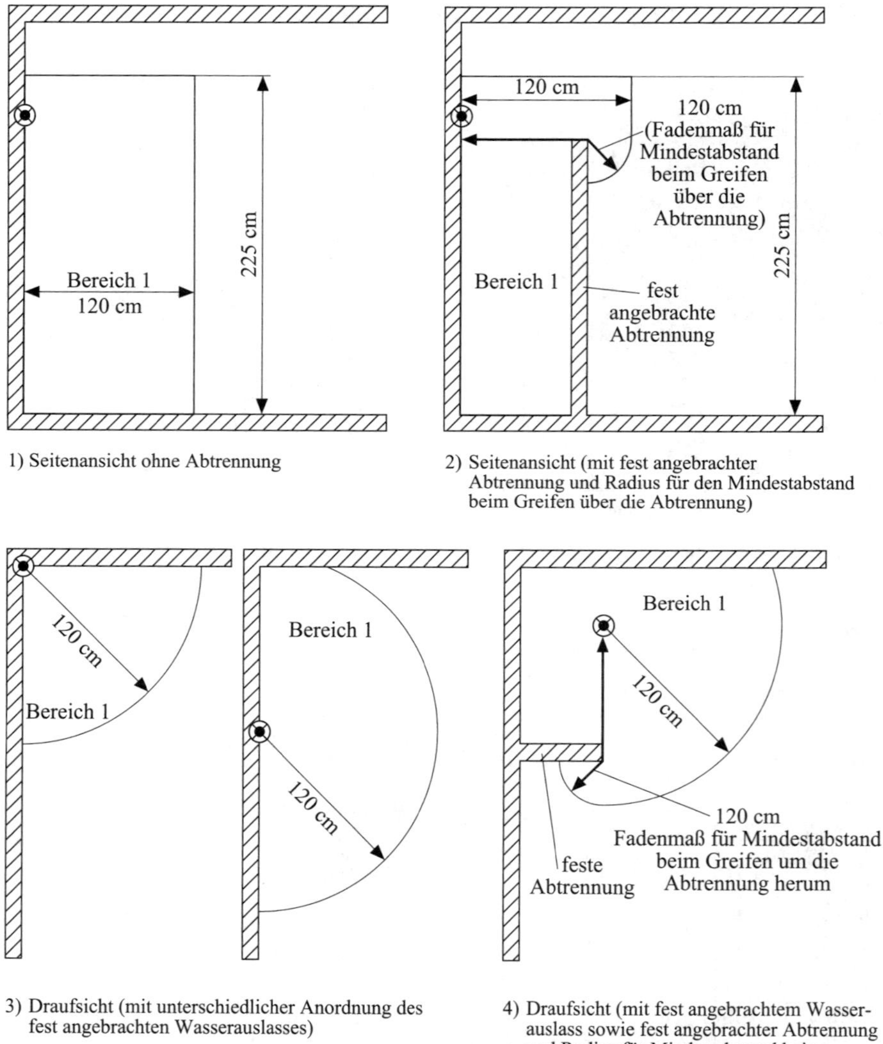

Bild 9.2 Abmessungen des Bereichs 1 in Räumen mit Dusche **ohne** Wanne
⊛ feste Wasseraustrittsstelle

Der **Schutz gegen direktes Berühren (Basisschutz)** ist nach Abschnitt 2.2 auszuführen. Schutz durch Hindernisse und Schutz durch Anordnung außerhalb des Handbereichs (Schutz durch Abstand) ist nicht erlaubt.

Der Schutz **bei indirektem Berühren (Fehlerschutz)** wird in den Bereichen 1 und 2 am häufigsten durch automatische Abschaltung der Stromversorgung verwirklicht (siehe Kapitel 3). Möglich ist auch die Schutztrennung mit nur einer Steckdose bzw. einem Verbrauchsmittel (Beispiel: Rasiersteckdose).

In Verbindung mit dem Fehlerschutz muss immer ein zusätzlicher Schutzpotentialausgleich und ein zusätzlicher Schutz durch Fehlerstrom-Schutzeinrichtung (RCD) verwirklicht werden.

Nicht erlaubt sind:

- Schutz durch nicht leitende Räume
- Schutz durch erdfreien örtlichen Potentialausgleich
- Schutz durch Schutztrennung mit mehr als einem Stromverbraucher

Zusätzlicher Schutz durch RCD

In Räumen mit Badewannen oder Duschen müssen alle Stromkreise mit einer oder mehreren Fehlerstrom-Schutzeinrichtungen (RCDs) mit einem Bemessungsdifferenzstrom $I_{\Delta n} \leq 30$ mA geschützt sein. Ausnahme: Stromkreise für fest angebrachte Wassererwärmer (siehe Kapitel 7).

RCDs werden nicht gefordert beim Schutz durch SELV, PELV oder Schutztrennung mit einem Verbrauchsmittel.

Zusätzlicher Schutzpotentialausgleich

Der seit vielen Jahren in Räumen mit Badewanne oder Dusche vorgesehene Schutzpotentialausgleich wird nur noch gefordert, wenn in einem Gebäude **kein** „Schutzpotentialausgleich über die Haupterdungsschiene“ (frühere Bezeichnung: „Hauptpotentialausgleich“) vorhanden ist. Da aber der Schutzpotentialausgleich über die Haupterdungsschiene für jedes Gebäude errichtet werden muss (siehe Abschnitt 13.2), kann in den Räumen mit Badewanne oder Dusche auf den zusätzlichen Schutzpotentialausgleich verzichtet werden.

Wenn nun in älteren Gebäuden kein Schutzpotentialausgleich über die Haupterdungsschiene besteht, empfiehlt die Norm, diesen nachzurüsten, um dadurch die Schutzmaßnahmen im gesamten Gebäude zu verbessern. Ist dies nicht möglich, dann muss in Räumen mit Badewanne oder Dusche ein zusätzlicher Schutzpotentialausgleich mit folgenden fremden leitfähigen Teilen hergestellt werden:

- Leitungen der Frischwasserversorgung und Abwassersysteme
- Heizungssysteme und Klimaanlagen
- Gasversorgungsanlagen

Kunststoffumhüllte Metallrohre müssen nicht in den Schutzpotentialausgleich einbezogen werden, wenn sie in Räumen mit Badewanne oder Dusche nicht berührt werden können und keine Verbindung zu leitfähigen Teilen haben, die nicht in den zusätzlichen Potentialausgleich einbezogen sind.

Die Schutzleiter der in den Räumen mit Badewanne oder Dusche vorhandenen elektrischen Betriebsmittel müssen untereinander und mit den fremden leitfähigen Teilen verbunden werden. Dies geschieht über einen separaten Schutzpotentialausgleichsleiter im Installationsverteiler oder an der Haupterdungsschiene, wenn diese auf kürzerem Weg zu erreichen ist.

Der Querschnitt des zusätzlichen Schutzpotentialausgleichsleiters muss mindestens 2,5 mm^2 bei geschützter Verlegung und 4 mm^2 bei ungeschützter Verlegung betragen (siehe Abschnitt 13.3.3).

9.1.3 Betriebsmittel

Schutzart elektrischer Betriebsmittel

Bereich 0: IPX7

Bereich 1: IPX4, für Duschen ohne Wanne bis 10 cm über dem Fußboden IPX7

Bereich 2: IPX4, bei Strahlwasser z. B. für Reinigungszwecke IPX5

Kabel- und Leitungsanlagen

Kabel- und Leitungsanlagen dürfen in Räumen mit Badewannen und Duschen am gesamten Ort und in Wänden oder Abtrennungen, die die Bereiche 0, 1 oder 2 begrenzen, nur dann errichtet werden, wenn sie elektrische Betriebsmittel in diesen Bereichen versorgen, einen Schutzleiter enthalten und in einer Tiefe von 6 cm verlegt werden.

Elektrische Verbrauchsmittel (z. B. Wassererwärmer) im Bereich 1 müssen senkrecht von oben oder waagrecht durch die Wand von der Rückseite angeschlossen werden.

Für Kabel- und Leitungsanlagen, die andere Stromkreise außerhalb der Räume für Badewannen und Duschen versorgen, wird bis zur Oberfläche von Wänden und Abtrennungen der Bereiche 0, 1 und 2 eine Restwanddicke von mindestens 6 cm gefordert. Kann diese Forderung nicht erfüllt werden, ist eine der nachstehenden Maßnahmen vorzusehen

- Stromkreise mit der Schutzmaßnahme SELV oder PELV
- Zusätzlicher Schutz mit Fehlerstrom-Schutzeinrichtung mit einem Bemessungsdifferenzstrom $I_{\Delta n} \leq 30$ mA
- Schutz der Kabel und Leitungen durch metallene und geerdete Abdeckung, Schutzrohr oder Schutzkanal

Schalt- und Steuergeräte, Zubehör

Bereich 0: Einsatz nicht erlaubt

Bereich 1:
- geeignete Anschlussdosen für Verbrauchsmittel, die im Bereich 1 erlaubt sind
- Zubehör zu SELV- oder PELV-Stromkreisen mit einer Bemessungsspannung von AC 25 V und DC 60 V (z. B. für Signal- und Kommunikationseinrichtungen); die Stromquelle muss außerhalb der Bereiche 0, 1 und 2 angeordnet werden

Bereich 2:
- Zubehör zu Verbrauchsmitteln, die im Bereich 2 erlaubt sind, jedoch keine Steckdosen
- Zubehör zu SELV- und PELV-Stromkreisen; die Stromquelle muss außerhalb der Bereiche 0, 1 und 2 angeordnet werden.
- Rasiersteckdoseneinheiten
- Zubehör zu Signal- und Kommunikationseinrichtungen, die durch SELV oder PELV geschützt sind

Falls die Geräte auf der Rückseite der Begrenzungswände, also außerhalb von Räumen mit Badewannen oder Duschen, montiert werden sollen, ist eine Restwanddicke von 6 cm von der Innenseite der Begrenzungsflächen für Bade- und Duschwannen gefordert.

Elektrische Verbrauchsmittel

Bereich 0: Fest und dauerhaft verbundene Betriebsmittel, die nach den entsprechenden Normen und Herstellerangaben im Bereich 0 eingesetzt werden dürfen, und die durch SELV oder PELV mit einer Bemessungsspannung, die AC 12 V oder DC 30 V nicht überschreitet, geschützt sind.

Bereich 1: Fest angeschlossene, nach den Normen der Herstellerangaben für den Bereich 1 geeignete Verbrauchsmittel, z. B.
- Whirlpooleinrichtungen
- Duschpumpen
- Abluftgeräte
- Ventilatoren
- Handtuchtrockner
- Wassererwärmer
- Betriebsmittel, geschützt durch SELV oder PELV mit einer Bemessungsspannung AC 25 V oder DC 60 V

Elektrische Fußbodenheizsysteme

Es dürfen nur Heizkabel oder -leitungen mit metallener Umhüllung oder mit feinmaschigem Metallgitter verwendet werden. Metallene Umhüllung oder Metallgitter müssen mit dem Schutzleiter des versorgenden Stromkreises verbunden werden. Es können auch Heizsysteme mit der Schutzmaßnahme SELV eingesetzt werden. Nicht erlaubt ist für Fußbodenheizsysteme der Schutz durch Schutztrennung.

9.2 Becken von Schwimmbädern und andere Becken – DIN VDE 0100-702

9.2.1 Anwendungsbereich

Die Anforderungen gelten für elektrische Anlagen in festgelegten Bereichen der Becken in Schwimmbädern und für andere Becken. Sie gilt nicht für natürliche Gewässer, Küstenbereiche und ähnliche Gewässer, es sei denn, das bei solchen Gewässern bestimmte Bereiche als Schwimmbad ausgewiesen sind, deren elektrischen Anlagen ebenfalls nach dieser Norm dann zu errichten sind.

Zu unterscheiden sind Becken, die von Personen betreten oder nicht betreten werden. Die Wirkungen des elektrischen Schlages sind umso größer, je geringer der Widerstand des menschlichen Körpers und seiner Verbindung mit dem Erdpotential ist.

Es werden drei Bereiche mit unterschiedlichen Anforderungen festgelegt:

Bereich 0: Innerhalb des Beckens einschließlich Nischen in den Wänden, Wasserfällen oder Fontänen.

Bereich 1: Vom Rand des Beckens bis zu 2 m Abstand und bis 2,5 m über dem Fußboden oder der Standfläche.
Dazu gehören auch Startblöcke, Sprungtürme und -bretter, Rutschbahnen und andere Einrichtungen, die von Personen betreten werden, jeweils in einem Abstand von 1,5 m.

Bereich 2: Von 2 m bis 3,5 m um das Becken mit einer Höhe bis zu 2,5 m über dem Fußboden bzw. der Standfläche. Der Bereich kann ebenfalls um besondere Einrichtungen wie im Bereich 1 erweitert werden.
Für Springbrunnen und nicht begehbare Becken entfällt der Bereich 2.

Die genaue Anordnung der Bereiche ist **Bild 9.3 bis Bild 9.6** zu entnehmen.

9.2.2 Begriffe

Becken von Schwimmbädern
sind Becken, die von Personen zum Schwimmen und Baden bestimmt sind.
(Quelle: DIN VDE 0100-702:2003-11 Abschnitt 702.2.21.1a)

Andere Becken
sind z. B. Becken von Springbrunnen, Becken ohne Wasserfontäne sowie künstlich angelegte Gartenteiche.
(Quelle: DIN VDE 0100-702:2003-11 Abschnitt 702.2.21.1b)

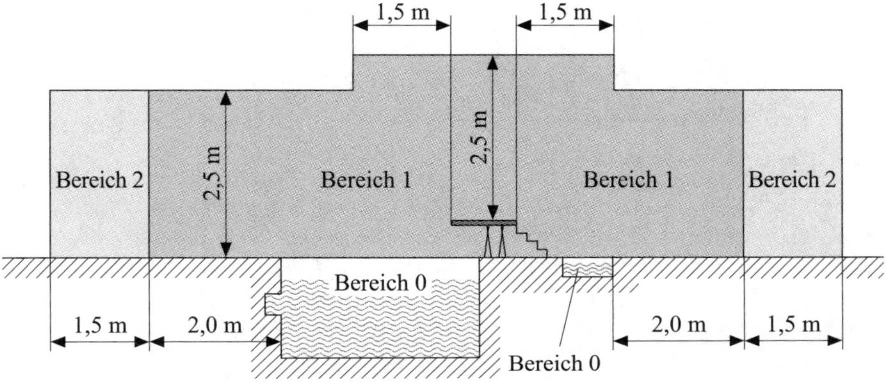

Bild 9.3 Beispiel der Bereichseinteilung für Schwimmbäder und andere Becken, Abmessungen der Bereiche von Schwimm- und Planschbecken (Quelle: DIN VDE 0100-702:2003-11, Bild 702A)

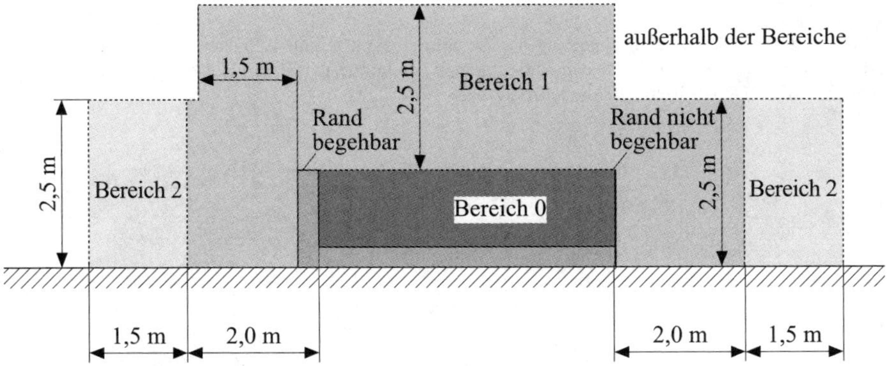

Bild 9.4 Beispiel der Bereichseinteilung für Schwimmbäder und andere Becken, Abmessungen der Bereiche für auf den Boden aufgestellte Schwimm- und Planschbecken (Quelle: DIN VDE 0100-702:2003-11, Bild 702B)

Nicht begehbare Becken

sind Becken, die nicht vorgesehen sind, von Personen betreten zu werden und die von Personen ohne Verwendung von Leitern oder ähnlichen Hilfsmitteln nicht erreicht werden können.
(Quelle: DIN VDE 0100-702:2003-11 Abschnitt 702.2.21.1b1)

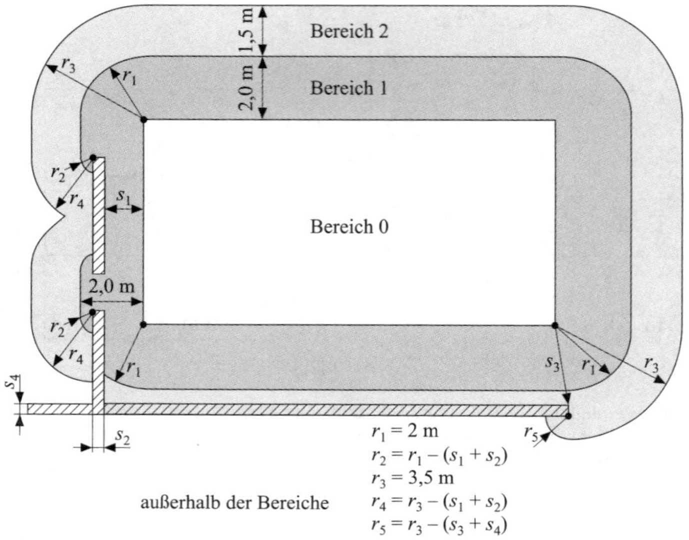

Bild 9.5 Beispiel der Bereichseinteilung für Schwimmbäder und andere Becken, Abmessungen der Bereiche bei festen Abtrennungen von mindestens 2,5 m Höhe (Draufsicht) (Quelle: DIN VDE 0100-702:2003-11, Bild 702C)

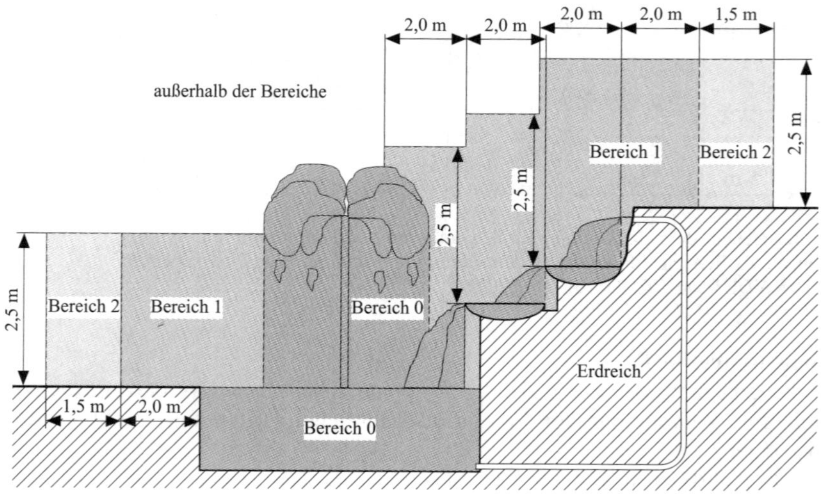

Bild 9.6 Beispiel der Bereichseinteilung für Schwimmbäder und andere Becken, Abmessungen der Bereiche bei begehbaren Becken von Springbrunnen (Quelle: DIN VDE 0100-702:2003-11, Bild 702D)

Begehbare Becken
sind Becken, die von Personen ohne Verwendung von Leitern oder ähnlichen Hilfsmitteln betreten werden können. Hierunter fallen auch Planschbecken.
Für begehbare Becken gelten die Anforderungen wie für Becken von Schwimmbädern.
(Quelle: DIN VDE 0100-702:2003-11 Abschnitt 702.2.21.1b2)

Schwimmbad mit kleinem Umgebungsbereich
sind Schwimmbäder, bei denen die Abmessungen der Umgebung so klein sind, dass es einen Bereich 2 nicht gibt.
(Quelle: DIN VDE 0100-702:2003-11 Abschnitt 702.2.21.2)

9.2.3 Schutz gegen elektrischen Schlag

Der **Schutz gegen direktes Berühren (Basisschutz**) ist durch Isolierung oder durch Abdeckungen oder Umhüllungen mindestens in der Schutzart IP2 X oder IPXXB sicherzustellen. Dasselbe gilt auch für SELV-Stromkreise unabhängig von der Höhe ihrer Nennspannung. Die Isolierung von SELV-Systemen muss einer Prüfspannung von 500 V AC mindestens 1 min standhalten.

Schutz durch Hindernisse und Schutz durch Anordnung außerhalb des Handbereichs sind nicht zulässig.

Die Anforderungen für den **Schutz bei indirektem Berühren (Fehlerschutz)** sind **Tabelle 9.1** zu entnehmen. Es wird auf die unterschiedlichen Vorkehrungen in den verschiedenen Bereichen hingewiesen.

Schutzmaßnahmen durch nicht leitende Räume und durch erdfreien örtlichen Schutzpotentialausgleich sind nicht erlaubt.

In den Bereichen 0, 1 und 2 ist ein **zusätzlicher Schutzpotentialausgleich** herzustellen. Alle fremden leitfähigen Teile sind über den Schutzpotentialausgleichsleiter miteinander und mit dem Schutzleiter der Körper der Betriebsmittel, die in den Bereichen angeordnet sind, zu verbinden. Diese Verbindung sollte vorzugsweise an der Schutzleiterschiene im Verteiler oder an der Schutzpotentialaus-gleichsschiene hergestellt werden. Beispiele für fremde leitfähige Teile, die in den zusätzlichen Schutzpotentialausgleich einzubeziehen sind, können sein:

- metallene Rohrleitungen für Frischwasser, Abwasser, Gas, Heizung, Klima und Ähnliches
- metallene Gebäudekonstruktionsteile
- Metallteile der Gebäudekonstruktion
- Metallteile der Schwimmbeckenkonstruktion
- Bewehrung von nicht isolierenden Fußboden
- Bewehrung von Betonbecken

Bereiche	Einsatzort- und Betriebsmittel	Schutzmaßnahmen		
		SELV[1)] bei einer maximalen Nennspannung	automatische Abschaltung	Schutztrennung[1)] Anzahl der Verbrauchsmittel
0	Schwimmbecken	AC 12 V, DC 30 V	nicht erlaubt	nicht erlaubt
	nicht begehbare Becken	AC 50 V, DC 120 V	RCD $I_{\Delta n} \leq 30$ mA	1
	Betriebsmittel im Becken, wenn keine Personen im Bereich 0 sind	AC 50 V, DC 120 V[2)]	RCD $I_{\Delta n} \leq 30$ mA	1[2)]
1	Schwimmbecken	AC 12 V, DC 30 V	nicht erlaubt	nicht erlaubt
	nicht begehbare Becken	AC 50 V, DC 120 V	RCD $I_{\Delta n} \leq 30$ mA	1
	Schwimmbäder mit kleinem Umgebungsbereich			
	Schalter, Steckdosen	AC 25 V, DC 60 V	RCD $I_{\Delta n} \leq 30$ mA	1
	Leuchten	AC 50 V, DC 120 V	RCD $I_{\Delta n} \leq 30$ mA	1
2	Schwimmbecken	AC 50 V, DC 120 V[2)]	RCD $I_{\Delta n} \leq 30$ mA	1[2)]
	Schalter und Steckdosen	AC 50 V, DC 120 V[2)]	RCD $I_{\Delta n} \leq 30$ mA	1[2)]

[1)] Stromquelle außerhalb der Bereiche 0, 1 und 2
[2)] Stromquelle außerhalb der Bereiche 0, 1, im Bereich 2 zulässig, wenn der versorgende Stromkreis durch RCD $I_{\Delta n} \leq 30$ mA geschützt ist.

Tabelle 9.1 Schutz gegen elektrischen Schlag
(Quelle: DIN VDE 0100-702:2003-11, Tabelle A1)

- metallene Umhüllung oder metallene Gitter von in Fußböden eingebetteten elektrischen Heizungen
- großflächige Betonplatten mit Baustahlmatten oder andere Armierung, die an den Enden verschweißt oder verrödelt werden; dabei entsteht eine ähnliche Wirkung wie bei der Potentialsteuerung

Folgende leitfähigen Teile brauchen nicht in den zusätzlichen Potentialausgleich einbezogen werden, sofern sie kein Potential in die Bereich 0, 1 und 2 einführen können:

- Ein- und Ausstiegsleitern
- Handläufe und Haltegriffe am Beckenrand
- Gitterabdeckungen und deren Einbaurahmen von Überläufen

- Fensterrahmen
- Türzargen

9.2.4 Äußere Einflüsse

Bereich 0: IPX8

Bereich 1: IPX4 für Innenräume und Außenbereiche
IPX5 in Fällen, in denen Strahlwasser für Reinigungszwecke eingesetzt wird

Bereich 2: IPX2 für Innenräume
IPX4 für Außenbereiche
IPX5 in Fällen, in denen Strahlwasser für Reinigungszwecke eingesetzt wird.

9.2.5 Betriebsmittel

Kabel- und Leitungsanlagen

- Vorzugsweise werden Kabel und Leitungen mit einer Isolierung ohne jegliche metallische Abdeckung (z. B. Leitungen in Rohren aus Kunststoffe) verwendet.
- Metallene Umhüllung und Abdeckungen von Kabeln und Leitungen müssen den zusätzlichen Potentialausgleich einbezogen werden.
- In den Bereichen 0 und 1 dürfen nur Kabel und Leitungen verlegt werden für die Versorgung von Betriebsmitteln, die in diesen Bereichen angeordnet sind.
- Kabel und Leitungen für nicht begehbare Becken müssen soweit wie praktisch möglich außerhalb der Beckenumrandung verlegt werden und innerhalb des Beckens auf dem kürzest möglichen Weg zu den elektrischen Betriebsmitteln geführt werden. Im Bereich 1 ist ein mechanischer Schutz vorzusehen. Es sind Kabel und Leitungen auszuwählen, die für dauernden Kontakt mit Wasser geeignet sind (Normenreihe DIN VDE 0282 und Herstellerangaben).
- In den Bereichen 0 und 1 dürfen keine Abzweig- und Verbindungsdosen vorgesehen werden, ausgenommen für SELV-Stromkreise im Bereich 1.

Schalt- und Steuergeräte

- In den Bereichen 0 und 1 dürfen keine Schalt- und Steuergeräte und keine Steckdosen angeordnet werden.
- Wenn es in kleinen Schwimmbädern nicht möglich ist, Schalter und Steckdosen außerhalb des Bereichs 1 anzubringen, dürfen sie im Bereich 1, aber außerhalb des Handbereichs (z. B. 1,25 m Abstand von der Grenze des Bereichs 0 und 0,3 m über dem Fußboden) angeordnet werden, vorausgesetzt sie haben keine metallische Oberfläche oder Metallabdeckung und werden geschützt durch

- SELV ≤ 25 V AC bzw. ≤ 60 V DC (Stromquelle außerhalb der Bereiche 0 und 1) oder
- RCD, $I_{\Delta n}$ ≤ 30 mA oder
- Schutztrennung mit einzeln zugeordneten Trenntransformatoren (außerhalb der Bereiche 0 und 1)

- Im Bereich 2 sind Steckdosen nur zulässig, wenn ihre Stromkreise wie folgt geschützt sind
  - SELV ≤ 50 V AC bzw. ≤ 120 V DC (Stromquelle außerhalb der Bereiche 0, 1 und 2) oder Stromquelle im Bereich 2 mit RCD $I_{\Delta n}$ ≤ 30 mA oder
  - RCD, $I_{\Delta n}$ ≤ 30 mA oder
  - Schutztrennung mit einzeln zugeordneten Trenntransformatoren (außerhalb der Bereiche 0, 1 und 2) oder Stromquelle im Bereich 2 mit RCD $I_{\Delta n}$ ≤ 30 mA

Verbrauchsmittel

Festlegungen für Betriebsmittel in Schwimmbädern

- In den Bereichen 0 und 1 dürfen nur fest angebrachte Verbrauchsgeräte angeordnet werden, die für die besondere Verwendung in Schwimmbädern hergestellt sind.
- Verbrauchsmittel, die nur in Betrieb sind, wenn sich keine Person im Bereich 0 befindet, können in allen Bereichen über Stromkreise versorgt werden mit den Schutzmaßnahmen SELV, RCD mit $I_{\Delta n}$ ≤ 30 mA oder Schutztrennung mit nur einem Verbrauchsgerät.
- Flächenheizungen sind im Fußboden zulässig, geschützt durch SELV oder RCD $I_{\Delta n}$ ≤ 30 mA mit geerdetem Metallgitter oder metallischer Abdeckung, die mit dem zusätzlichen Potentialausgleich verbunden sind.
- Unterwasserscheinwerfer nur hinter unabhängigen Glasscheiben. Sie müssen von hinten bedienbar sein. Es darf keine leitfähige Verbindung zwischen den Körpern der Unterwasserscheinwerfer und anderen leitfähigen Teilen der Konstruktion der unabhängigen Glasscheibe (Bullauge) und deren Umgebung entstehen.
- Betriebsmittel in den Bereichen 0 und 1 von nicht begehbaren Becken müssen eine mechanische Schutzvorrichtung (z. B. Gitterabdeckung) haben, die nur mit Werkzeug entfernt werden kann. Leuchten müssen fest angebracht werden. Bei der Schutzmaßnahme durch automatische Abschaltung sollten nur Betriebsmittel der Schutzklasse I verwendet werden.
- Besondere Anforderungen für Betriebsmittel im Bereich 1 (z. B. Filteranlagen) mit SELV ≤ 12 V AC oder ≤ 30 V DC:
  Anordnung in einem Gehäuse aus Isolierstoff als mechanischen Schutz, Zugang nur mit Werkzeug oder Schlüssel, Versorgungskabel und Haupttrenneinrichtung müssen der Schutzklasse II oder einem gleichwertigen Schutz entsprechen. Das Öffnen des Gehäuses muss zwangsläufig zur Abschaltung aller aktiven Leiter führen. Schutz für den Versorgungsstromkreis:

- SELV ≤ 25 V AC, ≤ 60 V DC oder
- RCD mit $I_{\Delta n} \leq 30$ mA oder
- Schutztrennung, Stromquellen sind außerhalb der Bereiche 0, 1 und 2 anzuordnen.

- Für kleine Schwimmbäder, bei denen es nicht möglich ist, Leuchten außerhalb des Bereichs 1 vorzusehen, dürfen Leuchten auch im Bereich 1 angebracht werden, allerdings außerhalb des Handbereichs, 1,25 m von der Grenze des Bereichs 0 entfernt. Schutz durch SELV, RCD $I_{\Delta n} \leq 30$ mA oder Schutztrennung. Die Leuchten müssen der Schutzklasse II entsprechen und einen Schutz gegen mittlere mechanische Beanspruchungen aufweisen.

9.3 Räume und Kabinen mit Saunaheizungen – DIN VDE 0100-703

9.3.1 Anwendungsbereiche

Die Anforderungen gelten für Saunakabinen, die vor Ort oder in einem Raum errichtet werden. Wird die Saunaheizung in einem Raum aufgebaut, so ist der ganze Raum als Sauna zu betrachten.

Die Norm gilt nicht für fabrikfertige Saunakabinen, die mit dem betreffenden Produktnormen übereinstimmen.

Wenn in Verbindung mit der Sauna Kaltwasserbecken, Duschen oder ähnliche Einrichtungen eingebaut werden, sind die entsprechenden Normen (siehe Abschnitte 9.1 und 9.2) zu beachten.

Es werden drei Bereiche für unterschiedliche Anforderungen festgelegt.

Bereich 1: Raum um die Saunaheizung begrenzt durch den Fußboden und die kalte Seite der Wärmeisolierung der Decke und der senkrechten Fläche um die Sauna-Heizung im Abstand von 0,5 m. Wände näher an der Saunaheizung begrenzen den Bereich 1.

Bereich 2: Raum außerhalb von Bereich 1, begrenzt durch den Fußboden, die kalte Seite der Wärmeisolierung der Wände und durch eine waagrechte Fläche 1 m über dem Fußboden.

Bereich 3: Raum außerhalb von Bereich 1, begrenzt durch den Fußboden, die kalte Seite der Wärmeisolierung der Decke und der Wände und durch eine waagrechte Fläche 1 m über dem Fußboden.

Die genaue Anordnung der Bereiche ist dem **Bild 9.7** zu entnehmen.

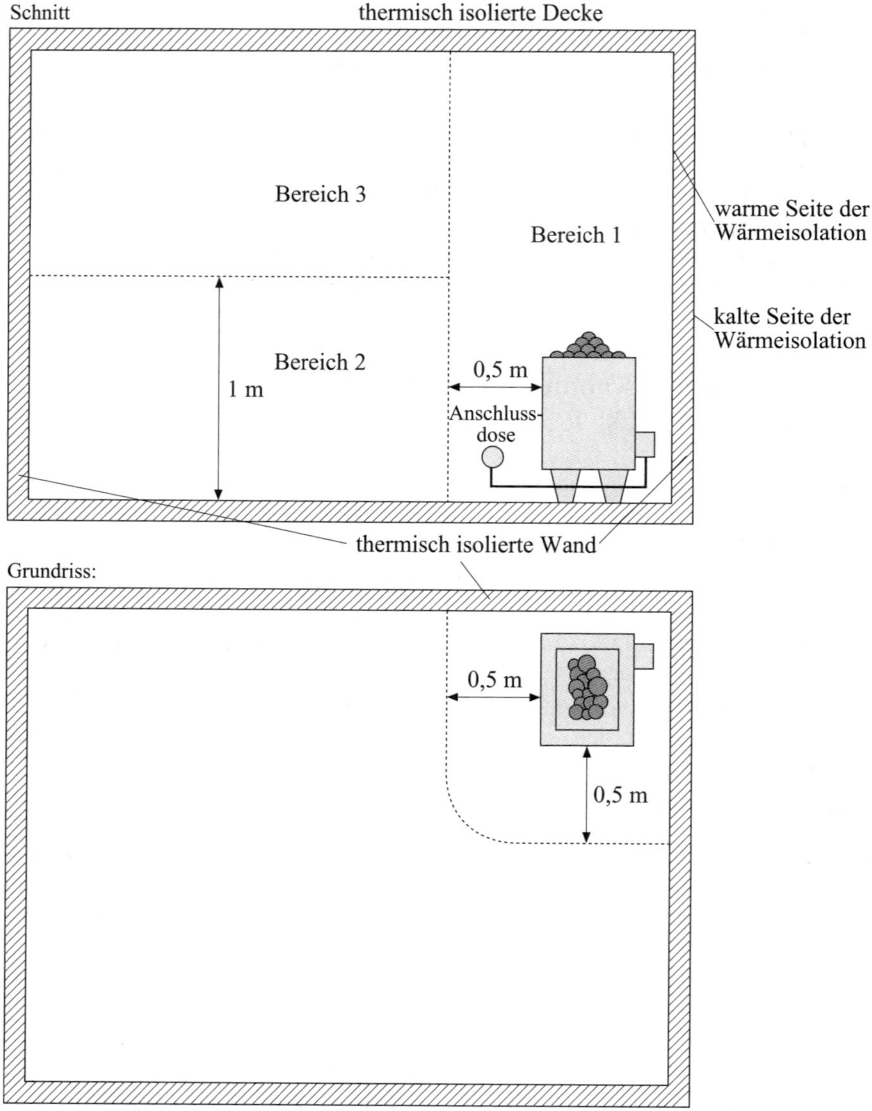

Bild 9.7 Bereiche der Umgebungstemperaturen
(Quelle: DIN VDE 0100-703:2006-02, Bild 703)

9.3.2 Schutz gegen elektrischen Schlag

Schutz sowohl gegen direktes Berühren als auch bei indirektem Berühren durch SELV und PELV (siehe Kapitel 6).

Der **Schutz gegen direktes Berühren (Basisschutz)** ist durch Isolierung oder durch Abdeckungen oder Umhüllungen mindestens in der Schutzart IP2X oder IPXXB sicherzustellen. Die Isolierung muss einer effektiven Prüfwechselspannung von mindestens 500 V 1 min standhalten (siehe Abschnitt 2.2). Schutz durch Hindernisse und Schutz durch Anordnung außerhalb des Handbereichs sind nicht zulässig.

Als **Schutz bei indirektem Berühren (Fehlerschutz)** können alle Maßnamen angewendet werden, mit Ausnahme des Schutzes durch erdfreien örtlichen Potentialausgleich (siehe Abschnitt 2.3). Bevorzugt wird als Fehlerschutz der Schutz durch automatische Abschaltung der Stromversorgung in Verbindung mit dem **zusätzlichen Schutz durch Fehlerstrom-Schutzeinrichtungen (RCDs)**, der für alle Stromkreise der Sauna mit Ausnahme für die Saunaheizung durch eine oder mehrere RCDs mit einem Bemessungsdifferenzstrom nicht größer als 30 mA vorgesehen werden muss.

9.3.3 Betriebsmittel

- Alle Betriebsmittel müssen mindestens der Schutzart IP24 entsprechen.
- Wenn für Reinigungszwecke mit Strahlwasser zu rechnen ist, müssen die Betriebsmittel mindestens in der Schutzart IPX5 ausgeführt sein.
- Anforderungen an Betriebsmittel in den verschiedenen Bereichen
  - Im Bereich 1 darf nur die Saunaheizung mit den dazugehörenden Betriebsmittel errichtet werden.
  - Im Bereich 2 bestehen keine besonderen Anforderungen hinsichtlich der Wärmefestigkeit der dort zu verwendenden Betriebsmittel.
  - Im Bereich 3 müssen Betriebsmittel für eine Umgebungstemperatur von mindestens 125 °C ausgelegt sein. Kabel und Leitungen müssen einer Temperatur von mindestens 170 °C standhalten.
- Saunaheizgeräte müssen nach Angaben der Hersteller eingebaut werden.
- Kabel und Leitungen sollten möglichst außerhalb der Bereiche 1 und 3 auf der kalten Seite der Wärmeisolation verlegt werden. Wenn dies nicht möglich ist, müssen entsprechende wärmebeständige auswählt werden.
- Metallene Umhüllung und metallene Installationsrohre dürfen bei normaler Nutzung nicht berührbar sein. Es empfiehlt sich deshalb auf sie zu verzichten.
- Schalt- und Steuergeräte dürfen nur dann im Saunaraum vorgesehen werden, wenn sie Bestandteil des Saunaheizgeräts oder anderer im Bereich 2 fest eingebauter Betriebsmittel sind. Dabei sind die Vorgaben der Hersteller zu beachten.
  Andere Schalt- und Steuergeräte z. B. für Beleuchtung müssen außerhalb des Saunaraums errichtet werden.

9.4 Baustellen – DIN VDE 0100-704

9.4.1 Anwendungsbereiche

Elektrische Anlagen auf Baustellen sind zeitlich begrenzt bestehende Einrichtungen für die Durchführung von Arbeiten auf Hoch- und Tiefbaustellen, sowie bei Metallbaumontagen. Zu den Baustellen gehören auch Bauwerke und Teile von solchen, die aus- und umgebaut, abgebrochen oder instand gesetzt werden.

Die Anforderungen gelten für

- fest und beweglich errichtet Anlagen
- fest errichtete Anlagen begrenzt auf die Schaltgerätekombination, die die Hauptschaltgeräte und die Hauptschutzeinrichtungen enthalten. Eine solche Anlage gilt als Schnittstelle (Speisepunkt) zwischen dem Versorgungssystem und der Baustelle.
- bewegliche oder transportable Betriebsmittel in Anlagen hinter dem Speisepunkt als Teile der beweglichen Anlagen.

Für leitfähige Bereiche mit begrenzter Bewegungsfreiheit gelten besondere Anforderungen nach DIN VDE 0100-706 (siehe Abschnitt 9.6).

Die Norm ist nicht anzuwenden für Anlagen in Verwaltungsräumen von Baustellen wie z. B. Büros, Umkleideräume, Kantinen, Toiletten, Schlafräume. Sie gilt auch nicht für elektrische Einrichtungen in Bergbau- und Steinbruchbetrieben (siehe dazu DIN VDE 0168).

Elektrische Anlagen auf Baustellen sind so auszuwählen, dass bei bestimmungsgemäßer Verwendung Personen und Sachen nicht gefährdet werden.

9.4.2 Einspeisungen

Für die Stromversorgung der Baustelle sind charakteristische Merkmale zu ermitteln

- Stromart und Frequenz
- Spannung
- Kurzschlussstrom am Speisepunkt der elektrischen Anlage
- maximaler Leistungsbedarf

Ferner ist zu klären, ob die Baustelle aus einer Einspeisung oder aus mehreren Einspeisungen oder mit Niederspannungs-Stromerzeugungsanlagen versorgt wird.

9.4.3 Schutz gegen elektrischen Schlag

Neben den allgemeinen Anforderungen zum Schutz gegen elektrischen Schlag (siehe Kapitel 2 bis 7) gelten nachstehende Ergänzungen für Baustellen

- Für Stromkreise von Steckdosen mit einem Bemessungsstrom bis einschließlich 32 A und für Stromkreise, die in der Hand gehaltene elektrische Betriebsmittel mit einem Bemessungsstrom bis einschließlich 32 A versorgen, müssen eine der nachfolgenden Schutzmaßnahmen ausgewählt werden:
  - Fehlerstrom-Schutzeinrichtungen (RCDs) mit $I_{\Delta n} \leq 30$ mA
  - Kleinspannung SELV oder PELV
  - Schutztrennung mit eigenen Transformatoren für jede Steckdose bzw. für jedes in der Hand gehaltene Betriebsmittel. Transformatoren mit einfacher Trennung oder mit getrennten Wicklungen.
- Für den **Schutz gegen direktes Berühren (Basisschutz)** sind die üblichen Anforderungen nach Abschnitt 2.2 zu erfüllen.
- Der **Schutz bei indirektem Berühren (Fehlerschutz)** ist durch automatische Abschaltung der Stromversorgung in der vorgegebenen Zeit zu erfüllen (siehe Kapitel 3). Ergänzend dazu wird verlangt, dass für Stromkreise zur Versorgung von Steckdosen mit Bemessungsströmen über 32-A-Fehlerstromschutzschalter (RCDs) mit einem Bemessungsdifferenzstrom, der nicht größer als 500 mA ist, als Abschalteinrichtung verwendet werden.
  In Verbindung mit dem Schutz durch Schutztrennung ist besonders darauf zu achten, dass aktive Teile des Stromkreises an keinem Punkt mit einem anderen Stromkreis oder mit Erde oder mit einem Schutzleiter verbunden werden (siehe Abschnitt 5.1).
- Für **SELV- und PELV-Stromkreise** gilt, dass die Anforderungen für den Basisschutz (Schutz gegen direktes Berühren) unabhängig von der Höhe der Nennspannung erfüllt werden müssen (siehe Abschnitt 6.1).

9.4.4 Betriebsmittel

- **Schaltgerätekombinationen** auf Baustellen müssen den Anforderungen nach DIN VDE 0660-501 entsprechen.
- **Stecker und Steckdosen** mit einem Bemessungsstrom über 16 A müssen mit den Anforderungen nach DIN VDE 0623-20 übereinstimmen.
- Für **Kabel und Leitungen** gilt
  - Flexible Leitungen müssen der Bauart H07RN-F entsprechen oder gleichwertig beständig gegen Abrieb und Wasser sein.
  - Kabel und Leitungen sollten nicht Verkehrsweg kreuzen. Wenn dies nicht zu vermeiden ist, müssen sie gegen mechanische Beschädigung geschützt werden.

- Oberirdisch verlegte und freigespannte Kabel und Leitungen müssen gegen mechanische Beschädigungen durch Umwelteinflüsse und durch Tätigkeiten auf der Baustelle geschützt werden.

- Anforderungen für **Schalt- und Steuergeräte**
  - Jede Verteilung muss Betriebsmittel zum Schalten und Trennen enthalten.
  - Schaltgeräte zum Trennen müssen in der Aus-Stellung gesichert werden können, z. B. durch Abschließen.
  - Das Zusammenschalten verschiedener Einspeisungen muss durch geeignete Einrichtungen verhindert werden, z. B. bei Netzeinspeisungen mit Versorgungseinrichtungen für Sicherheitszwecke oder mit Ersatzstromversorgungsanlagen.
- **Elektrische Verbrauchsmittel** müssen von Baustellenverteilern versorgt werden. Sie müssen enthalten
  - Überstrom-Schutzeinrichtung
  - Einrichtungen, die den Fehlerschutz sicherstellen
  - Steckdosen mit dem geforderten Schutz, falls erforderlich
- **Anlagen für Sicherheitszwecke** können auf Baustellen erforderlich werden, z. B. Beleuchtung für Rettungswege (siehe Abschnitt 1.4.6).
- **Schutzarten**
  Die Schutzarten der zu verwendenden Betriebsmittel müssen nach DIN VDE 0100-510 ausgewählt werden. Danach gilt, wie in **Tabelle 9.1** gezeigt

Betriebsmittel	Mindestschutzart
Verteiler	IP43
Installationsschalter, Steckvorrichtungen, Abzweigdose	IPX4
Schalt- und Steuergeräte, Anlass- und Regelwiderstände, elektrische Maschinen außerhalb von Schaltanlagen und Verteiler	IP44
Schweißstromquellen	IP23
handgeführte Elektrowerkzeuge	IP2X
Stromerzeugungsanlagen	IP23
Leuchten	IPX3
Handleuchten	IPX5
Wärmegeräte	IPX4

Tabelle 9.1 Mindestschutzart für verschiedene Betriebsmittel auf Baustellen

9.5 Landwirtschaftliche und gartenbauliche Betriebsstätten – DIN VDE 0100-705

9.5.1 Anwendungsbereich

Elektrische Anlagen in landwirtschaftlichen und gartenbaulichen Anwesen sind ortsfeste Einrichtungen sowohl im Freien auf Bauernhöfen und Gärtnereien als auch in Innenräumen, wie z. B. Ställen, Aufzucht- und Bruträumen, Heuböden, Speichern für Stroh, Räumen für Futterzubereitung, zur Lagerung von Düngemitteln und Getreide, Gewächshäusern. Die Festlegungen gelten teilweise auch für Wohnungen, Verwaltungs- und Verkaufsräume, soweit diese in gemeinsamen Gebäuden mit landwirtschaftlichen oder gärtnerischen Betriebsstätten untergebracht sind und leitfähige Verbindungen (z. B. durch Schutzleiter oder fremde leitfähige Teile) bestehen.

9.5.2 Begriffe

Landwirtschaftliche und gartenbauliche Betriebsstätten
sind Räume, Orte oder Bereiche, in denen

- Nutztiere, z. B. Rinder, Schweine, Pferde, Schafe, Ziegen, Geflügel, gehalten werden
- Futtermittel, Düngemittel, pflanzliche und tierische Erzeugnisse produziert, gelagert, aufbereitet oder weiterverarbeitet werden
- Pflanzen wachsen, wie z. B. Gewächshäuser

(Quelle: DIN VDE 0100-705:2007-10 Abschnitt 705.20.1)

Dazugehörende Wohnungen und andere Räumlichkeiten von landwirtschaftlichen und gartenbaulichen Betriebsstätten
sind Wohnungen und andere Räumlichkeiten, bei denen eine leitfähige Verbindung zu den landwirtschaftlichen und gartenbaulichen Betriebsstätten entweder durch Schutzleiter derselben elektrischen Anlage oder durch fremde leitfähige Teile besteht. Beispiele für andere Räumlichkeiten sind Büros, Sozialräume, Maschinenhallen, Werkstätten, Garagen und Verkaufsräume.
(Quelle: DIN VDE 0100-705:2007-10 Abschnitt 705.20.2)

Intensivtierhaltung
dient der Aufzucht und Haltung von Nutztiefen, für deren Lebenserhaltung automatisch wirkende technische Systeme notwendig sind.
Anmerkung: Beispiele für automatisch wirkende technische Systeme zur Lebenserhaltung sind solche zur Lüftung, Fütterung und Klimatisierung z. B. Intensivtierhaltung sind Schweine-Mästereien, Geflügelhäuser, Binnenfischerei.
(Quelle: DIN VDE 0100-705:2007-10 Abschnitt 705.20.3)

Einrichtungen zur Nutztierhaltung
sind Gebäude und Räume (Ställe), Käfige, Ausläufe oder andere Behältnisse zur dauernden Unterbringung von Nutztieren.
(Quelle: DIN VDE 0100-705:2007-10 Abschnitt 705.20.4)

9.5.3 Schutz gegen elektrischen Schlag

Als **Schutz gegen direktes Berühren (Basisschutz)** gelten die Anforderungen nach Abschnitt 2.2. Wenn der Schutz durch Kleinspannung SELV oder PELV angewendet wird, muss unabhängig von der Nennspannung der Basisschutz durch Abdeckung oder Umhüllung der Schutzart IP2X oder IPXXB oder durch Isolierung realisiert werden. Die Isolierung muss einer Prüfwechselspannung von 500 V Effektivwert mindestens 1 Minute standhalten.

Schutz durch Hindernisse und Schutz durch Anordnung außerhalb des Handbereichs sind nicht erlaubt.

Als **Schutz bei indirektem Berühren (Fehlerschutz)** wird die automatische Abschaltung der Stromversorgung angewendet, wenn die Versorgungsaufgabe es zulässt auch die Kleinspannung SELV oder PELV.

Bei automatischer Abschaltung der Stromversorgung müssen unabhängig vom System nach Art der Erdverbindung (TN-, TT, oder IT-System) folgende Abschalteinrichtungen vorgesehen werden

- In Endstromkreisen mit Steckdosen eine Fehlerstrom-Schutzeinrichtung (RCD) mit einem Bemessungsdifferenzstrom ≤ 30 mA.
- In allen anderen Stromkreisen Fehlerstrom-Schutzeinrichtung (RCDs) mit $I_{\Delta n} \leq 30$ mA, ausgenommen davon sind Stromkreise, die Verteiler versorgen.
- Bei der Anwendung des TN-Systems müssen hinter dem Speisepunkt der Anlagen Neutralleiter und Schutzleiter getrennt verlegt werden. Dies gilt auch für dazugehörende Wohnungen und andere Räumlichkeiten von landwirtschaftlichen und gartenbaulichen Betriebsstätten (siehe Begriffsdefinition im Abschnitt 9.5.2).
- Der Schutz durch nicht leitende Umgebung und der Schutz durch erdfreien örtlichen Schutzpotentialausgleich sind nicht erlaubt.

Zusätzlicher Schutz durch zusätzlichen Schutzpotentialausgleich

- Im Standbereich der Tiere müssen unter Einbeziehung der Metallgitter im Fußboden alle durch Tiere berührbaren Körper der elektrischen Betriebsmittel (z. B. Melkmaschinen) und alle fremden leitfähigen Teile (z. B. Baustahlmatten, Gitter, Bewehrungen) durch einen zusätzlichen Potentialausgleich untereinander und mit Schutzleiter und Fundamenterder der Anlage verbunden werden. Mit dem Schutzpotentialausgleich soll gleichzeitig eine Potentialsteuerung erreicht werden.

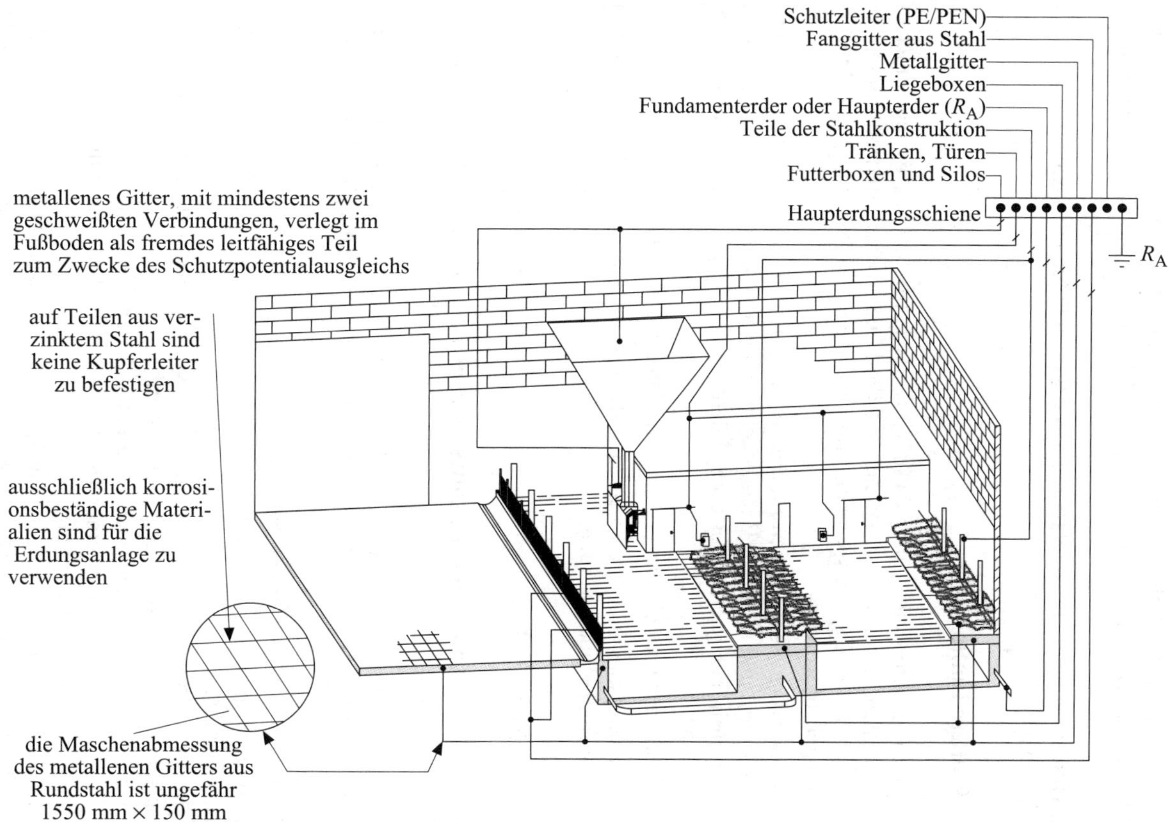

Bild 9.8 Beispiel des Schutzpotentialausgleichs in einem Kuhstall (Quelle: DIN VDE 0100-705:2007-10, Bild A1)

- Alle Anlagen für den Schutzpotentialausgleich müssen so errichtet werden, dass sie dauerhaft gegen mechanische Beanspruchung und gegen Korrosion geschützt sind.
- Das **Bild 9.8** zeigt ein Beispiel für den zusätzlichen Potentialausgleich im Bereich der Tierhaltung.

9.5.4 Äußere Einflüsse

- Elektrische Betriebsmittel müssen in landwirtschaftlichen und gartenbaulichen Betriebsstätten mindestens der Schutzart IP44 entsprechen. Betriebsmittel, die dieser Schutzart nicht entsprechen, müssen in ein Gehäuse mit der Schutzart IP44 eingebaut werden.
- Bei Spritzwasser, sehr kleinen Fremdkörpern (kleinste Abmessungen von mindestens 1 mm) und niedriger Beanspruchung durch Schlag oder Schock müssen Steckdosen in geeigneter Weise geschützt werden (z. B. in Gehäuse oder Gebäudenischen).
- Steckdosen dürfen nicht mit brennbaren Material in Berührung kommen.
- Betriebsmittel müssen vor korrosiven Stoffen (z. B. in Melkständen, Kuhställen) angemessen geschützt werden.

9.5.5 Betriebsmittel

Anforderungen an **Kabel- und Leitungsanlagen** unter Berücksichtigung der Umgebungsbedingungen

- Kabel und Leitungen müssen so verlegt werden, dass sie von Nutztieren nicht erreicht werden können oder sie müssen gegen mechanische Beschädigung geschützt sein.
- Freileitungen müssen isoliert sein.
- Innerhalb von landwirtschaftlichen Betriebsstätten müssen Kabel wie folgt verlegt werden
  - Kabel in Erde mindestens in einer Tiefe von 60 cm mit zusätzlichem mechanischen Schutz (Abdeckung, Schutzrohre)
  - Kabel im urbaren Land oder Ackerland in einer Tiefe von ≥ 1 m
  - frei tragende Kabel in einer Höhe von ≥ 6 m (Erdverlegung sollte wenn möglich bevorzugt werden)
  - Kabel- und Leitungsanlagen vom Speisepunkt bis zum Hauptverteiler sollten in besonderer Weise geschützt werden (z. B. durch Verlegung in Erde oder in geeigneten Kabelkanälen)
  - Kabel- und Leitungsanlagen sind vor nagenden Tieren (Mäuse, Ratten) zu schützen

– Kabel- und Leitungsanlagen, die hohen mechanischen Beanspruchungen ausgesetzt sind (z. B. durch Fahrzeuge oder Landmaschinen) müssen durch geeignete Elektroinstallationsrohre nach DIN EN 61386-21 (VDE 0605-21) oder durch Kabelkanäle nach DIN EN 50085-2-1 (VDE 0604-2-1) geschützt werden

- **Trennen und Schalten**
  Für jedes Gebäude, Gebäudeteil oder auch für einzelne Stromkreise, die nur zur Erntezeit benutzt werden, muss eine Trennvorrichtung vorhanden sein, die den Anforderungen nach DIN IEC 60364-5-53 (VDE 0100-530) entspricht.
  Als Trennvorrichtungen können u. a. Trenner, Lasttrenner, Steckvorrichtungen, austauschbare Sicherungen verwendet werden. Sie müssen dem Anlagenteil bzw. dem Stromkreis eindeutig zugeordnet werden und entsprechend gekennzeichnet sein.
  Trenn- und Schalteinrichtungen dürfen nicht in Reichweite von Nutztieren eingebaut und ihre Erreichbarkeit durch Nutztiere behindert werden. Das gilt in besonderer Weise für Not-Halt- und Not-Aus-Einrichtungen.

- **Schutzpotentialausgleichsleiter** für den zusätzlichen Schutzpotentialausgleich müssen gegen mechanische Beschädigungen und Korrosion geschützt werden. Die Materialauswahl muss elektrolytische Wirkungen verhindern.
  Beispiele für Material und Querschnitt:
  – feuerverzinkter Bandstahl, mindestens 30 mm × 3 mm
  – feuerverzinkter Rundstahl, mindestens 8 mm Durchmesser
  – Kupferleiter mit einem Mindestquerschnitt von 4 mm^2
  Auch andere geeignete Materialien dürfen verwendet werden.
  Bild 9.9 zeigt ein Beispiel für die Errichtung eines Fundamenterders in einem Kuhstall.

- **Steckvorrichtungen** müssen übereinstimmen mit DIN EN 60309-1 (VDE 0623-1) oder mit DIN EN 60309-2 (VDE 0623-20). Es sind auch Systeme nach deutschen Normen zulässig, wenn der Bemessungsstrom nicht größer als 20 A ist.

- **Elektrozäune** sollten mit ausreichenden Abstand zu Freileitungen errichtet werden, um mögliche Induktionsströme zu vermeiden. Zu beachten ist DIN VDE 0131 für das Erstellen von Elektrozäunen.

- **Einrichtungen für Sicherheitszwecke** werden erforderlich für die automatische Lebenserhaltung bei Intensivtierhaltung.
  Beim Ausfall der allgemeinen Stromversorgung muss bei Bedarf eine Sicherheitsstromversorgung für nachstehende Anlagen vorgehalten werden:
  – Versorgung mit Futter und Wasser
  – Belüftungsanlagen
  – Beleuchtungsanlagen

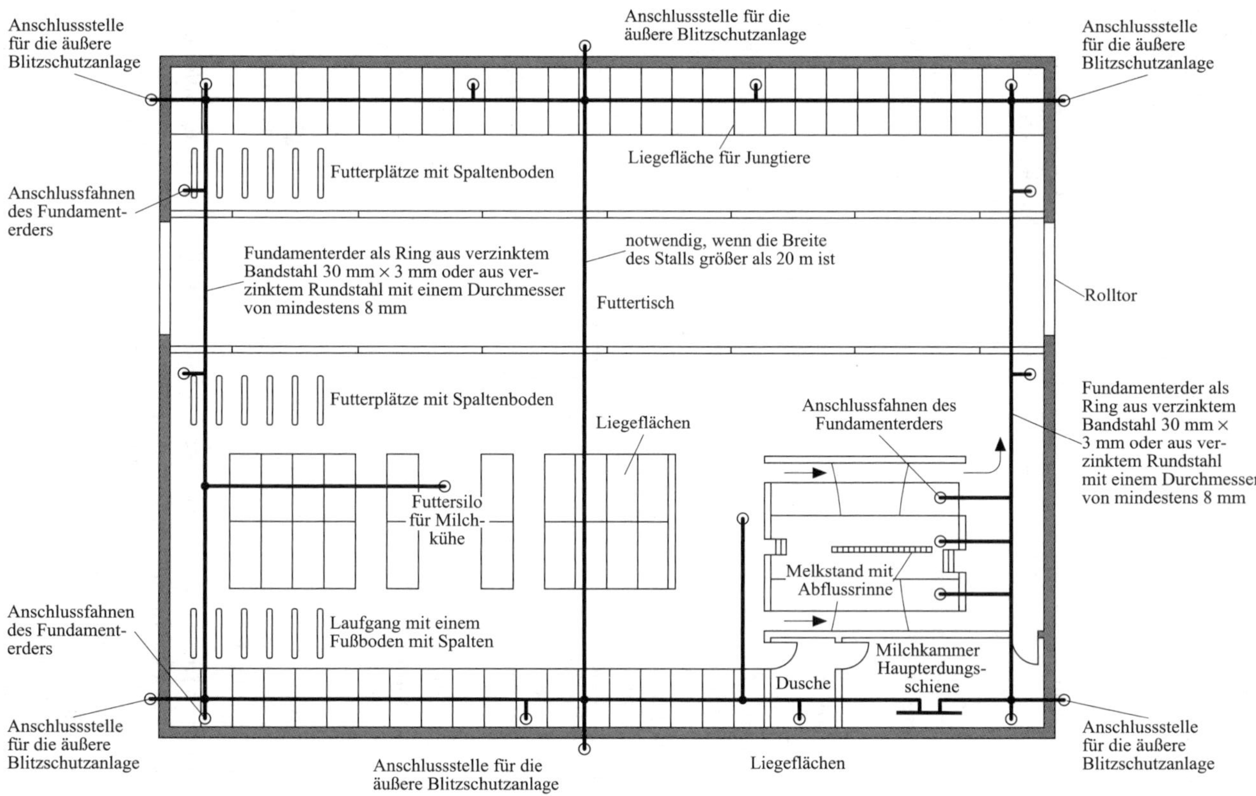

Bild 9.9 Beispiel der Errichtung eines Fundamenterders in einem Kuhstall (Quelle: DIN VDE 0100-705:2007-10, Bild A)

Für die Belüftungs- und Beleuchtungsanlage sind eigene von der allgemeinen Stromversorgung unabhängige Stromkreise erforderlich, die bei Bedarf auch von einer Ersatzstromquelle eingespeist werden müssen (siehe Abschnitt 1.4.6). Überwachungseinrichtungen müssen den Stromausfall optisch und akustisch anzeigen.

Die Verfügbarkeit der Lüftungsanlage kann durch eine separate Stromversorgung direkt von der Hauptverteilung erhöht werden. Für die Intensivtierhaltung sind u. U. gesetzliche Anforderungen zu beachten.

- Für **Leuchten und Beleuchtungsanlagen** gelten nachstehende Anforderungen:
  - Schutzart und Oberflächentemperatur der Leuchten sind nach den jeweiligen Umgebungstemperaturen und Anbringungsorten auszuwählen:

  Leuchten nach der Normenreihe DIN EN 60598 (VDE 0711), Schutzart IP54, zutreffende Temperaturkennzeichnung ▽F, geeignet für Montage auf brennbaren Material oder Leuchten mit begrenzter Oberflächentemperatur nach DIN EN 60598-2-24 (VDE 0711-2-24), Schutzart IP54, Temperaturkennzeichnung, ▽D, oder nach deutscher Kennzeichnung ▽F▽F, geeignet für feuergefährdete Bereiche mit der Möglichkeit brennbarer Staubablagerung.
  - Der Einbauort für Leuchten ist mit ausreichend großem Sicherheitsabstand zu brennbaren Materialien auszuwählen. Dabei sind das Einbringen und Lagern von Gütern (auch brennbaren Materialien) zu berücksichtigen.
  - Für Sicherheitsabstände sind die Angaben der Leuchtenhersteller sowie Angaben nach DIN VDE 0100-420 zu beachten.
  - Der Schaltzustand der Leuchte muss vom Ort des Schalters aus einsehbar sein oder eine optische Anzeige muss den Schaltzustand erkennen lassen.
- Die **Zugänglichkeit** der elektrischen Anlagen muss für den Menschen jederzeit gewährleistet sein. Nutztiere dürfen die Betriebsmittel nicht erreichen, es sei denn, dass der Kontakt zwischen den Tieren und den elektrischen Anlagen betriebsbedingt gewollt ist (Fütterung, Wasserbecken, Melkeinrichtungen). Dann müssen durch entsprechende Maßnahmen Beschädigungen der Betriebsmittel und Verletzungen der Tiere verhindert werden.
- Zur **Kennzeichnung** der elektrischen Anlagen sind Schaltpläne mit nachstehenden Informationen zu erstellen und an den Benutzer der Anlagen auszuhändigen:
  - Dispositionsplan mit allen elektrischen Betriebsmittel
  - Kabelwegepläne
  - Übersichtsschaltplan
  - Übersichtsplan des zusätzlichen Schutzpotentialausgleichs mit der Lage aller Anschlussstellen

9.6 Leitfähige Bereiche mit begrenzter Bewegungsfreiheit – DIN VDE 0100-706

9.6.1 Anwendungsbereich

Elektrische Anlagen in leitfähigen Bereichen mit begrenzter Bewegungsfreiheit sind ortsfeste elektrische Betriebsmittel und Stromquellen für bewegliche Betriebsmittel in Bereichen,

- deren Begrenzungen im Wesentlichen aus Metallteilen bestehen
- in denen Personen mit ihrem Körper großflächig mit den leitfähigen Teilen in Berührung stehen und eine Unterbrechung der Berührung nur eingeschränkt möglich ist

Die elektrischen Anlagen und Betriebsmittel in solchen Bereichen sind so auszuwählen, dass von ihnen keine Gefahren für Personen ausgehen.

9.6.2 Schutz gegen elektrischen Schlag

Schutz gegen direktes Berühren (Basisschutz) siehe Abschnitt 2.2

Auch bei Anwendung von SELV und PELV ist unabhängig von der Nennspannung immer der Basisschutz durch Isolierung (Prüfspannung AC 500 V effektiv für 1 min) oder durch Abdeckung oder Umhüllung mit der Schutzart IP2X oder IPXXB herzustellen.

Schutz durch Hindernisse und Schutz durch Anordnung außerhalb des Handbereichs sind nicht erlaubt.

Für den **Schutz bei indirektem Berühren (Fehlerschutz)** dürfen nur folgende Schutzmaßnahmen angewendet werden

- bei der Stromversorgung handgeführter Elektrowerkzeuge oder ortsveränderlicher Messgeräte
  - SELV oder
  - Schutztrennung mit nur einem einzigen Verbrauchsmittel hinter dem Trenntransformator
- bei der Stromversorgung von Handleuchten
  - SELV oder
  - Leuchtstofflampen mit eingebautem Transformator sind zugelassen
- bei der Versorgung fest angebrachter Anlagen und Betriebsmittel
  - SELV oder
  - PELV mit zusätzlicher Potentialausgleichsverbindung zwischen Körpern, allen leitfähigen Teilen innerhalb des leitfähigen Bereichs mit begrenzter Bewegungsfreiheit und der Verbindung des PELV-Systems mit Erde

- Schutz durch automatische Abschaltung, wobei die Körper der ortsfesten Betriebsmittel über einen zusätzlichen Potentialausgleich mit der leitfähigen Umgebung verbunden werden müssen
- Schutz durch Betriebsmittel der Schutzklasse II; der Stromkreis wird mit einer RCD mit $I_{\Delta n} \leq 30$ mA zusätzlich geschützt. Die Schutzart der Betriebsmittel muss der Umgebung angepasst sein
- Schutztrennung mit nur einem einzigen Verbrauchsmittel hinter dem Trenntransformator

- Sicherheitsstromquellen und Transformatoren müssen außerhalb der leitfähigen Bereiche angeordnet werden, es sei denn, sie sind Teil der fest angebrachten Anlagen.
- Wenn eine Betriebserdung für bestimmte Betriebsmittel erforderlich ist, müssen alle Körper und fremden leitfähigen Teile innerhalb des leitfähigen Bereichs mit begrenzter Bewegungsfreiheit und die Erdung für Funktionszwecke (Betriebserdung) in einen Potentialausgleich einbezogen werden.
- Schutz durch Hindernisse und Schutz durch Abstand sind nicht erlaubt.

9.7 Elektrische Anlagen von Campingplätzen – DIN VDE 0100-708

9.7.1 Anwendungsbereich

Die Norm enthält besondere Anforderungen für den Teil der elektrischen Anlagen auf Campingplätzen, der Einrichtungen für die Stromversorgung von bewohnbaren Freizeitfahrzeugen, Caravans oder Zelten bereitstellt.

Die Norm gilt nicht für elektrische Anlagen in Freizeitfahrzeugen oder anderen beweglichen oder transportablen Einheiten (Caravans, Motorcaravans).

9.7.2 Begriffe

Bewohnbares Freizeitfahrzeug
ist eine Freizeitwohneinheit, die vorübergehend oder jahreszeitlich genutzt wird und die für den Einsatz im Straßenverkehr geeignet sein kann.
(Quelle: DIN VDE 0100-708:2006-02 Abschnitt 708.2.1)

Caravanstellplatz
ist ein Teil eines Geländes, vorgesehen zur Belegung durch ein bewohnbares Freizeitfahrzeug oder durch ein Zelt.
(Quelle: DIN VDE 0100-708:2006-02 Abschnitt 708.2.2)

Campingplatz
ist ein Teil eines Geländes, das zwei oder mehrere Caravanstellplätze enthält. (Quelle: DIN VDE 0100-708:2006-02 Abschnitt 708.2.3)

Elektrische Stromversorgungseinrichtungen an Caravanstellplätzen
sind Betriebsmittel mit Einrichtungen, um die Versorgungsleitungen der bewohnbaren Freizeitfahrzeuge an die elektrische Stromversorgung anzuschließen und auch wieder von dieser zu trennen.
(Quelle: DIN VDE 0100-708:2006-02 Abschnitt 708.2.4)

9.7.3 Versorgungsspannung auf Campingplätzen

Die Nennversorgungsspannung der Anlagen für die Stromversorgung von bewohnbaren Freizeitfahrzeugen darf bei Einphasen-Wechselstrom 230 V oder bei Dreiphasen-Wechselstrom (Drehstrom) 400 V nicht überschreiten.

9.7.4 Schutz gegen elektrischen Schlag

Der **Schutz gegen direktes Berühren (Basisschutz)** ist für alle Anlagen vorzusehen. Das gilt auch für oberirdisch verlegte Leiter. Es sind alle in Abschnitt 2.2 beschriebenen Schutzmaßnahmen anwendbar mit Ausnahme des Schutzes durch Hindernisse und durch Anordnung außerhalb des Handbereichs.

Als **Schutz bei indirektem Berühren (Fehlerschutz)** werden Maßnahmen durch automatische Abschaltung der Stromversorgung bevorzugt. Mit Ausnahme des Schutzes durch nicht leitende Räume und durch erdfreien örtlichen Schutzpotentialausgleich sind auch andere Maßnahmen des Fehlerschutzes denkbar (siehe Abschnitt 2.3).

Der **zusätzliche Schutz** muss für jede Steckdose einzeln durch eine eigene Fehlerstrom-Schutzeinrichtung (RCD) mit einem Bemessungsdifferenzstrom $\leq$ 30 mA realisiert werden. Dabei handelt es sich um die Steckdosen in den elektrischen Versorgungseinrichtungen an Caravanstellplätzen zum Anschluss der Freizeitfahrzeuge. Die Fehlerstrom-Schutzeinrichtung muss den Neutralleiter mit abschalten.

9.7.5 Betriebsmittel

Elektrische Betriebsmittel zur Versorgung von Freizeitfahrzeugen auf Caravanstellplätzen müssen nachstehend Anforderungen erfüllen

- **Äußere Einflüsse**
  - Auftreten von Wasser im Freien, mindestens IPX4
  - Auftreten von festen Fremdkörpern, mindestens IP3X
  - große mechanischen Beanspruchung, geeignete örtliche Schutzmaßnahmen

- **Kabel- und Leitungsanlagen** zur Versorgung von Stromverteilungseinrichtungen auf Campingplätzen können sowohl unterirdisch als auch oberirdisch verlegt werden. Unterirdisch verlegte Kabel sollten bevorzugt werden. Die Verlegungstiefe muss mindestens 0,6 m betragen. Eine geringere Tiefe ist möglich, wenn die Kabel mit einem mechanischen Schutz versehen werden und nicht im Bereich des Caravanstellplatzes oder anderer Bereiche zum Zelten (Gefahr durch Zeltpflöcke oder Heringe) verlegt werden.
  Oberirdische Kabel- und Leitungsanlagen müssen gegen vorhersehbare Fahrzeugbewegungen geschützt werden. Die Mindesthöhe beträgt 3,5 m, in Bereichen, in denen Fahrzeuge bewegt werden, mindestens 6 m.
- **Elektrische Versorgungseinrichtungen** müssen neben dem Caravanstellplatz angeordnet werden. Die Entfernung von der Anschlusseinrichtung des Freizeitfahrzeuges bzw. des Zeltes darf nicht mehr als 20 m betragen. In jedem Verteiler sollten nicht mehr als vier Steckdosen eingebaut sein.
- Anforderungen an **Steckdosen** in der Stromversorgungseinrichtung des Caravanstellplatzes
  - Jede Steckdose und ihr Gehäuse muss der Norm DIN EN 60309-2 (VDE 0623-20) entsprechen.
  - Verlangt wird für das Gehäuse die Schutzart IP44.
  - Die Steckdosen müssen vom Boden in einer Höhe von 0,5 m bis 1,5 m angeordnet sein. Die maximale Höhe kann in besonderen Situationen überschritten werden, wenn z. B. mit Überflutung oder starkem Schneefall zu rechnen ist.
  - Der Bemessungsstrom der Steckdosen muss mindestens 16 A betragen. Bei Bedarf sind höhere Werte zulässig.
  - Es muss mindestens eine Steckdose für jedes Freizeitfahrzeug vorhanden sein.
  - Jede Steckdose muss einzeln gegen Überstrom geschützt werden.
- Anforderungen an **Verlängerungsleitungen**
  - Die Steckvorrichtungen (Stecker und Kupplung) müssen der Norm DIN EN 60309-2 (VDE 0623-20) entsprechen. Leiterkennzeichnung in Übereinstimmung mit DIN VDE 0293-308.
  - Zu verwenden sind flexible Leitungen der Bauart H07RN-F oder gleichwertig, mit einem Schutzleiter, Länge maximal 25 m.
  - Bemessungsstrom 16 A, Mindestquerschnitt 2,5 mm^2, Kupfer
  - Bei höheren Bemessungsströmen ist der Leiterquerschnitt so auszuwählen, dass ein sicheres Auslösen der Überstrom-Schutzeinrichtung gewährleistet werden kann. Dazu ist der kleinste Kurzschlussstrom am Ende der Verlängerung zu berechnen.

9.8 Marinas und ähnliche Bereiche – DIN VDE 0100-721 und E DIN VDE 0100-709:2005-06

Anmerkung: Zur Zeit gilt die Norm DIN VDE 0100-721:1984-04 „Caravans, Boote und Jachten sowie ihre Stromversorgung auf Camping- bzw. Liegeplätzen". Zukünftig sind die elektrischen Anlagen in Marinas und in ähnlichen Bereichen nach DIN VDE 0100-709 zu errichten. Diese Norm wurde bereits im Juni 2005 als Entwurf herausgegeben. Mit der Veröffentlichung der endgültigen Norm ist 2009 zu rechnen. Zu erwartende Änderungen gegenüber der Ausgabe von 1984 wurden weitgehend berücksichtigt.

9.8.1 Anwendungsbereich

Die besonderen Anforderungen gelten für die Stromversorgung von Wassersportfahrzeugen und Hausbooten. Die Normen beschreiben die elektrischen Anlagen in Marinas und ähnlichen Bereichen für die Anschlüsse von Wasserfahrzeugen.

Der Rest der elektrischen Anlagen in Marinas oder ähnlichen Bereichen, die nicht unmittelbar für die Stromversorgung der Wasserfahrzeuge erforderlich sind, werden zusammen mit dem Teil 709 nach den allgemeinen Anforderungen der DIN VDE 0100 errichtet.

Die Regeln für Marinas und ähnliche Bereiche gelten nicht für

- Hausboote, wenn diese von einem öffentlichen Netzbetreiber versorgt werden
- elektrische Anlagen in Wassersportfahrzeugen und Hausbooten

9.8.2 Begriffe

Wassersportfahrzeuge
ist jedes Boot, Schiff, jede Yacht, Motorbarkasse, jedes Hausboot oder jedes andere schwimmende Fahrzeug, das ausschließlich für Sport und Freizeit genutzt wird.
(Quelle: E DIN VDE 0100-709:2005-10 Abschnitt 709.3.1)

Marina
ist die Einrichtung zum Festmachen und Versorgen von Wassersportfahrzeugen, mit festem Landeplatz, Anlegestellen, Piers oder Pontonanordnung zum Anlegen von mehr als einem Wassersportfahrzeug.
(Quelle: E DIN VDE 0100-709:2005-10 Abschnitt 709.3.2)

Hausboot
ist ein schwimmender Bau mit Deck, welcher zur Verwendung als ständiger Wohnsitz konstruiert oder gestaltet ist, meistens zum Verbleib an einer Stelle an einem Binnengewässer.
(Quelle: E DIN VDE 0100-709:2005-10 Abschnitt 709.3.3)

9.8.3 Schutz gegen elektrischen Schlag

Der Betrieb in Marinas, das Anlegen, Festmachen und Versorgen von Wassersportfahrzeugen mit festen Anlegestellen, Piers oder Pontonanordnung erfordert eine besondere Aufmerksamkeit bedingt durch ein größeres Risiko eines elektrischen Schlages durch die Anwesenheit von Wasser, Reduzierung des Körperwiderstands und durch Kontakt des Körpers mit Erdpotential. Dies erfordert nachstehende Anforderungen zum Schutz gegen elektrischen Schlag

- Die **Nennspannung einer Anlage** für die Versorgung von Wassersportfahrzeugen oder Hausbooten darf einphasig AC 230 V oder dreiphasig AC 400 V nicht überschreiten.
- **Schutz gegen direktes Berühren (Basisschutz)**
  Es sind alle in Abschnitt 2.2 beschriebenen Schutzmaßnahmen anwendbar mit Ausnahme des Schutzes durch Hindernisse und durch Abstand (Anordnung außerhalb des Handbereichs).
- Als **Schutz bei indirektem Berühren (Fehlerschutz)** werden Maßnahmen durch automatische Abschaltung der Stromversorgung bevorzugt.
  In TN-Systemen müssen in Endstromkreisen für die Versorgung von Wassersportfahrzeugen oder Hausboote der Neutral- und Schutzleiter immer getrennt ausgeführt werden.
  Wenn die Schutzmaßnahme Schutztrennung für die Versorgung der Wassersportfahrzeuge und Hausboote angewendet wird, muss der Stromkreis über einen fest errichteten Trenntransformator, der jeweils nur ein Wasserfahrzeug versorgt, angeschlossen werden.
  Schutz durch nicht leitende Räume und Schutz durch erfreien örtlichen Schutzpotentialausgleich dürfen nicht angewendet werden.
- Als **Abschalteinrichtung für den Schutz bei indirektem Berühren** durch automatische Abschaltung der Stromversorgung ist eine Fehlerstrom-Schutzeinrichtung (RCD) mit einem Bemessungsdifferenzstrom $\leq$ 30 mA für jede Steckdose einzeln vorzusehen. Der Schalter muss alle Pole einschließlich des Neutralleiters abschalten. Das gleiche gilt für jeden Endstromkreis, der für den festen Anschluss zur Versorgung von Hausbooten vorgesehen ist. Auf diese Weise wird neben dem Schutz bei indirektem Berühren ein **zusätzlicher Schutz** sichergestellt.

9.8.4 Äußere Einflüsse

Bei der Errichtung der elektrischen Anlagen für die Versorgung von Wasserfahrzeugen und Hausbooten sind nachstehende äußeren Einflüsse zu berücksichtigen

- Anwesenheit von Wasser
  Je nach Art der Örtlichkeit und der zu erwartenden Situation ist auszuwählen

- Spritzwasser IPX4
- Strahlwasser IPX5
- Wellen (starkes Strahlwasser) IPX6

- Auftreten von Fremdkörpern
  Um das Eindringen von kleinen Fremdkörpern zu verhindern ist mindestens IP3X vorzusehen.
- Es ist mit korrosiven Stoffen und Verschmutzungen (Öle, Fette, Treibstoff) zu rechnen.
- Mechanische Beanspruchung
  Der Standort der elektrischen Betriebsmittel ist so auszuwählen, dass Beschädigungen durch vorhersehbare Beanspruchungen vermieden werden. Dies kann auch erreicht werden durch geeignete mechanischen Schutzvorkehrungen.

9.8.5 Kabel- und Leitungsanlagen

Kabel und Leitungen müssen so ausgewählt und errichtet werden, dass mechanische Beschädigungen durch Gezeiten, durch schwimmende Bauten oder andere Einflüsse verhindert werden. Bei der Verlegung in Rohren, Kanälen oder anderen Trassen ist darauf zu achten, dass eindringendes Wasser durch Gefälle und entsprechende Öffnungen wieder abfließen kann. Unterirdische Kabel müssen in ausreichender Tiefe (mindestens 0,5 m) oder mit einem zusätzlichen mechanischen Schutz verlegt werden.

Alle oberirdischen Kabel und Leitungen müssen isoliert sein. Kabel- und Leitungsanlagen einschließlich Masten und anderer Unterstützungspunkte sind so anzuordnen, dass Beschädigungen durch Fahrzeugbewegungen so weit wie möglich vermieden werden. Mindesthöhe für Freileitungen 3,5 m über dem Boden und 6 m über dem Boden jener Bereiche, in denen Fahrzeuge bewegt werden.

Nicht verwendet werden dürfen isolierte Leiter in Rohren oder Kanälen und Kabel und Leitungen mit Aluminiumleiter.

9.8.6 Weitere Betriebsmittel

- Um den **Überstromschutz** sicherzustellen, muss für jede Steckdose zum Anschluss der Wasserfahrzeuge und für jeden festen Anschluss eines Hausbootes eine eigene Überstrom-Schutzeinrichtung nach DIN VDE 0100-430 vorgesehen werden.
- In jedem Verteiler ist eine **Trennschalteinrichtung** für maximal vier Steckdosen vorzusehen, die alle aktiven Leiter einschließlich Neutralleiter von der Einspeisung trennt.

- Für Steckvorrichtungen gelten folgende Anforderungen
  - Steckvorrichtungen müssen übereinstimmen mit den Normen
    DIN EN 60309-1 (VDE 0623-1)
    DIN EN 60309-2 (VDE 0623-20)
  - Sie müssen gegebenenfalls in einem Gehäuse mindestens der Schutzart IP44, u. U. auch IPX5 oder IPX6, entsprechen (siehe Abschnitt 8.4).
  - Die Steckdosen müssen so nah wie möglich am Liegeplatz aufgestellt werden.
  - Es dürfen maximal vier Steckdosen in einem Gehäuse zusammengefasst werden, um Gefahren durch zu lange Anschlussleitungen zu vermeiden.
  - An jeder Steckdose darf nur ein Wasserfahrzeug oder andere Einheiten angeschlossen werden.
  - Steckdosen müssen mindestens 1 m über den höchsten Wasserspiegel angeordnet werden. Eine Reduzierung der Höhe auf 0,3 m ist auf schwimmenden Pontons der Fußwegen zulässig, wenn sie zusätzlich gegen Spritzwasser (Strahlwasser) geschützt werden können.
  - An häufigsten werden Einphasen-Steckvorrichtungen für eine Spannung 200 V bis 250 V und einen Bemessungsstrom von 16 A oder 32 A mit zwei Polen und einem Schutzleiter, Uhrzeigerstellung 6 h, eingesetzt.
  - Bei größerem Leistungsbedarf können auch Dreiphasen-Steckvorrichtungen vorgesehen werden.

Bild 9.10 und **Bild 9.11** zeigen Beispiele für die Versorgung von Wasserfahrzeugen in einer Marina.

Tabelle 9.2 gibt Hinweise für die Verbindung zur Landversorgung am Anlegeplatz. Dieser Text sollte dem Wasserfahrzeug-Betreiber ausgehändigt werden und an der Anschlussstelle wettergeschützt vorhanden sein.

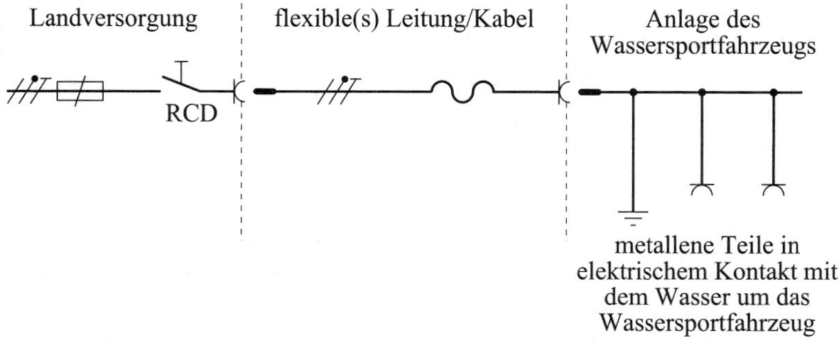

Bild 9.10 Direkte Verbindung zur Hauptstromversorgung mit Fehlerstrom-Schutzeinrichtung (RCDs) (Quelle: E DIN VDE 0100-709:2005-10 Anhang A Bild 709 A1)

Hinweis bezüglich der Verbindung zur Landversorgung für den Anlegeplatz
Diese Marina stellt für Ihr Wassersportfahrzeug eine direkt geerdete Verbindung zur Landversorgung zur Verfügung.
Allgemeines a) Wenn sie keinen Trenntransformator für die Versorgung auf dem Fahrzeug haben, um das elektrische System in Ihrem Fahrzeug von der Landversorgung zu trennen, könnte (elektrolytische) Korrosion Ihr Fahrzeug oder in der Nähe befindliche Fahrzeuge zerstören. b) Die Versorgungsspannung dieser Marina beträgt ……* V, ……* Hz (üblicherweise 230 V 50 Hz, einphasig und 400 V 50 Hz, dreiphasig), über Steckvorrichtungen nach EN 60309-2, Uhrzeigerstellung 6 h (9 h für dreiphasige in Fällen von IT-Systemen). c) Maßnahmen müssen vorgesehen werden, um zu verhindern, dass gesteckte flexible Leitungen beim Herausziehen aus der Steckdose ins Wasser fallen. d) Nur eine flexible Verbindungsleitung darf in eine Steckdose gesteckt werden. e) Die flexible Verbindungsleitung muss aus einem Stück sein, ohne Verbindungsstelle. f) Feuchtigkeit, Staub und Salz können im Stecker des Fahrzeugs eine Gefahr darstellen. Prüfen Sie den Stecker, säubern und trocknen Sie diesen, wenn erforderlich, bevor die Verbindung zur Landversorgung der Marina hergestellt wird. g) Für Laien ist es gefährlich, Reparaturen oder Veränderungen vorzunehmen. Falls Probleme auftreten, ziehen Sie den Betreiber der Marina zu Rate.
Bei der Ankunft a) Trenne alle elektrischen Verbrauchsmittel auf dem Fahrzeug. b) Verbinde die flexible Leitung zuerst mit dem Einspeisestecker auf dem Fahrzeug und dann mit der Steckdose an Land.
Vor der Abfahrt a) Trenne alle elektrischen Verbrauchsmittel auf dem Fahrzeug. b) Trenne die flexible Leitung von der Steckdose auf dem Land und dann vom Einspeisestecker auf dem Fahrzeug. c) Versehen Sie den Einspeisestecker auf Ihrem Fahrzeug wieder mit der Abdeckung, um das Eindringen von Wasser zu verhindern. d) Rolle das flexible Kabel auf, stelle sicher, dass Stecker und Kupplung sauber und trocken sind und lagere sie an einem trockenen Ort des Fahrzeugs, wo keine Beschädigung auftreten kann.
* vom Betreiber der Marina zu ergänzen

Tabelle 9.2 Hinweistext für Nutzer der Anlegeplätze
(Quelle: E DIN VDE 0100-709:2005-10 Anhang B)

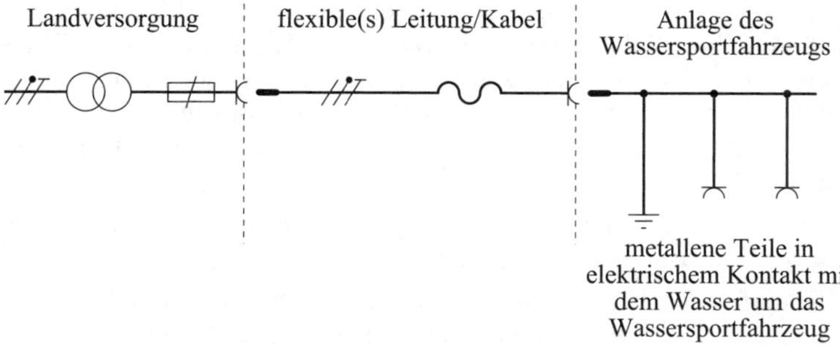

Bild 9.11 Verbindung zur Hauptstromversorgung über einen landseitigen Trenntransformator (Quelle: E DIN VDE 0100-709:2005-10 Anhang A Bild 709 A2)

9.9 Medizinisch genutzte Bereiche – DIN VDE 0100-710 und E DIN VDE 0100-710:2007-06

Anmerkung: Vom zuständigen DKE-Komittee wird empfohlen, die im Entwurf enthaltenen Änderungen in Eigenverantwortung anzuwenden. Sie werden in den nachfolgenden Darstellungen weitgehend berücksichtigt.

9.9.1 Anwendungsbereich

Die zusätzlichen Anforderungen an elektrische Anlagen in medizinisch genutzten Bereichen (Räumen oder Raumgruppen) gelten u. a. für Krankenhäuser, Kliniken, Ärztehäuser, Polikliniken, Ambulatorien, Arzt- und Dentalpraxen, Sanatorien, Senioren- und Pflegeheime und sonstige ambulante Einrichtungen in Betrieben, Sportstätten. Sie gelten auch für elektrische Anlagen, die mittelbar für den sicheren Betrieb der medizinisch genutzten Bereiche erforderlich sind. Sie können für veterinärmedizinische Bereiche angewendet werden.

Für elektrische Anlagen über AC 1 000 V oder DC 1 500 V in medizinisch genutzten Bereichen sollten neben den Anforderungen nach DIN VDE 0101 „Starkstromanlagen mit Nennwechselspannung über 1 kV" sinngemäß auch die Festlegungen für medizinisch genutzte Bereiche erfüllt werden, um gleiche Sicherheit zu erreichen. Darüber hinaus sind bau- und arbeitsrechtliche Vorschriften, wie z. B. die Krankenhausbauverordnung (KhBauVO), die Verordnungen über den Bau von Betriebsräumen für elektrische Anlagen (EltBauVO), als arbeitsschutzrechtliche Vorschriften die Arbeitsstättenrichtlinie zu beachten.

Die medizinisch genutzten Bereiche werden in drei Gruppen unterteilt und wie folgt definiert

Gruppe 0: Medizinisch genutzter Bereich, in dem die elektrische Anlage bei Auftreten eines Fehlers (erster Körper- oder Erdschluss, Ausfall des Netzes) abgeschaltet werden kann. Untersuchungen oder Behandlungen können abgebrochen oder wiederholt werden. Anwendungsteile der medizinischen elektrischen Geräte kommen nicht in Kontakt mit dem Patienten.

Gruppe 1: Wie Gruppe 0, jedoch mit Anwendungsteilen, die äußerlich oder (siehe Gruppe 2) invasiv am Patienten eingesetzt werden.

Gruppe 2: Im Fehlerfall oder bei Ausfall des Netzes darf die elektrische Anlage nicht abschalten. Die Untersuchung oder Behandlung ist für den Patienten gefährlich, eine Wiederholung unzumutbar oder die Beschaffung von Untersuchungsergebnissen nicht erneut möglich. Unregelmäßigkeiten in der Stromversorgung können Lebensgefahr verursachen.

Die Zuordnung der medizinisch genutzten Bereiche, Räume oder Raumgruppen zu den Gruppen 0 bis 2 ist unter Berücksichtigung geltender Vorschriften sowie gesetzlicher Regelungen mit dem medizinischen Personal, der zuständigen Gesundheitsorganisation, den Verantwortlichen der Arbeitssicherheit und der zuständigen Bauleitung abzustimmen. Die Elektrofachkraft wird dabei beratend tätig.

9.9.2 Stromversorgung

Die Stromversorgung für Sicherheitszwecke muss bei Ausfall des allgemeinen Netzes die für den Weiterbetrieb notwendigen Einrichtungen innerhalb einer vorher festgelegten Umschaltzeit für einen definierten Zeitabschnitt mit elektrischer Energie versorgen.

Als Sicherheitsstromquellen dürfen verwendet werden (siehe Abschnitt 1.4.6)

- Hubkolben-Verbrennungsmotoren (DIN 6280-13)
- Blockheizkraftwerke mit Hubkolben-Verbrennungsmotoren (DIN 6280-14 und Abschnitt 16)
- batteriegestützte zentrale Sicherheits-Stromversorgungs-Systeme (E VDE 0558-507)

Die Betriebsbereitschaft der Sicherheitsstromquellen ist zu überwachen und an geeigneter, ständig besetzter Stelle anzuzeigen.

Stromquellen, die ausschließlich Verbrauchsmittel in einem Brandabschnitt versorgen, dürfen im selben Brandabschnitt wie das Verbrauchsmittel aufgestellt werden. Das gilt insbesondere für zusätzliche Sicherheitsstromquellen, die Bestandteil von Baugruppen oder Geräten sind, wie z. B. Geräte mit Batterien (USV-Anlage), OP-Lichtgeräte, Pufferbatterien für elektronische Steuerungen und rechnergestützte Überwachungsanlagen. Solche Stromquellen dürfen keine Beeinflussung oder Gefahr für die Umgebung verursachen. Als Einzelgeräte sollten sie in einem Gehäuse untergebracht werden. Ein Herstellernachweis für die Aufstellungsbedingungen ist zu fordern.

Die Versorgungsdauer der Sicherheitsstromquelle beträgt mindestens 24 h. Sie kann auf 3 h verringert werden, wenn die medizinischen Anforderungen dies zulassen und eine evtl. notwendige Evakuierung des Gebäudes innerhalb dieser Zeit realisiert werden kann.

Während der Wartung der Sicherheitsstromquelle muss die Sicherheitsstromversorgung aufrechterhalten bleiben (z. B. durch den Einsatz von mobilen Stromversorgungsgeräten).

Für die Bereiche der Gruppen 1 und 2 muss die Sicherheitsstromquelle den Weiterbetrieb automatisch übernehmen, wenn die Spannung am Messpunkt des Hauptverteilers um mehr als 10 % der Nennspannung abfällt. Die Umschaltzeit sollte mögliche Kurzzeit-Unterbrechungen der allgemeinen Versorgung berücksichtigen.

9.9.3 Schutz gegen elektrischen Schlag

Bei der Anwendung von SELV oder PELV in Bereichen der Gruppe 1 oder 2 darf die Nennspannung nicht größer sein als AC 25 V und DC 60 V (oberschwingungsfrei). Aktive Teile müssen gegen direktes Berühren geschützt sein (Isolierung, Abdeckung oder Umhüllung).

In der Gruppe 2 müssen berührbare, leitfähige Teile von elektrischen Verbrauchsmitteln für den zusätzlichen Schutzpotentialausgleich mit der Schutzpotentialausgleichsschiene verbunden werden.

FELV ist nicht zulässig.

Als **Schutz gegen direktes Berühren** sind aktive Teile zu isolieren, abzudecken oder zu umhüllen. Ein verstärkter Schutz kann bei mechanischer Beanspruchung zusätzlich erforderlich werden. Schutz durch Hindernisse oder Abstand sind nicht erlaubt.

Die Anforderungen an den **Schutz bei indirektem Berühren** gelten für Endstromkreise, die Verbrauchsmittel in den medizinischen Bereichen versorgen, nicht aber für das vorgelagerte Verteilungsnetz außerhalb der Bereiche der Gruppen 1 und 2 (Anforderungen für die Gruppe 0 sowie für das Verteilungsnetz siehe Abschnitt 2.3).

Die dauernd zulässige Berührungsspannung darf 25 V nicht überschreiten. Für jeden Stromkreis wird ein eigener Schutzleiter gefordert.

Anforderungen bei Anwendung des TN-Systems für Endstromkreise in den Bereichen der Gruppen 1 und 2

Um die Berührungsspannung von ≤ 25 V einzuhalten, kann ein zusätzlicher Schutzpotentialausgleich vorgesehen werden.

Gefordert wird hinter dem Hauptverteiler eines Gebäudes bzw. für medizinisch genutzte Gebäude hinter dem Hauptverteiler, der der Stromquelle für Sicherheitszwecke folgt, ein TN-S-System.

Verlangt wird im Bereich der Gruppe 1 ein zusätzlicher Schutz durch Fehlerstrom-Schutzeinrichtungen (RCDs) mit $I_{\Delta n} \leq 30$ mA in den Endstromkreisen für

- Steckdosen mit einem Bemessungsstrom bis 32 A und
- Beleuchtung innerhalb der Patientenumgebung (siehe **Bild 9.12)**

In Bereichen der Gruppe 2 dürfen Fehlerstrom-Schutzeinrichtungen (RCDs) mit $I_{\Delta n} \leq 30$ mA als zusätzlicher Schutz bei direktem Berühren eingesetzt werden für

- die elektrische Versorgung von OP-Tischen
- Stromkreise für Verbrauchsmittel, deren Ausfall für den Patienten keine Gefahr bedeutet
- Stromkreise für Beleuchtung in der Patientenumgebung, jedoch ohne OP-Leuchten und andere unentbehrliche Leuchten

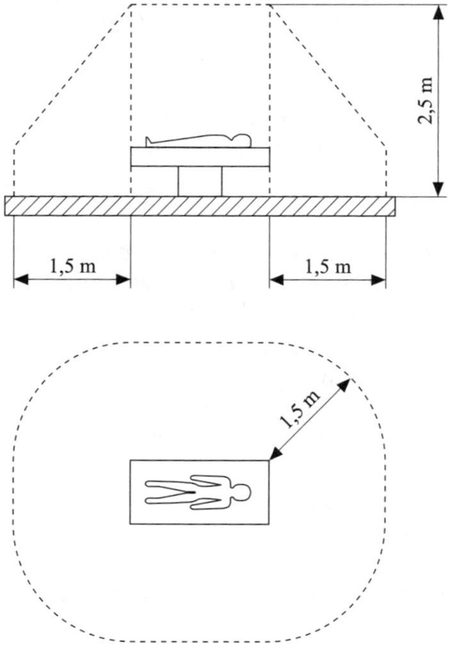

Bild 9.12 Patientenumgebung
(Quelle: E DIN VDE 0100-710:2004-06 Bild 710 A)

In den Bereichen der Gruppe 2 dürfen Fehlerstrom-Schutzeinrichtungen (RCDs) mit $I_{\Delta n} \leq 30$ mA als Sach- bzw. Brandschutz eingesetzt werden für

- Stromkreise für medizinische elektrische Geräte
- Stromkreise für Verbrauchsmittel mit einer Nennleistung über 5 kVA
- Beleuchtungsstromkreise außerhalb der Patientenumgebung

Bei gleichzeitigem Anschluss mehrerer Verbrauchsmittel an demselben Stromkreis muss eine unerwünschte Auslösung der Fehlerstrom-Schutzeinrichtung verhindert werden.

In den Bereichen der Gruppen 1 und 2 sind nur Fehlerstrom-Schutzeinrichtungen (RCDs) vom Typ A oder B (DIN VDE 0664-10) in Abhängigkeit vom möglichen Fehlerstrom zulässig (siehe Abschnitt 14.2).

Es wird empfohlen, in TN-S-Systemen Überwachungsgeräte zur Kontrolle des Isolationswiderstands der aktiven Teile einzusetzen.

Aus TN-S-Systemen sollten im Bereich der Gruppe 2 nur fest angeschlossene elektrische Verbrauchsmittel versorgt werden. Solche Stromkreise und das daran angeschlossene Stecksystem sind deutlich zu kennzeichnen oder mit einem unterschiedlichen Stecksystem auszurüsten, um Verwechslungen zu vermeiden.

In medizinischen Einrichtungen der Gruppe 2 **sind TT-Systeme** unzulässig. In anderen Bereichen kann das TT-System eingesetzt werden. Ist nur ein TT-System vorhanden, muss zur Bildung eines TN- oder IT-Systems ein Transformator eingesetzt werden.

In medizinisch genutzten Bereichen der Gruppe 2 wird das **IT-System** bevorzugt eingesetzt, weil die Stromversorgung beim ersten Körper- oder Erdschluss fortgesetzt werden kann. Für Steckdosenstromkreise im Bereich der Gruppe 2, an die medizinische elektrische Geräte angeschlossen werden, und für Stromkreise für die OP-Beleuchtung oder vergleichbare Leuchten muss das IT-System angewendet werden. Als Ausnahme gelten über das TN-System versorgte Stromkreise, die, wie in den vorausgegangenen Abschnitten beschrieben, besondere Bedingungen erfüllen müssen.

In jedem Bereich der Gruppen 1 und 2 ist ein zusätzlicher Schutzpotentialausgleich vorzusehen und mit der Schutzpotentialausgleichsschiene zu verbinden.

Um Potentialdifferenzen auszugleichen, sind nachstehende Teile in der Patientenumgebung, soweit vorhanden, untereinander zu verbinden

- Schutzleiter
- fremde leitfähige Teile
- Abschirmung gegen elektrische Störfelder
- Verbindungen zu ableitfähigen Fußböden

- Metallschirm des Transformators für das IT-System
- ortsfeste, nicht elektrisch betriebene OP-Tische, soweit sie nicht gegen Erde isoliert sind

Um ortsveränderliche medizinische elektrische Geräte und ortsveränderliche OP-Leuchten in den Schutzpotentialausgleich einbeziehen zu können, sind im Bereich der Gruppe 2 in der Nähe der Patientenposition Anschlussbolzen für Potentialausgleichsleitungen anzubringen. Der Anschluss erfolgt nach der Gebrauchsanleitung der Geräte.

Die Schutzpotentialausgleichsschiene ist in dem medizinisch genutzten Bereich (Raum oder Raumgruppen) oder in dessen Nähe anzuordnen und mit den unterschiedlich gekennzeichneten Schutzleitern und Schutzpotentialausgleichsleitern zu verbinden.

Schutz durch Schutztrennung ist in den Bereichen der Gruppen 1 und 2 nur zulässig bei jeweils nur einem Verbrauchsmittel je Stromquelle.

Schutz gegen elektromagnetische Störungen

Um Störungen durch netzfrequente magnetische Felder in medizinisch genutzten Bereichen zu vermeiden, sollen folgende Werte der magnetischen Induktion B (Richtwerte) nicht überschritten werden:

- $B = 2 \cdot 10^{-7}$ Tesla für EEG
- $B = 4 \cdot 10^{-7}$ Tesla für EKG

Diese Werte werden normalerweise eingehalten, wenn der Abstand zwischen Patientenplatz mit vorwiegend induktiven Betriebsmitteln großer Leistung (Transformatoren, Motoren mit einer Nennleistung über 3 kW) 6 m beträgt. Als Mindestabstand zu mehradrigen Kabeln und Leitungen gelten (**Tabelle 9.2**):

Leiternennerquerschnitt in mm^2	Mindestabstand in m
10 bis 70	3
95 bis 185	6
> 185	9

Tabelle 9.2 Abhängigkeit des Mindestabstands vom Leiternennquerschnitt

Größere Abstände werden bei einadrigen Kabeln oder Leitungen und bei Stromschienensystemen erforderlich. In Zweifelsfällen wird vor Ort Messung durch Sachverständige oder Prüfinstitute empfohlen.

Brandschutz

Als Brandschutz gelten Mindestanforderungen nach DIN VDE 0100-420 und DIN VDE 0100-482. Zusätzlich können in vielen Fällen Vorschriften und gesetzliche Regelungen bestehen, die zu beachten sind.

9.9.4 Auswahl und Errichten elektrischer Betriebsmittel

Elektrische Betriebsstätten

In der abgeschlossenen elektrischen Betriebsstätte sind nachstehende Anlagen und Betriebsmittel, soweit vorhanden, unterzubringen

- Schaltanlagen mit Nennspannung über 1 kV
- Netztransformatoren
- Hauptverteiler für die allgemeine Stromversorgung
- Hauptverteiler für die Sicherheitsstromversorgung
- Ortsfeste Stromerzeugungsaggregate für die Sicherheitsstromversorgung
- Zentralbatterien für die Sicherheitsstromversorgung einschließlich Umrichter- und Steuerschränke
- Einrichtungen der zusätzlichen Sicherheitsstromversorgung

Gesetzliche Regelungen und Richtlinien der Stromversorgungsunternehmen sind zusätzlich zu beachten.

Netztransformatoren

sind durch selbsttätige Schutzeinrichtungen gegen Überlast und gegen innere und äußere Fehler zu schützen.

Verteiler

müssen DIN VDE 0660 entsprechen. Ihre Gehäuse oder Verkleidungen müssen aus Stahlblech gefertigt sein. Sie sind vorzugsweise außerhalb medizinisch genutzter Bereiche aufzustellen. Vorschriften und gesetzliche Regelungen sind dabei zu beachten.

9.9.5 Betriebsbedingungen

Spannung

Auf der Sekundärseite von Transformatoren für IT-Systeme in medizinisch genutzten Bereichen darf die Leerlaufspannung AC 250 V (einphasig oder mehrphasig) nicht überschreiten.

Verteiler

Jeder Verteiler in medizinisch genutzten Bereichen der Gruppe 2 muss über zwei voneinander unabhängige Zuleitungen verfügen. Bei Ausfall der Spannung von einem oder mehreren Außenleitern muss die Versorgung selbsttätig auf die zweite Zuleitung umschalten. Die Umschaltzeit ist nach den zu versorgenden Verbrauchsmitteln festzulegen.

Die Einspeisung der Verteiler oder Verteilerabschnitte aus der allgemeinen Stromversorgung, aus der Sicherheitsstromversorgung oder aus der zusätzlichen Sicherheitsstromversorgung muss direkt vom Hauptverteiler des Gebäudes der Sicherheitsstromversorgung erfolgen. Bei einer unterbrechungsfreien Stromversorgung müssen die Verteiler oder Verteilerabschnitte vom Hauptverteiler der zusätzlichen Sicherheitsstromversorgung eingespeist werden. In allen Fällen erfolgt die Versorgung über zwei voneinander unabhängige Zuleitungen, die getrennt voneinander (mindestens auf getrennten Kabeltragsystemen) verlegt werden müssen.

Mehrere Verteiler innerhalb eines Brandabschnitts dürfen über zwei Zuleitungen auch im IT-System versorgt werden. Allerdings sollten bei mehreren IT-Systemen in einem Gebäude auch mehrere Umschalteinrichtungen vorgesehen werden. Bei mehr als einem IT-System hinter einer Umschalteinrichtung ist in jeder Transformatorzuleitung eine Schutzeinrichtung vorzusehen, die nur bei Kurzschluss im oder am Transformator oder im Verteiler vor den Schutzeinrichtungen der Endstromkreise auslöst. Dadurch kann der Ausfall aller IT-Systeme verhindert werden.

9.9.6 Betriebs- und Verbrauchsmittel

Transformatoren

Transformatoren für IT-Systeme müssen mit DIN VDE 0570-2-15 übereinstimmen und als Einphasen-Transformatoren für den Aufbau von IT-Systemen geeignet sein

- Ableitstrom der Sekundärwicklung zur Erde ≤ 0,5 mA, Ableitstrom Gehäuse zur Erde ≤ 0,5 mA jeweils unbelastet bei Nennspannung und Nennfrequenz
- 3,15 kVA ≤ Nennausgangsleistung ≤ 8 kVA

Verwendet werden vorzugsweise Einphasen-Transformatoren. Bei Dreiphasen-Transformatoren darf die Ausgangsspannung nicht größer als 250 V sein.

Bei Drehstromtransformatoren muss durch Bauart oder Schaltungsart sichergestellt sein, dass bei Schieflast oder Fehler auf der Primärseite keine Spannungserhöhung auf der Sekundärseite auftritt.

Auf der Primär- und Sekundärseite sind Schutzeinrichtungen nur gegen Kurzschluss zulässig. Gegen Überlast sind Überwachungseinrichtungen vorzusehen, die eine zu hohe Temperatur melden.

Transformatoren, Verteiler und die dazugehörigen Kabel und Leitungen müssen sich im selben Geschoss und Brandabschnitt wie die versorgten medizinisch genutzten Bereiche der Gruppe 2 befinden oder in einem eigenen direkt angrenzenden Brandabschnitt.

Transformatoren-Zuleitungen sind von der Umschalteinrichtung bis zu den nachfolgenden Verteilerabschnitten kurzschluss- und erdschlusssicher zu verlegen. Dies wird erreicht durch Leiteranordnung aus starren Leitern oder Aderleitungen mit ausreichendem Abstand, der eine gegenseitige Berührung und Berührung mit geerdeten Teilen sicher verhindert.

Als Schutz bei indirektem Berühren für den Transformator kann unter folgenden Maßnahmen gewählt werden

- Schutzisolierung (Transformator der Schutzklasse II)
- Schutz durch nicht leitende Räume
- Schutz durch erdfreien, örtlichen Potentialausgleich
- Isolierte Aufstellung des Schutzklasse-I-Transformators ohne Schutzleiteranschluss hinter einer nur mit Werkzeug oder Schlüssel zu entfernenden Abdeckung mit entsprechendem Warnhinweis auf mögliche Gefahren durch Fehlerspannungen und der Notwendigkeit einer Spannungsprüfung vor Berührung

Es wird empfohlen, für die medizinisch genutzten Bereiche wegen ihrer Größe, des Leistungsbedarfs und der Bedeutung der Stromversorgung mindestens zwei IT-Systeme vorzusehen. Die größte Nennausgangsleistung eines Transformators ist auf 8 kVA begrenzt.

Kabel- und Leitungsanlagen

Das Verteilungsnetz der Sicherheitsstromversorgung ist ab dem Hauptverteiler getrennt von der allgemeinen Versorgung aufzubauen. Bei Kabelanlagen in Erde ist ein Mindestabstand von 2 m erforderlich. Wird dieser Abstand unterschritten, z. B. im Einführungsbereich von Gebäuden, ist ein besonderer mechanischer Schutz vorzusehen.

In medizinisch genutzten Bereichen der Gruppe 2 dürfen nur Kabel- und Leitungsanlagen vorhanden sein, die für die Versorgung der Geräte und Zubehör in diesem Bereich genutzt werden.

Für die Errichtung der Kabel- und Leitungsanlagen können Vorschriften oder gesetzliche Regelungen bestehen, die zu beachten sind, z. B. die Muster-Richtlinie über brandschutztechnische Anforderungen an Leitungsanlagen – MLAR.

Ein einziger Fehler im Steuerstromkreis, der die Umschaltung zwischen zwei Ein-Speisungen bewirkt, darf nicht zum Ausfall der Versorgung am Ausgang der selbsttätigen Umschalteinrichtung führen.

Bei mehradrigen Kabeln oder Leitungen der Sicherheitsstromversorgung darf nur ein Stromkreis mit dem dazugehörigen Steuerstromkreis zusammengefasst werden.

Mehrere Hauptstromkreise dürfen nicht in einem Kabel oder einer Leitung zusammengefasst werden. Das gilt auch für Beleuchtungsstromkreise mit nur einem Neutralleiter.

Schutzpotentialausgleichsleiter müssen isoliert und mindestens an den Anschlussstellen grün-gelb gekennzeichnet sein.

Schalt- und Steuergeräte

Kabel und Leitungen müssen gegen zu hohe Erwärmung geschützt werden. Als Schutzeinrichtung dürfen nur Leitungsschutzsicherungen, Leitungsschutzschalter oder Leistungsschalter verwendet werden (siehe Kapitel 14). Sie müssen selektiv gegenüber der jeweils vorgeschalteten Schutzeinrichtung wirken.

Zum Schutz des Kabel- und Leitungssystems in medizinisch genutzten Bereichen der Gruppe 2 muss jeder an beliebiger Stelle auftretende Kurzschluss innerhalb von 5 s oder in kürzerer Zeit abschalten, wenn der Schutz bei indirektem Berühren (siehe Kapitel 3) oder der Kurzschlussschutz von Kabeln und Leitungen dies verlangt.

In medizinisch genutzten Bereichen der Gruppe 2 dürfen zum Schutz gegen Überstrom in Endstromkreisen nur Leitungsschutzschalter verwendet werden, die allpolig abschalten.

Allgemein wird empfohlen, in Endstromkreisen Leitungsschutzschalter einzusetzen.

In IT-Systemen sind Isolations-Überwachungsgeräte vorzusehen, die nachstehende zusätzliche Anforderungen zu erfüllen haben

- Wechselstrom-Innenwiderstand ≥ 100 kΩ
- Messspannung ≤ DC 25 V
- Messstrom auch im Fehlerfall ≤ 1 mA
- Anzeige bei einem Isolationswiderstand < 50 kΩ
- Testeinrichtung für den Isolationswiderstand
- Anzeige bei Unterbrechung des Schutzleiters oder des Netzanschlusses der Isolations-Überwachungseinrichtung.

Ständige Überwachung des IT-Systems und der dazugehörigen Umschalteinrichtung durch das medizinische Personal, ggf. durch das technische Betriebspersonal, oder auch Weiterleitung der Meldung durch die Gebäudeautomatisierungsanlage. Folgende Meldungen müssen unverzögert erfolgen:

- akustische und visuelle Signale
- grüne Leuchte zur Anzeige des Normalbetriebs

- gelbe Leuchte beim ersten Fehler in der Umschalteinrichtung oder wenn der Minimalwert des Isolationswiderstands oder der Maximalwert der Transformatorenbelastung erreicht wird; es darf nicht möglich sein, dieses Signal zu löschen oder auszuschalten
- akustische Signale dürfen ausschaltbar sein. Visuelle Signale müssen nach Beseitigung des Fehlers auf grün zurückgestellt werden

Für die selbsttätigen Umschalteinrichtungen sind Geräte zum Trennen und Schalten zu verwenden, die eine sichere Trennung zwischen den Systemen der allgemeinen Versorgung und der Sicherheitsstromversorgung gewährleisten. Die selbsttätigen Umschalteinrichtungen sind im Hauptverteiler der Sicherheitsstromquelle und im Verteiler für medizinisch genutzte Bereiche der Gruppe 2 unterzubringen. Dazu gehören die für die automatische Umschaltung erforderliche Messdatenerfassung, Steuerungs- und Meldeeinrichtungen und Einrichtungen für die Funktionsüberprüfung. Die Leitungen zwischen den Umschalteinrichtungen und die nachgeordneten Überstrom-Schutzeinrichtungen müssen kurzschluss- und erdschlusssicher verlegt werden.

Die maximal zulässige Umschaltzeit (Unterbrechungszeit) ist abhängig vom medizinischen Einsatzort (Raumart) und von der Gruppe des medizinisch genutzten Bereichs. Unterbrechungszeiten sind in **Tabelle 9.3** angegeben.

Steckdosenstromkreise und Steckdosen

Steckdosen am Patientenplatz (z. B. Bettenversorgungsschiene) im IT-System müssen auf mindestens zwei Stromkreise aufgeteilt werden, oder jede Steckdose ist einzeln gegen Überstrom geschützt, oder beim Anschluss von medizinisch elektrischen Systemen über Mehrfachsteckdosen müssen diese aus einzeln abgesicherten Stromkreisen versorgt werden.

Steckdosen im medizinisch genutzten Bereich der Gruppe 2, die nicht von einem IT-System versorgt werden, sondern z. B. von einem TN-S-System, müssen deutlich und dauerhaft gekennzeichnet sein oder sich durch andere Stecksysteme unterscheiden.

Steckdosen für medizinische elektrische Geräte müssen mit einer Spannungsanzeige versehen werden, deren Lampen von langer Lebensdauer sein müssen (z. B. Glimmlampen oder LED).

Steckdosen oder andere Betriebsmittel, die von verschiedenen Stromquellen im selben Raum gespeist werden, müssen hinsichtlich ihrer Stromquellen zu unterscheiden sein.

Beleuchtungsstromkreise, Sicherheitsbeleuchtung

In medizinisch genutzten Bereichen der Gruppen 1 und 2 und in Rettungswegen sind die Leuchten mindestens auf zwei Stromkreise aufzuteilen (eine auf die Sicherheitsstromversorgung und mindestens eine auf die allgemeine Versorgung).

Medizinischer Bereich	Gruppe			Unterbrechungszeit	
	0	1	2	≤ 0,5 s	> 0,5 s ≤ 15 s
1. Massageraum	X	X			X
2. Bettenraum		X		X[1]	
3. Entbindungsraum		X			X
4. ECG-, EEG-, EHG-Raum		X			X
5. Endoskopieraum		X[2]			X[2]
6. Untersuchungs- und Behandlungsraum		X			X
7. Urologieraum		X[2]			X[2]
8. Radiologischer Diagnostik- und Behandlungsraum, außer unter 21		X			X
9. Hydrotherapie-Raum		X			X
10. Physiotherapie-Raum		X		X[1]	X
1 1. Anästhesieraum			X	X[1]	X
12. Operationsraum			X	X[1]	X
13. Operations- Vorbereitungsraum		X	X	X[1]	X
14. Operations-Gipsraum		X	X	X[1]	X
15. Operations- Aufwachraum		X	X	X[1]	X
16. Herzkatheterraum			X	X[1]	X
17. Intensivpflegeraum			X	X[1]	X
18. Angiografieraum			X		X
19. Hämodialyseraum		X			X
20. Magnetfeld-Behandlungsraum (MRT)		X			X
21. Nuklearmedizin-Raum		X		X[1]	X
22. Frühgeborenen-Raum			X	X[1]	X

[1] Beleuchtung und lebenswichtige medizinische elektrische Einrichtungen, die eine Stromversorgung innerhalb von 0,5 s oder schneller benötigen.
[2] Wenn es kein Operationsraum ist.

Tabelle 9.3 Patientenumgebung – Zuordnung von medizinischen Bereichen/Raumarten zu Gruppen und zur Sicherheitsstromversorgung nach zulässigen Unterbrechungszeiten (Beispiele)
(Quelle: E DIN VDE 0100-710:2004-06, Anhang B, Tabelle B.1)

Bei Ausfall der allgemeinen Stromversorgung muss in medizinisch genutzten Gebäuden die Sicherheitsbeleuchtung mit einer Mindestbeleuchtungsstärke zur Verfügung stehen

- Rettungswege
- Ausgangswegweiser
- Schaltanlagen mit Nennspannung über 1 kV
- Standorte für Hauptverteiler und deren Zugänge
- Standorte für Schalt- und Steuergeräte für Sicherheitsstromquellen
- medizinisch genutzte Bereiche der Gruppen 0 und 1 mit mindestens einer Leuchte pro Raum, die von der Sicherheitsstromquelle versorgt wird
- medizinisch genutzte Bereiche der Gruppe 2

Leuchten in den Rettungswegen sind den Stromkreisen abwechselnd zuzuordnen.

Die Umschaltzeit auf die Sicherheitsstromversorgung darf 15 s nicht überschreiten. Für OP-Leuchten gelten 0,5 s.

Bei der Sicherheitsbeleuchtung sind Vorschriften und gesetzliche Regelungen, z. B. die Arbeitsstättenverordnung (ArbStättV), zu beachten.

Verbrauchsmittel

Verbrauchsmittel, die bei Ausfall der allgemeinen Versorgung innerhalb von 15 s auf die Sicherheitsstromversorgung umgeschaltet werden müssen

- Feuerwehr- und Bettenaufzüge
- notwendige Lüftungsanlagen (z. B. zur Entrauchung)
- Alarm- und Warnanlagen
- Anlagen der Personenruftechnik
- Feuerlöscheinrichtungen
- medizinisch-technische Einrichtungen, die lebenswichtig sind (z. B. medizinische Gasversorgung, Druckluft, Vakuumversorgung, Geräte für operative Eingriffe)

Verbrauchsmittel, die bei Ausfall der allgemeinen Versorgung unterbrechungsfrei weiterversorgt werden müssen

- Die für den Weiterbetrieb notwendige Stromquelle ist vorzugsweise dem Verbrauchsmittel zuzuordnen.

Verbrauchsmittel mit längerer Umschaltzeit können automatisch oder auch manuell umgeschaltet werden.

Beispiele solcher Geräte oder Anlagen sind

- haustechnische Anlagen (Heizung, Lüftung, Klima, Entsorgungsanlagen)
- Kühlanlagen
- Ladeeinrichtungen für Akkumulatoren
- Kocheinrichtungen
- Aufzüge
- Sterilisationseinrichtungen

Prüfungen

Die Erst- und wiederkehrenden Prüfungen sind nach DIN VDE 0100-600 und DIN VDE 0100-610 durchzuführen (siehe Kapitel 15). Daten und Ergebnisse sind zu dokumentieren.

Zusätzlich sind die in **Tabelle 9.4** (Erstprüfung) und **Tabelle 9.5** (wiederkehrende Prüfungen) vorgesehenen Prüfungen nachzuweisen.

Erstprüfung	
Die ergänzenden Prüfungen für elektrische Anlagen in medizinisch genutzten Bereichen müssen vor der Inbetriebnahme der Anlagen, nach Änderungen und Reparaturen vor der Wiederinbetriebnahme zum Nachweis der Anforderungen durchgeführt werden.	
Lfd. Nr.	**durchzuführende Prüfung**
1	Funktion der Isolationsüberwachungsgeräte des medizinischen IT-Systems und der akustischen und optischen Alarmsysteme
2	Funktion des zusätzlichen Schutzpotentialausgleichs, Einbeziehung aller notwendigen Einrichtungen in den Potentialausgleich
3	Anforderungen für die sichere Versorgung
4	Messung des Ableitstroms der Ausgangswicklung und des Gehäuses der Transformatoren für das medizinische IT-System im unbelasteten Zustand
5	richtige Auswahl der Betriebsmittel zur Einhaltung der Anforderungen der Sicherheitsstromversorgung entsprechend den Planungsunterlagen.
6	gleichmäßige Belastung der Netze
7	Schutzmaßnahmen auf Übereinstimmung mit den Anforderungen für die medizinisch genutzten Bereiche der Gruppen 1 und 2
8	lichttechnische Überprüfung nach DIN 5035-6

Tabelle 9.4 Ergänzende Erstprüfungen in medizinisch genutzten Bereichen

Wiederkehrende Prüfungen		
Die wiederkehrenden Prüfungen als Ergänzung zu den nach DIN VDE 0100-600 (siehe Kapitel 15) zu ermittelnden Nachweise sind nach Angaben der Hersteller bzw. Errichter durchzuführen. Dabei sind Anforderungen in Vorschriften und gesetzlichen Regelungen vorrangig zu beachten. Wenn es keine Vorschriften gibt, werden die aufgeführten Prüfungsintervalle empfohlen.		
Lfd. Nr.	**Durchzuführende Prüfung**	**Intervalle**[1)]
1	Funktion der Umschalteinrichtung	6 Monate
2	Funktion des Isolationsüberwachungssystems	6 Monate
3	Einstellwerte der Schutzgeräte durch visuelle Untersuchung	12 Monate
4	Wirksamkeit des zusätzlichen Schutzpotentialausgleichs	36 Monate
5	Wirksamkeit der Schutzmaßnahme gegen elektrischen Schlag durch Messung	36 Monate
6	Auslösen der Fehlerstrom-Schutzeinrichtungen (RCDs) bei Bemessungsdifferenzstrom	6 Monate
7	sichere Versorgung mit Batterien über 15 min[2)]	1 Monat
8	sichere Versorgung mit Batterien als Kapazitätstest (Dauerbetrieb)[2)]	12 Monate
9	sichere Versorgung mit Verbrennungsmaschinen bis zum Erreichen der Nennbetriebstemperatur[2)]	1 Monat
10	sichere Versorgung mit Verbrennungsmaschinen über 60 min[2)]	12 Monate
11	lichttechnische Erfordernisse nach DIN 5035-6	
[1)] angegebene Intervalle nach UVV WGV A3, soweit vorhanden [2)] Belastung der Stromquelle zwischen 50 % und 100 % der Nennleistung der Sicherheitsstromquelle		

Tabelle 9.5 Ergänzende wiederkehrende Prüfungen in medizinisch genutzten Bereichen

9.10 Ausstellungen, Shows und Stände – DIN VDE 0100-711

9.10.1 Anwendungsbereich und Grundsätze

Es sind besondere Anforderungen an vorübergehend zu errichtende elektrische Anlagen für Vergnügungseinrichtungen und Buden auf Messegeländen, für Vergnügungsparks, Zirkusse, fliegende Bauten, Wagen und Wohnwagen nach Schaustellerart zur Sicherheit der Benutzer zu beachten. Die Betriebsmittel müssen so ausgewählt und die Anlagen so errichtet werden, dass Personen, Nutztiere und Sachen nicht gefährdet werden.

Die Versorgung erfolgt aus einem Stromkreisverteiler, der entweder dauerhaft als fester Anschlusspunkt zur Verfügung steht oder vorübergehend für den Anschluss errichtet wird. Nennversorgungsspannung maximal AC 230/400 V, DC 500 V. Der Anschluss kann auch an schutzisolierten Betriebsmitteln mit Überstrom-Schutzeinrichtungen, wie z. B. Hausanschlusskästen oder Baustromverteilern, hergestellt werden. Ferner ist die Versorgung über einen Ersatzstromerzeuger möglich. Wenn nur ein Stromkreis gebraucht wird, kann eine zweipolige Schutzkontakt-Steckdose in der Hausinstallation verwendet werden.

Für fliegende Bauten nach Schaustellerart ist ein definierter Speisepunkt mit Steckdosen, Überstrom-Schutzeinrichtungen und RCD erforderlich, sofern nicht ein einzelner Stromkreis über eine zweipolige Schutzkontakt-Steckdose versorgt werden kann.

Diese Norm gilt nicht für elektrische Anlagen in Gebäuden, auch wenn in diesen Ausstellungen, Shows oder Stände aufgebaut werden.

9.10.2 Begriffe

Ausstellung
ist ein Ereignis zum Zwecke des Ausstellens und/oder Verkaufens von Produkten usw., das an jedem geeigneten Ort stattfinden kann, entweder in einem Raum, einem Gebäude oder einem vorübergehend errichteten Aufbau.
(Quelle: DIN VDE 0100-711:2003-11 Abschnitt 711.2.1)

Show
ist eine Vorführung oder Darbietung an jedem geeigneten Ort, entweder in einem Raum, einem Gebäude oder einem vorübergehend errichteten Anbau.
(Quelle: DIN VDE 0100-711:2003-11 Abschnitt 711.2.2)

Stand
ist ein Bereich oder vorübergehend errichteter Aufbau, welcher zum Ausstellen, Vermarkten, Verkauf, zur Unterhaltung usw. genutzt wird.
(Quelle: DIN VDE 0100-711:2003-11 Abschnitt 711.2.3)

Vorübergehend errichteter Aufbau
ist eine Einheit oder ein Teil einer Einheit einschließlich mobiler tragbarer Einheiten, innen oder außen befindlich, entworfen und vorgesehen zum Auf- und Abbau.
(Quelle: DIN VDE 0100-711:2003-11 Abschnitt 711.2.4)

Vorübergehend errichtete elektrische Anlage
ist eine elektrische Anlage, die zur gleichen Zeit errichtet und wieder entfernt wird wie der Stand oder die Ausstellung, für die sie vorgesehen ist.
(Quelle: DIN VDE 0100-711:2003-11 Abschnitt 711.2.5)

Speisepunkt für die vorübergehend elektrische Anlage
ist der Punkt der festen elektrischen Anlage oder einer anderen Stromquelle, von der elektrischen Energie geliefert wird.
(Quelle: DIN VDE 0100-711:2003-11 Abschnitt 711.2.6)

9.10.3 Schutz gegen elektrischen Schlag

Als **Schutz gegen direktes Berühren (Basisschutz)** gelten die Anforderungen nach Abschnitt 2.2. Wenn der Schutz durch Kleinspannung SELV oder PELV angewendet wird, muss unabhängig von der Nennspannung der Basisschutz durch Abdeckung oder Umhüllung der Schutzart IP2X oder IPXXB oder durch Isolierung realisiert werden. Die Isolierung muss einer Prüfwechselspannung von 500 V Effektivwert mindestens 1 min standhalten. Schutz durch Hindernisse und Schutz durch Anordnung außerhalb des Handbereichs sind nicht erlaubt.

Als **Schutz bei indirektem Berühren (Fehlerschutz)** werden Maßnahmen durch automatische Abschaltung der Stromversorgung bevorzugt. Bei Anwendung des TN-Systems müssen Neutralleiter und Schutzleiter getrennt werden (TN-S-System) PEN-Leiter sind in der gesamten Anlage nicht zulässig.

Mit Ausnahme des Schutzes durch nicht leitende Räume und durch erdfreien örtlichen Schutzpotentialausgleich sind auch andere Maßnahmen des Fehlerschutzes denkbar (siehe Abschnitt 2.3).

Der **zusätzliche Schutz** wird am Speispunkt für Kabel und Leitungen empfohlen, die zur Versorgung von vorübergehenden Aufbauten vorgesehen sind, durch Fehlerstrom-Schutzeinrichtungen (RCDs) mit einem Bemessungsdifferenzstrom $I_{\Delta n} \leq 30$ mA mit verzögerter Auslösung (S-Typ, siehe Abschnitt 14.2). Mit den RCDs soll das erhöhte Risiko durch Beschädigungen von Kabel und Leitungen verringert werden.

Der zusätzliche Schutz wird verlangt für alle Steckdosenstromkreise bis 32 A und alle Endstromkreise (ausgenommen Notbeleuchtungsstromkreise) mit Fehlerstrom-Schutzeinrichtungen (RCDs) mit einem Bemessungsdifferenzstrom $I_{\Delta n} \leq 30$ mA.

9.10.4 Auswahl und Errichtung elektrischer Betriebsmittel

- Steuer- und Schutzeinrichtungen müssen in geschlossenen Gehäusen eingebaut sein, die nur mit Schlüssel oder Werkzeug geöffnet werden können. Ausgenommen sind Bedieneinrichtungen für Laien.
- Kabel und Leitungen, für die Gefahren mechanischer Beschädigung bestehen, müssen entsprechend geschützt werden.
- Leiter von Kabeln und Leitungen müssen aus Kupfer sein und einen Mindestquerschnitt von 1,5 mm^2 Cu haben (siehe DIN VDE 0281 oder DIN VDE 0282).
- Flexible Kabel und Leitungen dürfen in öffentlichen Bereichen nicht verlegt werden, es sei denn, sie sind gegen mechanische Beschädigung geschützt.

- Kabel- und Leitungsanlagen für Einrichtungen
  - ohne Feueralarmsystem
    - flammwidrige Kabel und Leitungen nach DIN VDE 0482-265, DIN VDE 0482-266, DIN VDE 0482-268; die Bauarten H07ZZ-F, NHMH erfüllen z. B. diese Anforderungen
    - ein- oder mehradrige unbewehrte Kabel und Leitungen in metallenen oder nicht metallenen Rohren oder Kanälen (Schutzart mindestens IP4X), die einen Feuerschutz bieten
  - mit Feueralarmsystem
    Kabel und Leitungen der Bauarten H05VV, H05VVF, H05RNF, NYM

  Es wird empfohlen, die Auswahl der Kabel und Leitungen mit dem Betreiber und der örtlichen Bauaufsicht abzustimmen.
- Verbindungen in Kabel- und Leitungsanlagen dürfen nur für den Anschluss innerhalb eines Stromkreises ausgeführt werden. Dafür sind Steckverbinder nach DIN VDE 0628, DIN VDE 0606-200, DIN VDE 0620 oder Verbindungen in einem Gehäuse mit der Schutzart IP4X oder IPXXD zu verwenden.
  Um Zug auf Klemmen zu vermeiden, muss die Verbindung zugentlastet sein.
- Leuchten im Handbereich (unterhalb 2,5 m über Fußbodenniveau müssen so angebracht oder geschützt sein, dass sie weder Personen gefährden noch Werkstoffe entzünden können (siehe Abschnitt 12)
- Illuminationsflachleitungen mit Lampenfassungen dürfen nur als fabrikfertige Einheiten verwendet werden.
- Anlagen mit elektrischen Entladungslampen und einer Nennversorgungsspannung höher als AC 230/400 V müssen außerhalb des Handbereichs errichtet werden oder ausreichend geschützt sein. Montageflächen und Abdeckungen für Entladungslampen (z. B. Leuchtröhrenschriften) sowie für ihre Steuereinrichtungen dürfen nicht entzündbar sein. Es ist ein separater Stromkreis vorzusehen, der über einen Not-Aus-Schalter mit entsprechender Kennzeichnung und Anordnung (nach den Anforderungen der örtlichen Behörden) schaltbar sein muss.
- Für Motoren, die zu einer Gefahr führen können, müssen allpolige Trenneinrichtungen in ihrer Nähe vorgesehen werden.
- Der Einbau von Transformatoren für Kleinspannung muss außerhalb des Handbereichs erfolgen. Es ist für ausreichende Belüftung zu sorgen. Eine manuelle rückstellbare Schutzeinrichtung muss den Sekundärstromkreis von jedem Transformator schützen.
- Alle vorübergehend errichteten Anlagen müssen nach jeder Montage vor Ort überprüft werden (vergleiche Kapitel 15).

9.10.5 Brandschutz

- Geeignete Schutzeinrichtungen zum Schutz bei Überstrom sind für alle Stromkreise am Speisepunkt der Anlage anzuordnen.
- Elektrische Betriebsmittel wie Glühlampen, Leuchten, Scheinwerfer oder Geräte mit hoher Oberflächentemperatur müssen an ausgewählten Orten nach vorgegebenen Normen oder Herstellerangaben montiert und im Betrieb überwacht werden. Sie müssen von Gegenständen, die eine Ausbreitung von Feuer bewirken können, ausreichend Abstand halten.
- Eine Ansammlung elektrischer Geräte, die übermäßige Wärme erzeugen (z. B. Schaukästen, Leuchtschriften, Standeinrichtungen), darf nur dort eingebaut werden, wo für eine ausreichende Be- und Entlüftung gesorgt wird.
- Hinsichtlich des Brandschutzes sind spezielle Sicherheitsanforderungen zu erfüllen, wenn die Aktivitäten und Umgebungsbedingungen dies verlangen (z. B. Explosionsgefahr beim Verkauf von Feuerwerkskörpern).
- Stromkreise für die Versorgung eigenständiger, vorübergehender Einrichtungen, wie z. B. Stände, Fahrzeuge im Außenbereich, müssen mit einer schnell erreichbaren und leicht erkennbaren Trenneinrichtung abgeschaltet werden können (Trennschalter, Leistungsschalter, Fehlerstrom-Schutzeinrichtung, die zum Trennen geeignet sind).

9.11 Solar-Photovoltaik-(PV)-Stromversorgungssysteme – DIN VDE 0100-712

9.11.1 Anwendungsbereich

Diese Norm beschreibt Anforderungen für Solar-Photovoltaik-(PV) Stromversorgungssysteme einschließlich für Systeme mit AC-Modulen im Parallelbetrieb mit dem öffentlichen Netz.

Im weiteren Text wird die Kurzfassung „PV-Stromversorgungssysteme" verwendet.

Normen für PV-Betriebsmittel und PV-Stromversorgungssysteme, die für einen unabhängigen Betrieb vorgesehen sind, werden zurzeit erarbeitet.

9.11.2 Begriffe

Die nachfolgenden Begriffe sind der Norm DIN VDE 0100-712:2006-06 entnommen. In der Klammer wird der jeweilige Normenabschnitt genannt (siehe auch **Bild 9.13**, **Bild 9.14**, **Bild 9.15**).

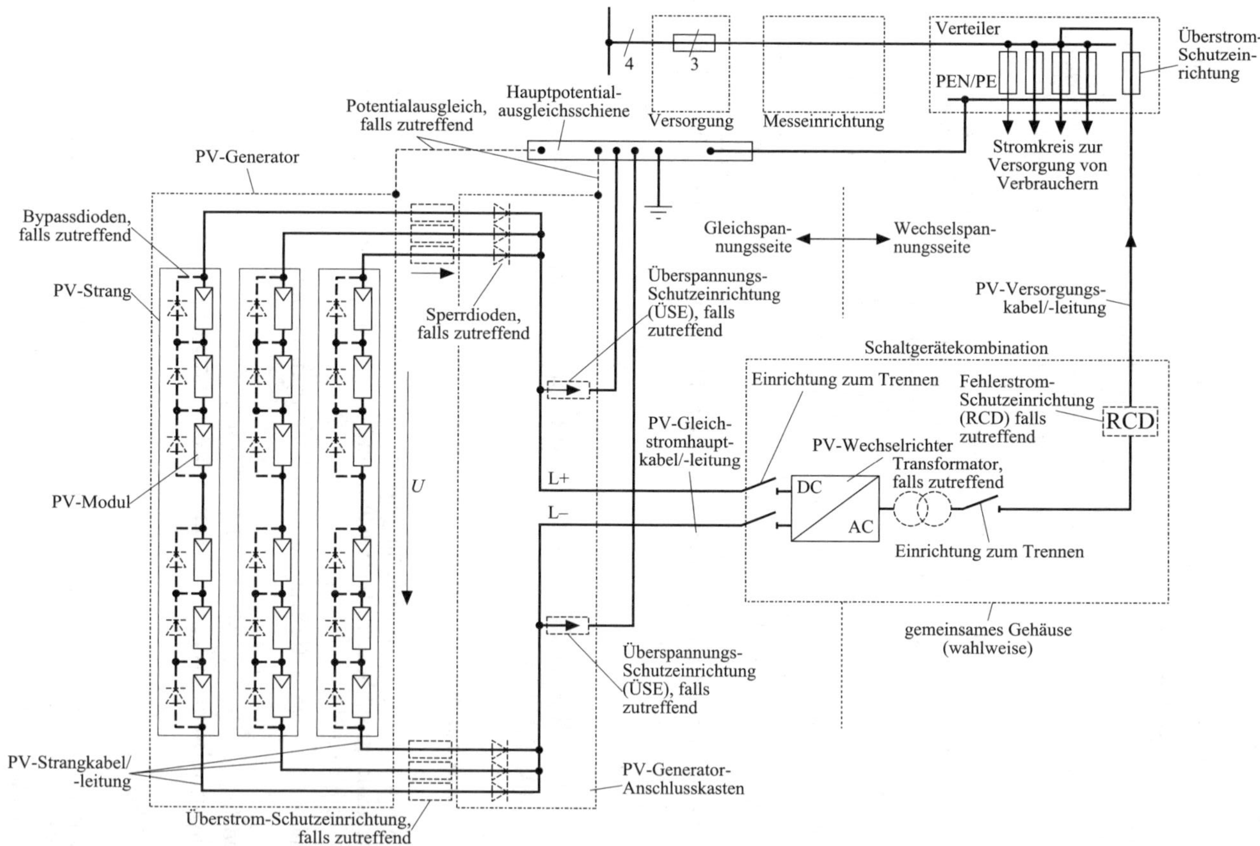

Bild 9.13 PV-Anlage – Allgemeines Schema – ein PV-Stromversorgungssystem (Quelle: DIN VDE 0100-712:2006-06 Bild 712.1)

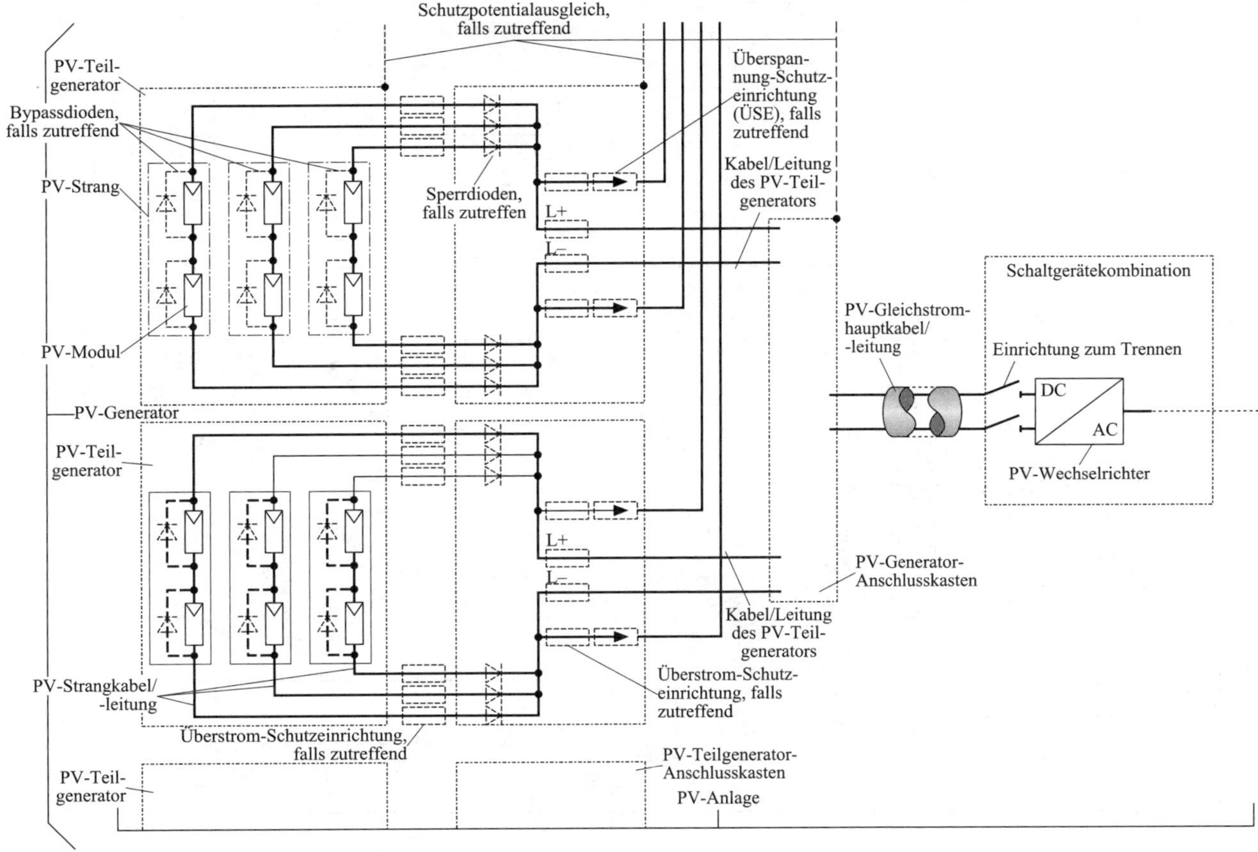

Bild 9.14 PV-Anlage – Beispiel für eine PV-Anlage mit verschiedenen PV-Teilgeneratoren (Quelle: DIN VDE 0100-712:2006-06 Bild 712.2)

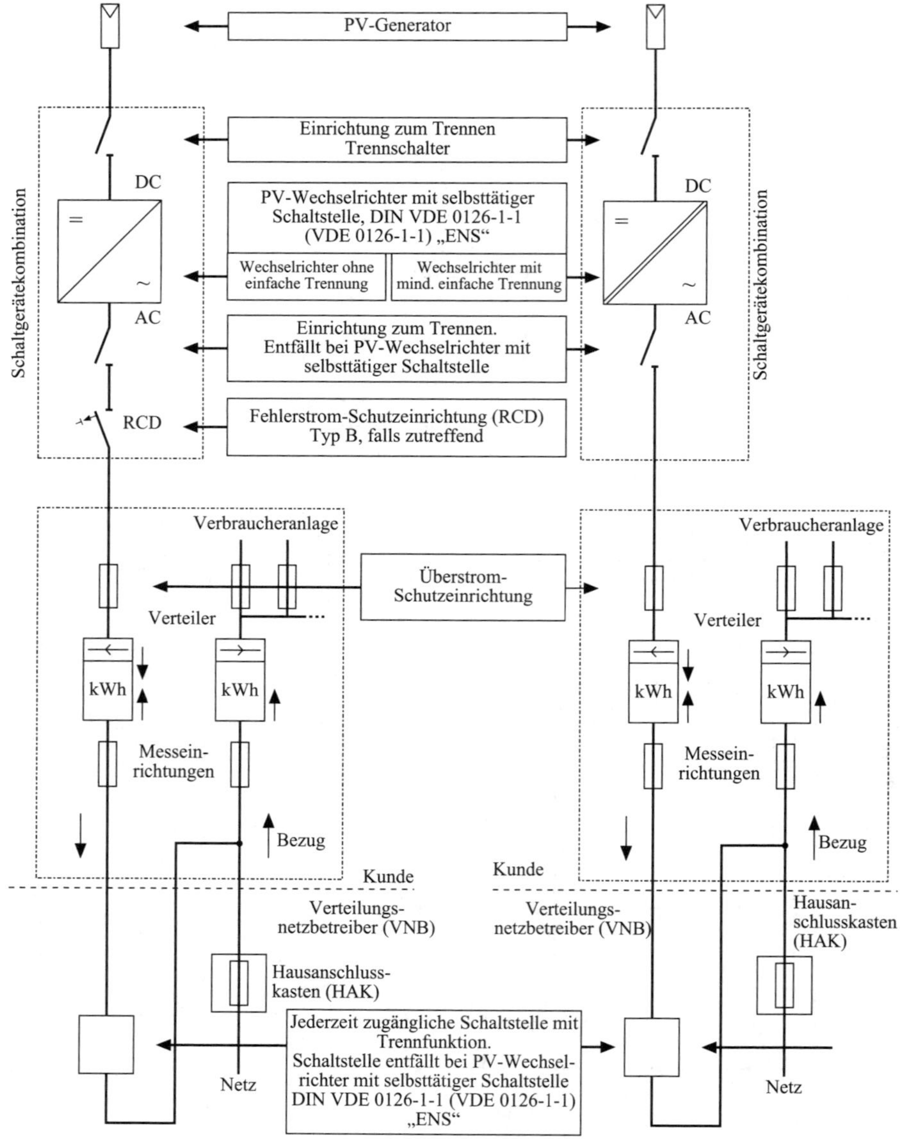

Bild 9.15 PV-Anlagen – Beispiel für eine PV-Anlage mit selbsttätiger Schaltstelle nach „Erneuerbare-Energien-Gesetz“ (EEG)
(Quelle: DIN VDE 0100-712:2006-06 Bild 712.N1)

PV-Zelle
ist eine einfache PV-Einrichtung, die Elektrizität erzeugt, wenn sie mit Licht, wie zum Beispiel Sonneneinstrahlung, in Berührung kommt (712.3.1).

PV-Modul
ist die kleinste komplette, gegen Umwelteinflüsse geschützte Kombination untereinander verbundener PV-Zellen (712.3.2).

PV-Strang
ist ein Stromkreis, in dem PV-Module zu einen PV-Teilgenerator in Reihe geschaltet sind, um die festgelegte Ausgangsspannung zu erreichen (712.3.3).

PV-Teilgenerator
ist die mechanisch und elektrisch zusammengefasste Kombination von PV-Modulen und anderen notwendigen Komponenten, um eine Gleichstromversorgungseinheit zu bilden (712.3.4).

PV-Teilgenerator-Anschlusskasten
ist ein Gehäuse, in dem alle PV-Stränge eines PV-Teilgenerators elektrisch untereinander verbunden sind und in dem, falls erforderlich, Schutzeinrichtungen angeordnet sind (712.3.5).

PV-Generator
ist die Kombination von PV-Teilgeneratoren (712.3.6).

PV-Generator-Anschlusskasten
ist ein Gehäuse, in dem alle PV-Teilgeneratoren elektrisch untereinander verbunden sind und in dem, falls erforderlich, Schutzeinrichtungen angeordnet sind (712.3.7).

PV-Strangkabel/-leitung
ist das Kabel oder die Leitung zur Verbindung der PV-Module zu einem PV-Strang (712.3.8).

PV-Teilgeneratorkabel/-leitung
ist das Abgangskabel oder die Abgangsleitung eines PV-Teilgenerators (712.3.9).

PV-Gleichstromhauptkabel/-leitung
ist dass Kabel oder die Leitung zur Verbindung des PV-Generator-Anschlusskastens mit den gleichstromseitigen Klemmen des PV-Wechselrichters (712.3.10).
Anmerkung: Das PV-Gleichstromhauptkabel/die PV-Gleichstromhauptleitung wird am Lasttrennschalter und nicht am PV-Wechselrichter angeschlossen.

PV-Wechselrichter
ist die Einrichtung, die Gleichspannung und Gleichstrom in Wechselspannung und Wechselstrom umformt (712.3.11).

PV-Versorgungskabel/-leitung
ist ein Kabel oder eine Leitung zur Verbindung der wechselstromseitigen Klemmen des PV-Wechselrichters mit einem Verteilungsstromkreis der elektrischen Anlage (712.3.12).

PV-AC-Module
ist die Kombination mit integrierten Modulen und Umrichter, in der die elektrische Schnittstelle nur aus den Klemmen auf der Wechselspannungsseite besteht; ein Zugang zur Gleichspannungsseite ist nicht vorgesehen (712.3.13).

PV-Anlage
ist die errichtete Betriebsmittel eines PV-Stromversorgungssystems (712.3.14).

Standardprüfbedingungen (STC)
sind die Prüfbedingungen, die in DIN EN 60904-3 für PV-Zellen und PV-Module festgelegt werden (712.3.15).

Spannung des unbelasteten Stromkreises unter Standardprüfbedingungen $U_{\mathrm{OC\ STC}}$
ist die Spannung unter Standardprüfbedingungen an einem unbelasteten (offener Stromkreis [en: „**o**pen **c**ircuit"]) PV-Modul, PV-Strang, PV-Teilgenerator, PV-Generator oder auf der Gleichspannungsseite des PV-Wechselrichters (712.3.16).

Kurzschlussstrom unter Standardprüfbedingungen $I_{\mathrm{SC\ STC}}$
ist der Kurzschlussstrom eines PV-Moduls, PV-Strangs, eines PV-Teilgenerators oder eines PV-Generators unter Standardprüfbedingungen (712.3.17).

Gleichspannungsseite
sind die Teile einer PV-Anlage von einer PV-Zelle bis zu den Gleichspannungsanschlüssen des PV-Wechselrichters (712.3.18).

Wechselspannungsseite
sind die Teile einer PV-Anlage von den Wechselspannungsanschlüssen des PV-Wechselrichters bis zum Anschluss des PV-Versorgungskabels oder der PV-Versorgungsleitung zur elektrischen Anlage (712.3.19).

einfache Trennung
ist die Trennung zwischen Stromkreisen oder zwischen einem Stromkreis und Erde durch Basisisolierung (712.3.20).

9.11.3 Schutz gegen elektrischen Schlag

PV-Betriebsmittel auf der Gleichspannungsseite werden unter Spannung stehend betrachtet, auch wenn das System von der Wechselspannungsseite getrennt ist.

Schutz gegen direktes Berühren (Basisschutz)
siehe Abschnitt 2.2

Schutz sowohl gegen direktes Berühren als auch bei indirektem Berühren
Bei der Anwendung von SELV- und PELV-Systemen ist die Nennspannung U_N durch $U_{OC\ STC}$ zu ersetzen. DC darf 120 V nicht überschreiten.

Für den Schutz bei indirektem Berühren (Fehlerschutz) gelten nachstehende Besonderheiten:

- Der Schutz durch automatische Abschaltung der Stromversorgung auf der Gleichspannungsseite des PV-Wechselrichters ist nicht ohne Weiteres möglich, da die geforderte Abschaltzeit nicht eingehalten werden kann. Spezielle Maßnahmen sind in den Normungsgremien zurzeit in Beratung.
- Die PV-Versorgungskabel oder -leitungen auf der Wechselspannungsseite müssen auf der Versorgungsseite der Schutzeinrichtung für die automatische Abschaltung der Stromkreise, die Verbrauchsmittel versorgen, angeschlossen sein.
- Eine Fehlerstrom-Schutzeinrichtung (RCD) vom Typ B (siehe Abschnitt 14.2) ist für den Fehlerschutz durch automatische Abschaltung der Stromversorgung vorzusehen, wenn eine elektrische Anlage ein PV-Stromversorgungssystem enthält, das nicht mindestens eine Trennung zwischen der Wechsel- und der Gleichspannungsseite vorsieht.
  Eine selbsttätige Schaltstelle für PC-Anlagen soll die Inselnetzbildung bei Umrichtern verhindern, d. h., beim Parallelbetrieb mit dem öffentlichen Netz wird im Fall fehlender Netzspannung die Einspeisung abgeschaltet. Wenn Gleichfehlerströme durch geeignete Maßnahmen nicht auftreten können, kann auf die RCD vom Typ B verzichtet werden.
  Schutz durch Verwendung der Schutzklasse II (doppelte oder verstärkte Isolierung, siehe Kapitel 4) sollte auf der Gleichspannungsseite bevorzugt werden, besonders dann, wenn $U_{OC\ STC}$ DC 120 V übersteigt (Verwendung PV-Module der Schutzklasse II).
  Nicht erlaubt auf der Gleichspannungsseite ist der Schutz durch nicht leitende Räume und durch erdfreien örtlichen Schutzpotentialausgleich.
- **Schutzpotentialausgleichsleiter**
  Wenn Schutzpotentialausgleichsleiter vorgesehen werden, müssen sie parallel und in möglichst engen Kontakt zu den DC- und AC-Kabel oder -Leitungen und dem Zubehör verlegt werden.

9.11.4 Weitere Schutzmaßnahmen

- **Schutz bei Überlast auf der Gleichstromseite**
  Der Schutz bei Überlast darf für PV-Stang- und PV-Teilgeneratorkabel oder -leitungen entfallen, wenn ihre Dauerstrombelastbarkeit gleich oder größer ist als der 1,25-fache Wert von $I_{SC\ STC}$ an jeglicher Stelle. Dasselbe gilt für PV-

Gleichstromhauptkabel oder -leitungen, wenn ihre Dauerstrombelastbarkeit gleich oder größer ist als der 1,25-fache Wert von $I_{SC\ STC}$ des PV-Generators.
Für den Schutz der PV-Module müssen die Angaben der Hersteller beachtet werden.

- **Schutz bei Kurzschluss**
  An der Anschlussstelle der Wechselspannungsseite müssen die PV-Versorgungskabel oder -leitungen vor Kurzschluss geschützt werden.
- **Schutz gegen elektromagnetische Beeinflussung (EMI) in Gebäuden**
  Um Spannungen durch Blitzeinschläge zu verringern, müssen die Flächen aller Leiterschleifen so gering wie möglich sein.

9.11.5 Anforderungen an Betriebsmittel

- PV-Module müssen mit den entsprechenden Betriebsmittelnormen übereinstimmen, z. B. mit DIN EN 61215.
- PV-Teilgenerator- und PV-Generator-Anschlusskästen sowie Schaltschränke müssen DIN EN 60439-1 (VDE 0600-500) entsprechen.
- Auf der Gleichspannungsseite dürfen nur Betriebsmittel verwendet werden, die für Gleichspannungen und -ströme geeignet sind.
- Anforderungen für den Einsatz der PV-Module (z. B. maximale Betriebsspannung, Reihenschaltung, Verhalten unter maximaler Sonneneinstrahlung, Wärmeabführung) sind von den Herstellern vorzugeben.
- Die Sperrspannung für Sperrdioden muss für $2 \times U_{OC\ STC}$ bemessen sein. Sperrdioden müssen in Reihe mit den PV-Strängen geschaltet sein.
- PV-Betriebsmittel müssen so ausgewählt und errichtet werden, dass sie den Angaben des Herstellers entsprechen, jederzeit zugänglich sind und Instandhaltungsarbeiten ohne Gefahren durchgeführt werden können.
- Kabel- und Leitungsanlagen müssen unter Berücksichtigung äußerer Einflüsse so errichtet werden, dass das Risiko eines Erdschlusses oder Kurzschlusses weitgehend vermieden wird, z. B. durch Verwendung von Einleiterkabel oder -leitungen.
- Einrichtungen zum Trennen und Schalten müssen vorgesehen werden:
  - für PV-Wechselrichter von der Gleich- und Wechselspannungsseite für Instandhaltungsarbeiten
  - für PV-Anlagen von der öffentlichen Stromversorgung, dabei ist die öffentliche Stromversorgung als Stromquelle und die PV-Anlage als Last zu betrachten.

  Weitere Anforderungen für Anlagen bei denen ein Parallelbetrieb der Stromerzeugungsanlagen mit einem öffentlichen Stromverteilungsnetz zulässig ist, sind in DIN VDE 0100-551 enthalten.
- Alle PV-Anschlusskästen müssen den Warnhinweis erhalten, dass aktive Teile nach dem Trennen vom PV-Wechselrichter unter Spannung stehen können.

9.12 Beleuchtungsanlagen im Freien – DIN VDE 0100-714

9.12.1 Anwendungsbereich und Grundsätze

Beleuchtungsanlagen im Freien sind ortsfeste Anlagen, die im Freien aufgestellt sind. Zu ihnen gehören Leuchten, Lampen, Maste, Kabel- und Leitungssysteme und Zubehör.

Beispiele

- Beleuchtungsanlage für Straßen, Parks, Plätze, Sportstätten, Denkmäler
- Flutlichtanlagen
- Telefonzellen, Haltestellenunterkünfte, Hinweistafeln, Verkehrszeichen, Stadtpläne (Einrichtungen mit integrierter Beleuchtung)

Nicht erfasst sind

- der Teil der öffentlichen Beleuchtungsanlagen, der Bestandteil des öffentlichen Netzes ist
- vorübergehende Girlandenbeleuchtung
- Straßenverkehrs-Signalanlagen
- außen am Gebäude angebrachte Leuchte, die direkt vom Leitungssystem dieses Gebäudes versorgt wird

Speisepunkt einer Beleuchtungsanlage im Freien ist der Übergabepunkt der elektrischen Energie vom Stromversorger oder von dem Punkt des Stromkreises, von dem ausschließlich die Beleuchtungsanlage versorgt wird.

Die Verbraucheranlage (Endstromkreis) beginnt hinter der Überstrom-Schutzeinrichtung zwischen Netz und Leuchte (z. B. im Mastfuß der Leuchte). Für diesen Teil der Anlage gelten dann die beschriebenen Anforderungen.

Für Leuchten in Schwimmbädern oder Springbrunnen gelten DIN VDE 0100-702 (siehe Abschnitt 9.2).

9.12.2 Äußere Einflüsse

Die äußeren Einflüsse hängen von den örtlichen Gegebenheiten ab. Im Allgemeinen sollte berücksichtigt werden

- Umgebungstemperatur von –40 °C bis +40 °C (Sonneneinstrahlung)
- relative Feuchte zwischen 5 % und 100 %
- Sprühwasser

- kleine Fremdkörper
- Korrosion
- mechanische Beanspruchung

Mindestschutzart für Beleuchtungsanlagen IP33. Eine höhere Schutzart kann den Instandhaltungsaufwand (Reinigung) verringern.

9.12.3 Schutz gegen elektrischen Schlag

- Schutz gegen direktes Berühren (Basisschutz)
  - Alle aktiven Teile müssen gegen direktes Berühren durch Isolierung, Abdeckung oder Umhüllung geschützt sein (siehe Abschnitt 2.2).
  - Gehäuse, in denen sich aktive Teile befinden, dürfen nur mit Werkzeug oder Schlüssel zu öffnen sein. Bis zu einer Höhe von 2,5 m über der Grundfläche müssen die aktiven Teile hinter der Tür mindestens nach IP2X oder IPXXB abgedeckt werden.
    Bei Leuchten mit einer Höhe von weniger als 2,8 m über der Grundfläche darf der Zugang zur Lichtquelle nur mit Werkzeug möglich sein.
- Schutz bei indirektem Berühren (Fehlerschutz)
  - In der Nähe der Beleuchtungsanlage befindliche Metallteile (Zäune, Gitter usw.) brauchen nicht mit der Erdungsklemme verbunden zu werden.
  - Es wird empfohlen, Beleuchtungsanlagen durch RCDs mit $I_{\Delta n} \leq 30$ mA zu schützen, da die Sicherheit von Personen im Allgemeinen wichtiger ist als die Beleuchtung der jeweiligen Einrichtung.
  - In TT-Systemen mit einem Erder mit niedrigem Widerstand kann auch der Schutz durch automatische Abschaltung mit einer Überstrom-Schutzeinrichtung angewendet werden.
  - Bei Leuchten der Schutzklasse II dürfen die leitfähigen Teile des Lichtmastes nicht absichtlich mit der Erdungsanlage verbunden werden, es sei denn, der Lichtmast ist nicht Bestandteil der schutzisolierten Außenleuchte.
    Bei der Anwendung des Schutzes durch automatische Abschaltung oder durch Schutzisolierung der Betriebsmittel sind die jeweiligen Bedingungen nach Kapitel 3 und 4 zu erfüllen.
    Schutz durch nicht leitende Räume und durch erdfreien örtlichen Potentialausgleich sind nicht zulässig.

9.12.4 Betriebsmittel

- Die Leuchten müssen den Anforderungen nach DIN VDE 0711 entsprechen.
- Elektrische Anlagen für die Beleuchtung müssen zur Unterscheidung von anderen Versorgungssystemen in geeigneter Weise gekennzeichnet sein.
- Der Spannungsfall des Einschaltstroms sollte berücksichtigt werden.

9.13 Kleinspannungsbeleuchtungsanlagen – DIN VDE 0100-715

9.13.1 Anwendungsbereich

Als Kleinspannungsbeleuchtungsanlagen gelten Beleuchtungseinrichtungen, die mit einer Bemessungsspannung von höchstens 50 V AC oder 120 V DC betrieben werden.

Das Beleuchtungssystem für Glühlampen besteht aus Transformatoren oder Konvertern, Trägerleitern, Leuchten und Lampen sowie allen erforderlichen Befestigungselementen und elektrischen und mechanischen Verbindern (Definition aus DIN EN 60598-2-23 (VDE 0711-2-23:2001-06, Abschnitt 23.4.1).

Bei Wechselspannung gelten Effektivwerte.

9.13.2 Schutz gegen elektrischen Schlag

Schutz sowohl gegen direktes Berühren als auch bei indirektem Berühren – Kleinspannung SELV:

- Es ist nur SELV zu verwenden (siehe Kapitel 6).
- Bei blanken Leitern ist die Spannung auf maximal 25 V AC und 60 V DC zu begrenzen.
- Als Stromquelle müssen Transformatoren mit sicherer Trennung in kurzschlussfester Ausführung verwendet werden (DIN EN 61558-2-6 (VDE 0711-206)).
  Kennzeichnung: 
  Auf die Kurzschlussfestigkeit kann verzichtet werden, wenn der Transformator auf der Primärseite durch Schutzeinrichtung geschützt wird.
- Parallelbetrieb auf der Sekundärseite der Transformatoren ist bei gleicher Charakteristik und gleichen Bemessungsdaten zulässig, wenn sie auch auf der Primärseite parallel geschaltet sind und eine gemeinsame Trenneinrichtung besitzen.
- Anstelle von Transformatoren können als Stromquelle auch Konverter eingesetzt werden (DIN EN 61347-2-2 (VDE 0712-32)).
- Parallelschaltung von Konvertern ist nicht zulässig.

9.13.3 Schutz bei Überstrom, Brandschutz

- Eine Überstrom-Schutzeinrichtung für Kleinspannungsstromkreise ist entweder auf der Primärseite oder vorzugsweise auf der Sekundärseite, dann allerdings für jeden SELV-Stromkreis vorzusehen.
- Der Schutz auf der Primärseite ist zugleich auch Schutz bei Kurzschluss.

- Der Überstromschutz auf der Primärseite sollte den Magnetisierungsstrom des Transformators berücksichtigen.
- Überstrom-Schutzeinrichtungen, die sich selbst zurücksetzen, sind nur für Transformatoren bei 50 VA zulässig.
- Die Möglichkeit eines Kurzschlusses zwischen Spannungsquelle und Überlast-Schutzeinrichtung ist zu minimieren, z. B. durch Betriebsmittel der Schutzklasse II.
- Bei der Montage der Betriebsmittel sind die jeweiligen Herstellerangaben zu beachten, einschließlich solcher, die sich auf die Montage auf entflammbaren oder nicht entflammbaren Oberflächen beziehen.
- Leuchten mit ▽F-Kennzeichnung dürfen auf normal entflammbaren Oberflächen montiert werden.
- Konverter sollten mit der Kennzeichnung ▽110 verwendet werden.
- Bei nicht isolierten aktiven Leitern ist eine besondere Schutzeinrichtung vorzusehen, die den Stromkreis bei plötzlichem Leistungsanstieg abschaltet, oder es sind Transformatoren in kurzschlussfester Ausführung zu verwenden.
- Diese besondere Schutzeinrichtung übernimmt auch den Brandschutz, und sie muss nachstehende Anforderungen erfüllen:
  - dauernde Überwachung des Leistungsbedarfs der Stromverbraucher
  - automatische Abschaltung innerhalb von 0,3 s im Kurzschluss- oder Fehlerfall, wenn der Fehler eine Leistungsanhebung von 60 W bewirkt, gleichgültig, ob der Fehler bei Volllast, Teillast oder beim Einschalten auftritt
  - Überhitzung der Betriebsmittel infolge thermischer Isolierung muss vermieden werden
- Bei blanken Leitern kann auch ein vom Hersteller vorgesehenes Kleinspannungsbeleuchtungs-system nach DIN EN 60598-2-23 (VDE 0711-2-23) verwendet werden.

9.13.4 Betriebsmittel

Für die Betriebsmittel der Kleinspannungsbeleuchtungsanlagen gelten folgende Anforderungen:

- Zulässige Verlegearten von Kabel- und Leitungssysteme
  - isolierte Leiter in Elektro-Rohren oder -Kanalsystemen
  - Kabel- und Mantelleitungen
  - flexible Leitungen
  - Stromkreise für Kleinspannungsbeleuchtungssysteme als Bau-Sets nach DIN EN 60598-2-23 (VDE 0711-23)
  - Stromschienensysteme nach DIN EN 60570 (VDE 0711-300)

Bei zugänglichen Teilen der Beleuchtungsanlagen sind Maßnahmen zum Schutz gegen Verbrennungen zu beachten.
Metallene Gebäudeeinrichtungen, z. B. Rohrleitungen, Teile von Möbeln, dürfen als aktive Teile nicht verwendet werden.

- Für blanke Leiter gilt
  - Bemessungsspannung bis AC 25 V bzw. DC 60 V.
  - Die Gefahr eines Kurzschlusses muss durch geeignete Herstellung, Errichtung oder Kapselung auf ein Minimum begrenzt werden.
  - Mindestquerschnitt der verwendeten Leiter 4 mm^2.
  - 4 mm^2 Cu bei Leitungen in Gemischtbauweise, Außengeflecht aus verzinnten Kupfer mit einem Kern aus einem Werkstoff hoher Zugbelastbarkeit.
  - Keine Berührung der Leiter mit brennbarem Material.
  - Um mögliche Kurzschlüsse zu verhindern, ist mindestens eine Anschlussstelle zu isolieren.
  - Träger- und Profilleiter für Leuchten müssen für das fünffache Gewicht der angeschlossenen Leuchten, mindestens jedoch für 5 kg, ohne Formänderungen ausgelegt sein.
  - Leiteranschlüsse und Verbindungen sind als Schraubverbindungen oder als schraubenlose Verbindungen herzustellen (DIN EN 60998-2-2 (VDE 0613-2-2)).
  - Trägerleiter müssen an Wänden und Decken durch isolierende Vorrichtungen befestigt werden.
  - Schneidklemmen und Anschlussseile mit Gegengewichten, die über frei hängende Leiter gelegt werden, sind nicht zulässig.
  - Stromschienensysteme für Leuchten müssen den Anforderungen nach DIN EN 60570 (VDE 0711-300) entsprechen.
- Spannungsfall
  In Kleinspannungsbeleuchtungsanlagen ist der Spannungsfall besonders zu beachten, da relativ hohe Ströme fließen und die häufig verwendeten Niedervolt-Halogenlampen und ihr Lichtstrom sehr spannungsempfindlich sind. Wenige Prozente Spannungsfall führen bereits zu einem Lichtstromrückgang von mehr als 20 %.
  Der Spannungsfall zwischen Transformator und der letzten Leuchte sollte 5 % der Nennspannung nicht überschreiten.
- Weitere Anforderungen
  - Leuchten nach der Normenreihe DIN EN 60598 (VDE 0711)
  - Schutzeinrichtungen müssen auf die Stromquelle abgestimmt sein
  - Schutzeinrichtungen müssen fest montiert und leicht erreichbar sein. Montage in abnehmbaren Zwischendecken möglich
  - der Aufbau des Stromkreises muss deutlich sichtbar oder aus Schaltplänen erkennbar sein

9.14 Elektrische Anlagen auf Fahrzeugen oder in transportablen Baueinheiten – DIN VDE 0100-717

9.14.1 Anwendungsbereich

Bewegliche und ortsveränderliche elektrische Anlagen sind Einrichtungen in selbst angetriebenen oder gezogenen Fahrzeugen oder in Containern, Kabinen oder auf Rahmen befestigte für wiederkehrende Transporte.

Anwendungsbeispiele: Einsatz für Rundfunkübertragung, medizinischer Einsatz, Fahrzeuge für Werbung, Feuerwehr, Werkstätten usw.

Die Anforderungen gelten nicht für Generatorsätze, bewegliche Maschinen in Übereinstimmung mit DIN EN 60204-1 (VDE 0113-1), Caravans, Motorcaravans und Mobilheime, Wassersportfahrzeuge, Elektrofahrzeuge, Verkaufsfahrzeuge, Anhänger und ähnliche mobile Baueinheiten.

Die Anforderungen dieser Norm werden für bestimmte Anwendungsfälle durch andere Teile der Gruppe 700 der Reihe DIN VDE 0100 ergänzt.

9.14.2 Stromversorgung

Zulässige Art der Stromversorgung

- Versorgung aus einer Niederspannungs-Stromerzeugungsanlage (z. B. als Bestandteil des Fahrzeugs) in Übereinstimmung mit DIN VDE 0100-551 (siehe **Bild 9.16** und **Bild 9.17**). Diese Versorgung kann auch in Kombination mit einer anderen Stromquelle, z. B. aus dem Netz, erfolgen. Allerdings muss der Parallelbetrieb durch geeignete Maßnahmen verhindert werden.
- Versorgung aus einer elektrischen Anlage mit wirksamen Schutzmaßnahmen (**Bild 9.18** und **Bild 9.19**)
- Versorgung aus einer elektrischen Anlage über Maßnahmen mit einfacher Trennung (**Bild 9.20**, **Bild 9.21**, **Bild 9.22**)
- Versorgung aus einer elektrischen Anlage über Maßnahmen mit Schutztrennung **(Bild 9.23)**

Beim Einsatz informationstechnischer Betriebsmittel oder Betriebsmittel mit hohen Ableitströmen oder wenn eine Reduzierung der elektromagnetischen Beeinflussung erreicht werden soll, ist eine Stromversorgung mit einfacher Trennung unter Verwendung des TN-Systems oder mit Schutztrennung ratsam.

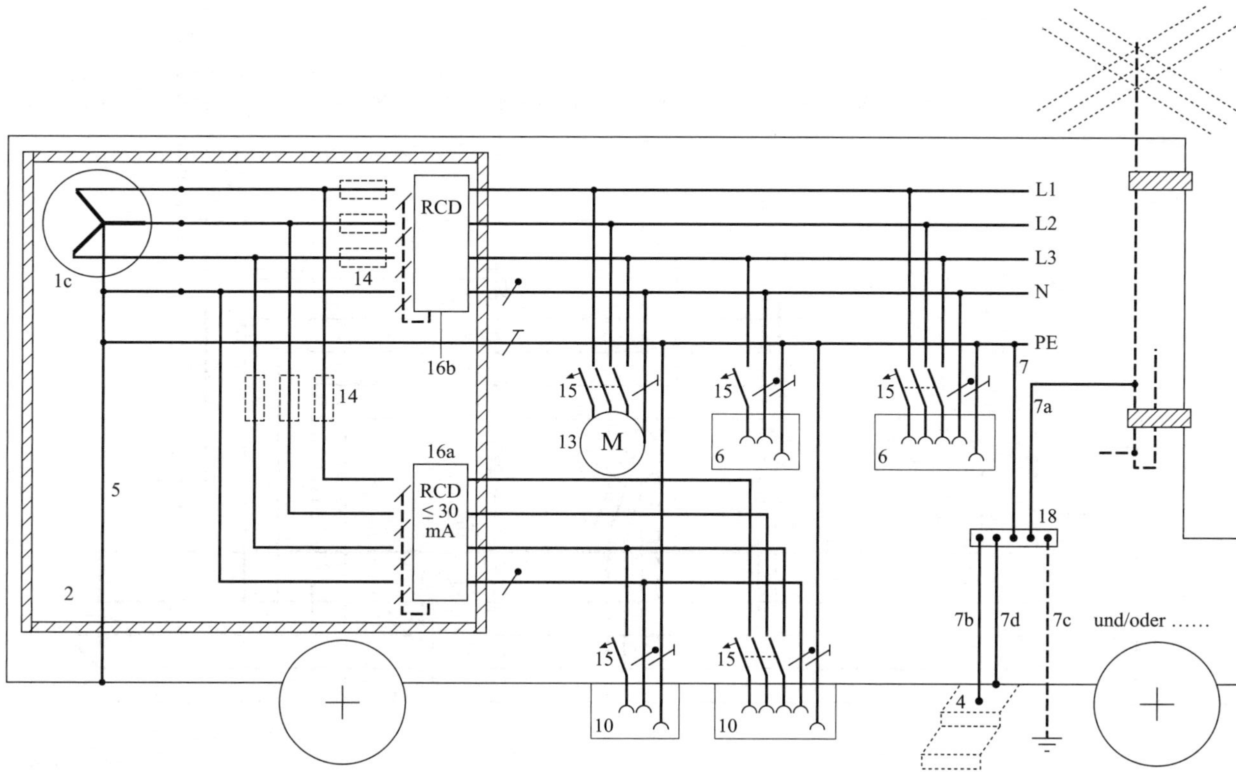

Bild 9.16 Beispiel einer Verbindung zu einer Niederspannungs-Stromerzeugungseinrichtung der Schutzklasse I oder Schutzklasse II, mit oder ohne Erder, in der Baueinheit angeordnet;
Schutz durch automatische Abschaltung der Stromversorgung durch Fehlerstrom-Schutzeinrichtung

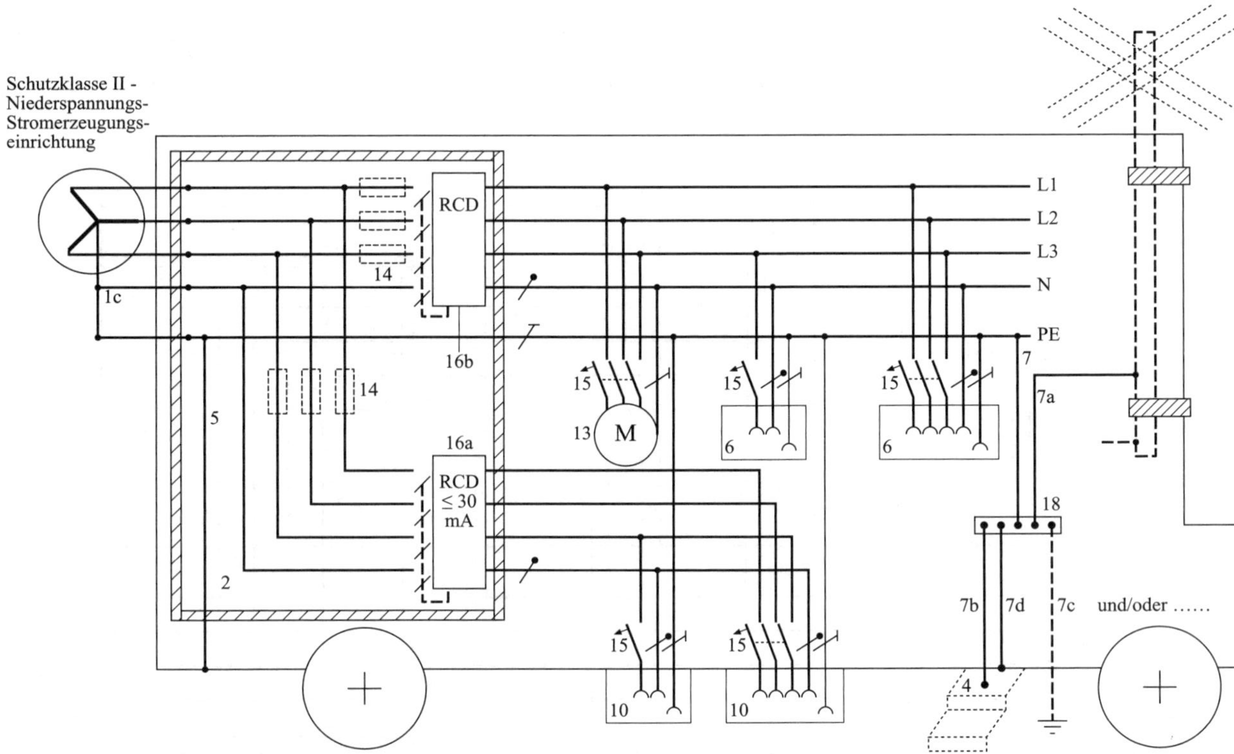

Bild 9.17 Beispiel einer Verbindung mit einer Niederspannungs-Stromerzeugungseinrichtung der Schutzklasse II; außerhalb der Baueinheit angeordnet

Erläuterungen zu Bild 9.16 und Bild 9.17

1c Verbindung zu einer Niederspannungs-Stromerzeugungseinrichtung
2 Schutzklasse II oder gleichwertige Gehäuse bis zur ersten Schutzeinrichtung für die automatische Abschaltung der Stromversorgung
4 leitfähige Treppe, falls vorhanden
5 Verbindung des Sternpunkts (oder, falls nicht verfügbar, eines Außenleiters) mit der leitfähigen Konstruktion der Baueinheit
6 Steckdosen ausschließlich für Verwendung innerhalb der Baueinheit
7 Hauptpotentialausgleich
7a zu einer Antenne, falls vorhanden
7b zu einer externen leitfähigen Treppe in Verbindung mit Erde, falls vorhanden
7c zur Funktionserdung (falls erforderlich)
7d zum leitfähigen Gehäuse der Baueinheit
7e zum Erder für Schutzzwecke, falls vorhanden
10 Steckdosen für Verbrauchsmittel zur Verwendung außerhalb der Baueinheit
13 Verbrauchsmittel ausschließlich zur Verwendung innerhalb der Baueinheit
14 Überstrom-Schutzeinrichtung, falls gefordert
15 Überstrom-Schutzeinrichtung (z. B. Leistungsschalter)
16a Fehlerstrom-Schutzeinrichtung (RCD) mit einem Bemessungsdifferenzstrom $\leq$ 30 mA für Schutz durch automatische Abschaltung der Stromversorgung für Stromkreise von Betriebsmitteln zur Verwendung außerhalb der Baueinheit
16b Fehlerstrom-Schutzeinrichtung (RCD) für Schutz durch automatische Abschaltung der Stromversorgung für Stromkreise von Betriebsmitteln zur Verwendung innerhalb der Baueinheit
18 Haupterdungsklemme oder -schiene

Erläuterungen zu Bild 9.18 und Bild 9.19

1b Verbindung der Baueinheit zu einer Stromversorgung, in welcher die Schutzmaßnahmen wirksam ist
2 Schutzklasse II oder gleichwertige Gehäuse bis zur ersten Schutzeinrichtung für die automatische Abschaltung der Stromversorgung
2a nicht leitende Umgebung
4 leitfähige Treppe, falls vorhanden
6 Steckdosen ausschließlich für Verwendung innerhalb der Baueinheit
7 Hauptpotentialausgleich
7a zu einer Antenne, falls vorhanden
7b zu einer externen leitfähigen Treppe in Verbindung mit Erde, falls vorhanden
7c zur Funktionserdung (falls erforderlich)
7d zum leitfähigen Gehäuse der Baueinheit
7e zum Erder für Schutzzwecke, falls vorhanden
10 Steckdosen für Verbrauchsmittel zur Verwendung außerhalb der Baueinheit
13 Verbrauchsmittel ausschließlich zur Verwendung innerhalb der Baueinheit
14 Überstrom-Schutzeinrichtung, falls gefordert
15 Überstrom-Schutzeinrichtung (z. B. Leistungsschalter im Außenleiter oder im Außen- und Neutralleiter)
16a Fehlerstrom-Schutzeinrichtung (RCD) mit einem Bemessungsdifferenzstrom $\leq$ 30 mA für Schutz durch automatische Abschaltung der Stromversorgung für Stromkreise von Betriebsmitteln zur Verwendung außerhalb der Baueinheit
16b Fehlerstrom-Schutzeinrichtung (RCD) für Schutz durch automatische Abschaltung der Stromversorgung für Stromkreise von Betriebsmitteln zur Verwendung innerhalb der Baueinheit
18 Haupterdungsklemme oder -schiene
20 erdfreier örtlicher Potentialausgleich in Übereinstimmung mit Abschnitt 8.2

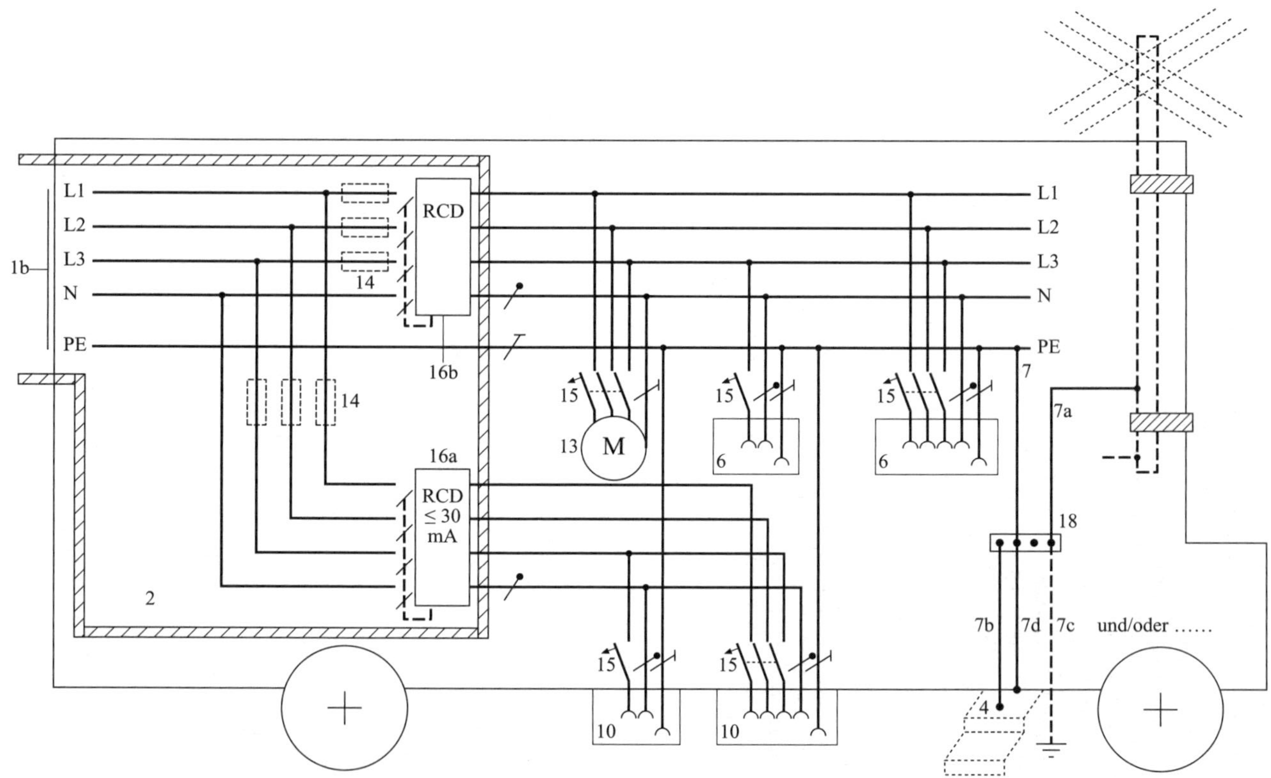

Bild 9.18 Beispiel einer Verbindung zur festen elektrischen Anlage unabhängig vom System nach Art der Erdverbindung, mit automatischer Abschaltung der Stromversorgung durch Fehlerstrom-Schutzeinrichtungen (RCDs) und mit oder ohne Erder (Quelle: DIN VDE 0100-717:2005-06 Bild 717 B.1)

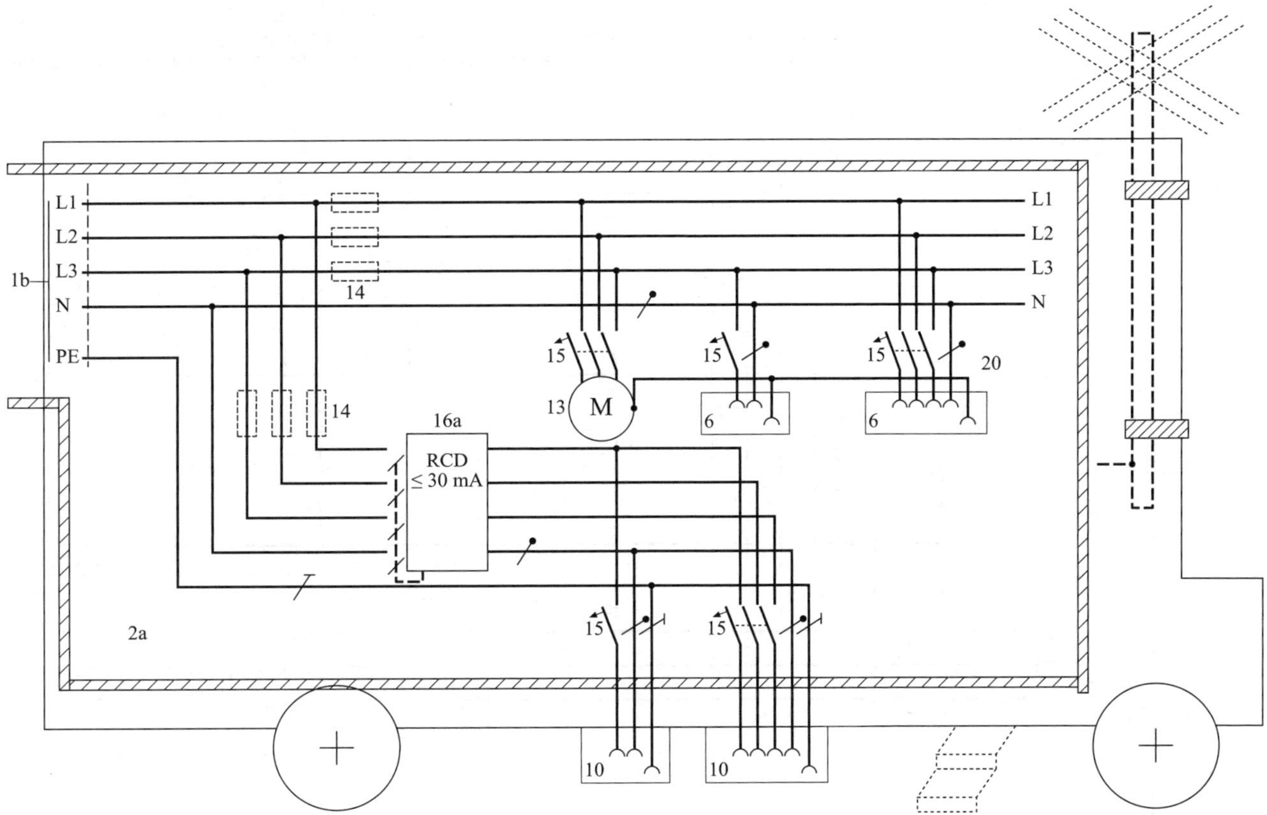

Bild 9.19 Gleiches Beispiel mit Schutz durch erdfreien örtlichen Potentialausgleich mit nicht leitfähigem Gehäuse in der Baueinheit
(Quelle: DIN VDE 0100-717:2005-06 Bild 717 B.2)

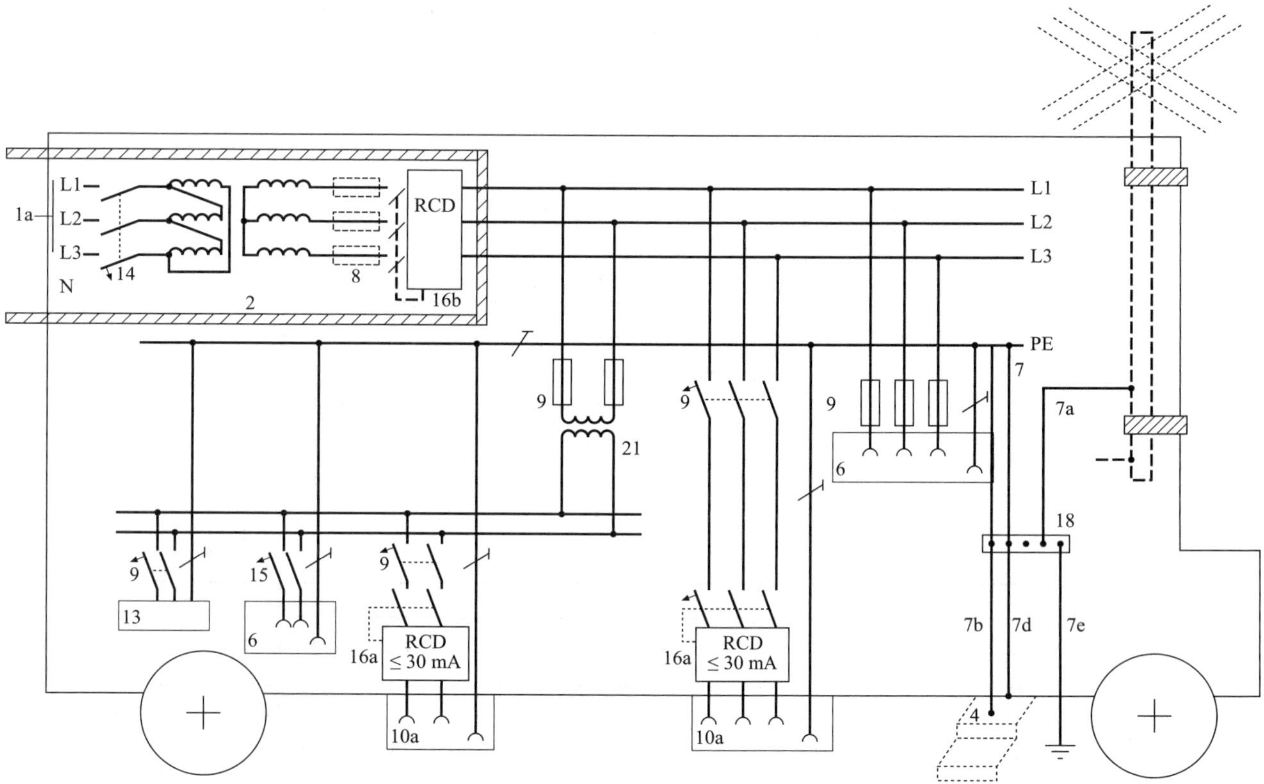

Bild 9.20 Beispiel einer Verbindung zu einer festen elektrischen Anlag unabhängig vom System nach Art der Erdverbindung unter Verwendung eines Transformators mit einfacher Trennung und einem IT-System mit einem Erder (Quelle: DIN VDE 0100-717:2005-06 Bild 717 C.1)

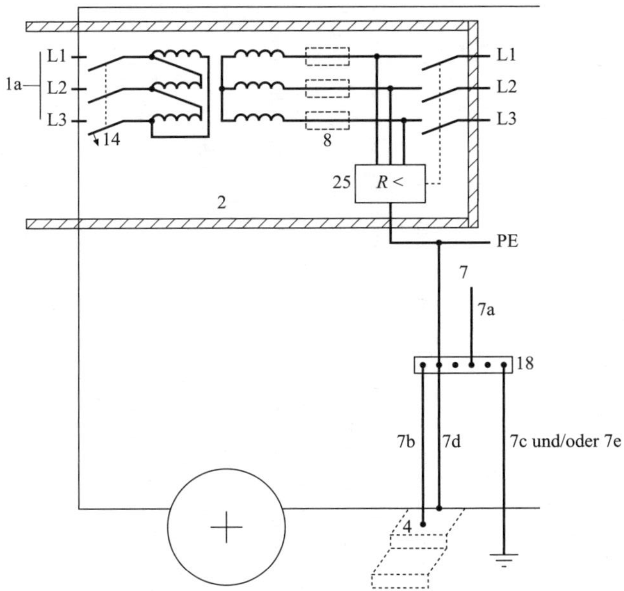

Bild 9.21 Beispiel mit einfacher Trennung und einem IT-System mit Isolationsüberwachungseinrichtung und Abschaltung der Stromversorgung nach dem ersten Fehler, mit oder ohne Fenster (Quelle: DIN VDE 0100-717:2005-06 Bild 717 C.2)

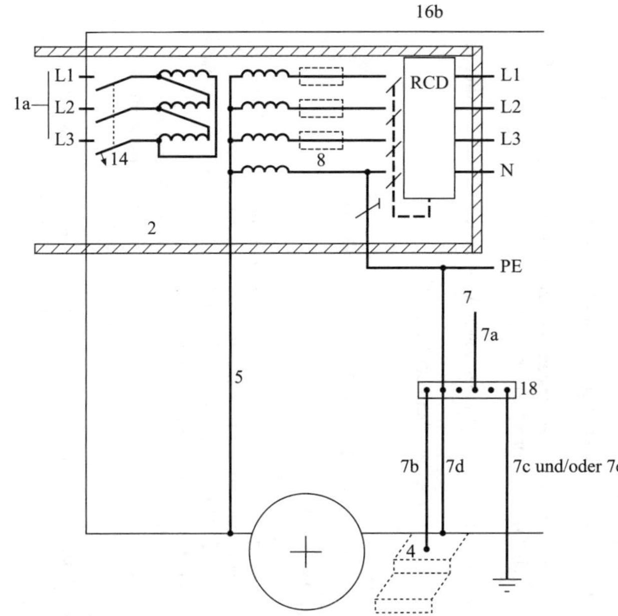

Bild 9.22 Beispiel mit einfacher Trennung und einem TN-System, mit oder ohne Erder (Quelle: DIN VDE 0100-717:2005-06 Bild 717 C.3)

Erläuterungen zu Bild 9.20, Bild 9.21 und Bild 9.22

1a Verbindung der Baueinheit zu einer Stromversorgung über einen Transformator mit einfacher Trennung
2 Schutzklasse II oder gleichwertige Gehäuse bis zur ersten Schutzeinrichtung (siehe Nr. 8 oder Nr. 9) für die automatische Abschaltung der Stromversorgung
4 leitfähige Treppe, falls vorhanden
5 Verbindung des Sternpunkts (oder, falls nicht verfügbar, eines Außenleiters) mit der leitfähigen Konstruktion der Baueinheit
6 Steckdosen ausschließlich für Verwendung innerhalb der Baueinheit
7 Hauptpotentialausgleich
7a zu einer Antenne, falls vorhanden
7b zu einer externen leitfähigen Treppe in Verbindung mit Erde, falls vorhanden
7c zur Funktionserdung (falls erforderlich)
7d zum leitfähigen Gehäuse der Baueinheit
7e zum Erder für Schutzzwecke, falls vorhanden
8 Schutzeinrichtungen, falls gefordert, für den Schütz bei Überstrom und oder für den Schutz durch automatische Abschaltung der Stromversorgung im Falle eines zweiten Fehlers
9 Schutzeinrichtungen für den Schutz bei Überstrom und/oder für den Schutz durch automatische Abschaltung der Stromversorgung im Falle eines zweiten Fehlers
10a Drehstrom-Steckdosen für Verbrauchsmittel zur Verwendung außerhalb der Baueinheit
10b Wechselstrom-Steckdosen für Verbrauchsmittel zur Verwendung innerhalb der Baueinheit
13 Verbrauchsmittel ausschließlich zur Verwendung innerhalb der Baueinheit
14 Überstrom-Schutzeinrichtung, falls gefordert
16a Fehlerstrom-Schutzeinrichtung (RCD) mit einem Bemessungsdifferenzstrom $\leq$ 30 mA für Schutz durch automatische Abschaltung der Stromversorgung für Stromkreise von Betriebsmitteln zur Verwendung außerhalb der Baueinheit
16b Fehlerstrom-Schutzeinrichtung (RCD) für Schutz durch automatische Abschaltung der Stromversorgung für Stromkreise von Betriebsmitteln zur Verwendung innerhalb der Baueinheit
18 Haupterdungsklemme oder -schiene
21 Transformator, z. B. für 230-V-Verbrauchsmittel
25 Isolationsüberwachungseinrichtung

Erläuterungen zu Bild 9.23

1a Verbindung der Baueinheit zu einer Stromversorgung über einen Transformator mit einfacher Trennung
2 Schutzklasse II oder gleichwertige Gehäuse bis zur ersten Schutzeinrichtung (siehe Nr. 8 oder Nr. 9) für die automatische Abschaltung der Stromversorgung
4 leitfähige Treppe, falls vorhanden
6 Steckdosen ausschließlich für Verwendung innerhalb der Baueinheit
8 Schutzeinrichtungen für die Abschaltung eines zweiten Fehlers und, falls erforderlich, für den Schutz bei Überstrom
10 Steckdosen für Verbrauchsmittel zur Verwendung außerhalb der Baueinheit
11 ungeerdeter isolierter Potentialausgleichsleiter in Übereinstimmung mit Kapitel 5
13 Verbrauchsmittel ausschließlich zur Verwendung in der Baueinheit
14 Überstrom-Schutzeinrichtungen, falls erforderlich
21 Transformator z. B. für 230-V-Verbrauchsmittel

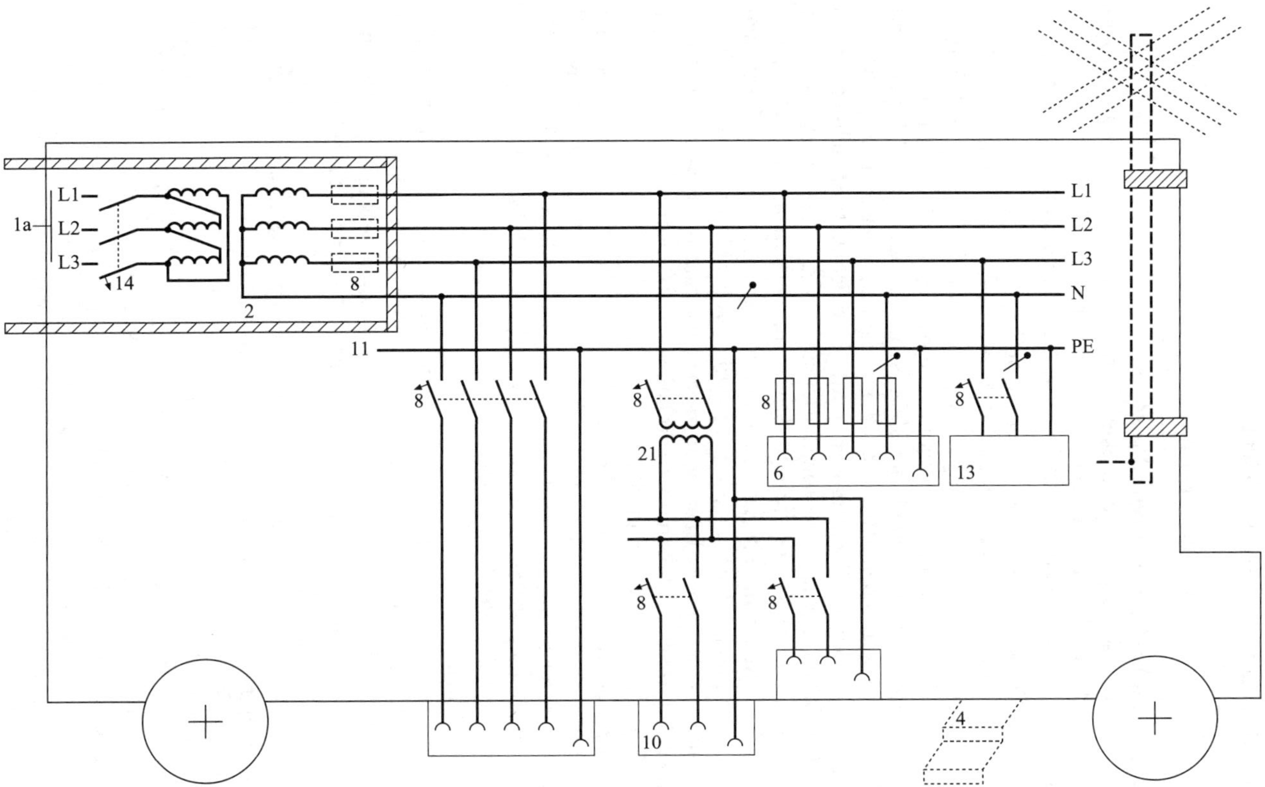

Bild 9.23 Beispiel einer Verbindung zu einer festen elektrischen Anlage unabhängig vom System nach Art der Erdverbindung, unter Verwendung eines Trenntransformators und Schutz durch Schutztrennung
(Quelle: DIN VDE 0100-717:2005-06 Bild 717 D)

9.14.3 Schutz gegen elektrischen Schlag

Nachstehende Anforderungen sind zu erfüllen

- **Schutz gegen direktes Berühren (Basisschutz)**
  - alle aktiven Teile sind gegen direktes Berühren durch Isolierung oder Abdeckung oder Umhüllung zu schützen (siehe Abschnitt 2.2)
  - Schutz durch Anordnung außerhalb des Handbereichs ist nicht erlaubt
- **Schutz bei indirektem Berühren (Fehlerschutz)**
  - Beim Einsatz von Niederspannungs-Stromerzeugungsanlagen ist der Schutz durch automatische Abschaltung der Stromversorgung nur als TN-System (siehe Abschnitt 3.1) und IT-System (siehe Abschnitt 3.3) zugelassen.
  - Bei der Versorgung aus einer festen elektrischen Anlage sind nur das TN- und TT-System anzuwenden. Als Abschalteinrichtung für den Schutz durch automatische Abschaltung der Stromversorgung sind Fehlerstrom-Schutzeinrichtung (RCDs) mit einem Bemessungsdifferenzstrom ≤ 30 mA vorzusehen. Auf die RCDs kann verzichtet werden für Stromkreise innerhalb von Baueinheiten mit nicht leitfähigen Gehäuse, wenn der Schutz durch erdfreien örtlichen Schutzpotentialausgleich angewendet wird (vergleiche Bild 9.19).
  - Steckdosen innerhalb der Baueinheit müssen gekennzeichnet werden mit dem Hinweis, dass sie nicht für die Versorgung von Betriebsmitteln außerhalb der Baueinheit eingesetzt werden dürfen.
  - Bei allen in Abschnitt 9.14.2 beschriebenen Arten der Stromversorgung wird verlangt, dass alle Betriebsmittel zwischen der Stromversorgung und der Schutzeinrichtung, die im Fehlerfall die automatische Abschaltung der Stromversorgung für die Baueinheit bewirkt, einschließlich dieser Schutzeinrichtung selbst der Schutzklasse II oder einer gleichwertigen Isolierung entsprechen muss.
  - Rahmen, Konstruktionsteile, Rohrsysteme und andere zugängliche leitfähigen Teile der Baueinheit müssen untereinander und mit dem Schutzleiter des inneren TN-, TT- oder IT-System durch Hauptpotentialausgleichsleiter verbunden werden. Der Hauptpotentialausgleichsleiter muss feindrähtig sein (z. B. H05V-U oder H05V-K nach DIN VDE 0281-3).
  - Bei Anwendung des TN-Systems in Baueinheiten mit leitfähigem Gehäuse (Bild 9.16, Bild 9.17 und Bild 9.22) muss das Gehäuse mit dem Sternpunkt oder falls nicht zutreffend mit einem Außenleiter verbunden werden. In Baueinheiten ohne leitfähiges Gehäuse müssen die Körper der Betriebsmittel innerhalb der Baueinheit über Schutzleiter mit dem Sternpunkt oder falls nicht zutreffend mit einem aktiven Leiter verbunden werden.
  - Bei Anwendung des IT-Systems in Baueinheiten mit leitfähigem Gehäuse sind die Körper der Betriebsmittel mit dem leitfähigen Gehäuse zu verbinden.
  - Ist das Gehäuse nicht leitfähig, sind die Körper der Betriebsmittel untereinander durch den Schutzleiter zu verbinden.

- Stromversorgung bei Anwendung des IT-Systems durch eine Niederspannungsstromerzeugungsanlage oder über einen Trenntransformator in Verbindung mit einer Isolationsüberwachungseinrichtung oder über einen Transformator mit einfacher Trennung, wenn eine der beiden nachfolgenden Bedingungen erfüllt werden
  - eine Isolationsüberwachungseinrichtung mit oder ohne Erder bewirkt die automatische Abschaltung der Stromversorgung im Falle eines ersten Fehlers zwischen aktiven Teilen und dem Rahmen der Baueinheit (Bild 9.21)
  - eine Fehlerstrom-Schutzeinrichtung (RCD) mit einem Erder bewirkt die automatische Abschaltung im Falle eines Fehlers im Transformator mit einfacher Trennung (Bild 9.20)
    Jeder Stromkreis für die Versorgung von Betriebsmitteln außerhalb der Baueinheit muss durch eine eigene Fehlerstrom-Schutzeinrichtung (RCD) mit einem Bemessungsdifferenzstrom $\leq$ 30 mA geschützt werden.
- Schutz durch Schutztrennung (siehe Bild 9.23 und Kapitel 5).
- Schutz durch nicht leitende Räume ist nicht erlaubt.

9.14.4 Betriebsmittel

- **Kennzeichnung**
  In der Baueinheit muss an gut sichtbarer Stelle die Art der Einspeisung für die Stromversorgung nach Abschnitt 9.14.2 und der Aufbau der elektrischen Anlage für den Anwender dokumentiert werden.
- **Kabel- und Leitungsanlagen**
  - Für die Verbindung der Stromversorgung mit der Baueinheit müssen flexible Kabel oder Leitungen der Bauart H07RN-F nach DIN VDE 0282-4 oder in gleichwertiger Ausführung mit einem Mindestquerschnitt von 2,5 mm^2 verwendet werden. Die isolierte Einführung in die Baueinheit muss so gestaltet werden, dass Isolationsfehler nach Möglichkeit vermieden werden.
  - Für die innere Installation der Baueinheit sind PVC-isolierte einadrige Kabel oder Leitungen nach DIN VDE 0281-3 oder isolierte Leiter nach DIN VDE 0281-7 in Rohren geführt zulässig.
    Als geeignet gelten
    - PVC-isolierte Aderleitungen H05V-W, H05V-K und PVC-isolierte einadrige Leitungen NYFAW, NYFAZW, alle jeweils in Elektroinstallationsrohren verlegt oder
    - PVC-isolierte Kabel oder Leitungen nach DIN VDE 0281-3 oder gummiisolierte Kabel oder Leitungen nach DIN VDE 0282-4 mit vorbeugenden Maßnahmen gegen mechanische Beschädigung z. B. durch scharfe Kanten.

    Es sollten nach Möglichkeit flexible Kabel oder Leitungen verwendet werden.

- **Steckvorrichtungen** müssen mit DIN EN 60309-1 oder mit nationalen Normen oder für industrielle Zwecke mit DIN 49400 übereinstimmen.
- Anforderungen an Verbindungseinrichtungen für die Stromversorgung der Baueinheit:
  - Stecker müssen Gehäuse aus Isoliermaterial haben
  - außen angeordnete Stecker und Steckdosen müssen der Schutzart IP44 entsprechen
  - Geräteeinlässe und ihre Gehäuse müssen mindestens die Schutzart IP55 aufweisen
  - der Steckerteil muss an der Baueinheit angeordnet sein
  - Steckdosen zur Stromversorgung von Verbrauchsmitteln außerhalb der Baueinheit müssen ein Gehäuse mit der Schutzart IP54 haben

9.15 Bauliche Anlagen für Menschenansammlungen – DIN VDE 0100-718

9.15.1 Anwendungsbereich

Als bauliche Anlagen für Menschenansammlungen gelten u. a. Versammlungsstätten, Ausstellungshallen, Theater, Kinos, Sportarenen, Restaurants, Heime, Schulen, Parkhäuser, Schwimmbäder, Flughäfen, Bahnhöfe, Hochhäuser, Arbeitsstätten.

In solchen baulichen Anlagen müssen zusätzliche Einrichtungen für Sicherheitszwecke vorgesehen werden. Art und Umfang dieser Einrichtungen werden häufig durch Verordnungen oder im Einzelfall durch behördliche Auflagen festgelegt.

Beispiele für zusätzliche Einrichtungen für Sicherheitszwecke sind

- Sicherheitsbeleuchtung
- Brandmeldeanlagen
- Alarmanlagen, Einrichtungen zum Erteilen von Anweisungen
- Anlagen zur Löschwasserversorgung
- Feuerwehraufzüge, Personenaufzüge mit besonderen Anforderungen
- Rauch- und Wärmeabzugsanlagen, Anlagen zur Rauchfreihaltung von Rettungswegen
- Einrichtungen zum selbsttätigen Schließen von Rauch- und Feuerschutzabschlüssen
- CO- und CO_2-Warnanlagen
- Stromquelle für Sicherheitszwecke

9.15.2 Begriffe

- **Umschaltzeit**
  ist die Zeit zwischen dem Erkennen des Ausfalls der allgemeinen Stromversorgung und dem Zeitpunkt des Wirksamwerdens der Stromquelle für Sicherheitszwecke.
  (Quelle: DIN VDE 0100-718:2005-10 Abschnitt 718.3.1)
- **Bemessungsbetriebsdauer der Stromquelle für Sicherheitszwecke**
  ist die Dauer, für die eine Stromquelle für Sicherheitszwecke unter Bemessungsbetriebsbedingungen ausgelegt ist.
  (Quelle: DIN VDE 0100-718:2005-10, Abschnitt 718.3.2)

9.15.3 Schutzmaßnahmen

- **Schutz gegen gefährliche Körperströme**
  DIN VDE 0100-718 macht keine Angaben zum Schutz gegen gefährliche Körperströme. Es gelten die Anforderungen in DIN VDE 0100-410 (siehe Kapitel 2 bis 7).
- **Kurzschlussschutz**
  Bei einem Kurzschluss an beliebiger Stelle der Stromkreise der elektrischen Anlage für Sicherheitszwecke muss eine Überstrom-Schutzeinrichtung innerhalb von 5 s abschalten. Entsprechend sind die Charakteristiken der Stromquelle, die Schutzeinrichtung und die Querschnitte der Leiter auszuwählen. Die Schutzeinrichtung muss gegenüber der unmittelbar vorgeschalteten Schutzeinrichtung und für den Anschluss weiterer elektrischer Verbrauchsmittel selektiv auslösen.
  In DC-Stromkreisen ist ein zweipoliger Schutz bei Überstrom erforderlich.
- **Brandschutz**
  In Anlagen für Sicherheitszwecke ist immer ein Brandschutz bei besonderen Risiken und Gefahren vorzusehen, unabhängig davon, ob ein besonderes Brandrisiko vorhanden ist oder ob unersetzliche Güter mit hohem Wert vorhanden sind.
  Ein einfache Messung des Isolationswiderstand aller Leiter gegen Erde muss am Verteiler möglich sein. Bei Leiterquerschnitten unter 10 mm^2 muss diese Messung ohne Abklemmen des Neutralleiters durch Einbau von Neutralleiter-Trennklemmen erfolgen können.
  Automatisch gesteuerte, fernbediente oder nicht dauernd beaufsichtigte Motoren müssen gegen zu hohe Erwärmung durch Einrichtungen zum Schutz bei Überlast mit mechanischer Rückstellung geschützt werden. Das gilt auch für Motoren mit Stern-Dreieck-Anlauf in der Sternstufe. Ausnahmen sind blockierungsfeste Motoren und Motoren unter 500 W in Arbeitsstätten.
  Die elektrischen Anlagen für Sozialräume, Kantinen, Werkstätten, Umkleideräume im Theater, Lagerräume, Verkaufs- und Ausstellungsräume müssen bereichsweise geschaltet und nur von autorisierten Personen bedient werden können.

Ausgenommen davon sind die allgemeine Beleuchtung, die auch außerhalb der Betriebszeit benötigt wird, und die Stromkreise für Sicherheitszwecke sowie bauliche Anlagen, die ausschließlich als Arbeitsstätten genutzt werden.

Verteiler müssen gegen mechanische Beschädigung geschützt und dem Zugriff Unbefugter entzogen sein, z. B. durch Einbau in separate Räume oder durch entsprechende Schließvorrichtungen.

9.15.4 Betriebsbedingungen

- Umschaltzeit siehe Abschnitt 9.15.2 und **Tabelle 9.6**
- Bemessungsbetriebsdauer siehe Abschnitt 9.15.2 und **Tabelle 9.6**

weitere Einrichtungen für Sicherheitszwecke	**Anforderungen**									
	Bemessungsbetriebsdauer der Stromquelle für Sicherheitszwecke in h	Umschaltzeit in s (maximal)	zentrales Stromversorgungssystem – CPS	Stromversorgungssystem mit Leistungsbegrenzung – LPS	Einzelbatteriesystem	Stromerzeugungsaggregat ohne Unterbrechung (0 s)	Stromerzeugungsaggregat kurze Unterbrechung (≤ 0,5 s)	Stromerzeugungsaggregat mittlere Unterbrechung (≤ 15 s)	besonders gesichertes Netz	Netzüberwachung und Umschaltung bei Netzausfall am Hauptverteiler der elektrischen Anlage für Sicherheitszwecke
Feuerlöschanlagen und Druckerhöhungsanlagen zur Löschwasserversorgung	12	15	–	–	–	X	X	X	X	X
Feuerwehraufzüge	8	15	–	–	–	X	X	X	X	X
Personenaufzüge mit Brandfallsteuerung	3	15	–	–	–	X	X	X	X	X
CO-, CO_2- und CH-Warnanlagen	1	15	X	X	X	X	X	X	X	X[1)]

[1)] Soweit für diese Einrichtungen für Sicherheitszwecke eine eigene Stromquelle für Sicherheitszwecke nicht vorhanden ist

X zulässig

– nicht relevant

Tabelle 9.6 Anforderungen an die Stromquelle für Sicherheitszwecke

- **Zugänglichkeit**
  Die Schalt- und Steuereinrichtungen der elektrischen Anlagen für Sicherheitszwecke und für die allgemeine Beleuchtung müssen so angeordnet werden, dass sie nur durch autorisierte Personen bedient werden können.
- **Kennzeichnung**
  Die Zuordnung der Schalt- und Steuereinrichtungen zu den elektrischen Anlagen und ihren Funktionen muss eindeutig gekennzeichnet sein.
  Ein Übersichtsplan der gesamten elektrischen Anlage einschließlich der Anlagen für Sicherheitszwecke muss am Hauptverteiler vorhanden sein.
  Der Schaltplan für Anlagen für Sicherheitszwecke muss enthalten:
  - Netzüberwachungssystem der Einspeisung (falls vorhanden)
  - Stromkreise
  - Anzahl der elektrischen Verbrauchsmittel je Stromkreis
  - Belastung der einzelnen Stromkreise und die Gesamtbelastung

  Eintragung der elektrischen Anlage für Sicherheitszwecke der genauen Lage der Betriebsmittel, der Verteiler und Stromkreise in Grundrisspläne. Die Betriebsmittel für Sicherheitszwecke müssen mit ihren Stromkreisen und den Schalt- und Überwachungseinrichtungen in den Grundrissplänen enthalten sein.
  Eine Liste der Betriebsmittel für Sicherheitszwecke einschließlich ihrer Nenn-, Einschalt- und Anlassströme, cos φ sowie der Anlasszeit muss verfügbar sein (z. B. in Form der Stromlaufpläne).
  Detaillierte Betriebsanleitung aller Anlage für Sicherheitszwecke

9.15.5 Betriebsmittel

- **Kabel- und Leitungssysteme**
  Blanke spannungsführende Leiter sind nicht zulässig (Ausnahmen: in abgeschlossenen elektrischen Betriebsstätten).
  Verbindung Stromquelle – Niederspannungshauptverteilung, Ausführung erd- und kurzschlusssicher oder gegen Erd- und Kurzschluss geschützt.
  Gefordert werden separate Stromkreise von der Hauptverteilung für Feuerlöschanlagen, Druckerhöhungsanlagen zur Löschwasserversorgung, Rauch- und Wärmeabzug, Anlagen zur Rauchfreiheit von Rettungswegen, Feuerwehraufzüge und Personenaufzüge mit Brandfallsteuerung.
  Bei der Versorgung mehrerer Gebäude von einer Anlage für Sicherheitszwecke sind mindestens zwei Kabel in getrennten Trassen (Abstand mindestens 2 m) zu verlegen. Ein Kabel reicht aus, wenn folgende Bedingungen erfüllt sind:
  Die elektrische Anlage für Sicherheitszwecke wird im versorgten Gebäude von der allgemeinen Stromversorgung eingespeist, die Zuleitungskabel für die allgemeine Versorgung und für die Versorgung der Anlage für Sicherheitszwecke sind in getrennten Trassen verlegt, und bei Ausfall der allgemeinen Versorgung wird automatisch auf die Anlage für Sicherheitszwecke umgeschaltet.

Bei mehr- oder vieladrigen Kabel- oder Leitungssystemen der Anlagen für Sicherheitszwecke dürfen Haupt- und Hilfsstromkreise in einem Kabel oder einer Leitung geführt werden. Nicht erlaubt ist das Führen von mehreren Stormkreisen in einem Kabel oder einer Leitung, z. B. von Endstromkreisen der Sicherheitsbeleuchtung mit einem gemeinsamen Neutralleiter.
Fest verlegte Kabel und Leitungen im Bühnenhaus müssen auf Putz mit mechanischem Schutz und so verlegt werden, dass ihr Betriebszustand beobachtet werden kann.
Bei der Verlegung vieladriger Kabel oder Leitungen auf Bühnen mit brandschutztechnischer Trennung zum Zuschauerhaus sind besondere Bedingungen zu beachten:
Ausreichende Wärmeverteilung, Abstand parallel geführter Kabel und Leitungen, Verlegung auf nicht brennbarer Oberfläche (Stein, Beton, Stahlgitter), durchgehende Verbindungen, gemeinsamer Schalter für mehrere Stromkreise in einem Kabel oder einer Leitung.
Es wird eine brandgeschützte Verlegung von Beleuchtungskabeln für Leuchten im Zuschauerhaus verlangt, die durch das Bühnenhaus mit brandgeschützter Trennung verlegt werden.
Für nicht dauerhaft verlegte Kabel oder Leitungen müssen gummiisolierte Leitungen Typ 05RR und für den Anschluss von beweglich aufgehängten Leuchten dürfen nur Gummischlauchleitungen Typ 07RN oder jeweils mindestens gleichwertige Bauarten verlegt werden.
Mindestquerschnitt für Endstromkreis für Sicherheitszwecke 1,5 mm^2.

- **Gebäudeleittechnik**
  Gebäudeleittechnik muss unabhängig von Steuerungen und Bustechnik der elektrischen Anlagen für Sicherheitszwecke sein. Kopplungen sind nur zulässig, wenn beide Systeme rückwirkungsfrei arbeiten, das heißt, dass im Fehlerfall der übergeordneten Gebäudeleittechnik die Anlagen für Sicherheitszwecke nicht außer Kraft gesetzt werden.

- **Frei hängende Betriebsmittel**
  Frei hängende Betriebsmittel in Räumen für Besucher und auf Bühnen mit über 5 kg Masse müssen durch zwei voneinander unabhängige Aufhängevorrichtungen, die jede das fünffache Gesamtgewicht tragen können muss, gesichert werden.

- **Steckvorrichtungen**
  Verwendete Steckvorrichtungen müssen den jeweiligen Umgebungsbedingungen entsprechen. Es dürfen nur standardisierte Betriebsmittel verwendet werden. Ihre Anzahl muss den Anforderungen der Benutzer entsprechen. Mehrfachsteckdosen dürfen nicht hintereinander geschaltet werden.
  Zeitweilig installierte Betriebsmittel müssen für ihre übliche Nutzung sicher errichtet werden.

- **Leuchten und Beleuchtungsanlagen**
  Wenn die allgemeine Beleuchtung eines Raums für betriebliche Verdunkelung (wie z. B. im Kino) vorgesehen ist, ist eine besondere Beleuchtung für Hilfs- und Ordnungsmaßnahmen erforderlich, die mindestens den lichttechnischen Anforderungen der Sicherheitsbeleuchtung entspricht und zentral ein- und ausschaltbar sein muss. Die Schaltstelle dieser Sonderbeleuchtung muss gegen unbeabsichtigtes Schalten geschützt, beleuchtet und entsprechend beschriftet sein.
  Die Sonderbeleuchtung kann Teil der allgemeinen Beleuchtung oder auch der Sicherheitsbeleuchtung sein, wenn diese nicht beeinträchtigt wird und die Stromquelle für Sicherheitszwecke nicht belastetet wird.
  Leuchten im Handbereich müssen gegen mechanische Beschädigungen geschützt werden.
  Befestigungsvorrichtungen für Leuchten müssen die fünffache Masse der zu befestigenden Leuchten tragen. Frei hängende Leuchten über 5 kg Masse müssen an zwei voneinander unabhängigen Aufhängevorrichtungen gesichert werden, die jede für sich das fünffache Gesamtgewicht tragen kann (Seile und Ketten gelten als zweite Aufhängung).

9.15.6 Elektrische Anlagen für Sicherheitszwecke

- **Stromquellen**
  - unabhängige Einspeisung aus der allgemeinen Stromversorgung (besonders gesichertes Netz)
  - zentrales Stromversorgungssystem ohne Leistungsbegrenzung
  - Stromversorgungssystem mit Leistungsbegrenzung (z. B. USV-Anlagen)
  - Blockheizkraftwerke, Kraftmaschinen, Generatoren, die alle Bedingungen für die Sicherheitsstromversorgung erfüllen
- **Stromkreise**
  - Stromkreise für Sicherheitszwecke dürfen nur bei Ausfall der allgemeinen Stromversorgung wirksam werden.
  - Kabel und Leitungen für die Steuerung bzw. für Bussysteme müssen dieselben Anforderungen bezüglich Verlegung und Funktionserhalt wie alle Betriebsmittel der Anlagen für Sicherheitszwecke erfüllen.

9.15.7 Prüfungen

Prüfungen nach DIN VDE 0100-600

Die Ergebnisse der Erstprüfungen und der laufenden Wiederholungsprüfungen sind zu dokumentieren und dem Betreiber auszuhändigen. Ergebnisse sind mindestens vier Jahre aufzubewahren. Es wird empfohlen, elektronische Prüfbücher in Verbindung mit einem automatischen Testsystem anzulegen.

- **Zusätzliche Erstprüfungen durch Besichtigen entsprechen den jeweiligen Anforderungen**
  - Stromquelle
  - Be- und Entlüftung der Aufstellungsräume für Batterien, Verbrennungsmaschinen und zugehörigen Einrichtungen
  - Abgasführung hinsichtlich Montage und Brandschutz
  - Stromerzeugungsaggregate hinsichtlich Kapazität und Kraftstoffvorrat
  - Selektivität der elektrischen Anlage für Sicherheitszwecke
- **Zusätzliche Erstprüfungen durch Erproben und Messen entsprechend den jeweiligen Anforderungen**
  - Lastaufnahmeverhalten des Stromerzeugungsaggregats durch Zuschalten spezifizierter Laststufen bei Bemessungsleistungsfaktor, Entlasten der Stromquelle von 100 % Nennlast auf Leerlauf, Zuschalten des größten Einzelverbrauchsmittels im Leerlauf der Stromquelle jeweils unter Einhaltung der Betriebsgrenzwerte
  - Funktionsprüfungen der Schalt-, Steuer- und Überwachungsfunktion
  - Funktionsprüfung der elektrischen Anlage für Sicherheitszwecke bei Unterbrechung der Netzzuleitung, Startverhalten, Umschaltzeit, Netzschutzeinrichtungen beim Parallelbetrieb von Netz und Stromquelle der Sicherheitsstromversorgung
  - lichttechnische Werte der Sicherheitsbeleuchtung
- **Zusätzliche wiederkehrende Prüfungen**
  Elektrische Anlagen müssen regelmäßig überprüft werden nach Angaben der Betriebsanleitung, die der Hersteller bzw. Errichter dem Betreiber zur Verfügung zu stellen hat.
- **Wiederkehrende Prüfungen durch Besichtigen**
  - Einstellwerte der Schutzgeräte, jährlich
  - an die Stromquelle angeschlossene Leistung hinsichtlich der Kapazität der Stromquelle, jährlich
- **Wiederkehrende Prüfungen durch Erproben und Messen**
  - Funktion der Sicherheitsbeleuchtung einschließlich Sicherheitszeichen, Zuschaltung der Stromquelle für Sicherheitszwecke, mindestens wöchentlich
  - Funktion der Umschalteinrichtung, jährlich
  - Funktion der Verbrennungsmaschinen bis zur Nennbetriebstemperatur, mindestens jedoch 1 h mit 50 % Leistung der Stromquelle für Sicherheitszwecke, monatlich
  - Kapazität der Batterieanlagen, jährlich
  - Funktion der Isolationsüberwachungssysteme, halbjährlich
  - Beleuchtungsstärke der Sicherheitsbeleuchtung, alle zwei Jahre

9.16 Elektrische Anlagen für Boote und Jachten – DIN VDE 0100-721

Die Norm DIN VDE 0100-721 aus dem Jahr 1984 gilt für Boote und Jachten, und sie galt für Caravans und ihre Stromversorgung auf Camping- bzw. an Liegeplätzen. Inzwischen wurden aktualisierte Normen für Caravans und Motorcaravans (Abschnitt 9.17), für Campingplätze (Abschnitt 9.7) und ein Normenentwurf für Marinas (Liegeplätze, Abschnitt 9.8) veröffentlicht.

Der Normenentwurf E DIN VDE 0100-720:2004-09 „Plätze für Wohnwagen/ Caravans, Campingplätze, Marinas und ähnliche Bereiche" definiert das „Wassersportfahrzeug" als Boot, Schiff, Jacht, Motorbarkasse, Hausboot oder anderes schwimmendes Fahrzeug, das ausschließlich für Sport und Freizeit genutzt wird, ohne besondere Anforderungen für Boote und Jachten zu nennen. Für elektrische Anlagen auf Schiffen und Jachten wird auf die Norm DIN EN 60092-507 (VDE 0129-507) hingewiesen.

9.17 Elektrische Anlagen von Caravans und Motorcaravans – DIN VDE 0100-754

9.17.1 Anwendungsbereich

Diese Norm gilt für elektrische Anlagen innerhalb von Caravans und Motorcaravans mit Bemessungsspannungen von nicht mehr als 440 V.

Für elektrische Anlagen innerhalb von Caravans und Motorcaravans, die mit 12 V betrieben werden, sind die Normen DIN EN 1648-1 und DIN EN 1648-2 anzuwenden.

Diese Norm gilt nicht für die inneren Anlagen von Freizeit- und Mobilheimen, fest abgestellten Ferien- und Freizeitfahrzeugen und vergleichbaren vorübergehend benutzten Einrichtungen und Aufbauten. (vergleiche dazu Abschnitt 9.14).

9.17.2 Begriffe

Bewohnbares Freizeitfahrzeug
ist eine Wohneinheit, die vorübergehend oder jahreszeitlich zu Freizeitzwecken genutzt wird und die für den Einsatz im Straßenverkehr geeignet sein kann
(Quelle: DIN VDE 0100-754:2006-02 Abschnitt 754.2.1)

Caravan
ist ein bewohnbares Freizeitfahrzeug in Anhängerbauweise, das für Ferienfahrten benutzt wird und das für den Einsatz im Straßenverkehr geeignet ist
(Quelle: DIN VDE 0100-754:2006-02 Abschnitt 754.2.1.1)

Motorcaravan
ist ein bewohnbares Freizeitfahrzeug mit eigenem Antrieb, das für Ferienfahrten benutzt wird und das für den Einsatz im Straßenverkehr geeignet ist. Hierbei kann es sich um ein umgearbeitetes Serienprodukt handeln oder um eine Einzelanfertigung unter Verwendung eines vorhandenen Fahrzeugrahmens, mit oder ohne Führerhaus, der Wohnteil kann fest angebracht oder demontierbar sein.
(Quelle: DIN VDE 0100-754:2006-02 Abschnitt 754.2.1.2)

Mobilheim
ist ein transportables bewohnbares Freizeitfahrzeug mit Einrichtungen zum Fortbewegen, das aber weder den Konstruktions- noch Anwendungsvorschriften von Straßenverkehrsmitteln entspricht.
(Quelle: DIN VDE 0100-754:2006-02 Abschnitt 754.2.1.3)

9.17.3 Schutz gegen elektrischen Schlag

Schutz gegen direktes Berühren (Basisschutz)

- Anforderungen zum Schutz gegen direktes Berühren nach Abschnitt 2.2
- Schutz durch Hindernisse und Schutz durch Abstand dürfen nicht angewendet werden

Schutz bei indirektem Berühren (Fehlerschutz)

- Alle elektrischen Betriebsmittel sind mit Maßnahmen zum Schutz bei indirektem Berühren auszustatten.
- Vorzugsweise wird der Schutz durch automatische Abschaltung der Stromversorgung eingesetzt (siehe Abschnitt 2.3 und Kapitel 3). Auch andere Vorkehrungen sind möglich und dürfen für bestimmte Betriebsmittel oder Teile der Anlage angewendet werden:
  - Kleinspannung SELV oder PELV (Kapitel 6)
  - Schutztrennung (Kapitel 5)
  - doppelte oder verstärkte Isolierung (Schutzklasse II, Kapitel 4)
- Kabel- und Leitungsanlagen müssen einen Schutzleiter enthalten, der mit dem Schutzkontakt der Anschlusssteckvorrichtung und allen Körpern der elektrischen Betriebsmittel sowie mit den Schutzkontakten der Steckdosen im Caravan verbunden ist.
- Berührbare leitfähige Teile des Caravans müssen ebenfalls mit dem Schutzleiter der elektrischen Anlage verbunden werden, möglicherweise an mehreren Stellen, wenn die Konstruktion eine durchgehende Verbindung nicht sicherstellt.
- Wenn der Caravan aus Isolierstoff besteht, brauchen isoliert angebrachte Metallteile nicht an den Schutzpotentialausgleichsleiter angeschlossen werden, da es unwahrscheinlich ist, dass an diesen Teilen eine Fehlerspannung auftritt.

- Der Querschnitt des Schutzpotentialausgleichsleiters muss mindestens 4 mm^2 Cu betragen.
- Einadrige Schutzleiter müssen isoliert sein.
- Schutz durch nicht leitende Räume darf nicht angewendet werden.
- Anforderungen für elektrische Anlagen in Räumen mit Badewanne oder Dusche sind in DIN VDE 0100-701 (siehe Abschnitt 9.1) enthalten.

9.17.4 Kabel- und Leitungsanlagen

- Zugelassen sind folgende Bauarten
  - Aderleitungen mit feindrähtigen Leitern (H07V-K) in Isolierrohr
  - mehrdrähtige Leiter (H07V-R) in Isolierrohr
  - Gummischlauchleitungen mit Polychloroprenmantel (H05RN-F) oder gleichwertig
- Befestigung der Leitungen, die nicht in Rohr verlegt sind, mit Isolierschellen, bei senkrechter Leitungsführung höchstens alle 40 cm, bei waagrechter höchstens alle 25 cm.
- Innerhalb unzugänglicher Verlegebereiche müssen Leitungen aus einem Stück bestehen.
- Elektroinstallationsrohre müssen IEC 60614 (VDE 0605) entsprechen. Polyethylenrohre dürfen nicht verwendet werden. Leitungsrohre und -kanäle müssen aus nicht brennbarem Werkstoff bestehen (DIN EN 60695, VDE 0471).
- Das gesamte Kabel- und Leitungssystem muss gegen Erschütterungen geschützt werden, um Beschädigungen durch scharfkantige Teile oder durch Abriebe zu verhindern. Geeignete Maßnahmen sind vor allem dann zu treffen, wenn Kabel und Leitungen durch Bauteile aus leitendem Werkstoff geführt werden.
- In einem Raum (Fach) zur Aufnahme von Gasflaschen dürfen Kabel und Leitungen weder vorhanden noch hindurch geführt werden.
- Der Mindestquerschnitt für Leiter beträgt 1,5 mm^2 Cu oder gleichwertig. Bei der Querschnittsauswahl ist u. U. eine Reduzierung der Belastbarkeitswerte wegen Wärmestau zu berücksichtigen.
- Für Verbindungen von Leitungen sind geeignete Dosen aus nicht brennbaren Werkstoff (DIN EN 60695, VDE 0471), die einen mechanischen Schutz sicherstellen, zu verwenden. Die Anschlüsse müssen isoliert sein, wenn die Dosen ohne Werkzeug geöffnet werden können.
- Leitungen von Kleinspannungsstromkreisen sind von Leitungen anderer Stromkreise getrennt anzuordnen. Berührungen beider Leitungssysteme muss ausgeschlossen sein.

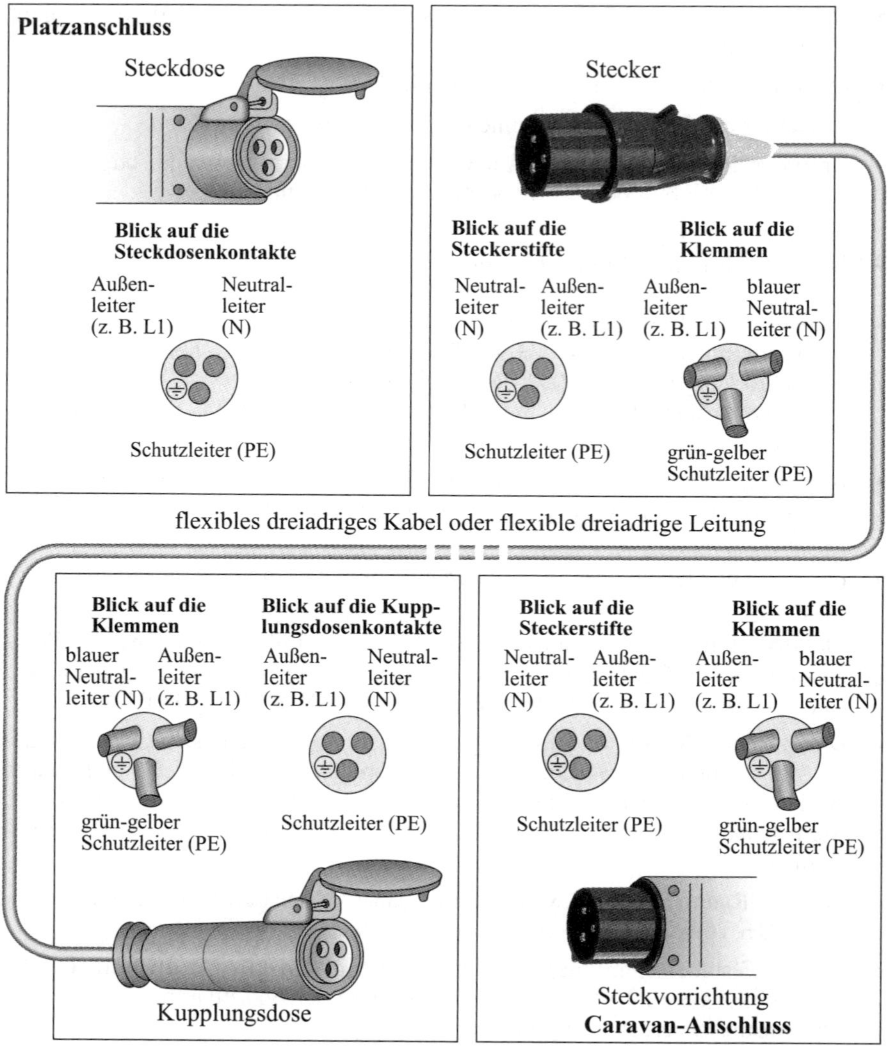

Bild 9.24 Beispiele einer zweipoligen Versorgung mit Schutzleiter zwischen dem Versorgungspunkt des Caravanstellplatzes und dem Caravan oder Motorcaravan

- Besondere Anforderungen an Verlängerungsleitungen:
  - Verlängerungsleitungen verbinden die Steckdosen am Caravanstellplatz mit dem bewohnbaren Freizeitfahrzeug
  - Stecker in Übereinstimmung mit DIN EN 60309-2 (VDE 0623-20)
  - flexible Leitung der Bauart H07RN-F oder gleichwertig mit Schutzleiter
  - maximale Länge der Anschlussleitung 25 m
  - Bemessungsstrom 16 A, Mindestquerschnitt 2,5 mm^2 Cu oder gleichwertig
  - ein Querschnitt für höhere Bemessungsströme muss so ausgewählt werden, dass ein sicheres Auslösen der Überstrom-Schutzeinrichtung durch den niedrigsten Kurzschlussstrom am Ende der Verlängerung erreicht wird
  - Leiterfarben der Verlängerung in Übereinstimmung mit DIN VDE 0293-308
  - Kupplungsstecker nach DIN EN 60309-2 (VDE 0623-20), Beispiel siehe **Bild 9.24**

9.17.5 Geräte zum Trennen und Schalten

- Für den Caravan-Anschluss ist eine Gerätesteckvorrichtung mit Schutzleiter nach DIN EN 60309 (VDE 0623) zu verwenden. Er muss für die Verbindung mit der Anschlussleitung geeignet sein.
- Der Caravan-Anschluss muss an der Außenseite an leicht zugänglicher Stelle, in einer geeigneten Nische mit verschließbarem Deckel, so hoch wie möglich, jedoch nicht über 1,8 m über dem Erdboden untergebracht sein.
- Nennspannung, Nennstrom und Nennfrequenz müssen in der Anschlussnähe angegeben werden.
- An einer leicht zugänglichen Stelle im Inneren des Caravans muss der Hauptschalter untergebracht sein, der alle aktiven Leiter einschließlich Neutralleiter der elektrischen Anlage abschalten kann.
- In der Nähe des Hauptschalters muss ein Hinweisschild mit nachstehenden Informationen angebracht sein:
  - Anschluss- und Abtrennvorgang nach Ankunft oder vor Verlassen des Platzes
  - Maßnahmen für den Fehlerfall
  - Anweisung für das Wechseln von Sicherungen
  - Empfehlung einer regelmäßigen Prüfung
- Überstrom-Schutzeinrichtungen müssen für jeden Endstromkreis vorgesehen werden. Wenn nur ein Endstromkreis vorhanden ist, kann die Überstrom-Schutzeinrichtung die Aufgabe des Hauptschalters übernehmen, sofern die beschriebenen Anforderungen erfüllt werden.
- Steckdosen müssen eine Anschlussklemme für den Schutzleiter haben, Ausnahme: Steckdosen hinter einem eigenen Trenntransformator mit sicherer Trennung
- Fest mit dem Netz verbundene Verbrauchsmittel müssen über einen Schalter geschaltet werden können.

9.17.6 Anlagen mit Kleinspannung

- Anlagen, die mit Kleinspannung betrieben werden, müssen mit DIN VDE 0100-410-2007-06, Abschnitt 414 (siehe Kapitel 6) übereinstimmen.
- Nennspannungen:
  - für Gleichstromquellen (nach DIN IEC 60038 (VDE 0175):2003-11): 12 V, 24 V, 48 V
  - für Wechselspannung gilt: 12 V, 24 V, 42 V, 48 V
- An den Steckdosen für Kleinspannung muss die Spannungshöhe gut sichtbar angegeben werden. Die Steckvorrichtungen anderer Spannungsebenen dürfen sich nicht einführen lassen.

9.17.7 Leuchten und Beleuchtungsanlagen

- Leuchten sollten mit der Konstruktion oder Auskleidung des Caravans fest verbunden sein. Hängeleuchten erfordern einen besonderen mechanischen Schutz, um Beschädigungen durch Fahrbewegungen zu vermeiden.
- Anforderungen für Leuchten mit zwei unterschiedlichen Spannungen:
  - eigene Lampenfassung für jede Spannung
  - dauerhafte Angabe der Lampenspannung und -leistung in der Nähe der Fassung
  - sichere Trennung der Stromkreise und der Anschlussklemmen
  - unverwechselbare Lampenfassungen
  - bei gleichzeitigen Betrieb beider Lampenarten darf kein Schaden auftreten

9.18 Unterrichtsräume mit Experimentiereinrichtungen – DIN VDE 0100-723

9.18.1 Anwendungsbereich

Elektrische Anlagen in Unterrichtsräumen zum Experimentieren sind Einrichtungen in Ausbildungsstätten, Schulen, in Vorlesungs- und Praktikumsräumen von Hochschulen, die der Wissensvermittlung durch Vorführen und Üben dienen. Die nachfolgenden Anforderungen gelten nicht für Einrichtungen, die nur mit vollständigem Schutz gegen direktes Berühren und Schutz bei indirektem Berühren über Steckvorrichtungen oder fest angeschlossen versorgt werden.

Die elektrischen Anlagen müssen so errichtet werden, dass die von ihnen ausgehenden Gefahren für den Experimentierenden weitgehend vermieden werden.

9.18.2 Begriffe

Experimentieren
ist im Sinne dieser Norm das methodisch-planmäßige Vorführen und Üben einschließlich Beobachten von naturwissenschaftlichen oder technischen Vorgängen unter Verwendung von Experimentiereinrichtungen und berührungsgefährlichen Spannungen.
(Quelle: DIN VDE 0100-723:2005-06 Abschnitt 723.2.1)

Experimentiereinrichtungen
sind fest installierte oder zeitweise aufgebaute elektrische Einrichtungen und Versuchsanordnungen, z. B. Baueinheiten, Experimentierstände, Energiezellen, Schalttafeln und -pulte sowie Schränke mit Abnahmestellen für elektrische Energie für Unterrichtszwecke.
(Quelle: DIN VDE 0100-723:2005-06 Abschnitt 723.2.2)

Unterrichtsräume
sind Räume in Ausbildungsstätten und Schulen, die der Wissensvermittlung dienen; hierzu gehören auch Vorlegungs- und Praktikumsräume in Hochschulen.
(Quelle: DIN VDE 0100-723:2005-06 Abschnitt 723.2.3)

9.18.3 Schutz gegen elektrischen Schlag

- **Schutz gegen direktes Berühren (Basisschutz)**
  - es gelten die Anforderungen nach DIN VDE 0100-410 (siehe Abschnitt 2.2)
  - für einpolige Anschlussstellen sind berührungssichere Steckbuchsen zu verwenden
- **Schutz bei indirektem Berühren (Fehlerschutz)**
  - vorzugsweise SELV oder PELV, soweit der beabsichtigte Zweck dies zulässt
  - Bei Anwendung des IT-Systems muss die Isolationsüberwachungseinrichtung bei Unterschreitung des zulässigen Isolationswerts (mindestens 50 Ω/V) abschalten, und es darf auf Fehlerstrom-Schutzeinrichtungen (RCDs) verzichtet werden. Je nach Art der durchzuführenden Experimente kann es wegen der Summe der Ableitströme sinnvoll sein, RCDs in Endstromkreisen oder für Gruppen von Experimentiereinrichtungen vorzusehen.
  - Außerhalb von Experimentierständen sind Anschlussstellen (Steckdosen) mit dem Hinweis „Für Experimentierzwecke geeignet“ zu versehen.
    Es ist darauf zu achten, dass die allgemeine Versorgung und Betriebsmittel, durch deren Ausschaltung eine Gefahr entstehen kann (z. B. Beleuchtung, Lüftung, Absaugeinrichtungen, Kühlung), bzw. Betriebsmittel, deren kontinuierlicher Betrieb nicht unterbrochen werden sollte (z. B. registrierende Messungen, PCs, Programmiergeräte), nicht in die Not-Aus-Schaltung einbezogen werden.

- Steckdosen außerhalb der Not-Aus-Schaltung müssen mit „Not-Aus nicht wirksam“ gekennzeichnet werden.
- Fremde leitfähige Teile im Handbereich der Experimentiereinrichtungen sind über Schutzpotentialausgleichsleiter miteinander und mit dem Schutzleiter an zentraler Stelle z. B. in der Verteilung, zu verbinden.

- **Zusätzlicher Schutz**
  Bei Wechselspannung > 50 V ist der Schutz durch automatische Abschaltung im TN- oder TT-System mit RCDs mit $I_{\Delta n} \leq 30$ mA (Typ B nach DIN VDE 0664-100, Typ A, wenn nicht mit glatten Gleichfehlerströmen zu rechnen ist) erforderlich.

9.18.4 Trennen und Schalten

- An der Einspeisung müssen Schaltgeräte zum Trennen und Einrichtungen für Not-Aus-Schaltung vorgesehen werden.
- Es müssen Schaltgeräte zum Trennen vorhanden sein, die alle nicht geerdeten Leiter gleichzeitig schalten.
- Schaltgeräte müssen gegen unbefugtes Schalten gesichert werden können.
- Experimentiereinrichtungen dürfen einzeln, in Gruppen oder zentral geschaltet werden, wenn ihre Einrichtungen jeweils übersichtlich angeordnet sind.
- Es muss eine Not-Aus-Schaltung für jede Experimentiereinrichtung vorgesehen werden, die im Gefahrenfall alle Stromkreise der Experimentierstände eines Raumes unterbricht.
- Nach Betätigung der Not-Aus-Schaltung muss das Schaltgerät gegen unbefugtes Wiedereinschalten gesichert werden.
- Die Not-Aus-Schaltung muss mindestens an allen Ausgängen angeordnet werden.

9.19 Elektrische Anlagen in Möbeln und ähnlichen Einrichtungsgegenständen – DIN VDE 0100-724

9.19.1 Anwendungsbereich

Bei den elektrischen Anlagen in Verbindung mit Möbeln oder ähnlichen Einrichtungsgegenständen (z. B. Holzabdeckungen, Zierleisten) handelt es sich um Kabel- und Leitungssysteme, die mit der elektrischen Anlage von Gebäuden fest verbunden sind oder bei vorgefertigten Möbeln, z. B. über Steckvorrichtungen, angeschlossen werden. Beispiele solcher Einrichtungen sind Betten, Glasschränke, Tisch- und

Ladenschaukästen, Vitrinen, in denen elektrische Betriebsmittel wie Leuchten, Steckdosen Schaltgeräte, Kabel und Leitungen angebracht sind.

Die Betriebsmittel und deren Zubehör sind so auszuwählen und zu errichten, dass sie den Anforderungen der besonderen Umgebung hinsichtlich der Verbindungsstellen, der mechanischen Einflüsse und der Brandgefahr entsprechen.

9.19.2 Schutz gegen elektrischen Schlag

Es gelten die Anforderungen nach DIN VDE 0100-410 (siehe Kapitel 2 und folgende).

Die Stromversorgung erfolgt einphasig mit einer Bemessungsspannung ≤ 240 V und einem maximalen Betriebsstrom von 16 A.

9.19.3 Betriebsmittel und allgemeine Anforderungen

- Kabel und Leitungen für die feste Verbindung mit den elektrischen Anlagen des Gebäudes
- flexible Gummi- oder PVC-isolierte Kabel und Leitungen für den Anschluss über Steckverbindungen
- Kabel und Leitungen, die bewegt werden, müssen flexibel ausgeführt sein
- Mindestquerschnitt 1,5 mm^2 Cu, bei flexiblen Kabeln und Leitungen darf der Querschnitt bis auf 0,75 mm^2 Cu verringert werden, wenn sie keine Steckdosen versorgen und ihre Länge 10 m nicht überschreitet
- zur Vermeidung von Beschädigungen müssen Kabel und Leitungen an den Wänden befestigt oder in Hohlräume der Möbel verlegt werden
- es sind Zugentlastungen an den Einführungen und Verbindungen vorzusehen
- zu verhindern sind Beschädigungen durch scharfe Kanten oder bewegliche Teile
- die zu verwendenden Betriebsmittel und Materialien müssen die Anforderungen für Hohlwände erfüllen
- Höchsttemperaturen von Leuchten, Lampen und anderen Betriebsmitteln:
  - im üblichen Betrieb 90 °C
  - im Fehlerfall 114 °C
- es sind die Anweisungen der Hersteller hinsichtlich Einbaulage, Befestigungsplätze und Sicherheitsabstände zu beachten
- beim Einsetzen von Lampen ist ihre jeweils angegebene höchstzulässige elektrische Leistung zu beachten
- zur Vermeidung von Wärmestaus und der damit verbundenen Brandgefahr müssen elektrische Betriebsmittel beim Schließen von Türen, Klappen oder Ähnlichem automatisch abschalten (Beispiel: Beleuchtung am Klappbett)

9.20 Feuchte und nasse Bereiche und Räume und Anlagen im Freien – DIN VDE 0100-737

9.20.1 Anwendungsbereich

Die Anforderungen gelten für die Auswahl und Errichtung von Betriebsmitteln und Anlagen in feuchten und nassen Bereichen und Räumen sowie im Freien. Sie gelten nicht für Beleuchtungsanlagen im Freien (siehe dazu Abschnitt 9.12).

Die Betriebsmittel sind so auszuwählen, dass sie der geforderten Schutzart entsprechen, oder sie müssen bei der Errichtung einen geeigneten zusätzlichen Schutz erhalten, der allerdings den ordnungsgemäßen Betrieb, z. B. durch Wärmestau, nicht behindern darf.

9.20.2 Schutz gegen elektrischen Schlag

Es gelten die Anforderungen nach Kapitel 2 und folgende.

Steckdosen im Freien mit einem Bemessungsstrom ≤ 20 A und Steckdosen, an die gelegentlich tragbare Betriebsmittel (Verlängerungsleitungen) für den Gebrauch im Freien angeschlossen werden, sind zusätzlich mit RCDs mit $I_{\Delta n} \leq 30$ mA zu schützen.

9.20.3 Anforderungen an Betriebsmittel

- Für Betriebsmittel und Anlagen gelten mindestens nachstehende Schutzarten
  - feuchte und nasse Räume und Bereiche IPX1
  - Bereiche und Räume mit Strahlwasser IPX4
    Betriebsmittel werden nicht direkt angestrahlt.

  Wenn die Betriebsmittel direkt dem Wasserstrahl ausgesetzt sind, ist eine der Beanspruchung durch den Wasserstrahl entsprechende Schutzart zu wählen.
  Bei Abspritzen mit dem Wasserschlauch oder Hochdruckreiniger reicht die Schutzart IPX5 nicht aus.
- Geschützte Anlagen im Freien müssen mindestens tropfwassergeschützt sein, Schutzart IPX1.
- Ungeschützte Anlagen im Freien müssen mindestens sprühwassergeschützt sein, Schutzart IPX3.
- Metallteile, die ätzenden Dämpfen ausgesetzt sind, müssen gegen Korrosion geschützt sein, z. B. durch Schutzanstriche oder Verwendung korrosionsfester Werkstoffe.
- Wenn elektrische Betriebsmittel häufiger im Freien angewendet werden, sollten eine oder mehrer Steckdosen den Erfordernissen entsprechend im Freien angeordnet werden.

- Weitere Anwendungsfälle für Steckdosen im Freien werden in Teilen der Gruppe 7 der Normenreihe DIN VDE 0100 (z. B. in den Abschnitte 9.3, 9.10 und 9.12) beschrieben.

9.21 Fußboden- und Decken-Flächenheizungen – DIN VDE 0100-753

9.21.1 Anwendungsbereich

Die Anforderungen gelten für das Errichten von Fußboden- und Decken-Flächenheizungen. Sie gelten nicht für Wand-Flächenheizungen.

Die Dachschrägen zählen bis herunter zu einer senkrechten Höhe von 1,50 m über fertigem Fußboden als Decken.

Zu unterscheiden sind Fußboden-Speicherheizung, Direktheizung als Fußboden oder Deckenflächenheizung und Fußboden-Ergänzungsheizungen (Direktheizung z. B. an den Außenwänden oder unterhalb von Fenstern).

Die Heizelemente müssen der Norm DIN VDE 0700-96/A30 und DIN VDE 0700-241 entsprechen.

9.21.2 Begriffe

Fußboden-Speicherheizung
ist eine Heizung, bei der aufgrund einer definierten Aufladedauer zeitlich begrenzt verfügbare elektrische Energie in Wärme umgewandelt und mit einer gewollten zeitlichen Verzögerung überwiegend über die Oberfläche des Fußbodens an den zu beheizenden Raum abgegeben wird.
(Quelle: DIN VDE 0100-753:2003-06 Abschnitt 753.2.1)

Direktheizung als Fußboden- oder Decken-Flächenheizung
ist eine Heizeinrichtung, die aus elektrischer Energie Wärme erzeugt und diese mit einer möglichst geringen zeitlichen Verzögerung an den zu beheizenden Raum abgibt.
(Quelle: DIN VDE 0100-753:2003-06 Abschnitt 753.2.2)

Fußboden-Ergänzungsheizung
ist eine in die Fußbodenkonstruktion einbezogene Direktheizung, z. B. in den an die Außenwände angrenzenden Randzonen, um die Wärmeabgabe einer Fußboden-Speicherheizung zu ergänzen.
(Quelle: DIN VDE 0100-753:2003-06 Abschnitt 753.2.3)

Heizungsfreie Fläche
ist eine unbeheizte Fußboden- oder Deckenfläche, die vollflächig von aufgestellten Möbeln abgedeckt ist oder für Einbaumöbel freigehalten ist.
(Quelle: DIN VDE 0100-753:2003-06 Abschnitt 753.2.4)

Heizleitung
ist eine Leitung mit oder ohne Schirm oder Metallmantel für eine fest montierte elektrische Flächenheizung.
(Quelle: DIN VDE 0100-753:2003-06 Abschnitt 753.2.5)

Flächenheizelement
ist ein Heizelement, das entweder aus flächenförmig ausgebildeten, mit elektrischem Widerstandsmaterial beschichteten Isolationsmatten oder aus einem Grundmaterial besteht, auf dem elektrisch isolierte Heizleiter befestigt sind.
(Quelle: DIN VDE 0100-753:2003-06 Abschnitt 753.2.6)

Heizeinheit
ist eine Heizleitung oder Flächenheizelement mit fest verbundenen Kaltleitungen oder passenden Kaltverbindungen, die mit der Anschlussstelle der elektrischen Anlage verbunden werden.
(Quelle: DIN VDE 0100-753:2003-06 Abschnitt 753.2.7)

Kaltleitung
ist eine isolierte Leitung oder Kabel zu Verbindung der Heizeinheit mit der ortsfesten elektrischen Anlage.
(Quelle: DIN VDE 0100-753:2003-06 Abschnitt 753.2.8)

Selbsttätig Temperatur begrenzende Heizleitung
ist eine Heizleitung nach DIN EN 50019 (VDE 0170/0171-6), die keine höhere Temperatur als 70 °C erreichen und die ohne Kaltleitungen mit der elektrischen Anlage verbunden werden kann.
(Quelle: DIN VDE 0100-753:2003-06 Abschnitt 753.2.9)

9.21.3 Schutz gegen elektrischen Schlag

- **Schutz gegen direktes Berühren (Basisschutz)**
  Entsprechende Anforderungen werden im Abschnitt 2.2 beschrieben.
  Schutz durch Hindernisse und Schutz durch Abstand sind nicht anwendbar.
- **Schutz bei indirektem Berühren (Fehlerschutz)**
  – Schutz bei indirektem Berühren durch automatische Abschaltung der Stromversorgung:
    - TN-System, empfohlen wird der Einsatz von RCDs
    - TT-System mit RCD
    - IT-System mit RCD

- Wenn elektrisch leitfähige Mäntel oder Abdeckungen (Gitter) der Heizelemente vorhanden sind, müssen sie über Schutzpotentialausgleichsleiter mit dem Schutzleiter der elektrischen Anlage verbunden werden.
- Als Schutz bei indirektem Berühren sind Heizsysteme der Schutzklasse II (Schutzisolierung) zugelassen, wenn deren Stromkreise mit einer Fehlerstrom-Schutzeinrichtung (RCD) mit einem Bemessungsdifferenzstrom $I_{\Delta n} \leq 30$ mA zusätzlich geschützt werden und deren Einbau nach Angaben der Hersteller zu erfolgen hat. Ferner kann die Schutztrennung angewendet werden, wenn für jeden Heizstromkreis ein getrennter Transformator vorgesehen wird.
- Die Schutzmaßnahmen Schutz durch Hindernisse, durch Abstand, durch nicht leitende Räume und durch erdfreien örtlichen Potentialausgleich dürfen nicht angewendet werden.

9.21.4 Weitere Anforderungen

- Zur **Vermeidung von Überhitzungen** muss eine Temperaturbegrenzung in den beheizten Bereichen von maximal 80 °C vorgesehen werden.
  Es darf eine festgelegte Temperatur, die auf das umgebende Material und seine Brandeigenschaften abgestimmt sein muss, nicht überschritten werden. Dies kann erreicht werden durch
  - geeignete Auslegung des Heizsystems
  - geeignete Errichtung des Heizsystems nach Angaben des Herstellers
  - Verwendung von Schutzeinrichtung
- Heizelemente müssen über Kaltleitungen (Versorgungsleitungen) mit der elektrischen Anlage unlösbar verbunden werden.
- Heizelemente dürfen Ausdehnungsfugen nicht kreuzen.
- Heizungsfreie Flächen müssen dort berücksichtigt werden, wo Zubehörteile des Raums die Wärmeabgabe an der Oberfläche behindern.
- Bei der Auswahl von Kaltleitungen und Steuerleitungen in Bezug auf Querschnitt und Isoliermaterial ist eine erhöhte Umgebungstemperatur z. B. von 60 °C anzunehmen.
- In den Heizflächen dürfen keine eindringenden Befestigungsteile (z. B. Dübel und Schrauben) verwendet werden. Darauf sind andere Handwerker hinzuweisen.
- Schutzarten:
  - Heizelemente in Decken IPX1
  - Heizelemente im Fußboden aus Beton oder ähnlichem Material IPX7

9.21.5 Informationen für den Eigentümer und Benutzer der Flächenheizungsanlagen

Der Errichter muss dem Gebäudeeigentümer eine Beschreibung (Plan) des Heizungssystems mit den nachstehenden Angaben liefern

- Beschreibung über den Aufbau des Heizsystems
- Verlegeplan
- Heizstromkreise und ihre Nennleistung
- Anordnung der Heizeinheiten in jedem Raum
- beheizte Fläche
- Lage und Tiefe der Heizeinheiten
- Lage der Verbindungsdosen
- Leiter, Abschirmung
- Bemessungsspannung
- Bemessungswiderstand (kalt) der Heizeinheit
- Bemessungsstrom der Überstrom-Schutzeinrichtung
- Bemessungsdifferenzstrom der Fehlerstrom-Schutzeinrichtung
- heizungsfreie Flächen, Ergänzungsheizung, Aussparungen für eindringende Befestigungsmittel
- Lage der Temperaturfühler
- Schaltpläne, Regel- und Steuergeräte, Bodentemperatur- und Witterungsfühler
- Bauart der Heizelemente und ihre maximale Betriebstemperatur
- Angaben für die Instandhaltung und Reparatur
- Gebrauchsanweisung in Anlehnung an die Angaben des Herstellers des Heizsystems

10 Auswahl und Errichtung von Erdungsanlagen, Schutzleiter und Schutzpotentialausgleichsleiter – DIN VDE 0100-540

Die Norm DIN VDE 0100-540:2007-06 „Auswahl und Errichtung elektrischer Betriebsmittel – Erdungsanlagen, Schutzleiter und Schutzpotentialausgleichsleiter" ist neu und gilt ab 01.06.2007, wobei für eine Übergangszeit bis zum 01.06.2009 auch die Festlegungen der alten Norm DIN VDE 0100-540:1991-11 noch gelten und angewandt werden dürfen.

Als Harmonisierungdokument ist die Norm unter HD 60364-5-54:2007 im europäischen Normenwerk geführt. Bei der IEC ist sie unter IEC 60364-5-54:2002 aufgenommen.

Die DIN VDE 0100-540:2007-06 ist „Sicherheitsgrundnorm zum Schutz gegen elektrischen Schlag". Das bedeutet, die in DIN VDE 0100-540 getroffenen Festlegungen gelten auch für andere Normen, und die entsprechenden Aussagen sind per Verweis aufzunehmen oder zu zitieren.

In Stichworten werden nachfolgend für den Praktiker die wichtigsten Änderungen, die die neue DIN VDE 0100-540:2007-06 gegenüber der Vorgängernorm DIN VDE 0100-540:1991-11 enthält, dargestellt.

Allgemeine Änderungen

- die Gliederung der Norm wurde gestrafft und entspricht der internationalen Norm IEC 60364-5-54 bzw. der europäischen Norm HD 60364-5-54
- die elektrotechnischen Begriffe wurden an den aktuellen Stand des internationalen elektrotechnischen Wörterbuchs (IEV) angepasst

Erdungsanlagen

- Wasserrohre und Wasserrohrnetze sind als Erder nicht mehr erlaubt
- ein Hinweis auf Fundamenterker nach DIN 18014 ist aufgenommen
- die besonderen Aussagen zur Funktionserdung (Betriebserdung) sind entfallen

Schutzleiter

- fremde leitfähige Teile dürfen nicht mehr als Schutzleiter verwendet werden (Ausnahmen hiervon sind möglich)
- Aussagen zu Schutzleiterquerschnitten bei Schutzleiterströmen größer 10 mA sind aufgenommen
- die Aussagen zum Erdungs- und Schutzleiter für FU-Schutzeinrichtungen sind entfallen

Schutzpotentialausgleich

- der Begriff „Schutzpotentialausgleich“ ist nach IEV neu eingeführt worden
- Mindestquerschnitte für Schutzpotentialausgleichsleiter zur Verwendung über eine Haupterdungsschiene (früher: Hauptpotentialausgleich) wurden neu festgelegt
- die Aussagen zur Überbrückung des Wasserzählers sind entfallen

10.1 Allgemeines – DIN VDE 0100-540 Abschnitt 541

Die Festlegungen für die Auswahl und Errichtung von Erdungsanlagen, Erder, Erdungsleiter, Schutzleiter, PEN-Leiter, Schutzpotentialausgleichsleiter und die Leiter für den zusätzlichen Schutzpotentialausgleich sind in Teil 540 behandelt.

Neben DIN VDE 0100-540 sollte auch die Normen DIN VDE 0141 „Erdungen für spezielle Starkstromanlagen mit Nennspannungen über 1 kV“ und DIN VDE 0101 „Starkstromanlagen mit Nennwechselspannungen über 1 kV“ beachtet werden, da diese Bestimmungen für die Netze gelten, die normalerweise in das Niederspannungsnetz einspeisen und somit Schnittstellen vorhanden sind.

Wenn in einer elektrischen Anlage oder in einem Gebäude ein hoher Anteil von informationstechnischen Betriebsmitteln zum Einsatz gelangt, ist es empfehlenswert, auch die Norm DIN EN 50310 (VDE 0800-2-310) „Anwendungen von Maßnahmen für Potentialausgleich und Erdung in Gebäuden mit Einrichtungen für die Informationstechnik“ zu beachten, um keine Probleme im Bereich der elektromagnetischen Verträglichkeit (EMV) zu bekommen.

Erfolgt die Einspeisung der elektrischen Anlage aus einem Hochspannungsnetz (Nennspannung AC > 1 000 V), müssen für den Fall eines Fehlers zwischen der Hochspannungsanlage und Erde Schutzmaßnahmen nach DIN VDE 0100-442 (VDE 0100-442) „Schutz von Niederspannungsanlagen bei Erdschlüssen mit höherer Spannung“ vorgesehen werden.

Wenn in einem Gebäude mit elektrischen Anlagen ein Blitzschutzsystem (LPS) vorhanden ist, sollten auch die Festlegungen von DIN EN 62305-1 (VDE 0185-305-1) „Blitzschutz – Teil 1: Allgemeine Grundsätze“ beachtet werden, sofern es Berührungspunkte zwischen den Anlagen gibt.

Sofern in einem Gebäude Funksignale, Fernsehsignale oder Signale für interaktive Dienste über eine Einzelempfangsantennen-Anlage oder Gemeinschaftsantennen-Anlage empfangen werden, sind die Festlegungen der DIN EN 60728-11 (VDE 0855-1) „Kabelnetze für Fernsehsignale, Tonsignale und interaktive Dienste – Sicherheitsanforderungen“ zu beachten.

Bei elektrischen Anlagen mit Streustrombeeinflussung und möglichen Korrosionsgefahren durch Streuströme aus Gleichstromanlagen wird empfohlen die DIN EN 50162

(VDE 0150) „Schutz gegen Korrosion durch Streuströme aus Gleichstromanlagen" zu beachten.

Die Auswahl der Werkstoffe und die Errichtung von Fundamenterdern wird in DIN 18014 „Fundamenterder" behandelt.

10.2 Anwendungsbereich

Die Norm DIN VDE 0100-540 gilt für Niederspannungsanlagen mit Nennspannungen bis AC 1 000 V (Effektivwert) und DC 1 500 V. Die bevorzugten Frequenzen bei Wechselspannungen sind 50 Hz, 60 Hz und 400 Hz, wobei andere Frequenzen für besondere Anwendungsfälle nicht ausgeschlossen sind. Der Teil 540 gilt damit generell für alle Niederspannungsanlagen, die im Geltungsbereich der DIN VDE 0100-100 (VDE 0100-100) „Errichten von Niederspannungsanlagen – Anwendungsbereich, Zweck und Grundsätze" genannt sind (siehe auch Abschnitt 1.1).

Ziel der Anwendung von Teil 540 ist es die Sicherheit von elektrischen Anlagen zu gewährleisten. Näheres hierzu ist in den Kapiteln 11 bis 13 beschrieben.

10.3 Begriffe

Nachfolgend werden die wichtigsten Begriffe, die für Teil 540 notwendig sind, dargestellt. Dabei wird unter (Quelle) auf die DIN-VDE-Norm und den Abschnitt verwiesen, in der der entsprechende Begriff zu finden ist. Auf die Angabe des Abschnitts im „Internationalen Elektrotechnischen Wörterbuch (IEV)" wurde verzichtet.

Körper (eines elektrischen Betriebsmittels)
ist ein leitfähiges Teil eines elektrischen Betriebsmittels, das berührt werden kann und üblicherweise nicht unter Spannung steht, aber unter Spannung geraten kann, wenn die Basisisolierung versagt.
(Quelle: DIN VDE 0100-540:2007-06 Abschnitt 541.3.1)

Haupterdungsschiene/Haupterdungsklemme/Haupterdungs-Anschlusspunkt
ist der Anschlusspunkt oder die Schiene eines elektrischen Betriebsmittels, das berührt werden kann und üblicherweise nicht unter Spannung steht, aber unter Spannung geraten kann, wenn die Basisisolierung versagt.
(Quelle: DIN VDE 0100-540:2007-06 Abschnitt 541.3.2)

Erder
ist ein leitfähiges Teil, das in ein bestimmtes leitfähiges Medium, zum Beispiel Beton, eingebettet sein kann und in elektrischem Kontakt mit Erde steht.
(Quelle: DIN VDE 0100-540:2007-06 Abschnitt 541.3.3)

Erde
Anmerkung: Unter Erde ist hier der Planet mit seiner gesamten Substanz zu verstehen.
(Quelle: DIN EN 61140 (VDE 0140-1):2007-03 Abschnitt 3.17)

Erde (örtliche)/örtliche Erde
ist der Teil der Erde, der sich im elektrischen Kontakt mit einem Erder befindet und dessen elektrisches Potential nicht notwendigerweise null ist.
(Quelle: DIN EN 60140 (VDE 0140-1):2007-03 Abschnitt 3.17.2)

Bezugserde
ist der Teil der Erde, der als elektrisch leitfähig angesehen wird, außerhalb des Einflussbereichs von Erdungsanlagen liegt und dessen elektrisches Potential durch Vereinbarung gleich null gesetzt wird.
(Quelle: DIN EN 61140 (VDE 0140-1):2007-03 Abschnitt 3.17.1)

Schutzleiter (Bezeichnung PE)
ist ein Leiter zum Zweck der Sicherheit, zum Beispiel zum Schutz gegen elektrischen Schlag.
(Quelle: DIN VDE 0100-540:2007-06 Abschnitt 541.3.4)

Schutzpotentialausgleichsleiter
ist ein Schutzleiter zur Herstellung des Schutzpotentialausgleichs.
(Quelle: DIN VDE 0100-540:2007-06 Abschnitt 541.3.5)

Erdungsleiter
ist ein Leiter, der einen Strompfad oder einen Teil eines Strompfads zwischen einem geerdeten Punkt in einem Netz, in einer Anlage oder in einem Betriebsmittel und einem Erder herstellt.
Anmerkung: Im Sinne von DIN VDE 0100-540 ist ein Erdungsleiter ein Leiter, der den Erder mit einem Punkt des Potentialausgleichssystems, im Allgemeinen mit der Haupterdungsschiene, verbindet.
(Quelle: DIN VDE 0100-540:2007-06 Abschnitt 541.3.6)

PEN-Leiter
ist ein Leiter, der zugleich die Funktion des Schutzleiters und des Neutralleiters erfüllt.
(Quelle: DIN EN 61140 (VDE 0140) 2007-03 Abschnitt 3.16.5)

Erdungsanlage
ist die Gesamtheit der zum Erden eines Netzes, einer Anlage und eines Betriebsmittels verwendeten elektrischen Verbindungen und Einrichtungen.
(Quelle: DIN EN 61140 (VDE 0140-1) 2007-03 Abschnitt 3.17.5)

Schutzerdung
ist die Erdung eines oder mehrerer Punkte in einem Netz, in einer Anlage oder in einem Betriebsmittel zum Zweck, der elektrischen Sicherheit.
(Quelle: DIN EN 61140 (VDE 0140-1) 2007-03 Abschnitt 3.17.6)

Funktionserdung
ist die Erdung eines oder mehrerer Punkte in einem Netz, in einer Anlage oder in einem Betriebsmittel zu Zwecken, die nicht der elektrischen Sicherheit dienen.
(Quelle: DIN EN 61140 (VDE 0140-1) 2007-03 Abschnitt 3.17.7)

Betriebserdung eines Netzes/Netzbetrieberdung
ist die Schutzerdung und Funktionserdung eines oder mehrerer Punkte in einem Elektrizitätsversorgungsnetz.
(Quelle: DIN VDE 0100-200:2006-06 Abschnitt 826-13-11)

Fundamenterder
ist ein leitfähiges Teil, das unter einem Gebäudefundament in das Erdreich oder bevorzugt im Beton eines Gebäudefundamentes, im Allgemeinen als geschlossener Ring, eingebettet ist.
(Quelle: DIN VDE 0100-540:2007-06 Abschnitt 541.3.8)

Fremdes leitfähiges Teil
ist ein leitfähiges Teil, das nicht zur elektrischen Anlage gehört, das jedoch ein elektrisches Potential, im Allgemeinen das der örtlichen Erde, einführen kann.
(Quelle: DIN VDE 0100-540:2007-06 Abschnitt 541.3.7)

Funktionspotentialausgleich
ist ein Potentialausgleich aus betrieblichen Gründen, aber nicht zum Zweck der Sicherheit.
(Quelle: DIN VDE 0100-200:2006-06 Abschnitt 826-13-21)

Funktionspotentialausgleichsleiter
ist ein Leiter zum Zweck des Funktionspotentialausgleichs.
(Quelle: DIN VDE 0100-200:2006-06 Abschnitt 826-13-29)

Unabhängiger Erder
ist ein Erder, der sich in einem solchen Abstand zu anderen Erdern befindet, dass sein elektrisches Potential nicht nennenswert von Strömen zwischen der Erde und den anderen Erdern beeinflusst wird.
(Quelle: DIN VDE 0100-200:2006-06 Abschnitt 826-13-07)

Potentialgleichheit
ist ein Zustand, bei dem leitfähige Teile annähernd elektrisch gleiches Potential haben.
(Quelle: DIN VDE 0100-200:2006-06 Abschnitt 826-13-18)

Potentialausgleich
ist das Herstellen elektrischer Verbindungen zwischen leitfähigen Teilen, um Potentialgleichheit zu erzielen.
(Quelle: DIN VDE 0100-200:2006-06 Abschnitt 826-13-19)

Schutzpotentialausgleich
ist ein Potentialausgleich zum Zweck der Sicherheit.
(Quelle: DIN VDE 0100-200:2006-06 Abschnitt 826-13-20)

Potentialausgleichsschiene
ist eine Schiene als Teil einer Potentialausgleichsanlage für den elektrischen Anschluss einer Anzahl von Leitern zum Zweck des Potentialausgleichs.
(Quelle: DIN VDE 0100-200:2006-06 Abschnitt 826-13-35)

Erden (Verb)
ist das Herstellen einer elektrischen Verbindung zwischen einem geerdeten Punkt in einem Netz, in einer Anlage oder in einem Betriebsmittel und der örtlichen Erde.
Anmerkung: Die Verbindung zur örtlichen Erde kann

- beabsichtigt
- unbeabsichtigt (zufällig)
- dauerhaft oder zufällig sein
- und kann auch an mehreren Punkten erfolgen.

(Quelle: DIN VDE 0100-200:2006-06 Abschnitt 826-13-03)

Spezifischer Erdwiderstand
ist der spezifische elektrische Widerstand der Erde.
(Quelle: DIN VDE 0101:2000-01 Abschnitt 2.7.10.1)

Ausbreitungswiderstand
ist der Wirkwiderstand der Erde zwischen dem Erder und der Bezugserde.
(Quelle: DIN VDE 0101:2000-01 Abschnitt 2.7.10.2)

Blitzschutzsystem (LPS)
ist ein vollständiges System, das zur Verringerung physikalischer Schäden einer baulichen Anlage durch direkte Blitzeinschläge eingesetzt wird.
Anmerkung: Es besteht sowohl aus dem äußeren als auch dem inneren Blitzschutz.
(Quelle: DIN EN 62305-3(VDE 0185-305-3):2006-10 Abschnitt 3.1)

In **Bild 10.1** sind die Zusammenhänge von Erdungsanlagen, Schutzleiter und Schutzpotentialausgleichsleiter schematisch gezeigt. Auf die Darstellung der elektrischen Installation (Versorgungsleitungen) wurde verzichtet.

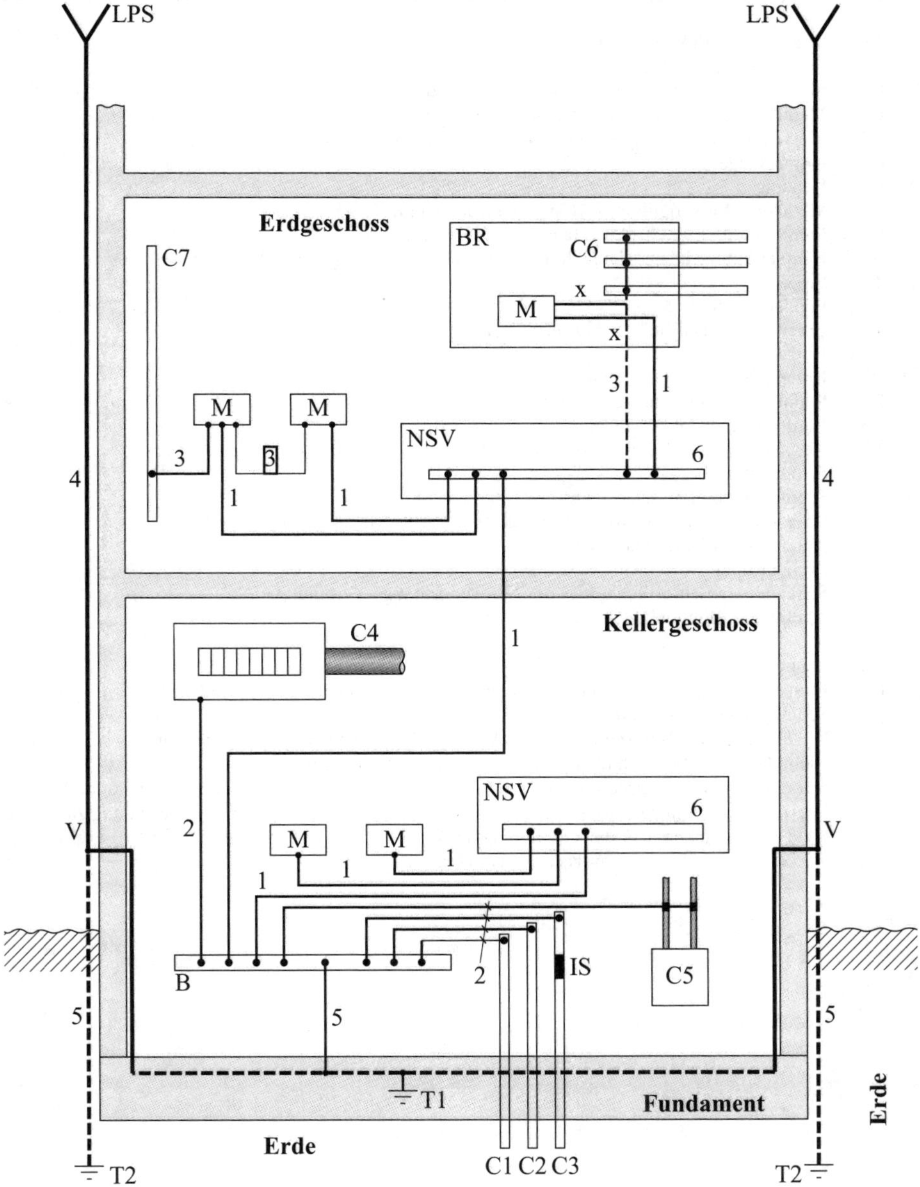

Bild 10.1 Darstellung von Erdungsanlagen, Schutzleiter und Schutzpotentialausgleichsleiter (Quelle: DIN VDE 0100-540:2007-06 Bild 54.1)

M Körper eines elektrischen Betriebsmittels
C Fremde leitfähige Teile
C1 Metallene Wasserleitung, von außen kommend
C2 Metallene Abwasserleitung, von außen kommend
C3 Metallene Gasleitung mit Isolierstück, von außen kommend
C4 Klimaanlage
C5 Heizung
C6 Metallene Wasserleitung, z. B. in einem Baderaum
C7 Fremdes leitfähiges Teil im Handbereich von Körpern
B Haupterdungsschiene, Haupterdungsklemme, Haupterdungs-Anschlusspunkt
T Erder
T1 Fundamenterder
T2 Erder für den Blitzschutz, falls erforderlich
LPS Blitzschutzanlage
IS Isolierstück in der Gasleitung
BR Raum mit Badewanne oder Dusche
NSV Niederspannnungs-Verteiler
V Verbindung von LPS und Fundamenterder oder zum separaten Blitzschutzerder
1 Schutzleiter PE
2 Schutzpotentialausgleichsleiter
3 Schutzpotentialausgleichsleiter für den zusätzlichen Schutzpotentialausgleich
4 Ableitung der Blitzschutzanlage
5 Erdungsleiter
6 Schutzleiteranschlussschiene in der Niederspannungs-Verteilung
x Alternative Möglichkeiten der Verbindung

Erläuterungen

B Haupterdungsschiene usw. entspricht der Potentialausgleichsschiene für den Schutzpotentialausgleich

T2 Die Erder für den Blitzschutz und die Anschlussleitungen sind nur erforderlich, wenn die Blitzschutzerdung nicht am Fundamenterder erfolgt

x Nur eine der beiden dargestellten Verbindungen ist erforderlich. Das Einbeziehen der drei Wasserleitungen in den zusätzlichen Potentialausgleich durch eine direkte Verbindung zur Schutzleiterschiene oder die Verbindung der Wasserleitungen zum Schutzleiter der am Körper des elektrischen Betriebsmittels angeschlossen ist

10.4 Kennzeichnung von Leitern durch Farben oder alphanumerische Zeichen

10.4.1 Allgemeines

Die Kennzeichnung von Leitern durch Farben oder alphanumerische Zeichen ist in DIN EN 60446 (VDE 0198) „Grund- und Sicherheitsregeln für die Mensch-Maschine-Schnittstelle – Kennzeichnung von Leitern durch Farben oder alphanumerische Zeichen" festgelegt. Für elektrische Anlagen (Starkstromanlagen bis AC 1 000 V), Verteilungssysteme, Versorgung von fest angebrachten oder ortsveränderlichen Verbrauchsmitteln und für Leitungen von transportablen Betriebsmitteln gilt außerdem DIN VDE 0293-308 „Kennzeichnung von Kabeln/Leitungen und flexiblen Leitungen durch Farben". Siehe hierzu auch Abschnitt 12.8.

10.4.2 Kennzeichnung durch Farben

10.4.2.1 Allgemeine Festlegungen

Für die Kennzeichnung elektrischer Leiter sind grundsätzlich folgende Farben erlaubt

Schwarz, Braun, Rot, Orange, Gelb, Grün, Blau, Violett, Grau, Weiß, Rosa und Türkis

Die Farbkennzeichnung muss an den Anschlüssen und über die gesamte Leiterlänge, entweder durch die Farbe der Isolierung oder durch Farbmarken erfolgen. Ausgenommen hiervon sind blanke Leiter, bei denen eine Kennzeichnung an den Enden und allen Anschlusspunkten vorhanden sein muss.
Eine Kennzeichnung durch Farbe ist nicht erforderlich bei

- konzentrischen Leitern in Kabeln und Leitungen
- Metallmäntel oder Bewährungen in Kabeln und Leitungen, die als Schutzleiter genutzt werden
- blanken Leitern, bei denen eine dauerhafte Kennzeichnung nicht durchführbar ist
- äußeren leitfähigen Teilen, die als Schutzleiter genutzt werden
- ungeschützten leitenden Teilen, die als Schutzleiter genutzt werden

Die Einzelfarben Grün und Gelb sind nur zulässig, wenn eine Verwechslungsgefahr mit der Farbkennzeichnung anderer Leiter ausgeschlossen ist.

10.4.2.2 Wechselstrom – Außenleiter

Für Wechselstrom – Außenleiter und auch für die Außenleiter von Drehstromsystemen sind die bevorzugten Farben

Schwarz, Braun und Grau

Durch die Festlegung bzw. Reihenfolge der Farben ist weder eine Reihenfolge der Außenleiter (Phasen) noch ein Drehsinn festgelegt.

10.4.2.3 Neutral- oder Mittelleiter

Wenn ein Stromkreis einen isolierten Neutral- oder Mittelleiter enthält, muss der Leiter mit der Farbe

Blau

gekennzeichnet werden.

Ist in einem Stromkreis kein Neutral- oder Mittelleiter enthalten, so darf der blau gekennzeichnete Leiter auch für andere Zwecke benutzt werden. Er darf aber nicht als Schutzleiter verwendet werden.

Blanke Leiter, die als Neutral- oder Mittelleiter eingesetzt werden, müssen entweder über ihre gesamte Länge blau gekennzeichnet sein, oder in jeder Einheit, in jedem Gehäuse und an jeder zugänglichen Stelle mit einem blauen Streifen, der 15 mm bis 100 mm breit sein muss, gekennzeichnet werden.

10.4.3 Anwendung von Zwei-Farben-Kombinationen

Jede Möglichkeit der Kombination der unter 10.4.2.1 genannten Farben ist zulässig, vorausgesetzt, dass keine Verwechslungsgefahr besteht.

Die Farbe Grün und die Farbe Gelb dürfen in keiner anderen Farbkombination als der Zwei-Farb-Kombination „Grün-Gelb" angewandt werden.

10.4.3.1 Schutzleiter

Für Schutzleiter gilt folgende Festlegung

Schutzleiter müssen durch die Zwei-Farben-Kombination „Grün-Gelb" gekennzeichnet werden.

Die Kombination der Farben Grün und Gelb muss so sein, dass, bezogen auf eine Länge von 15 mm, eine dieser Farben mindestens 30 %, aber nicht mehr als 70 % der mit Farbe versehenen Oberfläche des Leiters bedeckt. Die andere Farbe bedeckt den Rest dieser Oberfläche.

Falls blanke Leiter mit den Farben „Grün-Gelb“ zu kennzeichnen sind, müssen diese, entweder über die gesamte Länge des Leiters oder in jedem Teil oder jeder Einheit oder jeder zugänglichen Stelle „grün-gelb“ gefärbt sein. Bei der Verwendung von Klebeband muss zweifarbiges Band verwendet werden.

Für PEN-Leiter, PEM-Leiter und PEL-Leiter ist eine zusätzliche farbige Markierung notwendig.

10.4.3.2 PEN-Leiter

Isolierte PEN-Leiter müssen durch eines der folgenden Verfahren markiert sein

- grün-gelbe Kennzeichnung im gesamten Verlauf mit zusätzlicher blauer Markierung an den Leiterenden, oder
- blaue Kennzeichnung im gesamten Verlauf mit zusätzlicher grün-gelber Markierung an den Leiterenden

Anmerkung: In Deutschland gelangt die erste Variante zur Anwendung. Der PEN-Leiter ist grün-gelb gekennzeichnet und an den Anschlussenden blau markiert, falls eine Markierung erforderlich ist.

Die zusätzlichen blauen Markierungen an den Leiterenden dürfen entfallen, wenn eine der beiden folgenden Anforderungen erfüllt ist

- in elektrischen Geräten, wenn entsprechende Anforderungen in bestimmten Produktnormen enthalten oder in einem Land gegeben sind
- in Kabel- und Leitungssystemen, die in der Industrie eingesetzt werden, falls vom zuständigen Komitee so entschieden

10.4.3.3 PEL-Leiter

PEL-Leiter müssen, sofern sie isoliert sind, durchgehend über die gesamte Leitungslänge grün-gelb gekennzeichnet sein, und an den Leiterenden blau markiert werden.

Die zusätzlichen blauen Markierungen an den Leiterenden dürfen entfallen, wenn eine der beiden folgenden Anforderungen erfüllt ist

- in elektrischen Geräten, wenn entsprechende Anforderungen in bestimmten Produktnormen enthalten oder in einem Land gegeben sind
- in Kabel- und Leitungssystemen, die in der Industrie eingesetzt werden, falls vom zuständigen Komitee so entschieden

Wenn eine Verwechslung mit einem PEN- oder PEM-Leiter möglich ist, muss die in Tabelle 10.1 festgelegte alphanumerisch Kennzeichnung an den Leiterenden angebracht werden.

vorgesehene Anschlüsse	Kennzeichnung von Leitern	
	alphanumerische Bezeichnung[1)]	**Farbkennzeichnung**[2)]
Wechselstromanschlüsse • Außenleiter 1 • Außenleiter 2 • Außenleiter 3	L1 L2 L3	Schwarz[3)] oder Braun[3)] oder Grau[3)]
Mittelleiter	M	Blau[4)]
Neutralleiter	N	Blau[4)]
Gleichstromanschlüsse • positiv • negativ	L+ L–	
Schutzleiteranschlüsse	PE	Grün-Gelb
PEN-Leiteranschluss PEL-Leiteranschluss PEM-Leiteranschluss	PEN PEL PEM	Grün-Gelb[5)]
Schutzpotentialausgleichsleiteranschlüsse • geerdet • ungeerdet	PB PBE PBU	Grün-Gelb
Funktionserdungsanschlüsse Funktionspotentialausgleichsanschlüsse	FE FB	

1) siehe DIN EN 60446 (VDE 0198) Abschnitt 6
2) für schwarz-weiß Kopien gilt der Farbcode nach IEC 60757
3) durch die Farben ist weder eine implizite Reihenfolge der Phasen noch ein Drehsinn festgelegt
4) siehe DIN EN 60446 (VDE 0198) Abschnitt 5.2.2
5) siehe DIN EN 60446 (VDE 0198) Abschnitt 5.3.3 bis 5.3.5

Tabelle 10.1 Kennzeichnung von Leitern durch Farben oder alphanumerische Zeichen (Quelle: DIN EN 60446 (VDE 0198): 2008-02)

10.4.3.4 PEM-Leiter

PEM-Leiter müssen, sofern sie isoliert sind, durchgehend über die gesamte Leitungslänge grün-gelb gekennzeichnet sein, und an den Leiterenden blau markiert werden.

Die zusätzlichen blauen Markierungen an den Leiterenden dürfen entfallen, wenn eine der beiden folgenden Anforderungen erfüllt ist

- in elektrischen Geräten, wenn entsprechende Anforderungen in bestimmten Produktnormen enthalten oder in einem Land gegeben sind
- in Kabel- und Leitungssystemen, die in der Industrie eingesetzt werden, falls vom zuständigen Komitee so entschieden

Wenn eine Verwechslung mit einem PEN- oder PEL-Leiter möglich ist, muss die in Tabelle 10.1 festgelegte alphanumerisch Kennzeichnung an den Leiterenden angebracht werden.

10.4.4 Kennzeichnung durch alphanumerische Zeichen

Die Kennzeichnung durch alphanumerische Zeichen dient zur Kennzeichnung von Leitungen innerhalb einer Leitergruppe. Die Kennzeichnung muss eindeutig unterscheidbar, dauerhaft und gut erkennbar sein. Die alphanumerischen Zeichen müssen in starkem Kontrast zur Farbe der Isolierung stehen. Es sind arabische Ziffern zu verwenden. Die verschiedenen alphanumerischen Kennungen sind in **Tabelle 10.1** dargestellt.

11 Erdungsanlagen – DIN VDE 0100-540 Abschnitt 542

11.1 Allgemeine Anforderungen – Teil 540 Abschnitt 542.1

Erdungsanlagen von elektrischen Anlagen können für

- Schutzzwecke und/oder
- Funktionszwecke

entweder gemeinsam oder getrennt angeordnet und verwendet werden. Die Festlegungen für Schutzzwecke haben dabei Vorrang.

Alle Bauteile einer Erdungsanlage müssen den Anforderungen der elektrischen Anlage gerecht werden. Ziel einer Erdungsanlage ist es, eine dauerhaft zuverlässige Verbindung zur Erde herzustellen. Besonders zu beachten sind, dass die Erdungsanlage

- die Erdfehlerströme und Schutzleiterströme zur Erde führen kann, ohne dass eine Gefahr durch thermische, thermomechanische oder elektromechanische Beanspruchungen entsteht
- gegen mögliche äußere Einflüsse widerstandsfähig oder mechanisch geschützt ist und entsprechend widerstandsfähig gegen Korrosion ist

was durch entsprechende Wahl der Querschnitte und Materialien der Erdungsleiter und Erder sicherzustellen ist.

Wenn die Einspeisung über ein Hochspannungsnetz (gemeint ist ein Mittelspannungsnetz mit einer Nennspannung bis 30 kV) erfolgt, müssen Maßnahmen getroffen sein, damit im Falle eines Fehlers im Mittelspannungsnetz gegen Erde, Schutzmaßnahmen nach DIN VDE 0100-442 (VDE 0100-442) „Schutz von Niederspannungsanlagen bei Erdschlüssen in Netzen mit höherer Spannung“, keine Gefahr auftreten kann.

Anmerkung: In der Regel wird dies sichergestellt durch die Begrenzung des Erdschlussstroms bzw. Erdschlussreststroms im Mittelspannungsnetz, oder durch Abschaltung des Mittelspannungsnetzes im Fehlerfall.

11.2 Erder – Teil 540 Abschnitt 542.2

Ein Erder wird entweder direkt in das Erdreich eingebacht (z. B. ein Banderder oder ein Staberder), oder in Beton verlegt (z. B. ein Fundamenterder).

Für das Errichten und Erweitern und den Korrosionsschutz von Erdern und Erdungsanlagen gibt DIN VDE 0151 „Werkstoffe und Mindestmaße von Erdern bezüglich der Korrosion“ wichtige Regeln an. Die Norm gibt auch allgemeine Hinweise zur Vermeidung bzw. Verringerung der Korrosionsgefahr an Erdern und wenn diese Erder mit anderen Anlagen, die mit Erde in Verbindung stehen, metallisch leitend verbunden sind.

Werkstoffe und Abmessungen der Erder müssen so ausgewählt werden, dass sie der üblicherweise auftretenden Korrosion widerstehen und eine angemessene Festigkeit besitzen.

Die gebräuchlichen Werkstoffe für Erder im Erdreich und die minimalen Abmessungen unter Berücksichtigung der Korrosion und der mechanischen Festigkeit sind in **Tabelle 11.1** angegeben.

Als Erder bzw. als Materialien für Erder dürfen verwendet werden

- Stäbe oder Rohre
- Bänder oder Drähte
- Platten
- unterirdische Konstruktionsteile aus Metall, die im Fundament eingebettet sind
- Bewehrungen von im Erdreich eingebetteten Beton, ausgenommen Spannbeton
- Metallmäntel und andere Metallumhüllungen von Kabeln, entsprechend den örtlichen Auflagen oder Gegebenheiten
- andere geeignete unterirdische Konstruktionsteile aus Metall, entsprechend den örtlichen Auflagen oder Gegebenheiten

Nicht als Erder dürfen verwendet werden

- Wasserrohre und Gasrohre
- Rohrleitungen aus Metall für brennbare Flüssigkeiten oder Gase

Anmerkung: Diese Festlegung schließt nicht aus, diese Rohrleitungen in den Schutzpotentialausgleich einzubeziehen.

Ungeeignet als Erder und deshalb nicht zulässig sind

- in Wasser eingetauchte Metallteile
  Anmerkung: Hier besteht die Gefahr der Austrocknung des Wassers. Außerdem besteht die Gefahr, dass bei einem elektrischen Fehler in der Anlage, Personen mit dem Wasser in Berührung kommen, wodurch eine Gefahr entstehen könnte.
- Spannbetonbauteile
  Anmerkung: Beim Durchgang von Blitzentladungsströmen können unzulässige mechanische Beanspruchungen auftreten

Werkstoff	Oberfläche	Form	Mindestmaße				
			Durchmesser	Querschnitt	Dicke	Dicke der Beschichtung/Umhüllung	
						Einzelwert	Mittelwert
			mm	mm^2	mm	µm	µm
Stahl	feuerverzinkt[1] oder nicht rostend[1), 2)]	Band[3]	–	90	3	63	70
		Profil	–	90	3	63	70
		Rundstab für Tiefenerder	16	–	–	63	70
		Runddraht für Oberflächenerder	10	–	–	–	50[5]
		Rohr	25	–	2	47	55
	mit Kupferumhüllung	Rundstab für Tiefenerder	15	–	–	2 000	
	elektrolytisch verkupfert	Rundstab für Tiefenerder	14	–	–	90	100
Kupfer	blank[1]	Band	–	50	2	–	–
		Runddraht für Oberflächenerder	–	25[6]	–	–	–
		Seil	1,8 für Einzeldraht	25	–	–	–
		Rohr	20	–	2	–	–
	verzinnt	Seil	1,8 für Einzeldraht	25	–	1	5
	verzinkt	Band[4]	–	50	2	20	40

[1] verwendbar auch für Erder bei Einbettung in Beton
[2] ohne Beschichtung
[3] Band in gewalzter Form oder geschnitten und mit gerundeten Kanten
[4] Band mit gerundeten Kanten
[5] bei Verzinkung im Durchlaufbad z. B. fertigungstechnisch nur mit 50 µm Dicke herstellbar
[6] Wenn erfahrungsgemäß das Risiko von Korrosion und mechanischer Beschädigung sehr gering ist, darf 16 mm^2 verwendet werden.

Tabelle 11.1 Gebräuchliche Werkstoffe und minimale Abmessungen für Erder eingebettet im Erdreich unter Berücksichtigung von Korrosion und mechanischer Festigkeit
(Quelle: DIN VDE 0100-540:2007-06 Tabelle 54.1)

Bei der Planung und Errichtung von Erdern sind für alle Erderarten einige grundsätzliche Dinge zu beachten um die Wirksamkeit einer Erdungsanlage auf Dauer zu gewährleisten.

Die Anschlussstelle der elektrischen Anlage zur Erdungsanlage muss lösbar und zugänglich sein, um den Ausbreitungswiderstand des Erders messen zu können.

Bei der Wahl der Erderart und der Verlegetiefe der Erder müssen die örtlichen Gegebenheiten berücksichtigt werden. Durch Bodenaustrocknung und Frost, kann sich der Erdungswiderstand eines Erders so erhöhen, dass der Schutz gegen elektrischen Schlag beeinträchtigt wird oder nicht mehr wirksam ist.

Die elektrochemische Korrosion muss bei der Auswahl der Werkstoffe für Erder, vor allem bei unterschiedlichen Werkstoffen, berücksichtigt werden. Ein in Beton eingebetteter Stahl besitzt ein elektrochemisches Potential ähnlich dem von Kupfer in Erde. Den in Tabelle 11.1 genannten Materialien können hinsichtlich der Korrosionseigenschaften im Erdreich folgende Eigenschaften zugeschrieben werden

- **Stahl, feuerverzinkt (Feuerverzinkter Stahl)**
  Feuerverzinkter Stahl ist in fast allen Bodenarten sehr beständig. Grund hierfür liegt in den verschiedenartige zusammengesetzten Eisen-Zink-Legierungsschichten und in der nach abschließenden Reinzinkschicht, die zur Deckschichtbildung neigt. Voraussetzung für eine angemessene Lebensdauer ist eine ausreichend dicke, poren- und rissfreie Zinkauflage. Aus diesem Grund ist Bandstahl in gewalzter Form oder geschnitten mit gerundeten Kanten zu verwenden.

- **Stahl, nicht rostend (Nicht rostender Stahl)**
  Bestimmte hochlegierte nicht rostende Stähle sind im Erdboden passiv und korrosionsbeständig.
  Das freie Korrosionspotential von hochlegierten nicht rostenden Stählen im üblich belüfteten Boden, liegt in den meisten Fällen in der Nähe des Wertes für Kupfer. Nicht rostende Stähle sind daher wie Kupfer zu beurteilen. Bei der Querschnittsbemessung ist die relativ niedrige elektrisch Leitfähigkeit zu berücksichtigen ($\kappa = 1{,}35\ \text{Sm/mm}^2$).
  Bei höherem Chloridgehalt im Boden, kann es zu Lochfraß kommen, dem durch Stähle mit Molybdängehalt und erhöhten Titananteil entgegengewirkt werden kann (z. B. Werkstoffnummer 1.4571; V4A – Stahl).

- **Kupfer, blank**
  Kupfer ist im Erdboden im Allgemeinen sehr beständig. Erder aus Kupfer haben deshalb eine lange Lebensdauer. Wegen der wesentlich besseren elektrischen Leitfähigkeit gegenüber Stahl ist Kupfer als Erderwerkstoff in Starkstromanlagen mit hohen Fehlerströmen gut geeignet.

- **Kupfer, verzinnt oder verzinkt**
  Kupfer mit Zinn- oder Zinkauflage ist, ähnlich wie blankes Kupfer, im Erdboden im Allgemeinen sehr beständig. Für Erder wird verzinntes Kupfer zur

Zeit ausschließlich in Seilform, verzinktes Kupfer ausschließlich in Bandform verwendet.

Die in Teil 540:1991-11 Tabelle 7 noch genannten Erdermaterialien für Oberflächenerder

- Stahl mit Bleimantel als Runddraht
- Kupfer mit Bleimantel für Seil und Runddraht

werden jetzt nicht mehr aufgeführt. Ganz abgesehen von der Tatsache, dass die genannten Materialien in Beton nicht verwendet werden durften, ist die Entscheidung Blei als Material im Erdreich nicht mehr zu verwenden, aus Gründen des Umweltschutzes positiv zu sehen.

Konstruktionsteile aus Metall, die im Fundament eingebettet sind, und als Erder verwendet werden, müssen zwischen dem Anschlusspunkt des Erdungsleiters und der unterirdischen Konstruktion fest miteinander verbunden sein. Gleiches gilt auch für Bewehrungen im Beton. Die Verbindungen müssen geschweißt oder mit geeigneten Verbindungselementen (z. B. Keilverbinder oder Verschraubungen mit Schrauben und Muttern) hergestellt werden.

Wenn Erder in Beton eingebettet werden, sollte beachtet werden, dass der Erder mindestens von einer allseitigen Betonschicht mit 5 cm Stärke bedeckt ist. Dies gilt nicht nur für Fundamenterder, es gilt für alle in Beton eingebettete Erder.

11.3 Erderarten

Die verschiedenen in der Praxis vorkommenden Erderarten, werden nachfolgend in den Abschnitten 11.3.1 bis 11.3.5 beschrieben.

11.3.1 Oberflächenerder

Oberflächenerder werden horizontal in einer Tiefe von 0,5 m bis 1,0 m unter der Erdoberfläche in das Erdreich eingebracht. Sie sind so tief einzubringen, dass der Erder immer in der frostfreien Zone liegt. Dort wo mit strengem Frost zu rechnen ist, sollte der Erder mindesten in 0,7 m Tiefe liegen. Als Materialien werden häufig Rundstahl, Bandstahl, Stahlseil oder Kupfer verwendet. Bandstahl ist hochkant einzubringen, da so der Ausbreitungswiderstand verbessert wird und auch unterhalb des Bandes keine Hohlräume entstehen können. Die Verwendung von Abstandshaltern, die eine senkrechte Lage gewährleisten, hat sich hier bewährt. Nach dem Verlegen des Erders sollte das Erdreich leicht verdichtet werden. Auch sollte darauf geachtet werden, dass keine steinige Erde oder Kies zur Verfüllung verwendet wird, da Steine und Kies den Ausbreitungswiderstand des Erders verschlechtern.

11.3.2 Tiefenerder

Tiefenerder (Staberder) werden senkrecht oder schräg maschinell in das Erdreich eingetrieben. Dabei können Stablängen bis zu 30 m erreicht werden, was natürlich stark von der Bodenbeschaffenheit abhängt. Es gelangen Vollstäbe, Rohre oder Profistäbe zur Anwendung. Den Verbindungsstellen der Stäbe untereinander ist große Aufmerksamkeit zu widmen. Es ist sinnvoll beim Einbringen der Stäbe von Zeit zu Zeit den Ausbreitungswiderstand zu messen.

Wenn Tiefenerder in unterschiedlich leitende Bodenschichten eingetrieben werden, ist praktisch nur der gut leitende Teil des Erdreichs wirksam. Bei der Berechnung des Ausbreitungswiderstands eines Erders ist die Tiefe t (Stablänge) durch die wirksame Tiefe t_w zu ersetzen. Parallel eingebrachte Tiefenerder beeinflussen sich gegenseitig in ihrer Wirkung, weshalb der Abstand der Erder mindestens der Stablänge entsprechen sollte; der doppelte Abstand ist anzustreben.

11.3.3 Plattenerder

Plattenerder gelangen in der Praxis heute nicht mehr zu Anwendung. Oberflächenerder und Tiefenerder bieten eine wirtschaftlich wesentlich bessere Lösung.

11.3.4 Fundamenterder

Ein Fundamenterder verbessert die Wirkung des Potentialausgleichs der elektrischen Anlagen in einem Gebäude. Er kann geeignet sein als gemeinsamer Erder für folgende Anlagen

- Starkstromanlage
- Informationstechnische Anlagen
- Blitzschutzanlage
- Antennenanlagen
- Mittelspannungsanlagen

wobei die verschiedenen Anforderungen, die in den jeweiligen Bestimmungen festgelegt sind, erfüllt werden müssen. Weiteres zu diesen Ausführungen siehe in Abschnitt 13.1 Schutzpotentialausgleich.

11.3.4.1 Allgemeine Festlegungen

Fundamenterder sind nach DIN 18014 „Fundamenterder" genormt. Sie werden heute nach DIN 18015 „Elektrische Anlagen in Wohngebäuden – Teil 1 Planungsgrundlagen" für alle neu erstellten Gebäude gefordert.

Der Fundamenterder ist geeignet als Erder für Starkstromanlagen und Blitzschutzanlagen, sowie als Funktionserder, wenn die DIN VDE 0100-540 und EN 62305-3

(DIN VDE 0185-305-1) gestellten Forderungen erfüllt sind. Er verbessert auch nachhaltig die Wirksamkeit des Schutzpotentialausgleichs.

Der Fundamenterder ist als geschlossener Ring in den Außenmauern eines Fundaments einzubringen (**Bild 11.1**). Bei kleineren Gebäuden (Wohnhäuser) reicht es aus den Fundamenterder in die Fundamente für die Außenwände einzubringen, oder in der Fundamentwanne anzuordnen. Bei größeren Gebäuden sollte der Fundamenterder mit Querverbindungen hergestellt werden. Die Maschenweite sollte dabei nicht größer als 20 m × 20 m betragen. In den Hausanschlussraum oder in der Nähe der vorgesehenen Haupterdungsschiene (Potentialausgleichsschiene für den Hauptpotentialausgleich) ist eine Anschlussfahne herauszuführen. Die Ausführung des Fundamenterders mit mehreren Anschlussfahnen ist zulässig; sie kann für Prüfzwecke sehr von Nutzen sein. Die Anschlussfahne soll in etwa 30 cm Höhe herausgeführt werden und eine Länge von mindestens 1,5 m haben. Die Potentialausgleichsschiene ist oberhalb der Anschlussfahne anzuordnen. Ein Beispiel zur Anordnung des Fundamenterders und der Anschlussfahne bei einem gemauerten Fundament und einer Fundamentwanne zeigt **Bild 11.2**.

Ein bestimmter Ausbreitungswiderstand ist für den Fundamenterder nicht gefordert. In der Praxis liegt der Ausbreitungswiderstand bei guten Bodenarten zwischen 1 Ω und 10 Ω und ist das ganze Jahr über nahezu konstant, also vom Bodenzustand (trocken, feucht, nass) und der Temperatur unabhängig.

11.3.4.2 Werkstoffe für Fundamenterder und Anschlussfahnen

Für Fundamenterder ist Rundstahl mit mindestens 10 mm Durchmesser oder Bandstahl mit mindestes 30 mm × 3,5 mm zu verwenden. Der Stahl darf sowohl verzinkt als auch schwarz (also unverzinkt) sein.

Für Anschlussfahnen und Bauteile der Anschlussstelle sind dauerhaft korrosionsgeschützte Materialien zu verwenden. Zu verwenden sind feuerverzinkte Stähle mit zusätzlicher Kunststoffummantelung oder nicht rostende Edelstähle, Werkstoffnummer 1.4571 (V4A-Stahl) mit folgenden Abmessungen

- Rundstahl mit mindestens 10 mm Durchmesser
- Bandstahl mit mindestens 30 mm × 3,5 mm

11.3.4.3 Fundamenterder bei Gebäuden mit Fundamentwannen und bei Perimeterdämmung

Anmerkung: Zum besseren Verständnis der folgenden Ausführungen sind hier noch einige Begriffe aus DIN 18014 „Fundamenterder“ notwendig.

Geschlossene Wanne
das Bauwerk im erdberührten Bereich allseitig umschließende Abdichtung mit Bitumen oder Kunststoff (auch schwarze Wanne genannt) oder eine Konstruktion

a)

b)

c)

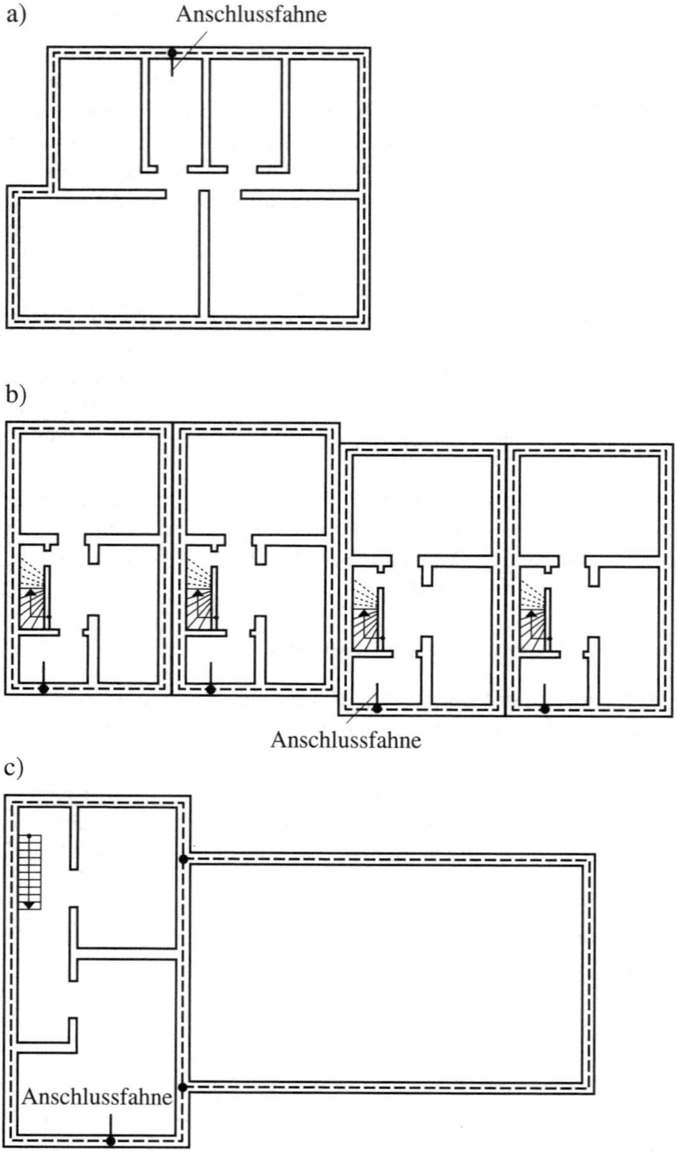

Bild 11.1 Fundamenterder bei verschiedenen Gebäuden
a) Einzelhaus
b) Reihenhäuser
c) Gewerbebetrieb mit Büro

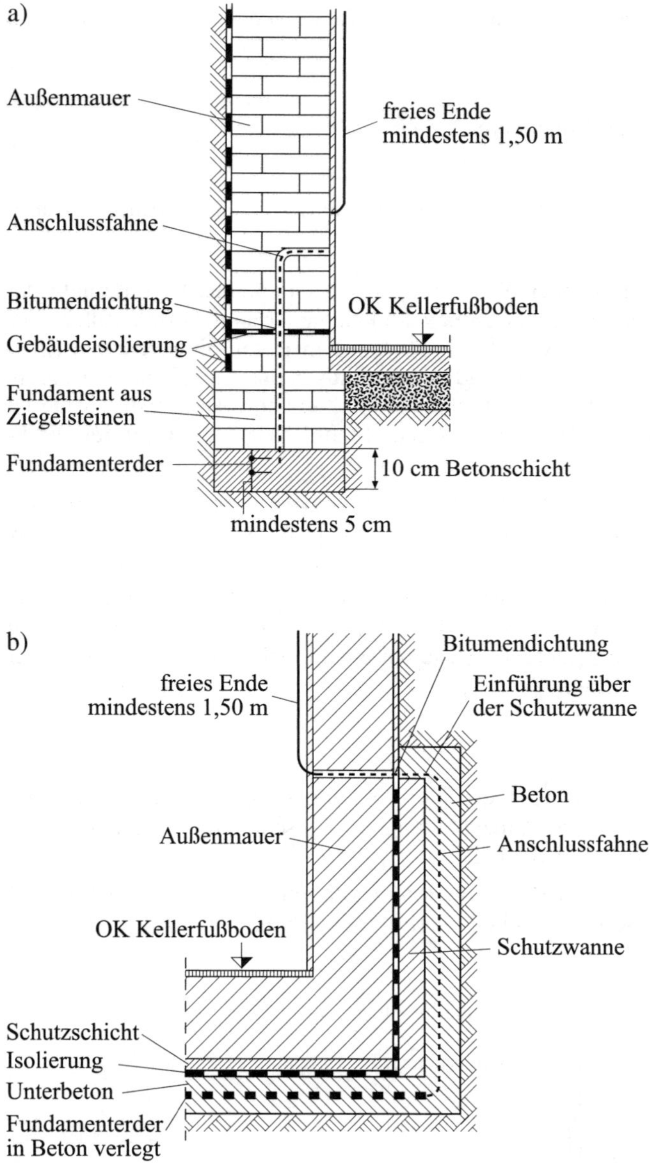

Bild 11.2 Fundamenterder und Anschlussfahnen
a) gemauertes Fundament
b) Fundamentwanne

aus wasserundurchlässigem Beton (auch weiße Wanne genannt) sowie Kombinationsabdichtungen.

Perimeter
der erdberührte Wand- und Bodenbereich eines Gebäudes.

Perimeterdämmung
die Perimeterdämmung ist die Wärmedämmung, die das Gebäude von außen umschließt.

Bei Gebäuden mit geschlossenen Wannen ist der Fundamenterder unterhalb der Wanne zu montieren. Die Anschlussfahnen sind entweder an der Außenfläche des Gebäudes oder innerhalb der Abdichtungsrücklage in Beton eingebettet hochzuführen und oberhalb des höchsten Grundwasserstands in das Gebäude einzuführen. Der Fundamenterder und die Anschlussfahnen sind aus korrosionsfesten Material herzustellen. Empfohlen werden nicht rostende Stähle (Edelstähle) mit der Werkstoffnummer 1.4571 (V4A-Stahl).

Wird eine Perimeterdämmung nur an den Umfassungswänden verwendet, ist eine Erdfühligkeit für den Fundamenterder noch gegeben. Der Fundamenterder kann wie in den Abschnitten 11.3.4.1 und 11.3.4.2 beschrieben, ausgeführt werden.

Bei einer Perimeterdämmung die sowohl an den Umfassungswänden als auch unter der Bodenplatte angebracht wird, ist die Erdfühligkeit des Fundamenterders nicht mehr gegeben. Der Fundamenterder ist wie bei einem Gebäude mit geschlossener Fundamentwanne herzustellen.

11.3.4.4 Fundamenterder als Blitzschutzerder

Fundamenterder dürfen als Blitzschutzerder verwendet werden, wenn außen am Gebäude, an den Stellen, an denen Blitzableitungen vorgesehen sind, auch Anschlussfahnen zur Verfügung stehen (**Bild 11.3**).

Wird der Fundamenterder als Blitzschutzerder verwendet, ist DIN EN 50164-2 (VDE 0185-202) „Blitzschutzbauteile – Anforderungen an Leitungen und Erder" zu beachten.

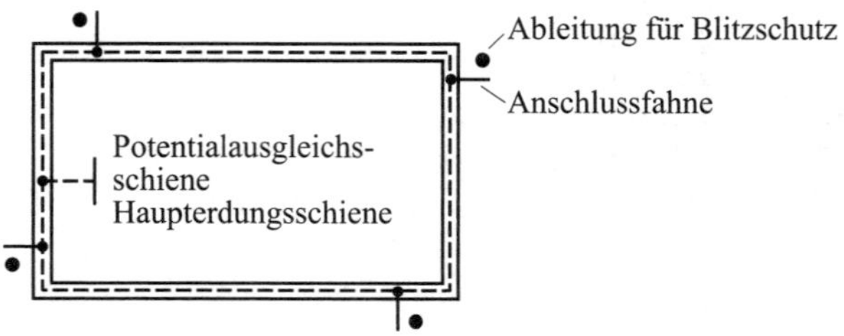

Bild 11.3 Fundamenterder als Blitzschutzerder

11.3.5 Natürliche Erder

Ein natürlicher Erder ist ein mit Erde, Wasser oder Beton in Verbindung stehendes Metallteil, dessen eigentlicher Zweck nicht die Erdung ist, das aber als Erder wirkt. Wenn natürliche Erder vorhanden sind, so ist ihre Einbeziehung in vorhandene Erdungsanlagen sinnvoll, da natürliche Erder in der Regel einen geringeren Erdungswiderstand haben und so der Gesamterdungswiderstand einer Anlage günstig beeinflusst werden kann.

Metallmäntel von Kabeln mit Erderwirkung dürfen als Erder verwendet werden, wenn der Betreiber damit einverstanden ist und keine Korrosion zu befürchten ist. Ein solches Kabel entspricht einem langen Oberflächenerder in gestreckter Verlegung, der einen von der Länge abhängigen, meist geringen Ausbreitungswiderstand aufweist.

Metallbewehrungen von Beton im Erdreich können als natürliche Erder verwendet werden. Dabei sind die bauseits eingebrachten Rödelverbindungen der einzelnen Bewehrungsstähle untereinander, bedingt durch ihre Vielzahl, als ausreichend anzusehen. Im Bereich der Nachrichtentechnik und bei Informationsanlagen, mit besonderen Anforderungen an Erder, können zusätzliche Maßnahmen erforderlich sein. Besondere sorgfalt ist geboten, wenn Anschlussfahnen für Erdungsleiter in Spannbetonkonstruktionen auszuführen sind. Hier sollten immer Baufachleute hinzugezogen werden.

11.4 Berechnung von Ausbreitungswiderständen

Die Grundlagen zur Berechnung oder Abschätzung von Ausbreitungswiderständen von Erdern, sowie einige Beispiele sind in Abschnitt 17.3 enthalten.

11.5 Erdungsleiter – Teil 540 Abschnitt 542.3

Im Sinne von Teil 540 ist ein Erdungsleiter ein Leiter, der den Erder mit einen Punkt des Potentialausgleichssystem, im Allgemeinen mit dem Hauptpotentialausgleich, verbindet.

Der Anschluss der Erdungsanlage an das Schutzsystem der elektrischen Anlage wird normalerweise an der Haupterdungsschiene, oder an dem Betriebsmittel erfolgen, das die Aufgabe der Haupterdungsschiene übernimmt. Die Anschlussstelle muss zugänglich bleiben und lösbar sein. Die Verbindung muss so gestaltet sein, dass sie nur mittels Werkzeug lösbar ist.

Erdungsleiter	Mindestquerschnitt in mm²			
	mechanisch geschützte Verlegung		mechanisch ungeschützte Verlegung	
	Kupfer	Stahl	Kupfer	Stahl
gegen Korrosion geschützt	2,5	10	16	16
gegen Korrosion nicht geschützt	25	50	25	50

Tabelle 11.2 Mindestquerschnitte für Erdungsleiter im Erdreich
(Quelle: DIN VDE 0100-540:2007-06 Tabelle 54.2)

Der Anschluss des Erdungsleiters an den Erder muss fest und elektrisch zuverlässig ausgeführt sein. Die Verbindung ist durch Schweißen, Pressverbinder, Klemm- oder andere mechanische Verbindung herzustellen. Wenn Klemmverbinder verwendet werden, darf weder der Erder noch der Erdungsleiter beschädigt werden.

Anmerkung: Gelötete Verbindungen oder Anschlüsse bieten keine ausreichend zuverlässige mechanische Festigkeit.

Erdungsleiter, die nicht im Erdreich verlegt sind, müssen dem Querschnitt des Schutzleiters entsprechen und sind nach Abschnitt 12.1 zu bemessen. Die Mindestquerschnitte müssen den Werten der Tabelle 12.1 genügen.

Erdungsleiter, die im Erdreich verlegt sind, sind nach **Tabelle 11.2** zu bemessen.

Anmerkung: In TN-Systemen, in denen keine nennenswerten Fehlerstöme über den Erder zu erwarten sind, dürfen die Erdungsleiter in Abweichung der in Tabelle 11.2 genannten Werte, bei Kupfer einen Mindestquerschnitt von 6 mm² haben. Die Anwendung dieser Festlegung erfodert genaue Kenntnisse über die Impedanzen und die Kurzschlussströme der elektrischen Anlage. Wenn z. B. ein Kurzschlussstrom von 1 000 A zu erwarten ist, und davon 30 %, also 300 A über die Erde und Erdungsleiter zur Stromquelle zurückfließen, ist das bei 6 mm² Kupfer ein Strom, der weitere Schäden verursachen kann, auch wenn davon ausgegangen werden kann, dass der Kurzschlussstrom innerhalb kurzer Zeit abgeschaltet wird.

11.6 Haupterdungsschiene – Teil 540 Abschnitt 542.4

Wenn in einer elektrischen Anlage ein Schutzpotentialausgleich durchgeführt wird, muss an einer geeigneten Stelle (z. B. im Hausanschlussraum) eine Haupterdungsschiene (auch Haupterdungs-klemme oder Haupterdungsanschlusspunkt; siehe Begriffe in Abschnitt 10.3) vorhanden sein, an die folgende Leitungen anzuschließen sind:

- Schutzpotentialausgleichsleiter
- Erdungsleiter
- Schutzleiter
- Funktionserdungsleiter, falls erforderlich

Anmerkung: Die Haupterdungsschiene des Gebäudes kann grundsätzlich für Funktionszwecke verwendet werden. Im Bereich der Informationstechnik ist die Haupterdungsschiene der Verbindungspunkt zum Erdernetz.

Dabei ist nicht verlangt, dass jeder einzelne Schutzleiter direkt zu Haupterdungsschiene geführt wird, wenn die Schutzleiter über andere Schutzleiter mit der Haupterdungsklemme verbunden sind.

Die Haupterdungsschiene (Hauptpotentialausgleichsschiene) muss so gestaltet sein, dass es möglich ist, jeden angeschlossenen Erdungsleiter zu trennen, um Erdermessungen durchführen zu können. Noch besser ist es, wenn jeder Leiter, nicht nur der Erdungsleiter, separat getrennt werden kann.

12 Schutzleiter – DIN VDE 0100-540 Abschnitt 543

Schutzleiter sind wichtige Betriebsmittel in einer elektrischen Anlage. Von der ordnungsgemäßen Funktion können Menschenleben abhängen, oder es können Sachwerte in größerem Umfang vernichtet werden. Die Bemessung des Schutzleiters und seine Verlegung ist deshalb mit großer Sorgfalt vorzunehmen.

Schutzleiter haben die Aufgabe die Körper der Betriebsmittel in einer elektrischen Anlage miteinander zu verbinden. Im Falle eines Körperschlusses nehmen dann alle Körper in der Anlage annähernd gleiches Potential an und als Berührungsspannung wird nur ein Teil der Fehlerspannung wirksam. Der Schutzleiter sorgt außerdem für eine nahezu widerstandslose direkte Verbindung zu einem Erder oder zu einem PEN-Leiter und von dort dann zu einem Erder. Bei einem vollkommenen Körperschluss an einem Betriebsmittel kann dann ein ausreichend großer Kurschlussstrom fließen und die Auslösung durch eine vorhandene Schutzeinrichtung erfolgen, wodurch die Abschaltung des Fehlers eingeleitet wird.

12.1 Querschnitte von Schutzleitern – Teil 540 Abschnitt 543.1

Der Querschnitt von Schutzleitern muss so bemessen sein, dass

- er im Stande ist den erwartenden Fehlerstrom zu führen und
- den Bedingungen der automatischen Abschaltung der Stromversorgung nach Teil 410 gerecht wird

Der Querschnitt des Schutzleiters ist grundsätzlich vom Querschnitt des Außenleiters, dem er zugeordnet ist, abhängig. Er kann entweder berechnet werden, oder aus einer Tabelle ausgewählt werden. Gemäß den international und regional ausgehandelten Festlegungen, gilt für den Schutzleiterquerschnitt die **Tabelle 12.1**.

Bei Anwendung der Tabelle 12.1 ergeben sich für die praktische Anwendung, bei gleichen Werkstoffen für Schutzleiter und Außenleiter, und bei den verschiedenen Möglichkeiten der Verlegung für Schutzleiter die Werte der **Tabelle 12.2**.

Bei der **Berechnung des Querschnitts für den Schutzleiter** wird die Grundbeziehung, die die adiabatische Erwärmung eines Leiters beschreibt, verwendet. Es gilt

$$I^2 t \leq k^2 S^2 \tag{12.1}$$

Für eine Abschaltzeit von bis zu 5 s (diese Zeit ist die maximal zulässige Abschaltzeit für Schutzmaßnahmen mit Schutzleiter!) wird die Beziehung nach dem Schutzlei-

Querschnitt des Außenleiters S mm²	Mindestquerschnitt des zugehörigen Schutzleiters mm²	
	Schutzleiter besteht aus demselben Werkstoff wie der Außenleiter	**Schutzleiter besteht nicht aus demselben Werkstoff wie der Außenleiter**
$S \leq 16$	S	$\frac{k_1}{k_2} \cdot S$
$16 < S \leq 35$	16[1)]	$\frac{k_1}{k_2} \cdot 16$
$S > 35$	$\frac{S}{2}$ [1)]	$\frac{k_1}{k_2} \cdot \frac{S}{2}$

Es bedeuten:

k_1 ist der Wert k für den Außenleiter, ermittelt mit Hilfe der Formel 18.3 in Abschnitt 18 oder ausgewählt nach Tabelle 18.6 in Abhängigkeit für den Werkstoff des Leiters und der Isolierung. Für PVC-isolierte Kupferleiter ist $k = 115 \text{ A}\sqrt{\text{s}}/\text{mm}^2$

k_2 ist der Wert k für den Schutzleiter, ausgewählt nach den Tabellen 18.2 bis 18.6 in Abschnitt 18, je nach dem, welche Tabelle anzuwenden ist.
Anmerkung: Die Tabellen sind auch in DIN VDE 0100-540 enthalten (Tabellen A.54.2 bis A.54.6)

[1)] Für einen PEN-Leiter ist die Reduzierung des Querschnitts nur in Übereinstimmung mit den Bemessungsregeln für Neutralleiter erlaubt (siehe DIN VDE 0100-520 Abschnitt 524) und Abschnitt 12.4

Tabelle 12.1 Mindestquerschnitte von Schutzleitern in Abhängigkeit vom Querschnitt der Außenleiter (Quelle: DIN VDE 0100-540:2007-06 Tabelle 54.3)

terquerschnitt S umgestellt, und es ergibt sich für die Berechnung des Querschnitts für den Schutzleiter folgende Gleichung

$$S \geq \frac{\sqrt{I^2\,t}}{k} \qquad (12.2)$$

In den Gln. (12.1) und (12.2) bedeuten

- S Schutzleiterquerschnitt in mm² (Mindestquerschnitt!)
- I Fehlerstrom (Kurzschlussstrom) in A, der bei einem vollkommenen Kurzschluss fließt
- t Ansprechzeit der verwendeten Schutzeinrichtung in s (maximal $t = 5$ s)
- k Faktor in $\text{A}\sqrt{\text{s}}/\text{mm}^2$, der vom Leiterwerkstoff, der Verlegeart, von zulässigen Anfangs- und Endtemperaturen abhängig ist (k-Werte siehe Kapitel 18)

<table>
<tr><th colspan="5">Nennquerschnitte</th></tr>
<tr><th rowspan="2">Außenleiter

mm²</th><th colspan="2">Schutzleiter</th><th colspan="2">Schutzleiter getrennt verlegt[1)]</th></tr>
<tr><th>isolierte Stark-
stromleitungen
mm²</th><th>0,6/1-kV-Kabel
mit vier Leitern
mm²</th><th>geschützt

mm²</th><th>ungeschützt

mm²</th></tr>
<tr><td>bis 0,5</td><td>0,5</td><td>–</td><td>2,5</td><td>4</td></tr>
<tr><td>0,75</td><td>0,75</td><td>–</td><td>2,5</td><td>4</td></tr>
<tr><td>1</td><td>1</td><td>–</td><td>2,5</td><td>4</td></tr>
<tr><td>1,5</td><td>1,5</td><td>1,5</td><td>2,5</td><td>4</td></tr>
<tr><td>2,5</td><td>2,5</td><td>2,5</td><td>2,5</td><td>4</td></tr>
<tr><td>4</td><td>4</td><td>4</td><td colspan="2">4</td></tr>
<tr><td>6</td><td>6</td><td>6</td><td colspan="2">6</td></tr>
<tr><td>10</td><td>10</td><td>10</td><td colspan="2">10</td></tr>
<tr><td>16</td><td>16</td><td>16</td><td colspan="2">16</td></tr>
<tr><td>25</td><td>16</td><td>16</td><td colspan="2">16</td></tr>
<tr><td>35</td><td>16</td><td>16</td><td colspan="2">16</td></tr>
<tr><td>50</td><td>25</td><td>25</td><td colspan="2">25</td></tr>
<tr><td>70</td><td>35</td><td>35</td><td colspan="2">35</td></tr>
<tr><td>95</td><td>50</td><td>50</td><td colspan="2">50</td></tr>
<tr><td>120</td><td>70</td><td>70</td><td colspan="2">70</td></tr>
<tr><td>150</td><td>70</td><td>70</td><td colspan="2">70</td></tr>
<tr><td>185</td><td>95</td><td>95</td><td colspan="2">95</td></tr>
<tr><td>240</td><td>–</td><td>120</td><td colspan="2">120</td></tr>
<tr><td>300</td><td>–</td><td>150</td><td colspan="2">150</td></tr>
<tr><td>400</td><td>–</td><td>185</td><td colspan="2">185</td></tr>
<tr><td colspan="5">1) Ab einem Querschnitt des Außenleiters von > 95 mm² sind vorzugsweise blanke Leiter anzuwenden.</td></tr>
</table>

Tabelle 12.2 Zuordnung des Schutzleiters zum Außenleiter; Werte für die praktische Anwendung

Weitere Ausführungen zu diesem Thema sind in Kapitel 18 zu finden. Dort ist auch die Berechnung der *k*-Faktoren erläutert, und die Tabellen der *k*-Werte für die verschiedenen Anwendungsfälle sind aufgenommen.

Ergibt sich bei der Berechnung des Schutzleiterquerschnitts ein nicht genormter Querschnitt, was fast immer der Fall sein dürfte, ist stets der nächstgrößere Normquerschnitt zu wählen.

Anmerkung: Ein Rechenverfahren für Abschaltzeiten über 5 s ist in Vorbereitung.

Unabhängig vom Ergebnis der Berechnung des Schutzleiterquerschnitts, das in der Regel einen geringeren Querschnitt als nach Tabelle 12.1 oder Tabelle 12.2 zulässt, sind bei getrennter Verlegung des Schutzleiters folgende **Mindestquerschnitte** immer einzuhalten

- 2,5 mm^2 Cu oder 16 mm^2 Al, wenn der Leiter mechanisch geschützt ist
- 4 mm^2 Cu oder 16 mm^2 Al, wenn der Leiter mechanisch nicht geschützt ist

Wenn ein Schutzleiter für zwei oder mehrere Stromkreis verwendet werden soll, muss der Querschnitt ermittelt werden durch

- Berechnung des Querschnitts, mit den für diese Stromkreise ungünstigsten Bedingungen von Fehlerstrom und Abschaltzeit
- Auswahl nach Tabelle 12.1 entsprechend dem größten Außenleiterquerschnitt dieser Stromkreise

In TT-Systemen darf der Schutzleiterquerschnitt begrenzt werden auf 25 mm^2 Cu und 35 mm^2 Al, vorausgesetzt, die Erder des Neutralpunkts im Verteilungssystem (Sternpunkterdung des Transformators oder Generators) und die fremden leitfähigen Teile der Anlage sind elektrisch voneinander unabhängig.

12.2 Arten von Schutzleitern – Teil 540 Abschnitt 543.2

Als Schutzleiter dürfen verwendet werden

- Leiter in mehradrigen Kabeln und Leitungen
- isolierte und blanke Leiter in gemeinsamer Umhüllung mit Außenleitern und dem Neutralleiter, z. B. in Elektroinstallationsrohren und Elektroinstallationskanälen
- fest verlegte blanke oder isolierte Leiter
- metallene Umhüllungen, wie Mäntel, Schirme und konzentrische Leiter bestimmter Kabel, z. B. NKLEY, NYCY, NYCWY, vorausgesetzt sie entsprechen dem Schutzleiterquerschnitt und ihre Konstruktion ist so, dass die elektrischen Eigenschaften auf Dauer sichergestellt ist

Gehäuse von Niederspannungs-Schaltgerätekombinationen und metallgekapselten Stromschienensystemen dürfen als Schutzleiter verwendet werden, wenn die metallenen Konstruktionsteile folgende Bedingungen erfüllen

- die elektrisch durchgehende elektrische Verbindung muss auf Dauer sichergestellt sein und eine Verschlechterung der Verbindung infolge mechanischer, chemischer oder elektrochemischer Einwirkungen kann nicht auftreten
- der Querschnitt der Konstruktion und der Verbindungen entspricht dem erforderlichen Schutzleiterquerschnitt
- an allen Anschlussstellen für Schutzleiter müssen auch andere Schutzleiter angeschlossen werden können

Als Schutzleiter und Schutzpotentialausgleichsleiter dürfen nicht verwendet werden

- Wasserleitungen aus Metall
- Rohre, die brennbare Gase oder Flüssigkeiten enthalten oder transportieren
- Konstruktionsteile, die im normalen Betrieb mechanischen Beanspruchungen ausgesetzt sind
- flexible oder bewegliche Elektroinstallationsrohre aus Metall, es sei denn, sie sind für diesen Zweck geeignet und hergestellt
- flexible Metallteile
- Spanndrähte oder Tragseile
- Kabelwannen und Kabelpritschen

Zur Anschluss- und Verbindungstechnik von Schutzleitern untereinander und Schutzleitern mit anderen Teilen bzw. Anschlussstellen ist noch grundsätzlich zu bemerken:

- ein angemessener Schutz gegen chemische, elektrochemische, mechanische und elektromechanische Beanspruchungen sollte vorhanden sein, z. B. Zugentlastungen wo notwendig
- es sollte ein Schutz gegen Selbstlockern der Verbindung vorhanden sein (Anwendung von Zahnscheiben, Fächerscheiben oder Federringen)
- die Verbindung sollte zugänglich sein (ausgenommen vergossene Verbindungen)
- Befestigungs- und Verbindungsschrauben sollten nur dann als Anschlussstelle für den Schutzleiter verwendet werden, wenn sie dafür konstruiert sind und auch geeignet sind

Die Verwendung von Profilschienen (Hut-Schienen, G-Schienen) als Schutzleiter ist zulässig, wenn die Schienen den erforderlichen Querschnitt besitzen. **Tabelle 12.3** enthält Angaben über den Querschnitt verschiedener Profilschienen.

Schienenprofil Norm Bezeichnung	Werkstoff	entsprechender Querschnitt eines Kupferleiters mm^2
Hutschiene EN 50045 15 mm × 5 mm	Stahl Kupfer Aluminium	10 25 16
G-Schiene EN 50035 G 32	Stahl Kupfer Aluminium	35 120 70
Hutschiene EN 50022 35 mm × 7,5 mm	Stahl Kupfer Aluminium	16 50 35
Hutschiene EN 50022 35 mm × 15 mm	Stahl Kupfer Aluminium	50 150 95

Tabelle 12.3 Verwendung von Profilschienen als Schutzleiter

12.3 Erhalten der elektrischen Eigenschaften von Schutzleitern – Teil 540 Abschnitt 543.3

Schutzleiter sind wichtige Betriebsmittel, die dauerhaften Bestand aufweisen müssen und sind entsprechend zu schützen gegen

- mechanische Beschädigung
- chemische oder elektrochemische Zerstörung
- elektrodynamische oder thermodynamische Kräfte

Die Anschluss- und Verbindungsstellen von Schutzleitern müssen zugänglich sein, um Sichtprüfungen wie Erstprüfungen und Nachprüfungen sowie gegebenenfalls auch Durchgangsmessungen vornehmen zu können. Ausgenommen sind vergossene oder gekapselte Verbindungen, Verbindungen in Installationsrohren und in Schienenverteilern sowie Verbindungen, die Teil eines Betriebsmittels sind und der Betriebmittelnorm entsprechen.

Die Schutzleiterverbindungen (Klemmen und dgl.) dürfen so gestaltet sein, dass die Verbindungen für Prüfzwecke mit Werkzeug gelöst werden können.

Eine Unterbrechung des Schutzleiters darf in keinem Fall erfolgen, weshalb Schaltgeräte (Trenner, Schalter, Sicherungen, Leitungsschutzschalter und ähnliche Geräte) nicht in den Schutzleiter eingebaut werden dürfen. Bei einer elektrischen Überwachung der Erdung mittels Sensoren, Spulen oder dgl. dürfen diese Bauteile nicht in den Schutzleiter eingebaut werden.

Körper von Geräten dürfen als Teil eines Schutzleiters für andere Betriebsmittel nicht verwendet werden, es sei denn dies ist ausdrücklich erlaubt und in Abschnitt 12.2 beschrieben. Wenn Teile einer Anlage vorübergehend ausgebaut werden, ist darauf zu achten, dass der Schutzleiter nicht unterbrochen wird.

12.4 PEN-Leiter – Teil 540 Abschnitt 543.4

Der PEN-Leiter ist im TN-C-System ein kombinierter Leiter, der gleichzeitig die Funktion des Schutzleiters als auch die des Neutralleiters übernimmt. Er muss deshalb den Anforderungen, die an den Schutzleiter bestehen und den Anforderungen, die an den Neutralleiter gestellt werden, entsprechen. Die Schutzleiterfunktion hat dabei Vorrang, gegenüber den betrieblichen Belangen, die durch den Neutralleiter gegeben sind. Das Kunstwort „PEN“ setzt sich zusammen aus den Bezeichnungen „PE“ für Schutzleiter und „N“ für Neutralleiter.

In TN-C-Systemen und im TN-C-Teil von TN-C-S-Systemen darf der PEN-Leiter nicht getrennt und nicht geschaltet werden (DIN VDE 0100-460 Abschnitt 461.2), weshalb in den PEN-Leiter keine Schalter, Schutzorgane oder andere Trennmöglichkeiten eingebaut werden dürfen.

Der PEN-Leiter muss bei fester Verlegung mindestens folgenden Querschnitt haben:

- 10 mm^2 Kupfer
- 16 mm^2 Aluminium

Weitere Festlegungen zum Querschnitt des PEN-Leiters sind in DIN VDE 0100-540 nicht getroffen. Da ein PEN-Leiter die Anforderungen an den Schutzleiter (Teil 540) und an den Neutralleiter (Teil 430) erfüllen muss, kann der Querschnitt aus diesen Festlegungen abgeleitet werden. In sinngemäßer Auslegung von Teil 430 Abschnitt 9.2 darf damit der Querschnitt des PEN-Leiters geringer sein als der Querschnitt der Außenleiter, wenn sichergestellt ist, dass

- entweder der größte Strom im PEN-Leiter bei normalem Betrieb die zulässige Strombelastbarkeit dieses Leiters nicht überschreitet und in den Außenleitern Schutzeinrichtungen vorhanden sind, die den Kurzschlussschutz des Systems, auch unter Berücksichtigung des reduzierten Querschnitts des PEN-Leiters, sicherstellen
- oder im PEN-Leiter eine Überstromerfassung (Überlast- und Kurzschlussschutz) eingebaut ist, die auf ein Schaltglied wirkt, das alle Außenleiter gleichzeitig abschaltet, wobei der PEN-Leiter nicht mitgeschaltet werden darf

Wenn also eine der genannten Bedingungen erfüllt ist, darf der PEN-Leiter-Querschnitt nach Tabelle 12.2, wie für den Schutzleiter vorgesehen, bemessen werden. Der PEN-Leiter-Querschnitt könnte auch nach Kapitel 18 berechnet werden.

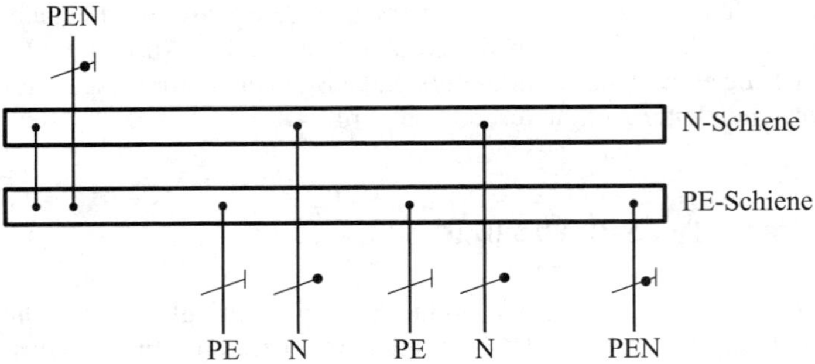

Bild 12.1 Aufteilung des PEN-Leiters in Schutzleiter und Neutralleiter an einer Verteilung ohne Darstellung der Schienen für die Außenleiter

Von besonderer Wichtigkeit ist die Stelle, an der der PEN-Leiter in Schutzleiter und Neutralleiter aufgeteilt wird (**Bild 12.1**). Der ankommende PEN-Leiter ist auf die Schutzleiterschiene oder Schutzleiterklemme zu führen und von dort ist eine Verbindung zu Neutralleiterschiene oder Neutralleiterklemme herzustellen.

Nach der Aufteilung des PEN-Leiters dürfen Schutzleiter und Neutralleiter nicht mehr verbunden werden; ebenso ist eine direkte oder indirekte Erdung des Neutralleiters nicht mehr zulässig.

Diese Maßnahme wäre eine Parallelschaltung von Schutzleiter und Neutralleiter, was auf alle Fälle zu verhindern ist. Geht von einer solchen Verteilung ein TN-C-Stromkreis in die Anlage (drei Außenleiter und ein PEN-Leiter), so ist der PEN-Leiter auf die PE-Schiene zu führen.

Zu erwähnen sind noch folgende Festlegungen

- fremde leitfähige Teile, Spannseile, Aufhängeseile, Installations-Metallrohre, Kabelkanäle, Metallschläuche, Profilschienen u. dgl. dürfen nicht als PEN-Leiter verwendet werden
- metallene Umhüllungen von Kabeln und Leitungen dürfen nicht als PEN-Leiter verwendet werden
- die Verwendung der metallenen Umhüllung von Schienenverteilern darf als PEN-Leiter verwendet werden, wenn der Querschnitt ausreicht und die Verbindungsstellen so ausgebildet sind, wie dies für PEN-Leiter gefordert ist
- PEN-Leiter müssen für die Netz-Nennspannung isoliert verlegt werden
  Anmerkung: Die Notwendigkeit der isolierten oder nicht isolierten Verlegung des PEN-Leiters innerhalb von Betriebsmitteln z. B. Schaltanlagen, wird durch das entsprechende Betriebsmittel-Komitee festgelegt, dabei ist besonders die zu erwartende Beeinflussung bezüglich der EMV zu berücksichtigen

- innerhalb von Schaltanlagen braucht der PEN-Leiter nicht isoliert zu werden
- die farbige Kennzeichnung des PEN-Leiters und die Kennzeichnung von PEN-Schienen sind in Abschnitt 12.8 behandelt

12.5 Kombinierte Schutzerdungsleiter und Funktionserdungsleiter – Teil 540 Abschnitt 543.5

Wenn ein gemeinsamer Erdungsleiter, der als Schutzerdungsleiter und Funktionserdungsleiter dient, zum Einsatz gelangt, muss dieser Erdungsleiter

- die Anforderungen, die an einen Schutzerdungsleiter gestellt wird erfüllen (siehe hierzu die Abschnitte 12.1 bis 12.3)
- und die Bedingungen erfüllen, die an den Funktionserdungsleiter gestellt werden

Die Anforderungen an den Schutzerdungsleiter sind in den Abschnitten 12.1 bis 12.3 behandelt und ausführlich beschrieben.

Die Anforderungen an den Funktionserdungsleiter sind verschiedener Natur und unter anderem in folgenden Normen behandelt

- DIN VDE 0100-444 „Schutz gegen elektromagnetische Störungen (EMI) in Anlagen von Gebäuden“
- DIN EN 50178 (VDE 0160) „Ausrüstung von Starkstromanlagen mit elektronischen Betriebsmitteln“
- DIN EN 50310 (VDE 0800-2-310) „Anwendung von Maßnahmen für Potentialausgleich und Erdung in Gebäuden mit Einrichtungen für die Informationstechnik“
- DIN EN 60950 (VDE 0805) „Sicherheit von Einrichtungen der Informationstechnik“

Anmerkung: Die Aufzählung erhebt keinen Anspruch auf Vollständigkeit.

Die in den verschiedenen Anwendungsfällen aufgestellten Forderungen an den Funktionserdungsleiter sind den genannten Normen zu entnehmen. In der Regel sind dabei, um elektromagnetische Störungen zu verhindern, Betriebsmittel oder Geräte miteinander zu verbinden oder mit Erdungen zu verbinden, damit diese ein gleiches Potential annehmen und so einen störungsfreien Betrieb ermöglichen.

Der Funktionserdungsleiter wird nach DIN EN 60446 (VDE 0198) „Grund- und Sicherheitsregeln für die Mensch-Maschine-Schnittstelle – Kennzeichnung von Leitern durch Farben oder alphanumerische Zeichen“ mit der Buchstabenkombination FE gekennzeichnet (siehe Abschnitt 10.4).

Auch in Gleichstromsystemen darf ein geeigneter Mittelleiter (PEM-Leiter) oder ein geeigneter Außenleiter (PEL-Leiter) als kombinierter Schutzerdungsleiter und Funktionserdungsleiter verwendet werden. In diesen Fällen dürfen fremde leitfähige Teile nicht als PEM-Leiter oder PEL-Leiter verwendet werden. Obwohl solche Leiter in der Praxis selten vorkommen, werden sie nachfolgend definiert

- Ein **PEM-Leiter** ist ein geerdeter Leiter, der zugleich die Funktion eines Schutzleiters (PE) und die eines Mittelleiters (M) in einem Gleichstromsystem erfüllt (IEV 195-02-13)
- Ein **PEL-Leiter** ist ein geerdeter Leiter, der zugleich die Funktion eines Schutzleiters (PE) und die eines Außenleiters (L) in einem Gleichstromsystem erfüllt (IEV 195-02-14)

12.6 Anordnung von Schutzleitern – Teil 540 Abschnitt 543.6

Wenn in einer elektrischen Anlage zum Schutz gegen elektrischen Schlag Überstromschutz-Einrichtungen verwendet werden, muss der Schutzleiter in demselben Kabel bzw. derselben Leitung verlegt sein, wie die aktiven Leiter, also die Außenleiter und der Neutralleiter, d. h. er sollte in der Leitung einbezogen sein (der fünfte Leiter). Wird der Schutzleiter getrennt verlegt, so muss er in unmittelbarer Nähe der Außenleiter angeordnet sein.

12.7 Verstärkte Schutzleiter für Schutzleiterströme größer 10 mA – Teil 540 Abschnitt 543.7

Die zulässigen Ableitströme für elektrische Betriebsmittel und Geräte sind in den jeweiligen Betriebsmittelnormen festgelegt. In der Regel darf ein Gerät der Schutzklasse I einen Ableitstrom von 3,5 mA nicht überschreiten. Für Wärmegeräte und Leuchtenanlagen sind maximal 5 mA zulässig. Ableitströme können als reiner Wirkstrom und als Wirkstrom mit kapazitivem oder induktiven Anteil auftreten. Siehe hierzu auch Abschnitt 12.9.

Durch Summierung von Ableitströmen, wie dies beim Einsatz vieler Geräte vorkommen kann, ist es möglich, dass ein Ableitstrom auch auf Werte über 10 mA ansteigt.

Anmerkung: In solchen Fällen sind auch beim Einsatz von Fehlerstrom-Schutzeinrichtungen (RDCs) betriebliche Probleme durch ungewünschte Auslösungen zu erwarten.

Dort wo fest angeschlossene Verbrauchsmittel eingesetzt sind und Schutzleiterströme größer 10 mA zu erwarten sind, muss der Schutzleiter wie folgt bemessen werden

- der Schutzleiter muss in seinem gesamten Verlauf einen Querschnitt von mindestens
  - 10 mm^2 Kupfer oder
  - 16 mm^2 Aluminium

  aufweisen, oder
- ein zweiter Schutzleiter ist zusätzlich zu verlegen, der mindestens den gleichen Querschnitt hat, wie es für den Schutz bei indirektem Berühren (Fehlerschutz) festgelegt ist, und bis zu dem Punkt der Anlage verlegt werden muss, an dem der Schutzleiter einen Querschnitt von 10 mm^2 Cu oder 16 mm^2 Al aufweist. Dies erfordert eine getrennte (zweite) Anschlussklemme für den Schutzleiter am Betriebsmittel (Gerät).

In TN-C-Systemen, in denen ein PEN-Leiter bis zur Anschlussstelle des Betriebsmittels verlegt ist, darf der Schutzleiterstrom als Betriebsstrom behandelt werden. Ein nach Abschnitt 12.4 dimensionierter PEN-Leiter, erfüllt die oben genannte Forderung.

12.8 Kennzeichnung von Schutzleiter und PEN-Leiter – Teil 510 Abschnitt 514.3

Für **Kabel und Leitungen** gilt für die farbliche Kennzeichnung der verschiedenen Adern die Norm DIN VDE 0293-308 „Kennzeichnung der Adern von Kabeln/Leitungen und flexiblen Leitungen durch Farben“. Siehe hierzu auch Abschnitt 10.4. Danach gelten für die Kennzeichnung von Schutzleiter, PEN-Leiter und Neutralleiter folgende Festlegungen

- Die Farbkombination **grün-gelb** ist ausschließlich für die Kennzeichnung des **Schutzleiters** und des **PEN-Leiters** vorgesehen. Der PEN-Leiter ist an den Anschlussstellen zusätzlich durch eine Markierung in **blau** an den Leiterenden zu kennzeichnen (**Bild 12.2**). Somit ist ein Schutzleiter eindeutig von einem PEN-Leiter zu unterscheiden.

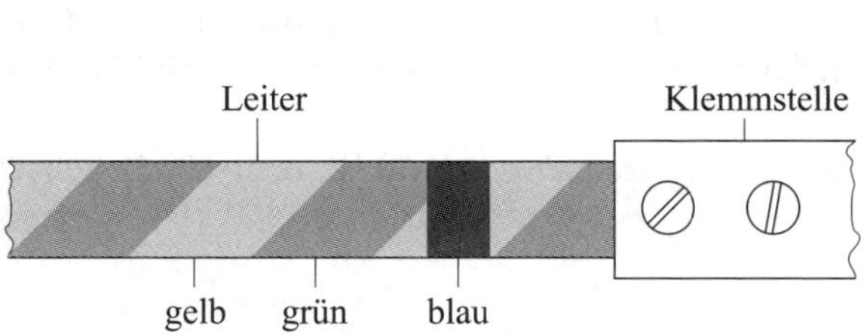

Bild 12.2 Kennzeichnung des PEN-Leiters grün-gelb und blaue Markierung am Leiterende

Anmerkung 1: Die blaue Markierung an den Leiterenden darf in öffentlichen Verteilungsnetzen und in vergleichbaren Verteilungsnetzen der Industrie entfallen.
Anmerkung 2: Es muss darauf hingewiesen werden, dass in einigen CENELEC-Ländern der PEN-Leiter „blau" gekennzeichnet wird und mit einer zusätzlichen Markierung in „grün-gelb" an den Anschlussenden versehen ist. Diese Variante ist in Deutschland nicht zulässig.

- Die Farbe **blau** ist für die Kennzeichnung des Neutralleiters bei Wechselspannung und der Kennzeichnung der Mittelleiter bei Gleichspannung zu verwenden.
  Anmerkung: Beim Fehlen eines Neutralleiters/Mittelleiters darf der blaue Leiter in einem Kabel oder einer Leitung auch für andere Zwecke verwendet werden. Allerdings nicht als Schutzleiter.

Wenn blanke Leiter oder Sammelschienen grün-gelb oder blau zu kennzeichnen sind, so ist die Kennzeichnung in einer Breite zwischen 15 mm und 100 mm anzubringen. Bei der Kennzeichnung grün-gelb müssen gleich breite Streifen, die nebeneinander anzuordnen sind, aufgebracht werden.

12.9 Schutzleiterströme – Teil 510 Abschnitt 516

Das Thema Schutzleiterströme (Ableitströme) ist zur Zeit bei IEC in Beratung.

Ein Schutzleiterstrom im Sinne von DIN VDE 0100-510(VDE 0100-510) Abschnitt 516 ist ein Strom, der im Schutzleiter fließt, wenn die Betriebsmittel fehlerfrei in Betrieb sind.

Die Hersteller von elektrischen Betriebsmitteln sind aufgefordert in einer Dokumentation die Schutzleiterströme der Betriebsmittel anzugeben.

Schutzleiterströme, die von elektrischen Betriebsmitteln bei normalen Betriebsbedingungen erzeugt werden, und die elektrische Anlage müssen so aufeinander abgestimmt sein, dass eine ausreichende Sicherheit besteht und ein bestimmungsgemäßer Betrieb möglich ist. Die Größe der Ableitströme ist in der Regel in der Betriebsmittelnorm angegeben. Die zulässigen Schutzleiterströme (Ableitströme) von Betriebsmitteln und deren Grenzen sind in IEC 61140 und DIN EN 61140 (VDE 0140-1) festgelegt. Die zulässigen Werte für Schutzleiterströme sind in DIN VDE 0100-510 Anhang NA, dargestellt.

Für Betriebsmittel mit einer Bemessungsfrequenz von 50 Hz oder 60 Hz gelten folgende Festlegungen

- Für steckbare Verbrauchsmittel, geeignet für den Anschluss mittels einpoliger- oder mehrpoliger Steckvorrichtung bis einschließlich 32 A Bemessungsstrom sind die Grenzwerte der Schutzleiterströme nach **Tabelle 12.4** zu beachten.

Betriebsmittelbemessungsstrom	maximaler Schutzleiterstrom
≥ 4 A	2 mA
> 4 A, aber ≤ 10 A	0,5 mA/A
> 10 A	5 mA

Tabelle 12.4 Maximale Schutzleiterströme bei Bemessungsströmen bis 32 A und Anschluss über Steckvorrichtungen
(Quelle: DIN VDE 0100-510(VDE 0100-510):2007-06 Anhang NA)

- Für Verbrauchsmittel für dauerhaften Anschluss und ortsfeste Verbrauchsmittel, beide ohne spezielle Maßnahmen für den Schutzleiter, oder steckbare Verbrauchsmittel, geeignet für den Anschluss mittels einpoliger- oder mehrpoliger Steckvorrichtung mit einem Bemessungsstrom größer als 32 A sind die Grenzwerte der Schutzleiterströme nach **Tabelle 12.5** zu beachten.
- Für Verbrauchsmittel für dauerhaften Anschluss, vorgesehen für den Anschluss eines verstärkten Schutzleiters (siehe Abschnitt 12.7) gilt, dass die Produktkomitees den maximalen Schutzleiterstrom so festlegen sollten, dass er in keinem Fall 5 % des Bemessungsstroms je Außenleiter überschreitet.

Die genannten Werte sind von den Produktkomitees zu berücksichtigen, um übermäßig große Schutzleiterströme zu vermeiden und um elektrische Betriebsmittel und Schutzmaßnahmen in der Anlage zu koordinieren.

Bei der Festlegung von Schutzleiterströmen muss von den Produktkomitees berücksichtigt werden, dass für Schutzzwecke auch Fehlerstrom-Schutzeinrichtungen in einer Anlage vorgesehen sein können. In diesen Fällen muss der Schutzleiterstrom mit der vorgesehnen Schutzeinrichtung verträglich sein, d. h. es darf zu keinen Fehlauslösungen durch die Fehlerstrom-Schutzeinrichtung kommen.

Anmerkung: Die Tabellen 12.4 und 12.5 sind auch in der Norm DIN EN 61140 (VDE 0140) „Schutz gegen elektrischen Schlag – Gemeinsame Anforderungen für Anlagen und Betriebsmittel“ als Anhang B enthalten.

Betriebsmittelbemessungsstrom	maximaler Schutzleiterstrom
≤ 7 A	3,5 mA
> 7 A, aber ≤ 20 A	0,5 mA/A
> 20 A	10 mA

Tabelle 12.5 Maximale Schutzleiterströme bei Bemessungsströmen über 32 A und Anschluss über Steckvorrichtungen sowie ortsfeste Verbrauchsmittel
(Quelle: DIN VDE 0100-510 (VDE 0100-510):2007-06 Anhang NA)

13 Schutzpotentialausgleichsleiter – DIN VDE 0100-540 Abschnitt 544

Der „Schutzpotentialausgleichsleiter“ wurde früher als Hauptpotentialausgleichsleiter bezeichnet, sinngemäß wird auch der Hauptpotentialausgleich nach den neuen Normen (Teil 410 und Teil 540) „Schutzpotentialausgleich“ genannt. Der zusätzliche Potentialausgleich ist künftig der „zusätzliche Schutzpotentialausgleich“.

13.1 Schutzpotentialausgleich

In einem größeren Gebäude sind heute eine Vielzahl elektrischer Einrichtungen, mit unterschiedlichen Aufgaben und Anforderungen vorhanden. Wenn für jede Anlage ein separater Erder errichtet werden muss, ist die Erdungsanlage am Ende nicht mehr überschaubar, und die Abgrenzung der verschiedenen Erder nicht mehr beherrschbar. Die gegenseitige Beeinflussung der einzelnen Erder ist nicht zu vermeiden. Wenn die Bedingungen erfüllt werden können, ist es deshalb sinnvoll für alle elektrischen Anlagen eine „**gemeinsame Erdungsanlage**“, zweckmäßigerweise mit dem Fundamenterder zusammen, zu schaffen. Alle Erdungsleiter können dann miteinander verbunden werden und es wird ein Potentialausgleich für das gesamte Gebäude geschaffen. Folgende Normen sind für die verschiedenen Gewerke zu beachten

- Niederspannungsanlagen
  DIN VDE 0100 mit den Teilen 410 und 540 für den Schutz der elektrischen Anlagen und evtl. auch Teil 444 zum Schutz gegen Elektromagnetische Störungen (EMI)
- Informationstechnische Anlagen
  DIN EN 50310 (VDE 0800-2-310) für die Einrichtungen der Informationstechnik und DIN EN 60950 (VDE 0805) für die Sicherheit von Einrichtungen der Informationstechnik
- Blitzschutzanlage
  DIN EN 50164-2 (VDE 0185-202) für Leiter und Erder sowie DIN EN 62303-3 (VDE 0185-305-3) für den Blitzschutz von baulichen Anlagen und Personen
- Antennenanlagen und Kabelnetze für Fernsehsignale
  DIN EN 60728-11 (VDE 0855-1) für Antennenerdungen und Sicherheitsanforderungen an Fernsehsignale, Tonsignale und Interaktive Dienste
- Mittelspannungsanlagen und Stationen
  DIN VDE 0101 und DIN VDE 0141 wenn zum Beispiel Mittelspannungsanlagen (Stationen und Transformatoren) im Haus oder in unmittelbarer Nähe vorhanden sind

Alle genannten Komponenten sind in einem Bauwerk relativ selten vorhanden, aber heutzutage sind in fast allen Gebäuden Niederspannungsanlagen und mindestens auch informationstechnisch Anlagen vorhanden. Es ist Sache des Planers ein optimales Schutzkonzept für jede Anlage mit ihren Komponenten zu entwerfen.

Eine gemeinsame Erdungsanlage, zusammen geführt an einer „**gemeinsamen Potentialausgleichsanlage (CBN)**" (CBN; en: common bonding network), ist hier sicher als gute Lösung zu bezeichnen und auch anzustreben, da damit auch nahezu alle EMV-Probleme gelöst sind. In der Regel können an dieser CBN auch alle Funktionserdungsleiter unmittelbar oder mittelbar angeschlossen werden.

Eine CBN ist nach DIN EN 50310 (VDE 0800-2-310) sinngemäß ein wichtiges Mittel für einen wirksamen Potentialausgleich und Erdung innerhalb von Betriebsgebäuden der Telekommunikationstechnik. Die CBN besteht aus der Gesamtheit aller Metallteile, die gewollt oder zufällig miteinander verbunden sind. Hierzu gehören auch Stahlkonstruktionen, Bewehrungseisen, metallene Rohrleitungen, Leitungsrohre für die Wechselstromversorgung, Schutzleiter, Kabelpritschen und Potentialausgleichsleiter.

Zum Herstellen dieses umfassenden Potentialausgleichs, zusammen mit dem Fundamenterder, dient normalerweise die Haupterdungsschiene (früher: Hautpotentialausgleichsschiene). An dieser Haupterdungsschiene sind alle Erdungsleitungen und Potentialausgleichsleitungen anzuschließen.

13.2 Schutzpotentialausgleichsleiter für die Verbindung mit der Haupterdungsschiene – Teil 540 Abschnitt 544.1

In jedem Gebäude müssen alle Erdungsleiter über einen Schutzpotentialausgleichsleiter mit dem Schutzpotentialausgleich verbunden werden, sind also an die Haupterdungsschiene (Haupterdungsklemme bzw. Haupterdungs-Anschlusspunkt) anzuschließen. Ebenso sind alle leitfähigen Teile, soweit sie aus Metall sind, mit der Haupterdungsschiene zu verbinden.

An die Haupterdungsschiene müssen angeschlossen werden (**Bild 13.1**)

- Fundamenterder
- Schutzleiter oder PEN-Leiter der elektrischen Anlage (**Bild 13.2**)
  (PEN-Leiter im TN-System oder Schutzleiter im TT-System und IT-System)
- metallene Schirme von elektrischen und elektronischen Leitungen
- Metallmäntel von Starkstromkabeln
- metallene Wasserverbrauchsleitung
- metallene Abwasserleitung
- Zentralheizung (Vor- und Rücklauf)

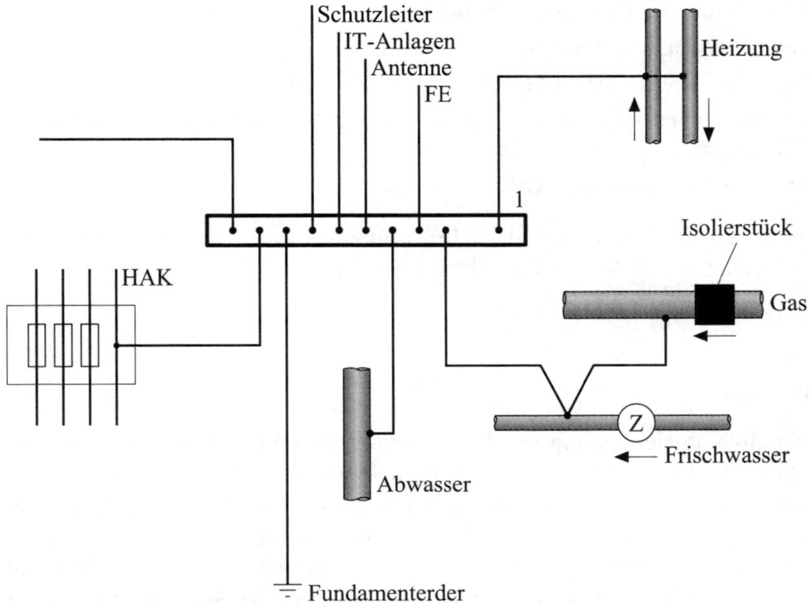

Bild 13.1 Haupterdungsschiene und Schutzpotentialausgleichsleiter
1 Haupterdungsschiene, Haupterdungsklemme oder Haupterdungs-Anschlusspunkt
FE Funktionserdungsleiter
HAK Hausanschlusskasten
Z Wasserzähler

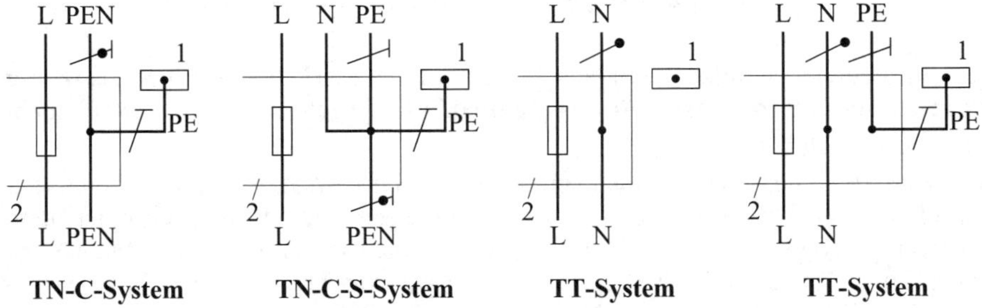

Bild 13.2 Einzelheit HAK mit Haupterdungsschiene
(Haupterdungsklemme bzw. Haupterdungs-Anschlusspunkt)
1 Haupterdungsschiene, Haupterdungsklemme oder Haupterdungs-Anschlusspunkt
2 Hausanschlusskasten (HAK)

- Gasinnenleitung (Isolierstück vorsehen)
- Erdungsleiter der Antennenanlage
- Erdungsleiter aller informationstechnischen Anlagen
- Metallteile der Gebäudekonstruktion wie Aufzugsschienen, Stahlskelett, Lüfter- und Klimakanäle (soweit dies technisch möglich)
- Leiter zur Blitzschutzanlage (Blitzschutzerder)

Die verschiedenen Schutzpotentialausgleichsleiter, die zur Haupterdungsschiene geführt werden, müssen mindestens folgenden Querschnitte haben

- 6 mm^2 Kupfer
- 16 mm^2 Aluminium
- 50 mm^2 Stahl

Die früher übliche Bemessung des Querschnitts der Potentialausgleichsleiter in Abhängigkeit des Querschnitts des Hauptschutzleiters ist somit entfallen.

Wenn metallene Leitungen innerhalb eines Hauses (Wasser-, Gas- oder Abwasserleitungen sowie Lüftungskanäle u. dgl.) isolierende Verbindungsstellen enthalten, ist eine Überbrückung der Verbindungsstellen nicht erforderlich, da eine derartige Leitung keine Spannung verschleppen kann. Die Leitung oder das Konstruktionsteil kann als potentialfrei angesehen werden, je nachdem, welche zufälligen Verbindungen zu anderen Bauteilen bestehen, die in den Schutzpotentialausgleich einbezogen sind. Eine durchgehende Verbindung der fremden leitfähigen Teile ist nicht gefordert, da eine Gefährdung hierdurch nicht auftreten kann.

13.3 Schutzpotentialausgleichsleiter für den zusätzlichen Schutzpotentialausgleich – Teil 540 Abschnitt 544.2

Ein zusätzlicher Schutzpotentialausgleich wird erforderlich, wenn beim „**Schutz durch automatische Abschaltung im Fehlerfall**“ die geforderte Abschaltzeit nicht erreicht werden kann.

Der zusätzliche Schutzpotentialausgleich ist quasi ein Ersatz für eine automatische Abschaltung im Fehlerfall, wenn die Abschaltung aus irgendwelchen Gründen nicht rechtzeitig erfolgt, oder aus betrieblichen Gründen nicht erwünscht ist. Die Maßnahme dürfte einen Sonderfall darstellen, da beim Einsatz einer Fehlerstrom-Schutzeinrichtung (RCD) die Abschaltzeit praktisch immer eingehalten werden kann.

In den zusätzlichen Schutzpotentialausgleich müssen alle gleichzeitig berührbare metallene Körper fest angebrachter elektrischer Betriesmittel und alle fremden leitfähigen Teile einbezogen werden. Dabei ist dem Errichter überlassen wie weit er den zusätzlichen Schutzpotentialausgleich ausdehnt. Er kann die gesamte Anlage, einen Teil der Anlage ein Betriebsmittel oder einen bestimmten Bereich erfassen.

Anmerkung: Eine weitere Anwendung für den zusätzlichen Schutzpotentialausgleich kann sich bei Anlagen nach DIN VDE 0100 Gruppe 700 „Anforderungen für Betriebsstätten und Räume und Anlagen besondere Art“ ergeben, wenn dort ein zusätzlicher Schutzpotentialausgleich gefordert wird. Durch diesen Schutz wird in der Regel die bestehende Schutzmaßnahme ergänzt oder verbessert.

13.3.1 Schutzpotentialausgleichsleiter zwischen zwei Körpern elektrischer Betriebsmittel – Teil 540 Abschnitt 544.2.1

Ein Schutzpotentialausgleichsleiter der zwei Körper einer elektrischen Anlage miteinander verbindet, muss mindestens der Leitfähigkeit des kleineren der beiden Schutzleiter in den Anschlussleitungen der beiden Geräte entsprechen (**Bild 13.3**).

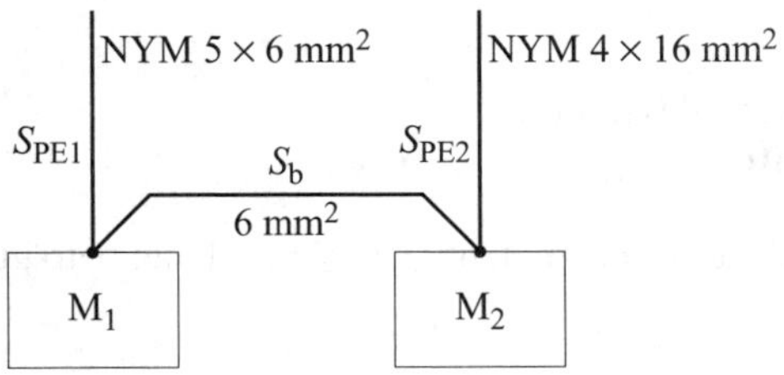

Forderung: $S_{PE1} \leq S_{PE2}$
$S_b \geq S_{PE1}$

Bild 13.3 Schutzpotentialausgleichsleiter zwischen zwei elektrischen Betriebsmitteln
M_1, M_2 Körper eines elektrischen Betriebsmittels
S_{PE1}, S_{PE2} Querschnitte der Schutzleiter
S_b Querschnitt des Schutzpotentialausgleichsleiter für den zusätzlichen Schutzpotentialausgleich

Der Mindestquerschnitt für den zusätzlichen Schutzpotentialausgleichsleiter ist in Abschnitt 13.3.3 beschrieben.

13.3.2 Schutzpotentialausgleichsleiter zwischen einem Körper und einem fremden leitfähigen Teil – Teil 540 Abschnitt 544.2.2

Ein Schutzpotentialausgleichsleiter der einen Körper einer elektrischen Anlage miteinem fremden leitfähigen Teil verbindet, muss mindestens die halbe Leitfähigkeit besitzen, wie der Schutzleiter in den Anschlussleitung für das Gerät (**Bild 13.4**).

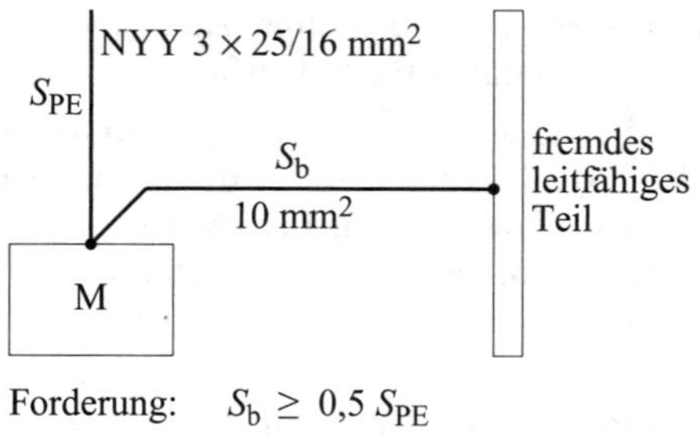

Bild 13.4 Schutzpotentialausgleichsleiter zwischen einem Körper und einem fremden leitfähigen Teil
M Körper eines elektrischen Betriebsmittels
S_{PE} Querschnitt des Schutzleiters
S_b Querschnitt des Schutzpotentialausgleichsleiters für den zusätzlichen Schutzpotentialausgleich

Der Mindestquerschnitt für den zusätzlichen Schutzpotentialausgleichsleiter ist in Abschnitt 13.3.3 beschrieben.

13.3.3 Mindestquerschnitte für den zusätzlichen Schutzpotentialausgleichsleiter

Der Mindestquerschnitt für den zusätzlichen Schutzpotentialausgleichsleiter beträgt dabei:

- 2,5 mm^2 Kupfer, wenn der Leiter mechanisch geschützt ist
- 4 mm^2 Kupfer, wenn der Leiter mechanisch ungeschützt ist
- 16 mm^2 Aluminium, gleichgültig wie der Leiter geschützt ist

Ein Schutzleiter gilt als geschützt, wenn er Bestandteil einer Leitung oder eines Kabels ist, in einem Installationsrohr, in einem Elektroinstallationskanal, in einem Hohlraum oder auf ähnliche Weise geschützt verlegt ist.

14 Schutz- und Überwachungseinrichtungen

14.1 Überstrom-Schutzeinrichtungen – DIN EN 60269 (VDE 0636) und DIN EN 60898 (VDE 0641)

Unter Überstrom-Schutzeinrichtungen werden alle Einrichtungen verstanden, die eine elektrische Anlage schützen, indem sie den Strom unterbrechen, wenn der Strom während einer bestimmten zeit einen bestimmten Wert überschreitet. Elektrische Anlagen und Betriebsmittel (Verteilungen, Leitungen, Geräte usw.) werden damit vor den schädigenden Auswirkungen von Überströmen, wie sie durch Überlastungen und Kurzschlussströme entstehen, geschützt.

Im Niederspannungsbereich kommen für diese Anwendung hauptsächlich Überstrom-Schutzeinrichtungen, in verschiedenen Ausführungen zum Einsatz

- Niederspannungssicherungen nach der Normenreihe DIN EN 60269 (VDE 0636)
- Leitungsschutzschalter (LS-Schalter) nach der Normenreihe DIN EN 60898 (VDE 0641)
- Geräteschutzschalter nach DIN EN 60934 (VDE 0642)
- Elektromechanische Schütze und Motorstarter nach DIN EN 60647-4-1 (VDE 0660-102)
- Selektive Haupt-Leitungsschalter – SHA-Schalter nach E DIN VDE 0643 und SHU-Schalter nach E DIN VDE 0645

Im Folgenden wird hauptsächlich auf Niederspannungssicherungen und Leitungsschutzschalter eingegangen.

14.1.1 Niederspannungssicherungen – DIN EN 60269 (VDE 0636)

Sicherungen für Sondereinsatzgebiete, wie Sicherungen für den Bergbau, Halbleiterschutzsicherungen und solche besonderer Bauart wie Geräteschutzsicherungen (Feinsicherungen, Kleinstsicherungen, modulare Sicherungen und dergleichen) werden hier nicht behandelt.

14.1.1.1 Allgemeine Anforderungen

Die allgemeinen Anforderungen an Niederspannungssicherungen waren in DIN EN 60269-1 (VDE 0636-10) festgelegt. Für die verschiedenen Sicherungssysteme, die zurzeit in der Praxis zur Anwendung gelangten, waren zusätzliche Festlegungen getroffen. Es galten folgende Festlegungen

- Messersicherungen (NH-System) zum Gebrauch durch Elektrofachkräfte bzw. elektrotechnisch unterwiesene Personen (Sicherungen zum überwiegend industriellen Gebrauch) nach DIN EN 60269-2 (VDE 0636-20), DIN VDE 0636-201 (VDE 0636-201) und DIN VDE 0636-2011 (VDE 0636-2011).
- Schraubsicherungen (D-System und D0-System) zum Gebrauch durch Laien (Sicherungen überwiegend für Hausinstallationen und ähnliche Anwendungen) nach DIN EN 60269-3 (VDE 0636-30), DIN VDE 0636-301 (VDE 0636-301) und DIN VDE 0636-3011 (VDE 0636-3011).

Die Normen DIN EN 60269-1 (VDE 0636-10):2005-11, DIN EN 60269-2 (VDE 0636-20):2002-09 und DIN EN 60269-3 (VDE 0636-30):2004-07 gelten noch bis zum 01.03.2010 und dürfen noch bis zu diesem Zeitpunkt angewandt werden.

Anmerkung: Die Teile 2011 und 3011 hatten lediglich nationalen Status und dienten für nationale Ergänzungen der internationalen Normen. Die Norm für NH-Sicherungen (Teil 2011) ist für Sicherungen zum Schutz von besonderen Anlagen bzw. Betriebsmitteln (Transformatoren, Bergbau, Motoren mit 1 000 V Bemessungsspannung) zu erfüllen und die Norm für Schraubsicherungen (Teil 3011) für Anlagen und Betriebsmittel mit $U = 690$ V AC und $U = 600$ V DC.

Damit ist die Überführung der nationalen Normen für Sicherungen und Sicherungssysteme aus den Jahren 1980 bis 1983 in internationale Normen (IEC und CENELEC) abgeschlossen. Wichtigste Änderung ist die Einführung von Sicherungen der Betriebsklasse gG als Ersatz für die Betriebsklasse gL. Die Unterschiede sind unerheblich und haben in der Anwendung keine praktische Bedeutung, weil die technischen Eigenschaften der Sicherung annähernd gleich sind.

Daneben gibt es noch Spezialsicherungen für besondere Einsatzgebiete oder solche, die nur in bestimmten Industriezweigen verwendet werden.

Die bisher vorliegenden Normen wurden überarbeitet und dabei textlich besser zusammengefasst und gestrafft. Formulierungen wurden geändert (verbessert), der sachliche Inhalt, also die Anforderungen an die Sicherungen, wurde nicht verändert. Es wird künftig nur noch vier Normen für die verschiedenen Sicherungen geben und eine Norm, die als Anwendungsrichtlinie anzusehen ist. Es gelten folgende Normen

- DIN EN 60269-1 (VDE 0636-1) „Niederspannungssicherungen – Allgemeine Anforderungen"
- DIN VDE 0636-2 (VDE 0636-2) „Niederspannungssicherungen – Zusätzliche Anforderungen an Sicherungen zum Gebrauch durch Elektrofachkräfte bzw. elektrotechnisch unterwiesene Personen (Sicherungen überwiegend für den industriellen Gebrauch) – Beispiele für genormte Sicherungssysteme A bis I"

- DIN VDE 0636-3 (VDE 0636-3) „Niederspannungssicherungen – Zusätzliche Anforderungen an Sicherungen zum Gebrauch durch Laien (Sicherungen überwiegend für Hausinstallationen und ähnliche Anwendungen) – Beispiele für genormte Sicherungssysteme A bis F"
- DIN EN 60269-4 (VDE 0636-4) „Niederspannungssicherungen – Zusätzliche Anforderungen an Sicherungen zum Schutz von Halbleiter-Bauelementen"
- DIN IEC 60269-5 (VDE 0636-5) „Niederspannungssicherungen – Richtlinie für die Anwendung von Niederspannungssicherungen"

Die Teile 1 bis 4 sind mit Datum 2008-03 erschienen. Teil 5 war bisher der Fachöffentlichkeit als IEC-Publikation 61818 „Anwendungsrichtlinie für Niederspannungssicherungen" bekannt.

Beim Einsatz von Sicherungen sind eine Reihe von technischen Daten und Betriebseigenschaften der Sicherungen und deren zugehörigen Bauteilen zu berücksichtigen. Von Wichtigkeit sind folgende Kenngrößen

- Bemessungswerte
- Ausschaltbereich und Betriebsklasse
- Zeit-Strom-Kennlinien; Zeit-Strom-Bereiche
- Leistungsabgabe
- Bemessungsausschaltvermögen
- Konventionelle Prüfzeiten und Prüfströme
- Ausschaltzeiten
- Durchlassstrom und Durchlassstrom-Kennlinie (Strombegrenzung)
- Aufschriften auf Sicherungen

14.1.1.2 Technische Anforderungen an Niederspannungssicherungen

14.1.1.2.1 Bemessungswerte

Die genormten Bemessungsspannungen für Sicherungen sind in **Tabelle 14.1** für Gleich- und Wechselspannungen angegeben.

Die Bemessungsströme für Sicherungen von 2 A bis 1 250 A sind aus der Reihe R 10 nach ISO 3 bzw. DIN 323-1 auszuwählen. Zwischenwerte sind der Reihe R 20 zu entnehmen. Die genormten Bemessungsströme für Sicherungen der verschiedenen Bauarten sind für NH-Sicherungen in **Tabelle 14.2** und für D- und D0-Sicherungen in Tabelle 14.5 dargestellt.

Sicherungen ohne Angabe einer Bemessungsfrequenz müssen für die Bemessungsfrequenz 50 Hz gebaut sein und die Anforderungen der Norm für Wechselspannungen zwischen einer Frequenz von 45 Hz und 62 Hz erfüllen.

Wechselspannung in V		Gleichspannung in V
Reihe I	**Reihe II**	
–	**120**	**110**
–	208	**125**
230	240	**220**
–	**277**	**250**
400	**415**	**440**
500	**480**	460
690	600	500
		600
Die halbfett gesetzten Werte sind genormte Werte nach IEC 60038 (VDE 0175)		

Tabelle 14.1 Bemessungsspannungen für Sicherungen

Betriebsklasse	**gG**			**aM**			**gTr**
Bemessungs-spannung	**AC 400 V**	**AC 500 V**	**AC 690 V**	**AC 400 V und AC 500 V**	**AC 690 V**	**AC 1 000 V**	**AC 400 V**
Baugröße	$\frac{I}{\text{A}}$	$\frac{I}{\text{A}}$	$\frac{I}{\text{A}}$	$\frac{I}{\text{A}}$	$\frac{I}{\text{A}}$	$\frac{I}{\text{A}}$	$\frac{S_n}{\text{kVA}}$
00	160	160	100	100	100	160	–
0	160	160	100	160	100	–	–
1	250	250	200	250	250	250	–
2	400	400	315	400	400	315	250
3	630	630	500	630	630	500	400
4	–	1 000	800	1 000	1 000	–	1 000
4a	1 250	1 250	1 000	1 250	1 250	–	–

Tabelle 14.2 Höchste Bemessungsströme für NH-Sicherungen verschiedener Baugröße

14.1.1.2.2 Ausschaltbereich und Betriebsklasse

Die Betriebsklasse einer Sicherung kennzeichnet deren Betriebsverhalten im Ausschaltbereich und gibt deren Zeit-Strom-Kennlinie an. Der erste Buchstabe kennzeichnet den Ausschaltbereich der Sicherung mit:

a Teilbereichssicherung; d. h., die Sicherung ist nur geeignet, Ströme abzuschalten, die im Kurzschlussbereich liegen, nicht aber Überströme, die nur geringfügig über dem Bemessungsstrom liegen.

g Ganzbereichssicherung; d. h., die Sicherung ist für alle Abschaltungen einsetzbar, vom kleinsten Überstrom bis zum größten Kurzschlussstrom (Ausschaltvermögen).

Der zweite Buchstabe bestimmt die Anwendung und gibt den Zeit-Strom-Kennlinienverlauf der Sicherung an. Es gilt

G Sicherung für allgemeine Anwendung

M Sicherung für den Schutz von Motorstromkreisen und Schaltgeräten

Tr Sicherung zum Schutz von Transformatoren

Die wichtigsten, d. h. die am häufigsten zur Anwendung gelangenden Kombinationen, sind

gG Ganzbereichssicherung für allgemeine Anwendung

aM Teilbereichssicherung zum Schutz von Motoren und Schaltgeräten (kein Überlastschutz, nur Kurzschlussschutz)

gTr Ganzbereichssicherung zum Schutz von Transformatoren (Überlastschutz und Kurzschlussschutz)

Anmerkung: Sicherungen mit den Betriebsklassen „gD“ und „gN“ sind im deutschen Normenwerk nicht aufgenommen und werden deshalb auch nicht behandelt.

14.1.1.2.3 Zeit-Strom-Kennlinien, Zeit-Strom-Bereiche

Die Zeit-Strom-Bereiche von Sicherungen sind durch die Normen vorgegeben. Sie werden festgelegt durch Stromtore, die die Begrenzung des Bereichs festlegen. Die Zeit-Strom-Kennlinie muss innerhalb des vorgegebenen Zeit-Strom-Bereichs liegen und wird durch die Bauart, Konstruktion und Materialien des Sicherungseinsatzes bestimmt. Die Zeit-Strom-Kennlinie wird vom Hersteller angegeben.

Bild 14.1 zeigt als Beispiel für eine 100-A-gG-Sicherung verschiedene Stromtore, den Zeit-Strom-Bereich und eine Zeit-Strom-Kennlinie.

14.1.1.2.4 Leistungsabgabe

Die Leistungsabgabe eines Sicherungseinsatzes ist die Leistung, also die von einem Sicherungseinsatz abgegebene Energie, wenn dieser mit seinem Bemessungsstrom belastet wird. Die maximal zulässige Leistung, die ein Sicherungseinsatz abgeben darf, ist durch die Normen festgelegt. Die tatsächlich abgegebene Leistung eines Sicherungseinsatzes gibt der Hersteller an.

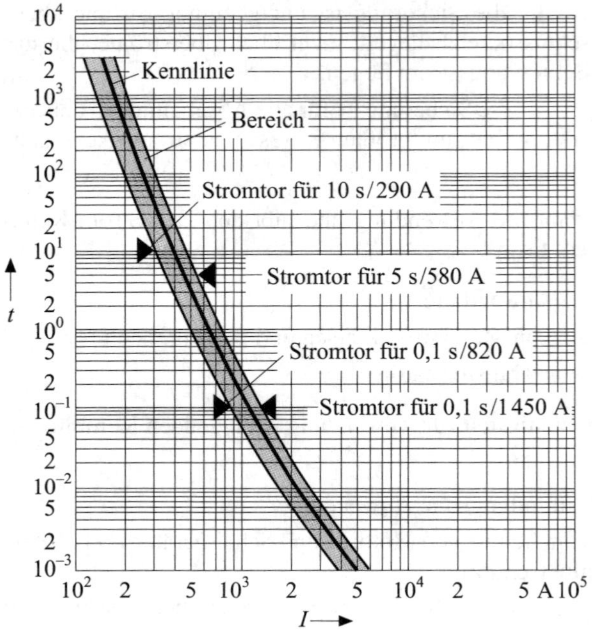

Bild 14.1 Stromtore, Zeit-Strom-Bereich und Zeit-Strom-Kennlinie für eine Sicherung mit 100 A Bemessungsstrom der Betriebsklasse gG

14.1.1.2.5 Bemessungsausschaltvermögen

Das Bemessungsausschaltvermögen eines Sicherungseinsatzes ist der Wert des unbeeinflussten Stroms (bei Wechselstrom der Effektivwert der Wechselstromkomponente), den ein Sicherungseinsatz bei einer bestimmten Spannung unter vorgeschriebenen Bedingungen abschalten kann. Das Bemessungsausschaltvermögen wird vom Hersteller für die jeweilige Bemessungsspannung eines Sicherungseinsatzes angegeben. Mindestwerte sind in den Normen vorgegeben.

14.1.1.2.6 Konventionelle Prüfzeiten und Prüfströme

Sowohl der kleine Prüfstrom I_{nf} (en: nf – non fusing) als auch der große Prüfstrom I_f (en: f – fusing) eines Sicherungseinsatzes sind festgelegte (konventionelle) Ströme, bei denen in einer festgelegten (konventionellen) Prüfzeit ein Sicherungseinsatz nicht ansprechen darf (kleiner Prüfstrom) bzw. ansprechen muss (großer Prüfstrom). Die konventionellen Werte für die Prüfströme und Prüfzeiten sind abhängig von der Sicherungsbauart (Sicherungssystem), der Betriebsklasse und dem Bemessungsstrom in den Normen festgelegt.

14.1.1.2.7 Ausschaltzeiten

Die Ausschaltzeiten von Sicherungseinsätzen können mit Hilfe der Zeit-Strom-Kennlinie ermittelt werden. Die maximalen und minimalen Ausschaltzeiten sind dem Zeit-Strom-Bereich zu entnehmen. Bei sehr hohen Strömen gegenüber dem Bemessungsstrom (Kurzschlussströmen) ist zu beachten, dass ein Sicherungseinsatz so schnell ausschaltet, dass der Scheitelwert des Kurzschlussstroms überhaupt nicht zum Fließen kommt.

In **Bild 14.2** sind die charakteristischen Größen einer Kurzschlussausschaltung (Bereich sehr kleiner Ausschaltzeiten) dargestellt.

Im Einzelnen bedeuten

t_s Schmelzzeit (Vorlichtbogenzeit) ist die Zeitspanne zwischen dem Einsetzen des Stroms, der groß genug ist, den oder die Schmelzleiter zum Schmelzen zu bringen, und dem Entstehen eines Lichtbogens

t_L Löschzeit (Lichtbogenzeit) ist die Zeitspanne zwischen dem Entstehen des Lichtbogens und seinem endgültigen Erlöschen

t_a Ausschaltzeit ist die Summe der Schmelzzeit und der Löschzeit

i_p Stoßkurzschlussstrom, der zum Fließen kommen würde, wenn keine Sicherung in den Stromkreis eingebaut wäre

I_D Durchlassstrom ist der höchste Augenblickswert des Stroms, der während des Ausschaltvorgangs eines Sicherungseinsatzes erreicht wird, wenn dieser so ausschaltet, dass sich der anderenfalls mögliche Höchstwert des Stroms nicht einstellen kann

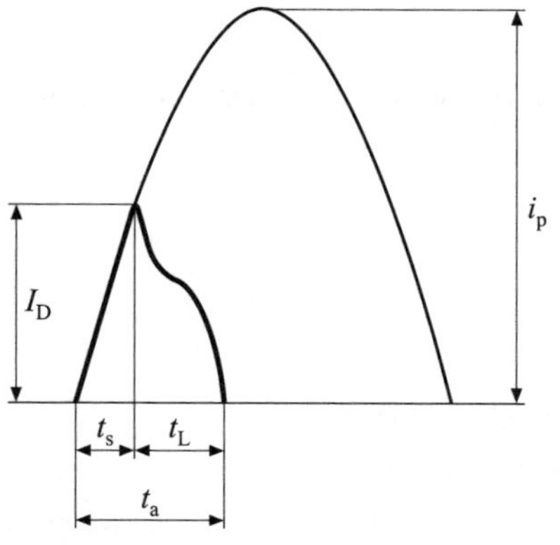

Bild 14.2 Ausschaltzeiten von Sicherungen
t_s Schmelzzeit
t_L Löschzeit
t_a Ausschaltzeit
i_p Stoßkurzschlussstrom
I_D Durchlassstrom

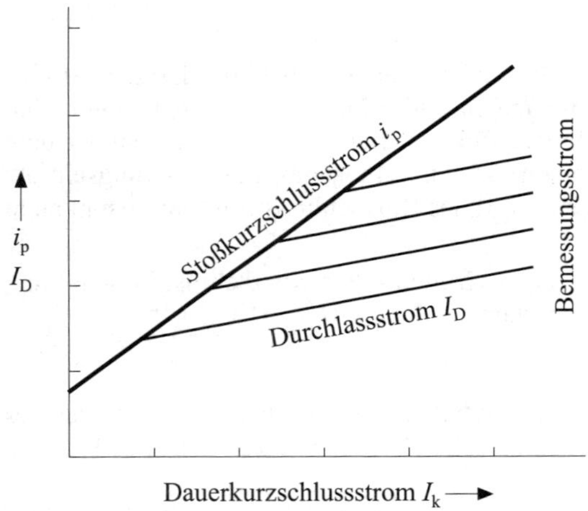

Bild 14.3 Strombegrenzungsdiagramm

14.1.1.2.8 Durchlassstrom und Durchlassstrom-Kennlinie (Strombegrenzung)

In Bild 14.2 ist gezeigt, dass hohe Stoßkurzschlussströme auf den Durchlassstrom begrenzt werden, wenn die Ausschaltung durch die Sicherung schnell genug erfolgt. Die Zusammenhänge zwischen Stoßkurzschlussstrom, Durchlassstrom, Bemessungsstrom des Sicherungseinsatzes in Abhängigkeit vom auftretenden Dauerkurzschlussstrom sind in **Bild 14.3** dargestellt.

14.1.1.2.9 Aufschriften auf Sicherungen

Auf Sicherungseinsätzen müssen, wenn es die Abmessungen erlauben, folgende Aufschriften vorhanden sein

- Name des Herstellers oder Handelsmarke
- Typnummer des Herstellers
- Bemessungsspannung
- Bemessungsstrom
- Ausschaltbereich und Betriebsklasse (Buchstabencode)
- Stromart und Bemessungsfrequenz, soweit zutreffend
- Dauerkurzschlussstrom I_k

Kleine Sicherungseinsätze, auf denen die Anbringung aller Daten nicht möglich ist, müssen mindestens mit der Handelsmarke, der Typnummer des Herstellers, der Bemessungsspannung und dem Bemessungsstrom gekennzeichnet sein.

14.1.1.3 Messersicherungen (NH-Sicherungssystem)

Niederspannungs-Hochleistungs-Sicherungen (NH-Sicherungen) sind vor allem für den Einsatz im industriellen Bereich gedacht. Das System hat sich bisher in der Praxis hervorragend bewährt. Es besteht keine Unverwechselbarkeit der Sicherungseinsätze und auch kein absoluter Berührungsschutz, weshalb eine Bedienung auch nur durch Elektrofachkräfte oder elektrotechnisch unterwiesene Personen zulässig ist.

Anmerkung: Es gibt auch NH-Sicherungen mit spannungsfreien Grifflaschen.

Das Sicherungssystem besteht aus Sicherungsunterteil, Sicherungseinsatz (Sicherung) und dem Bedienungselement zum gefahrlosen Auswechseln des Sicherungseinsatzes. NH-Sicherungen können zusätzlich noch über Schaltzustandsanzeiger (Bauchkennmelder oder Stirnkennmelder) und Auslösevorrichtung verfügen.

Ein NH-Sicherungseinsatz besteht aus einem Porzellan-, Kunststoff- oder Gießharzkörper, an dessen Stirnseiten Kontaktmesser angebracht sind. Im Innern des Körpers befinden sich ein oder mehrere in Quarzsand eingebettete Schmelzleiter (Gießharzsicherungen ausgenommen), die aus Bandmaterial hoher Leitfähigkeit (Kupfer, Kupfer verzinnt oder versilbert, Neusilber) bestehen. Die Genauigkeit der vom Hersteller angegebenen Zeit-Strom-Kennlinien wird durch die Fertigungsgenauigkeit der Schmelzleiter erreicht. Aussehen, Art, Form und Material der Schmelzleiter können von Hersteller zu Hersteller unterschiedlich sein. **Bild 14.4** zeigt den Aufbau einer NH-Sicherung.

Zur Auslösung der Sicherung bei Überlast (bis zum zweifachen Nennstrom) ist der Schmelzleiter mit einer Weichlotstelle (Weichlotauftrag) versehen, der bei Erwärmung durch einen Überstrom beginnt zu schmelzen, wobei Lot und Schmelzleiter eine Legierung eingehen, die schlechter leitend ist als der ursprüngliche Schmelzleiter. Der Schmelzleiter wird somit wärmemäßig immer höher beansprucht, und die Sicherung löst aus. Der Lotauftrag, der bei einer Überlastung „anschmilzt", aber nicht zum Ansprechen der Sicherung führt, trägt zur Alterung der Sicherung durch den Betrieb wesentlich bei. Bei mehrmaligem „Anschmelzen" ist es unter Umständen auch möglich, dass eine Sicherung auch anspricht, obwohl der Bemessungsnennstrom nicht zum Fließen kam. Durch Querschnittseinschnürungen, die gleichmäßig oder ungleichmäßig über dem Schmelzleiter verteilt sein können, werden Querschnittsschwächungen des Schmelzleiters erreicht, die bei größeren Strömen (ab dem zehnfachen Bemessungsstrom) die Abschaltung einleiten. Durch die Querschnittseinschnürungen wird erreicht, dass bei einer Kurzschlussstromabschaltung mehrere kleine Einzellichtbögen entstehen, die durch den Quarzsand leichter gelöscht werden können als ein großer Lichtbogen.

NH-Sicherungen können mit einer Anzeigevorrichtung (Anzeiger) ausgestattet sein, die den Schaltzustand (betriebsfähig oder unterbrochen) der Sicherung angibt. Bei Sicherungen mit Stirnkennmelder erscheint an der Stirnseite der Sicherung die Anzeige, bei Sicherungen mit Bauchkennmelder (Mittekennmelder) erfolgt die Anzeige vorn in der Mitte der Sicherung. Bei Sicherungen mit Schlagvorrichtung wird beim

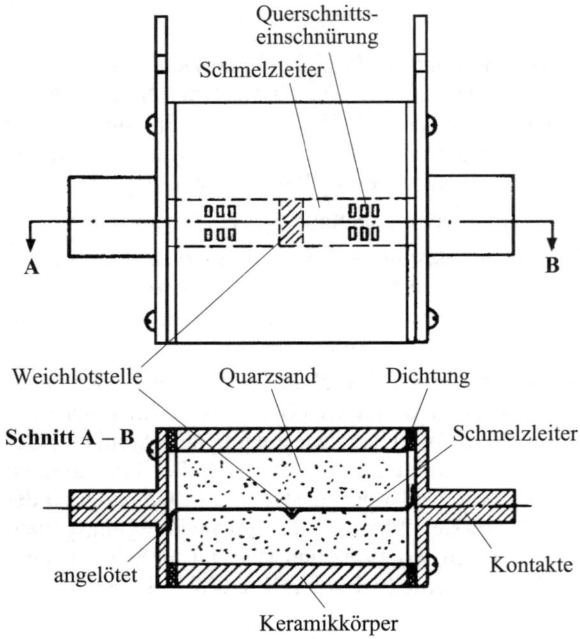

Bild 14.4 Schnittbild einer NH-Sicherung (Größe NH 00)

Ansprechen der Sicherung, durch eine Feder, ein Schlagbolzen freigegeben, der zu einer mechanischen Verriegelung, zur Signalgebung oder zur allpoligen Abschaltung des Stromkreises, z. B. durch einen Leistungsschalter, verwendet werden kann.

14.1.1.3.1 Bemessungswerte für NH-Sicherungen

Das NH-System hat für Wechselspannungen die genormten Bemessungsspannungen von 400 V (für gTr-Sicherungen), 500 V, 690 V und 1 000 V (für aM-Sicherungen). Für Gleichspannungen liegen die Bemessungsspannungen bei 250 V und 440 V. Die Normwerte der Bemessungsspannungen bei DC sind nicht mit den Normwerten der Bemessungsspannungen bei AC verknüpft. Zum Beispiel sind folgende Norm-Verknüpfungen möglich: AC 500 V – DC 250 V, AC 500 V – DC 440 V usw.

Für die Bemessungsströme von NH-Sicherungen gelten folgende Vorzugswerte

2 A, 4 A, 6 A, 8 A, 10 A, 12 A, 16 A, 20 A, 25 A, 32 A, 40 A, 50 A, 63 A, 80 A, 100 A, 125 A, 160 A, 200 A, 224 A, 250 A, 315 A, 400 A, 630 A, 800 A, 1 000 A und 1 250 A

Die höchsten Bemessungsströme für die verschiedenen Baugrößen können der Tabelle 14.2 entnommen werden.

14.1.1.3.2 Ausschaltbereich und Betriebsklasse von NH-Sicherungen

NH-Sicherungen stehen in den Betriebsklassen gG, aM, gM und gTr zur Verfügung. Sicherungen der Betriebsklasse gM sind nicht in den Normen behandelt. Die bisher üblichen Sicherungen der Betriebsklasse gL (Ganzbereichs-Leitungsschutzsicherungen) sind in den neuesten Normen nicht mehr enthalten; sie werden durch Sicherungen der Betriebsklasse gG ersetzt. Sicherungen mit den Betriebsklassen gD und gN sind in Deutschland nicht üblich. Sicherungen für Bergbauanlagenschutz (gB-Sicherungen) und Halbleiterschutzsicherungen (aR- und gR-Sicherungen) werden hier, wie schon ausgeführt, nicht behandelt.

14.1.1.3.3 Zeit-Strom-Bereiche von NH-Sicherungen

Die Zeit-Strom-Bereiche für NH-Sicherungen für die genormten Bemessungsstromstärken von 2 A bis 1 250 A der Betriebsklasse gG sind in **Bild 14.5** dargestellt.

Anmerkung: Die Zeit-Strom-Bereiche können mit hinreichender Genauigkeit auch für Sicherungen der Betriebsklasse gL (Ganzbereichs-Leitungsschutzsicherungen) verwendet werden.

Für NH-Sicherungen der Betriebsklasse aM gilt für alle genormten Bemessungsströme der Zeit-Strom-Bereich, wie in **Bild 14.6** gezeigt.

Die Zeit-Strom-Bereiche für gTr-Sicherungen sind in **Bild 14.7** dargestellt.

14.1.1.3.4 Leistungsabgabe von NH-Sicherungen

Die Leistungsabgabe (Verlustleistung) eines Sicherungseinsatzes zeigt **Tabelle 14.3**.

14.1.1.3.5 Bemessungsausschaltvermögen von NH-Sicherungen

Das Bemessungsausschaltvermögen wird vom Hersteller in Abhängigkeit von der Bemessungsspannung des Sicherungseinsatzes angegeben. Für NH-Sicherungen der verschiedenen Betriebsklassen werden dabei in der Regel 80 kA bis 100 kA bei Wechselstrom angegeben.

Als Mindestwerte für das Bemessungsausschaltvermögen sind für Sicherungen der Betriebsklassen aM, gG und gTr gefordert

- 50 kA bei Wechselspannungen bis einschließlich 660 V für aM- und gG-Sicherungen
- 25 kA bei Gleichspannungen bis einschließlich 750 V für aM- und gG-Sicherungen
- 25 kA bei Wechselspannung bis einschließlich 1 000 V für gTr-Sicherungen

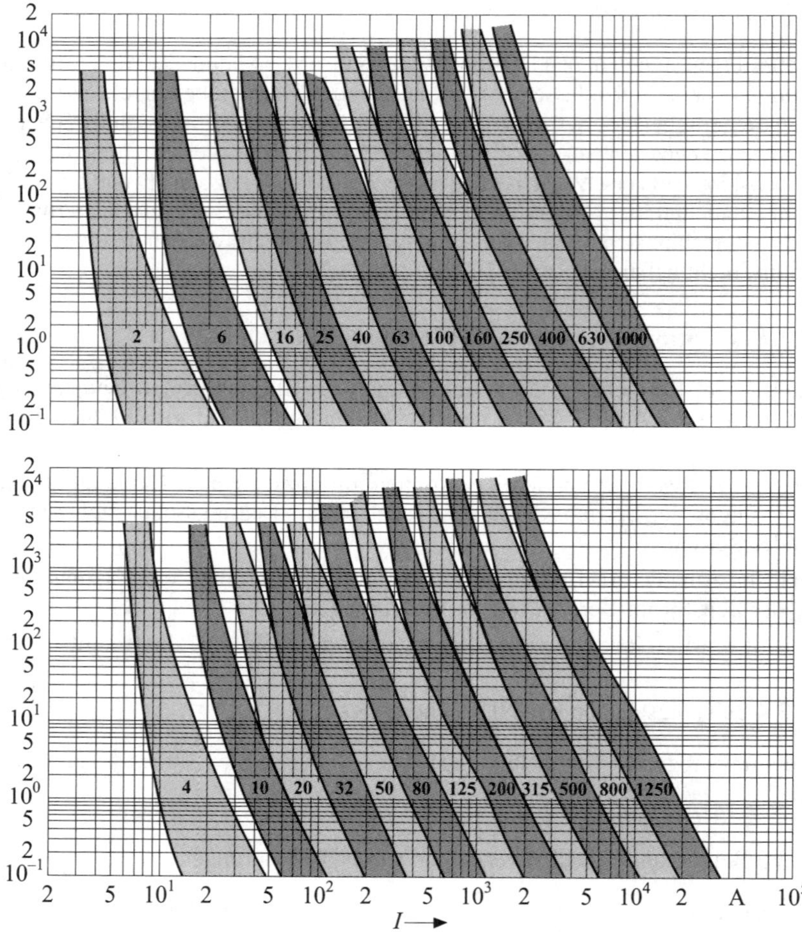

Bild 14.5 Strom-Zeit-Bereiche für NH-Sicherungen der Betriebsklasse gG (Quelle: DIN VDE 0636-2:2008-03)

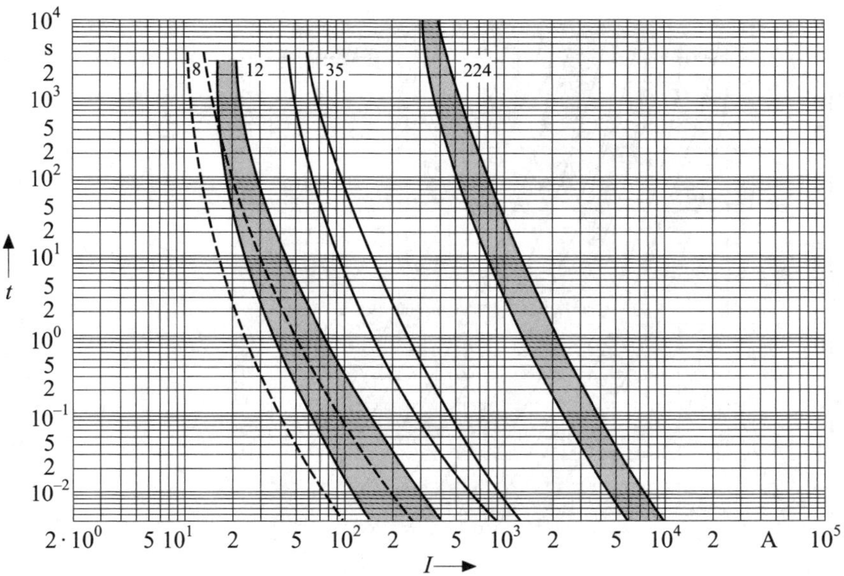

Bild 14.5 (Fortsetzung)
Anmerkung: Sicherungen mit 35 A Bemessungsstrom sind nicht mehr in der Norm enthalten. Der Strom-Zeit-Bereich wurde aber aufgenommen, weil noch viele dieser Sicherungen in Anlagen eingesetzt sind.

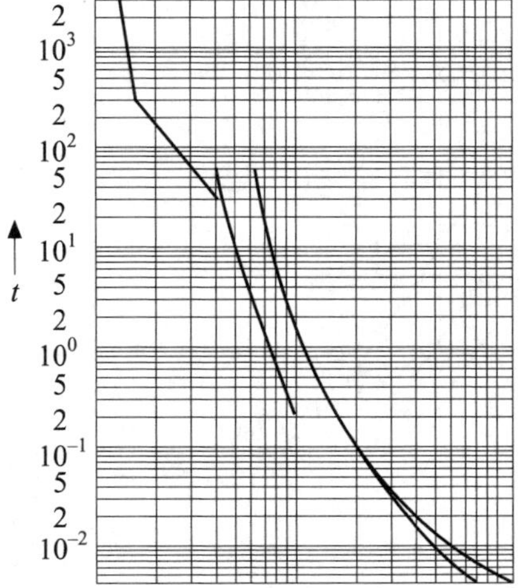

Bild 14.6 Zeit-Strom-Bereich für aM-Sicherungen

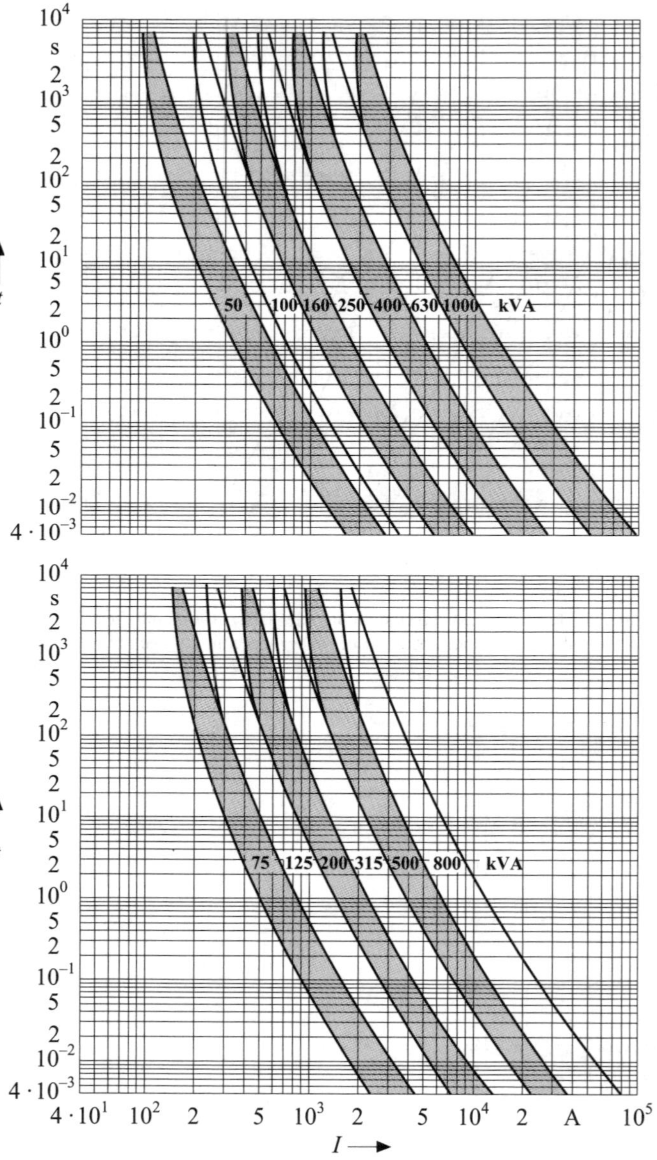

Bild 14.7 Zeit-Strom-Bereiche für gTr-Sicherungen

Baugröße		00	00	0	0	1	1	2	2	3	3	4	4	4a	4a
Bemessungsstrom in A		**100**	**160**	**100**	**160**	**200**	**250**	**315**	**400**	**500**	**630**	**800**	**1 000**	**1 000**	**1 250**
Betriebs-klasse	**U_n in V**	**Leistungsabgabe in W[1)]**													
gG	400 und 500 ~	7,5	12	–	16	–	23	–	34	–	48	–	90	–	110
gG	690 ~	12	–	25	–	32	–	45	–	60	–	90	–	110	–
aM	400 und 500 ~	7,5	–	–	16	–	23	–	34	–	48	–	90	–	110
aM	690 ~	12	–	25	–	–	32	–	45	–	60	–	90	–	110
gTr[2)]	400 ~	–	–	–	–	–		–	34	–	48	–	–	–	115

[1)] Die Leistungsabgabe bezieht sich auf den größten Bemessungsstrom einer Baureihe bei Belastung mit 50 Hz Wechselspannung und nach Erreichen der Endtemperatur bei einer Umgebungstemperatur von +20 °C.

[2)] Die Leistungsabgaben für Sicherungen der Betriebsklasse gTr (U_n = 400 V) gelten für:
Größe 2: P_v = 34 W; S_n = 250 kVA; I_{rat} = 361 A
Größe 3: P_v = 48 W; S_n = 400 kVA; I_{rat} = 577 A
Größe 4a: P_v = 115 W; S_n = 1000 kVA; I_{rat} = 1 443 A

Tabelle 14.3 Leistungsabgabe (Verlustleistung) verschiedener NH-Sicherungen

Sicherung		kleiner Prüfstrom I_{nf}	großer Prüfstrom I_f	konventionelle Prüfdauer t
Betriebsklasse	**Bemessungsstrom I_n in A**			
gG	bis 4	$1{,}5 \cdot I_n$	$2{,}1 \cdot I_n$	1 h
	über 4 bis 16	$1{,}5 \cdot I_n$	$1{,}9 \cdot I_n$	1 h
	über 16 bis 63	$1{,}25 \cdot I_n$	$1{,}6 \cdot I_n$	1 h
	über 63 bis 160	$1{,}25 \cdot I_n$	$1{,}6 \cdot I_n$	2 h
	über 160 bis 400	$1{,}25 \cdot I_n$	$1{,}6 \cdot I_n$	3 h
	über 400	$1{,}25 \cdot I_n$	$1{,}6 \cdot I_n$	4 h
aM[1)]	alle I_n	$4 \cdot I_n$	$6{,}3 \cdot I_n$	60 s
gTr[1)]	alle I_{rat}[2)]	$1{,}3 \cdot I_{rat}$	–	10 h
		–	$1{,}5 \cdot I_{rat}$	2 h

[1)] Festlegungen galten noch bis 01.06.2003 gemäß alten Normen (VDE 0636-22)

[2)] Bei Sicherungen der Betriebsklasse gTr entspricht der Bemessungsstrom des Sicherungseinsatzes dem Bemessungsstrom des Transformators. Es gilt

$$I_{rat} = \frac{S_n}{\sqrt{3} \cdot U_n}$$

I_{rat} Bemessungsstrom der Sicherung bzw. des Transformators in A
S_n Bemessungsleistung des Transformators in kVA
U_n Bemessungsspannung des Transformators in kV, mit $U_n = 0{,}4$ kV

Tabelle 14.4 Konventionelle Prüfzeiten und Prüfströme für NH-Sicherungen

14.1.1.3.6 Konventionelle Prüfströme und Prüfzeiten für NH-Sicherungen

Die konventionellen Prüfzeiten und Prüfströme für NH-Sicherungen der verschiedenen Betriebsklassen sind in **Tabelle 14.4** dargestellt.

14.1.1.3.7 Ausschaltzeiten von NH-Sicherungen

Die maximale und minimale Ausschaltzeit einer Sicherung für einen bestimmten Strom kann durch Auswertung der genormten Zeit-Strom-Bereiche (siehe Bild 14.5 und Bild 14.6) bestimmt werden. Die tatsächliche Ausschaltzeit einer Sicherung kann mittels der vom Hersteller erstellten Zeit-Strom-Kennlinie, unter Berücksichtigung der vom Hersteller angegebenen Toleranzgrenzen, ermittelt werden.

14.1.1.3.8 Durchlassstrom und Durchlassstromkennlinien von NH-Sicherungen

Das Diagramm für Durchlassstromkennlinien wird auch Strombegrenzungsdiagramm genannt. Es ist vom Hersteller anzufordern. Als Beispiel ist in **Bild 14.8** das Strombegrenzungsdiagramm eines Herstellers für NH-Sicherungen der Betriebsklasse gG gezeigt.

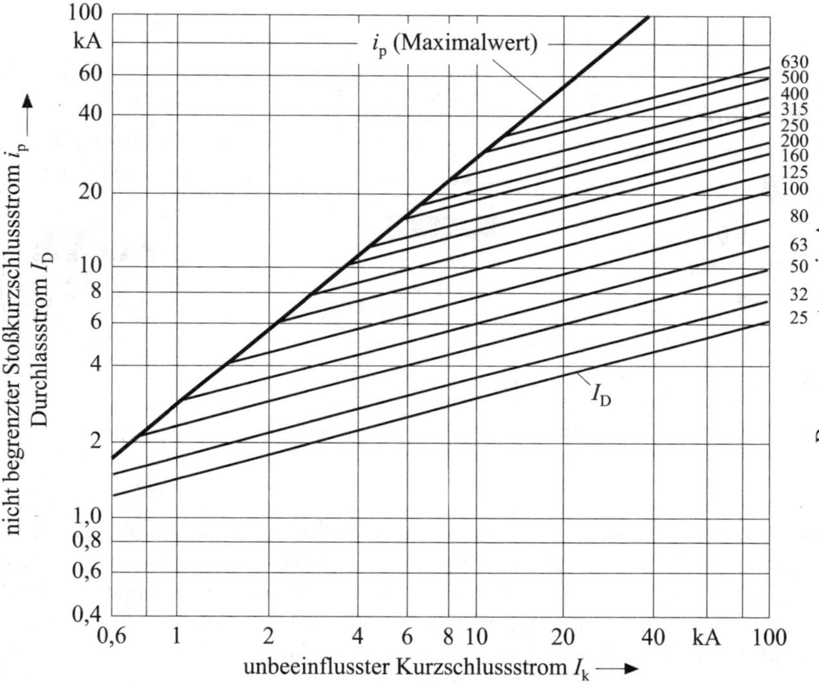

Bild 14.8 Strombegrenzungsdiagramm (Beispiel eines Herstellers)

14.1.1.3.9 Aufschriften auf NH-Sicherungen

Die erforderlichen Aufschriften sind in Abschnitt 14.1.2.9 aufgelistet. Hierzu ist noch zu bemerken: Die Angaben für den Bemessungsstrom und die Bemessungsspannung müssen von vorn erkennbar sein. Weiter sind sie durch Schriftart und Farbe der Aufschrift zu kennzeichnen. Es gelten folgende Festlegungen:

- Sicherungen der Betriebsklasse gG sind „schwarz“ zu beschriften; für Sicherungen mit einer Bemessungsspannung von 400 V ist auch „blau“ als Farbe zugelassen
- Sicherungen der Betriebsklasse aM sind „grün“ zu beschriften
- Sicherungen der Betriebsklasse gTr sind „braun“ zu beschriften
- Sicherungen für den Bergbauanlagenschutz (Betriebsklasse gB) sind „rot“ beschriftet

Beispiele zur Kennzeichnung von NH-Sicherungen zeigt **Bild 14.9**.

a) b) c)

Bild 14.9 Aufschriften von NH-Sicherungen
a) Sicherung älterer Bauart
b) Sicherung der Betriebsklasse gTr
c) Sicherung neuer Bauart

Bei Bemessungsspannungen von AC 400 V und AC 690 V ist die Bemessungsspannung in einem Streifen mit Umkehrschrift anzugeben (siehe Bild 14.9b und 18.9c). Sicherungen für die Bemessungsspannung AC 500 V sind mit normaler Schrift zu versehen. Sicherungen der Betriebsklasse gTr sind mit der Transformatoren-Nennleistung in kVA (z. B. mit 400 kVA) gekennzeichnet.

Stromart und Frequenz dürfen auch mittels Schaltzeichen angegeben werden. Bemessungsstrom und Bemessungsspannung können auch wie folgt dargestellt werden:

$$10\ \text{A}\ \ 500\ \text{V}\ \ \text{oder}\ \ 10/500\ \ \text{oder}\ \ \frac{10}{500}$$

Auf Sicherungshaltern (Sicherungsunterteil oder Sicherungshalter) müssen die Angaben für die Bemessungsspannung und den Bemessungsstrom von vorn erkennbar sein, wenn die Sicherung nicht eingesetzt ist.

NH-Sicherungseinsätze mit einer Bemessungsspannung von AC 690 V müssen deutlich gekennzeichnet werden, zum Beispiel durch einen Streifen, der sich über den mittleren Teil der Sicherung erstreckt und die Inschrift „~ 690 V“ trägt.

14.1.1.4 Schraubsicherungen (D- und D0-System)

Zur Anwendung gelangen das D- und das D0-System mit Schraubgewinde. Diese Systeme haben sich in der Praxis bewährt, sind universell einsetzbar und bieten auch einen guten Berührungsschutz. Die Systeme sind für den Gebrauch durch Laien (Sicherungsaustausch) bestimmt und kommen hauptsächlich in Haushaltungen und ähnlichen Anlagen zum Einsatz. Sehr wichtig ist, dass eine Unverwechselbarkeit in der Form besteht, damit ein vorhandener Sicherungseinsatz nicht gegen einen solchen mit höherem Bemessungsstrom ausgetauscht werden kann.

Das D-System bzw. das D0-System besteht aus Sicherungssockel, Sicherungseinsatz, Passschraube oder Passhülse (auch Passring genannt) und Schraubkappe. Der Sicherungseinsatz besteht aus einem Porzellankörper mit metallenen Endkappen zur Stromübertragung. In diesem Porzellankörper liegen, eingebettet in dichtem, feinkörnigem Quarzsand, ein oder mehrere Schmelzleiter, die meist aus Feinsilber oder Kupfer bestehen. Der Schmelzleiter ist bei kleinen Bemessungsströmen als dünnes Drähtchen, bei mittleren Bemessungsströmen als Bändchen und bei großen Bemessungsströmen als Flachband – evtl. auch in Parallelschaltung – ausgeführt. Der Sand dient zur normalen Kühlung bei Belastung der Sicherung und zur Löschung des Lichtbogens bei einer Abschaltung durch die Sicherung. D- und D0-Sicherungen sind mit einem Anzeiger (Kennmelder) ausgestattet, der den Betriebszustand (betriebsfähig oder unterbrochen) der Sicherung anzeigt. Die Farbe des Anzeigers gibt auch über den Bemessungsstrom der Sicherung Auskunft. Die Bemessungsströme, die Farbe des Anzeigers, die Baugröße und Gewindegröße des Systems zeigt **Tabelle 14.5**.

<table>
<tr><th rowspan="2">Bemessungs-
strom I
A</th><th rowspan="2">Farbe des Anzeigers</th><th colspan="2">D-Sicherungen</th><th colspan="2">D0-Sicherungen</th></tr>
<tr><th>Baugröße</th><th>Gewinde</th><th>Baugröße</th><th>Gewinde</th></tr>
<tr><td>2</td><td>rosa</td><td rowspan="8">DII</td><td rowspan="8">E27</td><td rowspan="6">D01</td><td rowspan="6">E14</td></tr>
<tr><td>4</td><td>braun</td></tr>
<tr><td>6</td><td>grün</td></tr>
<tr><td>10</td><td>rot</td></tr>
<tr><td>13</td><td>schwarz</td></tr>
<tr><td>16</td><td>grau</td></tr>
<tr><td>20</td><td>blau</td><td rowspan="5">D02</td><td rowspan="5">E18</td></tr>
<tr><td>25</td><td>gelb</td></tr>
<tr><td>35</td><td>schwarz</td><td rowspan="3">DIII</td><td rowspan="3">E33</td></tr>
<tr><td>50</td><td>weiß</td></tr>
<tr><td>63</td><td>kupfer</td></tr>
<tr><td>80</td><td>silber</td><td rowspan="2">DIV</td><td rowspan="2">E1¼ Zoll</td><td rowspan="2">D03</td><td rowspan="2">M30 × 2</td></tr>
<tr><td>100</td><td>rot</td></tr>
</table>

Tabelle 14.5 Bemessungsströme, Farbe des Anzeigers, Baugröße und Gewinde von D- und D0-Sicherungen

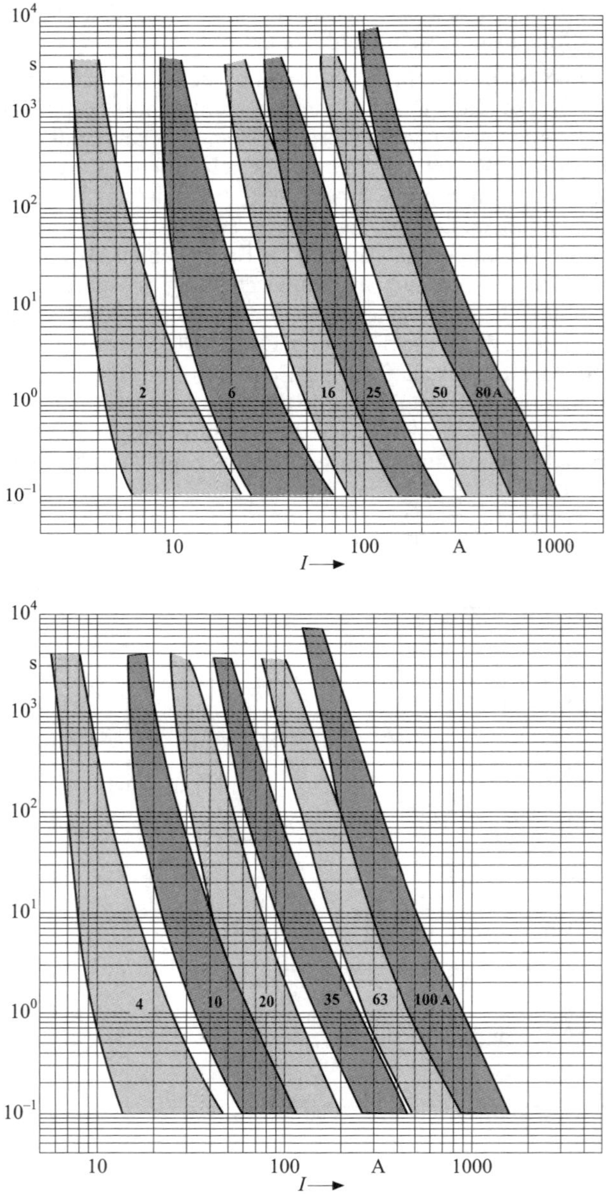

Bild 14.10 Strom-Zeit-Bereiche für D- und D0-Sicherungen der Betriebsklasse gG (Quelle: DIN VDE 0636-3:2008-03)

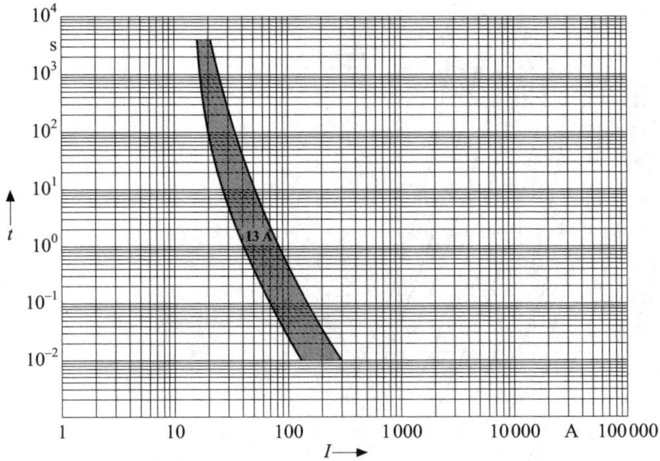

Bild 14.10 (Fortsetzung)

14.1.1.4.1 Bemessungswerte für D- und D0-Sicherungen

Das D-System (Baugrößen DII, DIII und DIV) hat eine Bemessungsspannung von 500 V bei Wechselspannung und Gleichspannung, wobei es das System DIII auch für 690 V Wechselspannung und 600 V Gleichspannung gibt. Das D0-System (Baugrößen D01, D02 und D03) ist für Bemessungsspannungen von 400 V bei Wechselspannung und 250 V bei Gleichspannung ausgelegt. Die genormten Bemessungsströme für die verschiedenen Baugrößen können Tabelle 14.5 entnommen werden.

Anmerkung: D0-Sicherungen dürfen auch in Anlagen mit AC 415 V Bemessungsspannung verwendet werden.

Für die Bemessungsströme von D- und D0-Sicherungen gelten folgende Vorzugswerte:

2 A, 4 A, 6 A, 10 A, 13 A, 16 A, 20 A, 25 A, 35 A, 50 A, 63 A, 80 A und 100 A

14.1.1.4.2 Ausschaltbereiche und Betriebsklassen für D- und D0-Sicherungen

D-Sicherungen und D0-Sicherungen sind nur für die Betriebsklasse gG genormt. Sicherungen mit anderen Betriebsklassen werden im Handel aber angeboten.

14.1.1.4.3 Zeit-Strom-Bereiche und Zeit-Strom-Kennlinien für D- und D0-Sicherungen

Die Zeit-Strom-Bereiche für D-Sicherungen und D0-Sicherungen für die genormten Bemessungsströme von 2 A bis 100 A sind in **Bild 14.10** dargestellt. Die Zeit-Strom-Kennlinien eines Herstellers zeigt **Bild 14.11**.

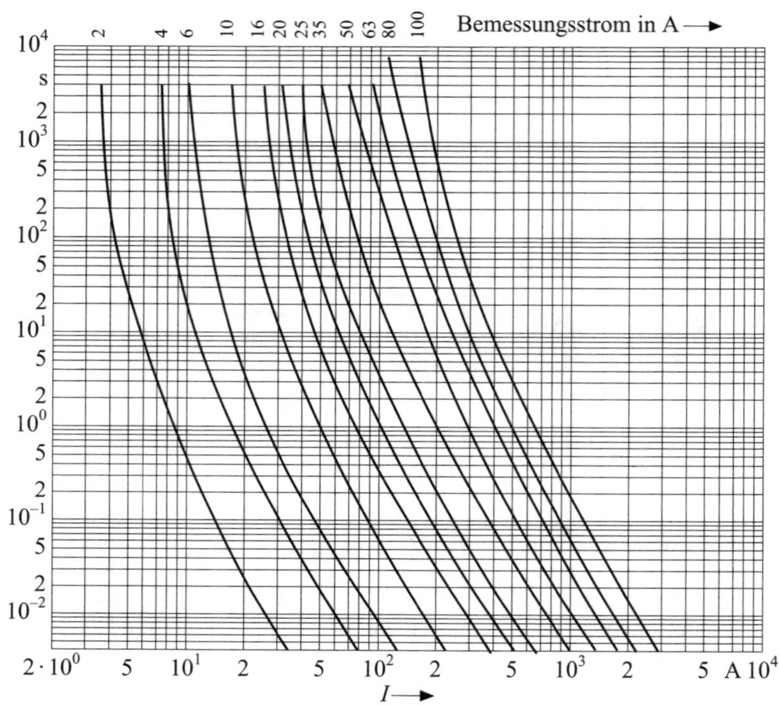

Bild 14.11 Zeit-Strom-Kennlinien für D-Sicherungen (Kennlinien eines Herstellers)

14.1.1.4.4 Leistungsabgabe von D- und D0-Sicherungen

Die Leistungsabgabe (Verlustleistung) von D- und D0-Sicherungen sind in **Tabelle 14.6** angegeben.

Bemessungsstrom eines Sicherungseinsatzes in A	**2**	**4**	**6**	**10**	**13**	**16**	**20**	**25**	**35**[1)]	**50**	**63**	**80**	**100**
	Leistungsabgabe P_v in W												
D-Sicherungen	3,3	2,3	2,3	2,6	2,8	3,2	3,5	4,5	5,2	6,5	7,0	8,0	9,0
D0-Sicherungen	2,5	1,8	1,8	2,0	2,2	2,5	3,0	3,5	4,0	5,0	5,5	6,5	7,0

[1)] In einigen Ländern werden anstelle von 35 A Sicherungen mit Bemessungsströmen von 32 A und 40 A verwendet.

Tabelle 14.6 Leistungsabgabe (Verlustleistung) von D- und D0-Sicherungen

14.1.1.4.5 Bemessungsausschaltvermögen von D- und D0-Sicherungen

Das Bemessungsausschaltvermögen von D- und D0-Sicherungen muss mindestens 50 kA bei Wechselstrom und 8 kA bei Gleichstrom betragen. Das Bemessungsschaltvermögen der im Handel angebotenen Sicherungen liegt in der Regel höher.

14.1.1.4.6 Konventionelle Prüfzeiten und Prüfströme von D- und D0-Sicherungen

Die konventionellen Prüfzeiten und Prüfströme für D- und D0-Sicherungen sind in **Tabelle 14.7** zusammengestellt.

Sicherung		**kleiner Prüfstrom I_{nf}**	**großer Prüfstrom I_f**	**Prüfdauer t in h**
Betriebsklasse	**Bemessungsstrom I_n in A**			
gG	bis 4	$1{,}5 \cdot I_n$	$2{,}1 \cdot I_n$	1
	über 4 bis 10	$1{,}5 \cdot I_n$	$1{,}9 \cdot I_n$	1
	über 10 bis 35	$1{,}4 \cdot I_n$	$1{,}6 \cdot I_n$	1
	über 35 bis 63	$1{,}25 \cdot I_n$	$1{,}6 \cdot I_n$	1
	über 63 bis 100	$1{,}25 \cdot I_n$	$1{,}6 \cdot I_n$	2
Tabelle gilt für gM-Sicherungen nur von 16 A bis 100 A				

Tabelle 14.7 Konventionelle Prüfzeiten und Prüfströme von D- und D0-Sicherungen

14.1.1.4.7 Ausschaltzeiten von D- und D0-Sicherungen

Die maximale und minimale Ausschaltzeit einer Sicherung für einen bestimmten Strom kann durch Auswertung der genormten Zeit-Strom-Bereiche (siehe Bild 14.10) bestimmt werden. Die tatsächliche Ausschaltzeit einer Sicherung kann mittels der vom Hersteller erstellten Zeit-Strom-Kennlinien, unter Berücksichtigung der vom Hersteller angegebenen Toleranzgrenzen, ermittelt werden (siehe Bild 14.11).

14.1.1.4.8 Durchlassstrom und Durchlassstromkennlinien von D- und D0-Sicherungen

Hier gilt grundsätzlich das unter Abschnitt 14.1.3.8 Gesagte. Das Strombegrenzungsdiagramm ist vom Hersteller anzufordern. Näherungsweise kann für D- und D0-Sicherungen das in Bild 14.8 dargestellte Strombegrenzungsdiagramm für NH-Sicherungen verwendet werden.

14.1.1.4.9 Aufschriften auf D- und D0-Sicherungen

Die eigentlich aufzubringenden Daten sind in Abschnitt 14.1.2.9 ausführlich dargestellt, was aber bei D- und D0-Sicherungen nicht immer möglich sein dürfte. D- und

D0-Sicherungen müssen aber mindestens mit der Handelsmarke, der Typnummer des Herstellers, der Bemessungsspannung und dem Bemessungsstrom gekennzeichnet sein.

14.1.2 Leitungsschutzschalter (LS-Schalter) – DIN EN 60898 (VDE 0641)

Ein **Leitungsschutzschalter** (LS-Schalter) ist ein mechanisches Schaltgerät, das in der Lage ist, unter üblichen Stromkreisbedingungen Ströme einzuschalten, zu führen und abzuschalten, und außerdem in der Lage ist, unter festgelegten außergewöhnlichen Stromkreisbedingungen wie im Kurzschlussfall Ströme einzuschalten, eine bestimmte Zeit zu führen und automatisch abzuschalten.
(Quelle: DIN EN 60898 (VDE 0641-11):2005-04, Abschnitt 3.1.4).

14.1.2.1 Allgemeine Anforderungen

Die allgemeinen Anforderungen für Leitungsschutzschalter (LS-Schalter) sind in der Normenreihe DIN EN 60898 (VDE 0641) festgelegt. Es gelten

- DIN EN 60898-1 (VDE 0641-11) „Elektrisches Installationsmaterial – Leitungsschutzschalter für Hausinstallationen und ähnliche Zwecke – Teil 1: Leitungsschutzschalter für Wechselstrom (AC)“
- DIN EN 60898-2 (VDE 0641-12) „Leitungsschutzschalter für Hausinstallationen und ähnliche Zwecke – Teil 2: Leitungsschutzschalter für Wechsel- und Gleichstrom (AC und DC)“

Im Weiteren werden nur **LS-Schalter für Wechselspannungen** behandelt, also die nach der Norm DIN EN 60898-1 (VDE 0641-11), da diese Norm den derzeit verwendeten LS-Schalter beschreibt. Die Norm DIN EN 60898-2 (VDE 0641-12) gelangt praktisch nur beim Bau und bei der Prüfung von LS-Schaltern für Gleichspannung zur Anwendung.

Die Norm VDE 0641-11 stellt die Deutsche Fassung der Europäischen Norm EN 60898 dar. LS-Schalter nach dieser Norm sind für den wartungslosen Einsatz und Gebrauch durch Laien bestimmt. Sie sind geeignet für den Schutz gegen zu hohe Erwärmung von Kabeln und Leitungen (Überstrom-, Überlast- und Kurzschlussschutz) und für den Schutz gegen gefährliche Körperströme. Weniger geeignet sind sie zum Schutz von Motoren. Die Bemessungsspannung reicht bis AC 440 V, die Bemessungsströme sind genormt für 6 A bis 125 A, und die Bemessungsschaltleistung liegt bei maximal 25 kA. **LS-Schalter sind zum Trennen von Stromkreisen geeignet, aber nicht zum betriebsmäßigen Schalten bestimmt.** Die Bezugsumgebungstemperatur liegt bei 30 °C, wobei die Umgebungstemperatur gelegentlich auch Werte zwischen –5 °C und +40 °C annehmen kann. Der tägliche Mittelwert der Umgebungstemperatur darf +35 °C nicht überschreiten. Sie sind für Frequenzen von 50 Hz bzw. 60 Hz gebaut. Der Einbauort sollte nicht über 2 000 m NN liegen.

Für LS-Schalter sind folgende Daten bzw. Angaben besonders wichtig

- Bemessungsspannung
- Bemessungsstrom
- Bemessungsfrequenz
- Ausschaltcharakteristik
- Strom-Zeit-Bereiche
- Leistungsabgabe, Verlustleistung
- Bemessungsschaltvermögen
- festgelegte konventionelle Prüfströme
- Energiebegrenzungsklasse
- Aufschriften

14.1.2.2 Technische Anforderungen an LS-Schalter

14.1.2.2.1 Bemessungswerte für LS-Schalter

Die genormten Bemessungsspannungen sind nach DIN EN 60898-1 (VDE 0641-11) festgelegt und in **Tabelle 14.8** zusammengestellt.

LS-Schalter	Stromkreis, der den LS-Schalter versorgt	Bemessungsspannung des LS-Schalters
einpolig	einphasig (Außenleiter–Neutralleiter oder Außenleiter–Außenleiter)	230 V
	dreiphasig 4-Leiter	230 V
	einphasig (Außenleiter–Neutralleiter) oder dreiphasig, bei Verwendung von drei einpoligen LS-Schaltern (3-Leiter oder 4-Leiter)	230/400 V
zweipolig	einphasig (Außenleiter–Neutralleiter oder Außenleiter–Außenleiter)	230 V
	einphasig (Außenleiter–Außenleiter)	400 V
	dreiphasig (4-Leiter)	230 V
dreipolig	dreiphasig (3-Leiter oder 4-Leiter)	400 V
vierpolig	dreiphasig (4-Leiter)	400 V
Anmerkung: In IEC 60038 wurden die Spannungswerte von 230 V und 400 V festgelegt. Diese Werte sollen zunehmend die Spannungen von 220 V und 240 V bzw. 380 V oder 415 V ersetzen. Überall, wo es in dieser Norm 230 V und 400 V heißt, kann 220 V oder 240 V bzw. 380 V und 415 V gelesen werden.		

Tabelle 14.8 Normwerte für die Bemessungsspannungen von LS-Schaltern
(Quelle: DIN EN 60898-1 (VDE 0641-11):2006-03)

Dabei sind noch folgende Festlegungen zu beachten

- zweipolige LS-Schalter für 230 V können einen oder zwei geschützte Pole haben
- zweipolige LS-Schalter für 400 V müssen zwei geschützte Pole haben
- dreipolige LS-Schalter müssen drei geschützte Pole haben
- vierpolige LS-Schalter müssen drei oder vier geschützte Pole haben

Für die Bemessungsströme gelten für LS-Schalter folgende Vorzugswerte

6 A, 10 A, 13 A, 16 A, 20 A, 25 A, 32 A, 40 A, 50 A, 63 A, 80 A, 100 A und 125 A

Die Bemessungsfrequenzen sind mit 50 Hz und 60 Hz genormt.

14.1.2.2.2 Ausschaltcharakteristik (Charakteristik) für LS-Schalter

Ein LS-Schalter besitzt zwei getrennt wirkende Auslöseorgane. Der thermische Auslöser (Bimetall) löst im Bereich der Überströme aus, der elektromagnetische Auslöser deckt den Bereich der Kurzschlussströme ab. Die Charakteristik (Zeit-Strom-Kennlinie) eines LS-Schalters ergibt sich durch das Zusammenwirken dieser beiden Auslöseorgane und in Verbindung mit den Prüfströmen, die den Bereich der Sofortauslösung angeben. **Bild 14.12** zeigt die grundsätzlichen Zusammenhänge.

Die Sofortauslösung wird durch den elektromagnetischen Auslöser (Kurzschlussschnellauslöser) bewirkt und löst beim LS-Schalter der Charakteristik B zwischen

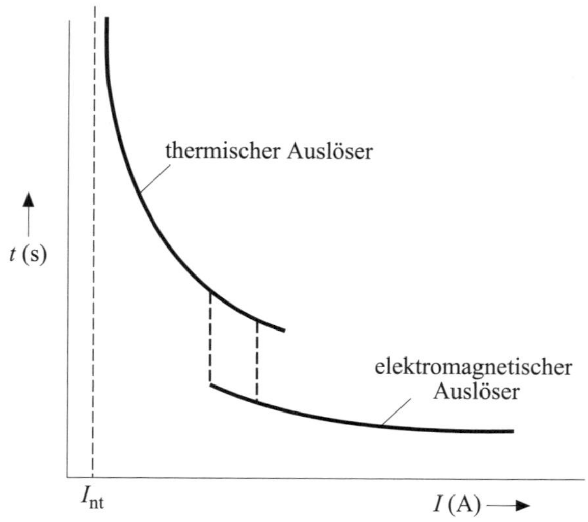

Bild 14.12 Kennlinien der Auslöseorgane und Auslöseströme von LS-Schaltern

dem drei- und fünffachen Bemessungsstrom aus. Beim LS-Schalter mit der Charakteristik C muss die Auslösung zwischen dem fünf- und zehnfachen Bemessungsstrom erfolgen. Beim LS-Schalter mit der Charakteristik D erfolgt die Auslösung zwischen dem zehn- und zwanzigfachen Bemessungsstrom.

14.1.2.2.3 Zeit-Strom-Bereiche und Zeit-Strom-Kennlinien für LS-Schalter

Die Zeit-Strom-Bereiche bzw. Charakteristiken B, C und D für LS-Schalter sind in **Bild 14.13** gezeigt.

Obwohl in neuen Anlagen nur noch LS-Schalter mit den Charakteristiken B, C oder D eingesetzt werden dürfen, wurden in Bild 14.13 auch die früher üblichen LS-Schalter mit H- und L-Charakteristik aufgenommen, da es auch noch Anlagen mit alten LS-Schaltern gibt, die ja weiter betrieben werden dürfen.

14.1.2.2.4 Leistungsabgabe und Verlustleistung von LS-Schaltern

Die Verlustleistung ist für LS-Schalter erheblich höher als die von Niederspannungssicherungen, wenn gleiche Bemessungsströme verglichen werden. Die Verlustleistung ist besonders zu beachten, wenn eine große Anzahl von hochbelasteten Schaltern in einer Verteilung auf engstem Raum eingebaut werden. In **Tabelle 14.9** sind neben den Prüfströmen (Nichtauslösestrom und Auslösestrom) auch die Verlustleistungen für LS-Schalter dargestellt.

14.1.2.2.5 Bemessungsschaltvermögen für LS-Schalter

Das Bemessungsschaltvermögen eines LS-Schalters ist der Wert des Grenzausschaltvermögens, der für den LS-Schalter vom Hersteller angegeben ist. LS-Schalter nach VDE 0641-11 müssen ein Bemessungsschaltvermögen besitzen, das einem der folgenden Werte entspricht

1,5 kA, 3 kA, 4,5 kA, 6 kA, 10 kA, 15 kA, 20 kA, 25 kA

Anmerkung: LS-Schalter mit einem Bemessungsschaltvermögen von 1,5 kA dürfen nur in unmittelbarer Nähe von Steckdosen oder Schaltern im Haushalt und für ähnliche Anlagen eingebaut werden.

14.1.2.2.6 Konventionelle Prüfströme und Prüfzeiten für LS-Schalter

Die Prüfströme und Prüfzeiten für LS-Schalter nach VDE 0641-11 sind, wie nachfolgend dargestellt, festgelegt

- Der Nichtauslösestrom I_{nt} (en: nt – non tripping), der früher kleiner Prüfstrom genannt wurde, ist mit $I_{nt} = 1{,}13\ I_n$ festgelegt. Mit diesem Strom belastet, muss der LS-Schalter vom kalten Zustand aus, also ohne Vorbelastung, innerhalb einer Stunde bei $I_n \leq 63$ A und innerhalb zwei Stunden bei $I_n > 63$ A nicht auslösen (siehe hierzu auch Tabelle 14.9).

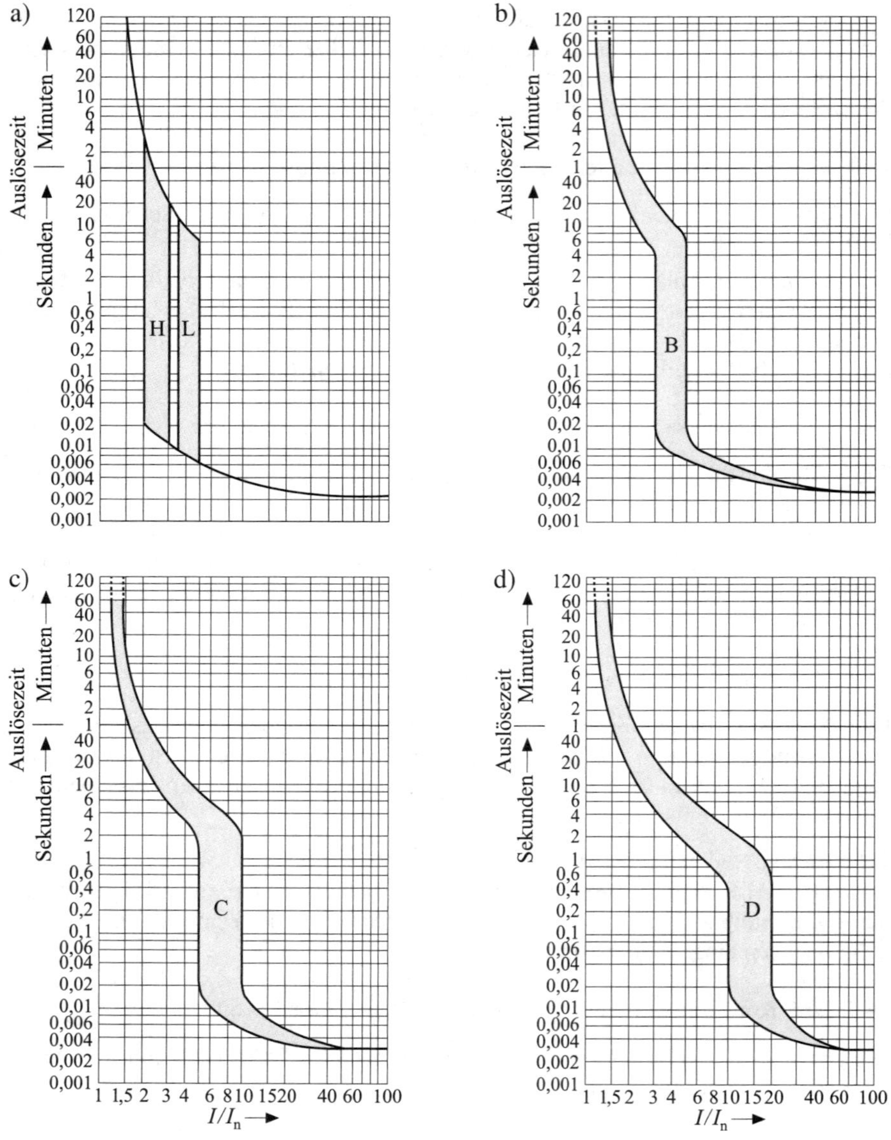

Bild 14.13 Strom-Zeit-Bereiche von LS-Schaltern
a) Charakteristik H und L
b) Charakteristik B
c) Charakteristik C
d) Charakteristik D

Bemessungsstrom I_n in A	Nichtauslösestrom I_{nt} in A	Auslösestrom I_t in A	maximal zulässige Verlustleistung je Pol bei I_n nach VDE 0641-11:2006-03	Verlustleistung bei I_n nach Hersteller[1)] P_v in W	
				kalt[2)]	warm[3)]
4	4,5	5,8	3	1,5	1,8
6	6,8	8,7	3	1,7	2,0
8	9,0	11,6	3	2,6	3,0
10	11,3	14,5	3	1,7	2,1
13	14,7	18,9	3,5	–	–
16	18,1	23,2	3,5	2,0	2,3
20	22,6	29,0	4,5	2,4	2,7
25	28,3	36,2	4,5	2,9	3,4
32	36,1	46,4	6	3,4	3,9
40	45,2	58,0	7,5	4,0	4,6
50	56,5	72,7	9	5,8	6,7
63	71,2	91,4	13	–	–
80	90,4	116,0	15	–	–
100	113,0	145,0	15	–	–
125	139,0	181,3	20	–	–

1) Angabe gilt für einpolige Schalter
2) kalt bedeutet: gemessen in unbelastetem Zustand
3) warm bedeutet: gemessen vom belasteten Zustand ausgehend

Tabelle 14.9 Kennwerte von LS-Schaltern nach DIN EN 60898-1 (VDE 0641-11):2006-03

- Der Auslösestrom I_t (en: t – tripping), der früher großer Prüfstrom genannt wurde, ist mit $I_t = 1{,}45\ I_n$ festgelegt. Mit diesem Strom belastet, muss der LS-Schalter innerhalb einer Stunde bei $I_n \leq 63$ A und innerhalb zwei Stunden bei $I_n > 63$ A auslösen. Die Prüfung muss unmittelbar nach der Prüfung des Nichtauslösestroms durchgeführt werden, wobei eine stetige Steigerung des Stroms in 5 s erfolgen muss (siehe hierzu auch Tabelle 14.9).
- Der Prüfstrom mit $I = 2{,}25\ I_n$ dient zur Prüfung der thermischen Auslösung, wobei, ausgehend vom kalten Zustand, gefordert wird:
  Auslösezeit: $1\ \text{s} < t < 60\ \text{s}$ für $I_n \leq 32$ A
  Auslösezeit: $1\ \text{s} < t < 120\ \text{s}$ für $I_n > 32$ A

- Die Prüfströme und Auslöse- bzw. Nichtauslösezeiten zur Feststellung der unverzögerten Auslösung, die vom kalten Zustand aus erfolgen muss, sind festgelegt mit

  $I = 3\ I_n$ (Charakteristik B)
  Auslösezeit: 0,1 s $< t <$ 45 s für $I_n \leq 32$ A
  Auslösezeit: 0,1 s $< t <$ 90 s für $I_n > 32$ A

  $I = 5\ I_n$ (Charakteristik C)
  Auslösezeit: 0,1 s $< t <$ 15 s für $I_n \leq 32$ A
  Auslösezeit: 0,1 s $< t <$ 30 s für $I_n > 32$ A

  $I = 10\ I_n$ (Charakteristik D)
  Auslösezeit: 0,1 s $< t <$ 8 s für $I_n \leq 10$ A
  Auslösezeit: 0,1 s $< t <$ 4 s für $I_n > 10$ A bis ≤ 32 A
  Auslösezeit: 0,1 s $< t <$ 8 s für $I_n > 32$ A

- Die Prüfströme zur Prüfung der unmittelbaren Auslösung des elektromagnetischen Auslösers sind festgelegt mit:

  $I = \ \ 5\ I_n$ (Charakteristik B)
  $I = 10\ I_n$ (Charakteristik C)
  $I = 20\ I_n$ (Charakteristik D)

  Mit diesen Strömen belastet, muss der LS-Schalter in einer Zeit $t < 0{,}1$ s auslösen. Geprüft wird vom kalten Zustand aus.

14.1.2.2.7 Ausschaltzeiten für LS-Schalter

Die Ausschaltzeiten für LS-Schalter sind durch Auswertung der Zeit-Strom-Bereiche nach Bild 14.13 zu ermitteln oder nach den verschiedenen Prüfströmen abzuschätzen.

14.1.2.2.8 Strombegrenzung für LS-Schalter

Die Anforderungen an die Kurzschlussstrombegrenzung ist für LS-Schalter in drei Klassen vorgenommen. Festgelegt sind diese Klassen durch die maximal zulässigen Durchlass-I^2t-Werte (Joule-Integral). Dabei bedeuten bezüglich der Prüfanforderungen für die Energiebegrenzungsklasse (früher Strombegrenzungsklasse)

- Energiebegrenzungsklasse 1 – keine Anforderungen
- Energiebegrenzungsklasse 2 – mittlere Anforderungen
- Energiebegrenzungsklasse 3 – hohe Anforderungen

Die für LS-Schalter Typ B und Typ C mit den Energiebegrenzungsklassen 1, 2 und 3 bis einschließlich 40 A zugelassenen Durchlassenergien sind in **Tabelle 14.10** (bis 16 A) und **Tabelle 14.11** (über 16 A bis 40 A) dargestellt.

Bemessungs-schalt-vermögen	Energiebegrenzungsklassen				
	1	2		3	
	$(I^2 t)_{max}$ $A^2 s$	$(I^2 t)_{max}$ $A^2 s$		$(I^2 t)_{max}$ $A^2 s$	
A	Charakteristik B und C	Charakteristik B	Charakteristik C	Charakteristik B	Charakteristik C
3 000	keine Grenzwerte festgelegt	31 000	37 000	15 000	18 000
4 500		60 000	75 000	25 000	30 000
6 000		100 000	120 000	35 000	42 000
10 000		240 000	290 000	70 000	84 000

Tabelle 14.10 Zulässige $I^2 t$-(Durchlass-)Werte für LS-Schalter mit Bemessungsströmen bis einschließlich 16 A
(Quelle: DIN EN 60898-1 (VDE 0641-11):2006-03)

Bemessungs-schalt-vermögen	Energiebegrenzungsklassen				
	1	2		3	
	$(I^2 t)_{max}$ $A^2 s$	$(I^2 t)_{max}$ $A^2 s$		$(I^2 t)_{max}$ $A^2 s$	
A	Charakteristik B und C	Charakteristik B	Charakteristik C	Charakteristik B	Charakteristik C
3 000	keine Grenzwerte festgelegt	40 000	50 000	18 000	22 000
4 500		80 000	100 000	32 000	39 000
6 000		130 000	160 000	45 000	55 000
10 000		310 000	370 000	90 000	110 000
Anmerkung: Für LS-Schalter mit einem Bemessungsstrom von 40 A gelten die maximalen $I^2 t$-Durchlassenergien 120 % der Werte, die in der Tabelle angegeben sind.					

Tabelle 14.11 Zulässige $I^2 t$-(Durchlass-)Werte für LS-Schalter mit Bemessungsströmen über 16 A bis einschließlich 40 A
(Quelle: DIN EN 60898-1 (VDE 0641-11):2006-03)

Die Anforderungen werden durch die Durchlassenergie, das Joule-Integral, ausgedrückt, wobei gilt

$$I^2 t = \int_{t_0}^{t_1} i^2 \, \mathrm{d}t \tag{14.1}$$

Je geringer die Durchlassenergie, desto geringer ist auch die Erwärmung der LS-Schalter und der zu schützenden Leitungen bei einem Kurzschluss. Auch an der Fehlerstelle ist die durch den Lichtbogen freigesetzte Energie erheblich geringer. In Anlagen, die nach den AVBEltV versorgt werden, dürfen nach den Festlegungen in den Technischen Anschlussbedingungen (TAB) nur LS-Schalter mit einem Bemessungsschaltvermögen von mindestens 6 kA und der Energiebegrenzungsklasse 3, bei Bemessungsströmen bis 40 A, eingesetzt werden.

Diese Aussagen haben dazu geführt, dass praktisch nur noch LS-Schalter mit der Energiebegrenzungsklasse 3 am Markt angeboten werden.

14.1.2.2.9 Aufschriften auf LS-Schaltern

LS-Schalter nach VDE 0641-11 müssen dauerhaft mit folgenden Daten gekennzeichnet sein

- Name oder Warenkennzeichen des Herstellers
- Typbezeichnung, Katalognummer oder eine andere Identifizierungsnummer
- Bemessungsspannung mit dem Zeichen ~
- Bemessungsstrom ohne Angabe der Einheit, davor das Zeichen für die Auslösecharakteristik B, C oder D, z. B. „B 16“
- Bemessungsfrequenz in Hz, falls der LS-Schalter nur für eine Frequenz gebaut ist
- Bemessungsschaltvermögen in A innerhalb eines Rechtecks, ohne Angabe der Einheit
- Schaltplan, sofern die richtige Art des Anschlusses nicht eindeutig ersichtlich ist
- Bezugstemperatur, wenn abweichend von 30 °C
- Energiebegrenzungsklasse, wenn zutreffend

In **Bild 14.14** ist ein Beispiel für die Anordnung der nach VDE 0641-11 geforderten Aufschriften dargestellt und erläutert.

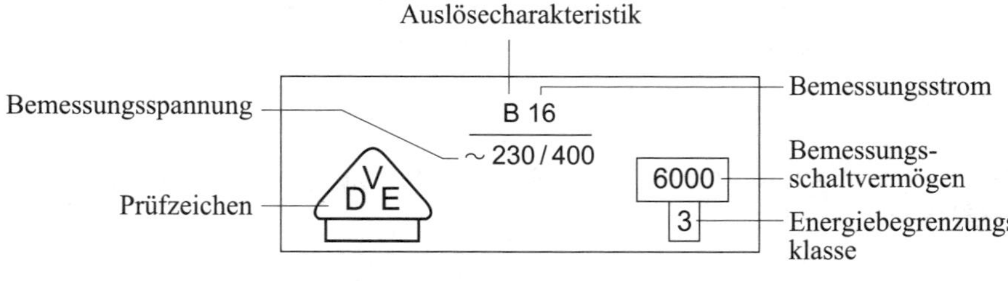

Bild 14.14 Aufschriften für LS-Schalter
(Quelle: DIN EN 60898-1 (VDE 0641-11):2006-03)

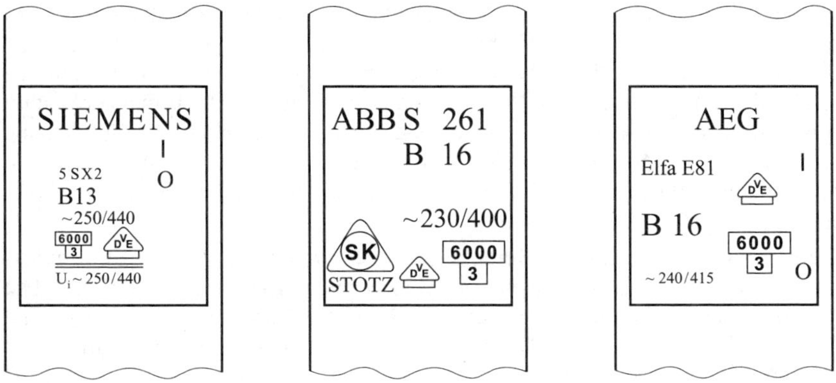

Bild 14.15 Aufschriften für LS-Schalter, Beispiele verschiedener Hersteller

Bild 14.15 zeigt einige Beispiele zu den Aufschriften, wie sie von verschiedenen Herstellern gewählt werden.

14.1.3 Selektive Haupt-Leitungsschutzschalter – E DIN VDE 0643:2003-09 (SHA-Schalter) und E DIN VDE 0645:2003-09 (SHU-Schalter)

Ein selektiver Haupt-Leitungsschutzschalter ist ein strombegrenzendes, mechanisches Schaltgerät ohne aktive elektronische Bauteile, das in der Lage ist, unter betriebsmäßigen Bedingungen Ströme einzuschalten, zu führen und abzuschalten. Er muss bis zu einer bestimmten Grenze Überströme führen ohne abzuschalten, wenn diese Überströme im nachgeschalteten Einzelstromkreis auftreten und die Abschaltung durch eine nachgeschaltete Überstrom-Schutzeinrichtung erfolgt. Der selektive Haupt-Leitungsschutzschalter muss besonderen Selektivitätsanforderungen zu vor- und nachgeschalteten Überstrom-Schutzeinrichtungen genügen.

Selektive Haupt-Leitungsschutzschalter sind moderne Schaltgeräte, die entweder als Ersatz für die Hausanschlusssicherungen oder als Zählervorsicherungen Anwendung finden. Die Schalter haben, wie normale LS-Schalter, zwei Auslöseorgane. Überströme werden durch thermische Auslöser mit entsprechender Charakteristik beherrscht, und Kurzschlüsse werden durch elektromagnetische Auslöser abgeschaltet. Grundsätzlich sind zu unterscheiden:

- **netzspannungsabhängige** Schalter nach E DIN VDE 0643 (SHA-Schalter)
- **spannungsunabhängige** Schalter nach E DIN VDE 0645 (SHU-Schalter)

Die Normentwürfe sind mit Ermächtigung versehen, das bedeutet, die Geräte entsprechen den VDE-Bestimmmungen, obwohl bisher nur Entwürfe dazu vorliegen.

Die Schalter sind zum Schutz von elektrischen Leitungen in Gebäuden gegen Überströme, zum Trennen von Verbraucheranlagen und zur Sicherstellung einer entnehmbaren Leistung in einem weiten Temperaturbereich bestimmt. Sie sind für die Benutzung durch Laien und für wartungsarmen Betrieb gebaut. Der Einbau erfolgt im unteren Anschlussraum von Zählerplätzen oder im speziellen Hausanschlusskasten. Eine Sicherung der Schaltstellung „Aus“ ist möglich. Die Schalter müssen Freiauslösung besitzen. Die Einschaltstellung muss mit einem Strich, die Ausschaltstellung mit einem Kreis gekennzeichnet sein.

Die Schalter sind genormt für Bemessungsspannungen bis 440 V, für Bemessungsströme bis 125 A und besitzen ein Schaltvermögen von maximal 50 kA. Die Bemessungsfrequenz liegt bei 50 Hz und 60 Hz. Die Höhenlage des Einbaus sollte 2 000 m NN nicht überschreiten. Die Schalter sind bei Umgebungstemperaturen von –25 °C und +55 °C einsetzbar.

Die thermische Auslösecharakteristiken für die beiden Schalter sind

- SHA-Schalter: Zeit-Strom-Charakteristik Cs und E
- SHU-Schalter: Zeit-Strom-Charakteristik E

Die Normwerte für die Temperatur sind 30 °C für Schalter mit der Auslösecharakteristik Cs und 20 °C für die Auslösecharakteristik E. Die Charakteristik der Kennlinien ist speziell auf den Leitungsschutz zugeschnitten, die Schalter sind deshalb für den Motorschutz nicht geeignet.

Normwerte für die Bemessungsspannung sind

- 230/400 V für einpolige selektive Haupt-Leitungsschutzschalter
- 230 V für zweipolige selektive Haupt-Leitungsschutzschalter
- 400 V für zweipolige, dreipolige und vierpolige selektive Haupt-Leitungsschutzschalter

Die Schalter sind genormt für folgende Nennströme: 16 A, 20 A, 25 A, 32 A, 40 A, 63 A, 80 A, 100 A und 125 A. Das Bemessungsschaltvermögen ist entweder 25 kA oder 50 kA.

Die Schalter besitzen selektives Verhalten zu vor- und nachgeschalteten Überstromschutzorganen, z. B. zu 16-A-Leitungsschutzschaltern der nachgeschalteten Anlage.

Die wichtigsten Aufschriften und Angaben für die Geräte sind:

- Name oder Warenzeichen des Herstellers
- Typbezeichnung, Katalognummer oder andere Identifizierungsnummer
- Bemessungsspannung mit dem Zeichen [~]
- Bemessungsstrom ohne das Einheitszeichen A, davor das Zeichen für die Auslösecharakteristik z. B. E 25

- Bemessungsfrequenz, falls der Schalter nur für eine Frequenz gebaut ist
- Bemessungsschaltvermögen in A innerhalb eines Rechtecks, ohne Angabe eines Einheitszeichens, z. B. 25 kA [25000]
- Schaltplan, sofern die richtige Art des Anschlusses nicht eindeutig ersichtlich ist
- Selektivität zu nachgeschalteten Überstrom-Schutzeinrichtungen
- für Bemessungsströme I_n < 25 A die Selektivitätsgrenze zu LS-Schalter B 16 der Energiebegrenzungsklasse 3 nach DIN VDE 0641-11 (VDE 0641-11) z. B. [6000] [3]
- Schaltzeichen für SHU-Schalter oder SHA-Schalter 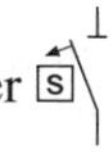

14.1.4 Selektivität

Bei der Reihenschaltung von Überstrom-Schutzeinrichtungen ist neben den Bemessungsströmen und dem Bemessungsschaltvermögen noch das selektive Verhalten über den gesamten Bereich der zum Fließen kommenden Ströme (Überlast- und Kurzschlussströme) zu berücksichtigen.

Selektivität zwischen zwei oder mehreren in Reihe geschalteten Schaltgeräten ist vorhanden, wenn bei einem Kurzschlussstrom oder einem Überstrom nur das Gerät, das schalten soll, tatsächlich schaltet (Quelle: DIN VDE 0635 Abschnitt 2.2.2).

Die Forderung an ein selektives Verhalten kann auch formuliert werden mit dem Merksatz:

Das der Fehlerstelle am nächsten liegende Schaltgerät (Überstrom-Schutzeinrichtung) muss den Fehler abschalten. Dabei ist die Energieflussrichtung zu beachten.

In der in **Bild 14.16** dargestellten Anlage muss bei einem Überstrom (Überlast- oder Kurzschlussstrom), bei Fehlerstelle 1 in der Anlage, der LS-Schalter den Strom unterbrechen, während die Sicherung (NH-, D- oder D0-Sicherung) nicht auslösen darf. Dabei muss der LS-Schalter in der Lage sein, alle Fehlerströme, die in der Anlage auftreten können, also auch einen Kurzschluss bei Fehlerstelle 2, sicher abzuschalten.

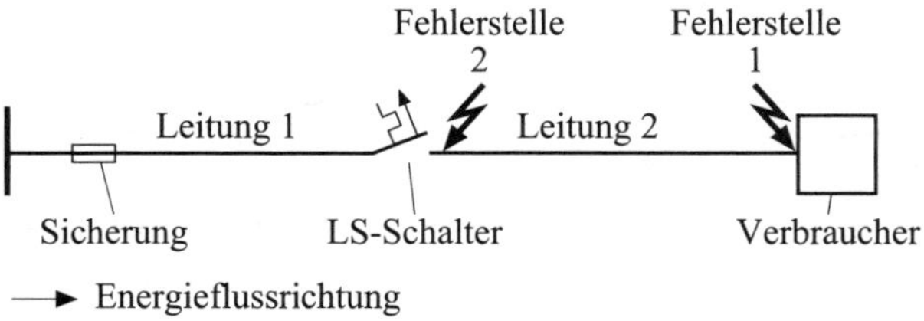

Bild 14.16 Anlage zur Selektivitätsbetrachtung

Das Bemessungsschaltvermögen des LS-Schalters muss größer sein als der größte zu erwartende Kurzschlussstrom bei einem Fehler in Leitung 2.

Bei der Behandlung von Selektivitätsproblemen ist es ratsam, zunächst die Zeit-Strom-Bereiche oder die Zeit-Strom-Kennlinien der verschiedenen Überstrom-Schutzeinrichtungen zu betrachten. Das **Bild 14.17** zeigt prinzipielle Zeit-Strom-Kennlinien, und es ist in Bild 14.17a zu erkennen, dass je nach der Größe des zum Fließen kommenden Stroms entweder der LS-Schalter oder die Sicherung zuerst schaltet. Es ist keine Selektivität gegeben. In Bild 14.17b ist zu erkennen, dass bis zum Strom I_B (Übernahmestrom) richtigerweise der LS-Schalter zuerst schaltet. Nun ist zu prüfen, ob der LS-Schalter den Strom I_B auch abschalten kann, ohne dabei zerstört zu werden, d. h., sein Bemessungsausschaltvermögen muss über dem Strom I_B liegen.

Das Bemessungsschaltvermögen von Überstrom-Schutzeinrichtungen gibt an, welcher Strom von der Überstrom-Schutzeinrichtung noch mit Sicherheit abgeschaltet werden kann. Bei Schaltvorgängen, bei denen der abzuschaltende Strom das Schaltvermögen der Überstrom-Schutzeinrichtung überschreitet, muss damit gerechnet werden, dass die Überstrom-Schutzeinrichtung zerstört, der Fehler nicht abgeschaltet wird und an der Einbaustelle der Überstrom-Schutzeinrichtung ein Fehler (Lichtbogen-Kurzschluss) entsteht. Es ist deshalb wichtig, von einer Anlage die möglichen (maximalen) Kurzschlussströme zu kennen und danach entsprechende Überstrom-Schutzeinrichtungen vorzusehen.

Wenn in einer Anlage der Kurzschlussstrom so groß ist, dass er nicht mehr von dem zunächst vorgesehenen LS-Schalter beherrscht wird, kann durch geschickte Auswahl des Übernahmestroms I_B die Anlage trotzdem geschützt werden. Dieser Schutz wird

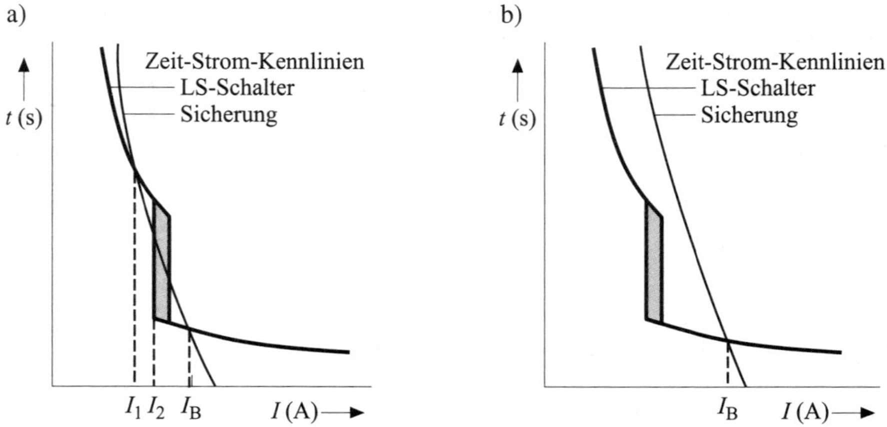

Bild 14.17 Selektivität zwischen LS-Schalter und vorgeschalteter Sicherung
a) Selektivitätskriterien sind nicht erfüllt
b) Selektivitätskriterien sind bis zum Strom I_B erfüllt

Back-up-Schutz genannt. Die Grundsätze hierzu sind in Bild 14.17b gezeigt. Unter der Annahme, der größte Kurzschlussstrom in der Anlage beträgt 13 kA, und es sollen LS-Schalter mit nur 6 kA Bemessungsschaltvermögen eingesetzt werden, ist eine Sicherung zu wählen, deren Zeit-Strom-Kennlinie mit der Zeit-Strom-Kennlinie des LS-Schalters sich unterhalb 6 kA schneidet, z. B. bei 5,2 kA. Wird Bild 14.16 als Anlage zu Grunde gelegt, dann übernimmt den Schutz der Anlage im Bereich der Überlastströme und Kurzschlussströme bis $I_B = 5{,}2$ kA der LS-Schalter. Kurzschlussströme über $I_B = 5{,}2$ kA werden durch die Sicherung abgeschaltet, bevor der LS-Schalter einen Abschaltversuch unternimmt. Back-up-Schutz!

Im Falle des Abschaltens von Kurzschlussströmen kann es bei der Anwendung von Zeit-Strom-Kennlinien unter Umständen zu Fehlinterpretationen kommen, weshalb es besser und sicherer ist, die $I^2\,t$-Stromkennlinien (Durchlass-Stromkennlinien: $\int i^2\,\mathrm{d}t$) der verschiedenen Überstrom-Schutzeinrichtungen zu verwenden. Dabei gilt der Grundsatz

Wird nach einer Sicherung ein LS-Schalter angeordnet, so muss der Durchlass-$I^2\,t$-Wert des LS-Schalters kleiner sein als der Schmelz-$I^2\,t$-Wert der Sicherung.

In **Bild 14.18** sind Durchlasswerte ($\int i^2\,\mathrm{d}t$) für eine Sicherung und einen LS-Schalter gezeigt. Selektivität besteht bis zum Schnittpunktstrom I_S.

Der Schnittpunktstrom liegt je nach Bemessungsstrom der Sicherung zwischen 20 I_n bis 40 I_n. Bei höheren Kurzschlussströmen werden daher oft LS-Schalter und die vorgeschaltete Sicherung gleichzeitig ansprechen. Dies ist physikalisch einfach dadurch gegeben, dass wegen der konstanten spezifischen Schmelzenergie einer Sicherung mit steigendem Kurzschlussstrom die Abschaltung immer schneller erfolgt, während beim LS-Schalter der mechanisch bedingte Öffnungsverzug einen Mindestwert nicht unterschreiten kann.

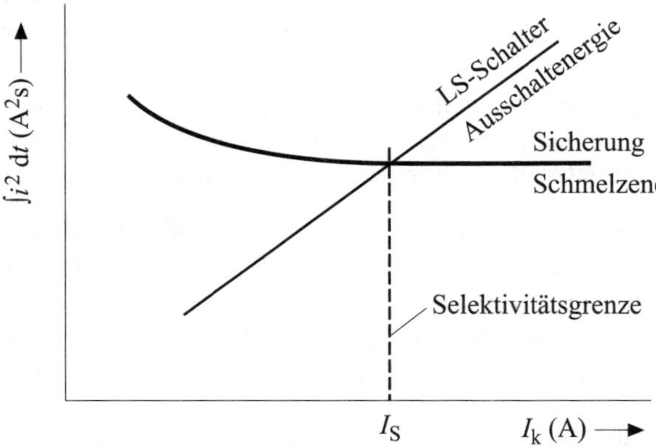

Bild 14.18 Selektivitätskriterium für die Reihenschaltung von Sicherung und LS-Schalter durch Vergleich der Schmelzenergie der Sicherung und der Ausschaltenergie des LS-Schalters

Bei der Reihenschaltung von zwei LS-Schaltern, auch mit unterschiedlichen Bemessungsströmen und anderer Charakteristik, ist im Kurzschlussgebiet, bei sehr hohen Kurzschlussströmen, im Allgemeinen keine Selektivität gegeben. Der Kurzschlussstrom liegt praktisch immer höher als die Ansprechgrenzen der Magnetauslöser, sodass beide LS-Schalter gleichzeitig auslösen.

Selektivität von in Reihe geschalteten Sicherungen wird erreicht, wenn die Bemessungsströme im Verhältnis 1 : 1,6 ausgewählt werden, z. B. 100 A und 63 A.

14.2 Fehlerstrom-/Differenzstrom-Schutzeinrichtungen

In Deutschland wurden bisher die Begriffe „Fehlerstrom-Schutzschalter (FI-Schalter)“ für netzspannungsunabhängige Geräte und „Differenzstrom-Schutzschalter (DI-Schalter)“ für netzspannungsabhängige Geräte verwendet. Die Kurzbezeichnung **RCD** (en: **R**esidual **C**urrent operated **D**evice) gilt für beide Geräte als Oberbegriff. Diese Unterscheidung ist in der englischen Sprache nicht möglich, weshalb bei IEC und CENELEC auch kein Unterschied gemacht wird und beide Gerätearten künftig mit **RCCB** (en: **R**esidual **C**urrent operated **C**ircuit-**B**reaker without overcurrent protection) bezeichnet werden, wenn sie nicht mit einem Überstromschutz ausgerüstet sind. Geräte mit Überstromschutz, also „Fehlerstrom-Schutzschalter mit Überstromauslöser (FI/LS-Schalter)“ und „Leitungsschutzschalter mit Fehlerstromauslöser (LS/DI-Schalter)“, werden mit **RCBO** (en: **R**esidual **C**urrent operated circuit-**B**reaker with integral **O**vercurrent protection) bezeichnet.

Weitere wichtige (Schutz-)Geräte, die in Deutschland häufig zum Einsatz gelangen und in besonderen Normen behandelt werden, sind mit folgenden englischen Abkürzungen im Normenwerk aufgenommen. **PRCD** (en: **P**ortable **R**esidual **C**urrent operated **D**evice) entspricht der ortsveränderlichen FI-Schutzeinrichtung, und **SRCD** (en: **S**ocket outlet with **R**esidual **C**urrent operated **D**evice) entspricht der Steckdose mit integriertem FI-Schutzschalter.

Somit sind als wichtigste Normen für FI-Schalter und DI-Schalter, mit und ohne eingebautem Überstromschutz, die die internationalen und regionalen Arbeiten bei IEC und CENELEC und im nationalen Bereich wiedergeben, zu nennen

- DIN EN 61008-1 (VDE 0664-10) „Fehlerstrom-/Differenzstrom-Schutzschalter ohne eingebauten Überstromschutz (RCCB) für Hausinstallationen und ähnliche Anwendungen – Allgemeine Anforderungen“
- Entwurf DIN VDE 0664-100 (VDE 0664-100):2002-05 „Fehlerstrom-Schutzschalter Typ B zur Erfassung von Wechsel- und Gleichströmen – Teil 100 RCCB Typ B“
  Anmerkung: Für diesen Entwurf liegt eine Ermächtigung vom 01.05.2004 vor. Der Entwurf ist als Änderung von Teil 10 vorgesehen und enthält ergänzende Festlegungen an RCCB Typ B.

- DIN EN 61009-1 (VDE 0664-20) „Fehlerstrom-/Differenzstrom-Schutzschalter mit eingebautem Überstromschutz (RCBO) für Hausinstallationen und ähnliche Anwendungen – Allgemeine Anforderungen“
- Entwurf DIN VDE 0664-200 (VDE 0664-200):2003-07 „Fehlerstrom-Schutzschalter Typ B mit eingebautem Überstromschutz zur Erfassung von Wechsel-und Gleichströmen – Teil 200 RCBO Typ B“
  Anmerkung: Für diesen Entwurf liegt eine Ermächtigung vom 01.03.2004 vor. Der Entwurf ist als Änderung von Teil 20 vorgesehen und enthält ergänzende Festlegungen an RCBO Typ B.
- DIN VDE 0664-101 (VDE 0664-101) „Fehlerstrom/Differenzstrom-Schutzschalter ohne eingebauten Überstromschutz für Hausinstallationen und ähnliche Anwendungen (RCCB) – Teil 101: Anwendung der allgemeinen Anforderungen auf RCCB für Wechselspannungen über 440 V bzw. Bemessungsströme über 125 A“
- DIN VDE 0661 (VDE 0661) „Ortsveränderliche Schutzeinrichtungen zur Schutzpegelerhöhung für Nennwechselspannungen U_n = 230 V, Nennstrom I_n = 16 A, Nenndifferenzstrom $I_{\Delta n}$ = 30 mA“
- Entwurf DIN VDE 0661-2 (VDE 0661-2):1983-08 „Ortsveränderliche Schutzeinrichtungen zur Schutzpegelerhöhung zur Verwendung mit elektrischen Verbrauchsmitteln ohne Schutzleiter“
- DIN VDE 0661-10 (VDE 0661-10) „Elektrisches Installationsmaterial – Ortsveränderliche Fehlerstrom-Schutzeinrichtungen ohne eingebauten Überstromschutz für Hausinstallationen und für ähnliche Anwendungen (PRCD)“
- Entwurf DIN VDE 0662 (VDE 0662) „Ortsfeste Schutzeinrichtungen in Steckdosenausführung zur Schutzpegelerhöhung (SRCD)“
- DIN EN 60947-2 (VDE 0660-101) „Niederspannungsschaltgeräte – Teil 2: Leistungsschalter“, Anhang B: Leistungsschalter mit Fehlerschutz

Anmerkung: Der Bemessungsfehlerstrom oder Bemessungsdifferenzstrom für Fehlerstrom- und Differenzstromschutzschalter wird zur Zeit beim Unterkomitee UK 221.3 „Schutzmaßnahmen“ mit $I_{\Delta N}$ und beim Unterkomitee 541.3 „FI-Schutzeinrichtungen“ mit $I_{\Delta n}$ bezeichnet, ist also nicht einheitlich. Welche Bezeichnung und welche Kurzbezeichnung künftig einheitlich verwendet wird, kann zur Zeit nicht gesagt werden, die Tendenz geht aber zu der Bezeichnung „Bemessungsdifferenzstrom“. Nach IEC ist, da es sich um einen Bemessungswert handelt, mit dem Index „r“ (en: r = rated) zu arbeiten, sodass anzunehmen ist, dass künftig $I_{\Delta r}$ als Kurzzeichen eingeführt wird. Im Folgenden wird die Bezeichnung $I_{\Delta n}$ verwendet, da diese bei der Fachmannschaft am weitesten verbreitet ist.

14.2.1 RCCB und RCBO – DIN VDE 0664

Fehlerstrom-Schutzschalter ohne Überstromschutz (RCCB) sind nach DIN EN 61008-1 (VDE 0664-10) genormt bzw. durch Ermächtigung für den Entwurf DIN VDE 0664-100 (VDE 0664-100) zugelassen.

Fehlerstrom-Schutzschalter mit Überstromschutz (RCBO) nach DIN EN 61009-1 (VDE 0664-20) bzw. Entwurf mit Ermächtigung DIN VDE 0664-200 (VDE 0664-200) sind Schaltgeräte, die zwei Funktionen ausüben und deshalb auch zwei Auslöseorgane (FI-Schutz oder DI-Schutz und Überstromschutz) besitzen. RCBO dienen als Fehlerschutz, Brandschutz und Zusatzschutz (Voraussetzung $I_{\Delta n} \leq 30$ mA) sowie zum Schutz gegen Überströme. Der FI-/DI-Teil muss den Anforderungen der Norm DIN EN 61008-1 (VDE 0664-10) für „Fehlerstrom-Schutzschalter/Differenzstrom-Schutzschalter“ entsprechen, und der Überstromschutz muss die Festlegungen der Norm DIN VDE 0641-10 für „Leitungsschutzschalter“ erfüllen.

Die genannten Normen gelten für Fehlerstrom-Schutzschalter bis zu einer Bemessungsspannung von 440 V AC, einem Bemessungsstrom nicht über 125 A, einem Bemessungsschaltvermögen nicht über 25 kA und zum Betrieb bei 50 Hz oder 60 Hz.

14.2.1.1 Technische Anforderungen

Den prinzipiellen Aufbau eines Fehlerstrom-Schutzschalters mit netzspannungsunabhängiger Ausschaltung ohne Überstromschutz zeigt **Bild 14.19**.

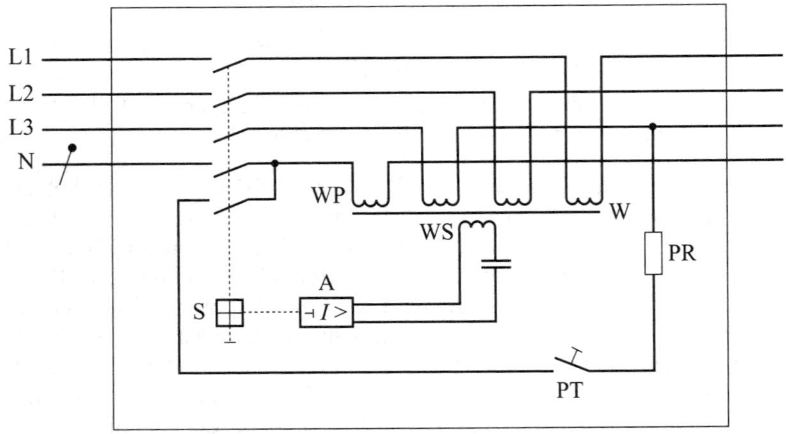

Bild 14.19 FI-Schutzschalter mit spannungsunabhängiger Ausschaltung ohne Überstromschutz

A Auslöser
PR Prüfwiderstand
PT Prüftaste
S Schaltschloss, Betätigungsorgan
W Summenstromwandler
WP Wandler, Primärwicklungen
WS Wandler, Sekundärwicklung

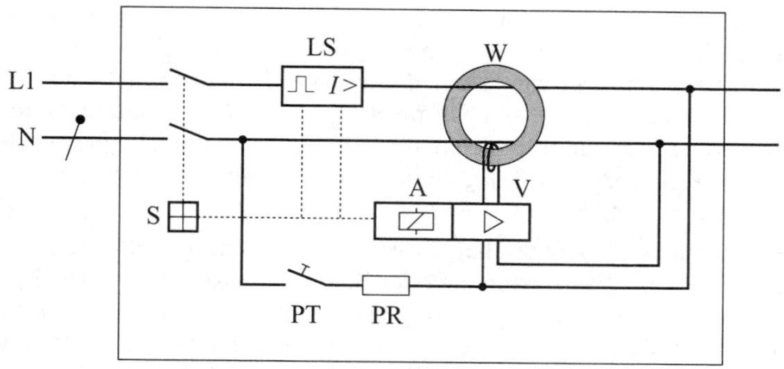

Bild 14.20 DI-Schutzschalter mit spannungsabhängiger Ausschaltung und Überstromschutz
A Auslöser
LS Leitungsschutzschalter mit thermischer und magnetischer Auslösung
PR Prüfwiderstand
PT Prüftaste
S Schaltschloss, Betätigungsorgan
V Verstärker
W Summenstromwandler

In **Bild 19.20** ist der prinzipielle Aufbau für einen zweipoligen Differenzstrom-Schutzschalter mit spannungsabhängiger Ausschaltung und Überstromschutz gezeigt.

Ein wichtiges Bauteil der FI-Schutzschalter und DI-Schutzschalter ist der Summenstromwandler (auch Ringkernwandler genannt). Beim ungestörten Betrieb eines Stromkreises ist nach dem ersten Kirchhoff'schen Gesetz die Summe der Ströme in jedem Augenblick gleich null.

$$\sum_{1}^{n} I_i = 0 \tag{14.2}$$

Das bedeutet, dass durch die Summe der in die Anlage hineinfließenden Ströme im Summenstromwandler theoretisch ein magnetischer Fluss, erzeugt wird, der aber durch die zurückfließenden Ströme sofort wieder aufgehoben wird. Im Summenstromwandler entsteht also kein magnetischer Fluss, und in der Sekundärwicklung wird keine Spannung induziert, wenn kein Fehler- oder Ableitstrom I_Δ zur Erde oder zum Schutzleiter fließt (Fehlerstrom $I_\Delta = 0$). Wird dieser Zustand gestört, weil z. B. ein Fehler- oder Ableitstrom I_Δ, in ausreichender Höhe, zu einem Schutzleiter oder zur Erde fließt, so ist $I_\Delta > 0$, und in der Sekundärwicklung des Summenstromwandlers wird durch den entstehenden magnetischen Fluss eine Spannung induziert. Durch den Auslöser wird dabei der Stromkreis abgeschaltet, sobald I_Δ einen bestimmten Wert erreicht, d. h., die Abschaltung erfolgt spätestens, wenn der Bemessungsfehlerstrom $I_{\Delta n}$ erreicht wird. Die zulässige Abschaltzeit liegt maximal bei $\Delta t = 0{,}3$ s (für stoßstromfeste, selektive Schalter sind maximal $\Delta t = 0{,}5$ s zugelassen). Die Auslösung des Schalters darf zwischen dem Bemessungsnichtauslösefehlerstrom $I_{\Delta no}$, den der Hersteller angibt und dessen Normwert $I_{\Delta no} = 0{,}5\ I_{\Delta n}$ beträgt, und dem Bemessungsfehlerstrom $I_{\Delta n}$ liegen. Es gilt also für eine Auslösung des Schalters nach der Norm $I_{\Delta} = I_{\Delta no} \ldots I_{\Delta n} = (0{,}5 \ldots 1{,}0)\ I_{\Delta n}$. In der Praxis erfolgt die Auslösung bei handelsüblichen RCCD und RCBO etwa bei $I_{\Delta} = 0{,}8\ I_{\Delta n}$.

An das Auslöseorgan eines FI-Schutzschalters ist die Forderung gestellt, dass die Auslösung ohne Hilfsenergie (Netzspannung oder Batterie) auskommen muss. Die Auslösung muss allein durch die Energie erfolgen, die durch den Fehlerstrom im Summenstromwandler induziert wird. Bei normal empfindlichen Schaltern mit $I_{\Delta n} = 300$ mA und 500 mA wird dabei ohne Kondensator gearbeitet, da der magnetische Auslöser ausreicht. Bei hochempfindlichen Schaltern mit $I_{\Delta n} = 10$ mA und 30 mA wird je nach Auslösertyp zusätzlich ein Kondensator so eingebaut und abgestimmt, dass ein Resonanzkreis entsteht, bestehend aus Summenstromwandler, magnetischem Auslöser und Kondensator. Ein magnetischer Auslöser, z. B. ein Sperrmagnet-Auslöser, wie in **Bild 14.21** gezeigt, besitzt einen Permanent-Magneten, der im normalen Betrieb das Auslöseglied des Schalters hält. Bei einem Fehlerstrom wird der permanente magnetische Fluss durch einen Wechselfluss, hervorgerufen durch den Fehlerstrom, so geschwächt, dass das Auslöseglied durch eine Feder abgezogen werden kann.

Die grundsätzlichen technischen Anforderungen an RCCB und RCBO sind annähernd gleich. Der Unterschied besteht lediglich darin, dass

- RCCB ohne eingebauten Überstromschutz und
- RCBO mit eingebautem Überstromschutz

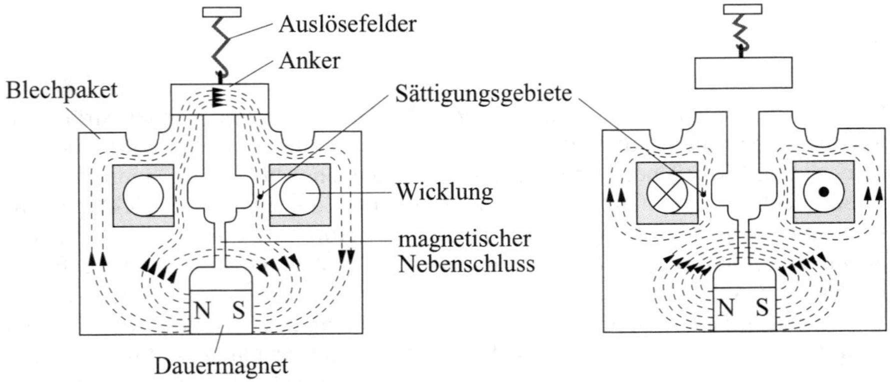

Bild 14.21 Auslöser eines FI-Schutzschalters mit Haltemagnet (Sperrmagnet)

ausgerüstet sind. Für alle Geräte gelten deshalb auch die Aussagen, dass RCCB und RCBO verwendet werden können

- zum Schutz von Personen bei indirektem Berühren (Fehlerschutz)
- zum Schutz gegen Brandgefahren infolge länger andauernder Erdfehlerströme ohne Ansprechen der Überstrom-Schutzeinrichtung (Brandschutz)
- zum Schutz von Personen bei direktem Berühren, wenn der Bemessungsfehlerstrom $I_{\Delta n} \leq 30$ mA ist (Zusatzschutz)
- zum selektiven Schutz von Anlagen, die durch Schalter des normalen Typs geschützt sind und zusätzlich einen vorangeschalteten Schalter haben; ein selektiver Schalter – Kennzeichen [S] – ist mit einer Zeitverzögerung ausgerüstet, um ein selektives Verhalten der Schalter untereinander zu gewährleisten

Weiter gelten folgende Festlegungen

- Geräte des allgemeinen Typs sind unempfindlich gegen ungewolltes Auslösen einschließlich des Falles, bei dem Stoßspannungen infolge von Schaltüberspannungen oder induziert durch Blitze in der Installation Ladeströme bewirken, ohne dass ein Überschlag erfolgt
- Selektive Fehlerstrom-Schutzschalter gelten gegen ungewolltes Auslösen als ausreichend unempfindlich, auch wenn durch die Stoßspannungen ein Überschlag und ein Folgestrom erzeugt werden
- Der Einsatzbereich ist bis zu einer Höhenlage von 2 000 m NN zulässig.
- Als Bezugstemperatur gilt +20 °C, wobei für die Umgebungstemperaturen Werte gelten, die zwischen –5 °C und +40 °C liegen können. Bei einem zulässigen Bereich der Umgebungstemperatur zwischen –25 °C und +40 °C für die Anwendung im Freien, z. B. auf Baustellen, Campingplätzen, Kieswerken usw., ist das Kennzeichen: Schneeflocke, die –25 umschließt, anzubringen.

  Kennzeichnung: 

Die Geräte (RCCB und RCBO) werden auch eingeteilt hinsichtlich ihres Auslöseverhaltens durch die Ausschaltcharakteristik bei verschiedenen Fehlerströmen, wenn, z. B. der Fehlerstrom Gleichstromanteile enthält

- Der Schalter **Typ AC** löst aus bei sinusförmigen Wechselfehlerströmen, die plötzlich oder langsam ansteigend auftreten

  Kennzeichnung: [∼]

- Der Schalter **Typ A** löst aus bei sinusförmigen Wechselfehlerströmen und pulsierenden Gleichfehlerströmen, die plötzlich oder langsam ansteigend auftreten (sogenannter pulsstromempfindlicher FI-Schutzschalter)

  Kennzeichnung: 

- Der Schalter **Typ B** löst aus bei sinusförmigen Wechselfehlerströmen, pulsierenden Gleichfehlerströmen und glatten Gleichfehlerströmen, die plötzlich oder langsam ansteigend auftreten (sogenannter allstromempfindlicher oder allstromsensitiver FI-Schutzschalter)

  Kennzeichnung: 

Grundlage des FI-Schutzschalters Typ B (allstromsensitiver Fehlerstrom-Schutzschalter) ist das bereits bewährte Auslöseglied des pulsstromempfindlichen FI-Schutzschalters (Bild 19.3), das durch eine Zusatzeinheit zur Erfassung von glatten Gleichfehlerströmen erweitert wird. Wie in **Bild 14.22** gezeigt, überwacht der Summenstromwandler W1 die elektrische Anlage auf Wechselfehlerströme und pulsierende Gleichfehlerströme. Der Summenstromwandler W2 dient zur Erfassung der glatten Gleichfehlerströme. Dabei wird durch einen Frequenzgenerator über die Sekundärwicklung n der Summenstromwandler W2 in einen konstanten wechselmagnetischen Zustand versetzt. Wenn ein glatter Gleichfehlerstrom bestimmter Größe in der elektrischen Anlage zum Fließen kommt, dann verändert sich auch der wechselmagnetische Zustand des Summenstromwandlers. Die Auswert-Elektronik-Einheit E erkennt den nun bestehenden Zustand als Fehler, und die Abschaltung wird über den Auslöser A in die Wege geleitet.

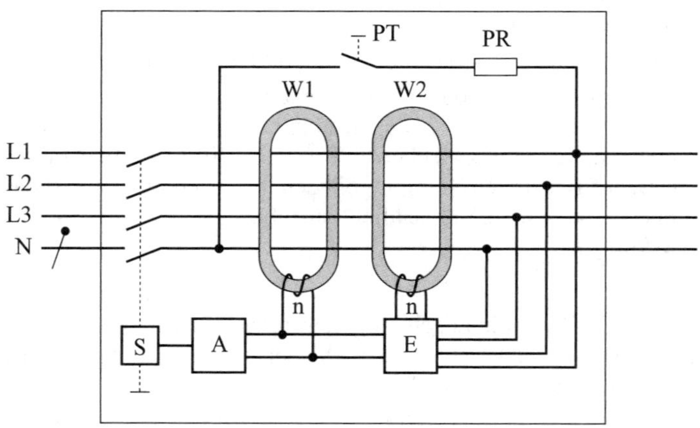

Bild 14.22 Allstromsensitiver FI-Schutzschalter (Prinzipschaltbild)
W1 Summenstromwandler für sinusförmige Wechselfehlerströme und pulsartige Gleichfehlerströme
W2 Summenstromwandler für glatte Gleichfehlerströme
PT Prüftaste
PR Prüfwiderstand
S Schaltschloss, Betätigungsorgan
A Mechanik der Schutzeinrichtung
E Elektronik zur Auslösung bei glatten Gleichfehlerströmen
n Sekundärwicklung

14.2.1.2 Produktinformationen

14.2.1.2.1 Bemessungswerte

Vorzugswerte für die Bemessungsspannung U_n von RCCB und RCBO sind Wechselspannungen mit 230 V und 400 V. Geräte mit 230 V können auch in Netzen mit einer Spannung von 240 V und solche mit 400 V in Netzen mit 415 V eingesetzt werden.

Die Bemessungsströme I_n sind genormt für

RCCB: 10 A, 13 A, 16 A, 20 A, 25 A, 32 A, 40 A, 50 A, 63 A, 80 A, 100 A, 125 A

RCBO: 6 A, 8 A, 10 A, 13 A, 16 A, 20 A, 25 A, 32 A, 40 A, 50 A, 63 A, 80 A, 100 A, 125 A

Der Vorzugswert für die Bemessungsfrequenz f_n ist 50 Hz.

Für den Bemessungsfehlerstrom $I_{\Delta n}$ sind folgende Werte genormt

0,01 A, 0,03 A, 0,1 A, 0,3 A, 0,5 A

14.2.1.2.2 Abschaltzeiten und Nichtauslösezeiten

Unter Abschaltzeit (auch Ausschaltzeit) Δt ist die Zeit zu verstehen, die vergeht zwischen dem Augenblick, in dem der Auslösestrom plötzlich erreicht wird, und dem

Typ	I_n **A**	$I_{\Delta n}$ **A**	**Normwerte der Abschaltzeit (in s) und der Nichtauslösezeit (in s) bei einem Fehlerstrom (I_Δ) gleich:**				
			$I_{\Delta n}$	$2\,I_{\Delta n}$	$5\,I_{\Delta n}$ [1)]	**500 A**	
allgemein	jeder Wert	jeder Wert	0,3	0,15	0,04	0,04	höchstzulässige Abschaltzeiten
S	> 25	> 0,03	0,5	0,2	0,15	0,15	höchstzulässige Abschaltzeiten
			0,13	0,06	0,05	0,04	kürzeste Nichtauslösezeiten

[1)] Für RCCBs des allgemeinen Typs in einer Baueinheit mit einer Steckdose oder für RCCBs des allgemeinen Typs, die ausschließlich zum örtlichen Zusammenbau mit einer Steckdose in derselben Einbaudose konstruiert sind, und für RCCBs mit $I_{\Delta n} < 30$ mA kann 0,25 A anstelle von $5\,I_{\Delta n}$ verwendet werden

Auch für RCCB vom Typ A gelten die in der Tabelle angegebenen höchstzulässigen Abschaltzeiten, wobei jedoch die Stromwerte (d. h. $I_{\Delta n}$, $2\,I_{\Delta n}$, $5\,I_{\Delta n}$, 0,25 A und 500 A) für RCCB mit $I_{\Delta n} > 0{,}01$ A um den Faktor 1,4 und für RCCB mit $I_{\Delta n} < 0{,}01$ A um den Faktor 2 erhöht werden

Tabelle 14.12 Normwerte der Abschaltzeit und der Nichtauslösezeit für RCCB des Typs AC (Quelle: DIN EN 61008-1 (VDE 0664-10):2008-04)

Typ	I_n A	$I_{\Delta n}$ A	Normwerte der Abschaltzeit (in s) und der Nichtauslösezeit (in s) bei einem Fehlerstrom (I_Δ) gleich:					
			$I_{\Delta n}$	$2\,I_{\Delta n}$	$5\,I_{\Delta n}$ [1]	$I_{\Delta t}$ [2]	500 A oder $10\,I_n$ [4]	
allgemein	jeder Wert	jeder Wert	0,3	0,15	0,04	0,04[2]	0,04	höchstzulässige Abschaltzeiten
S	> 25	> 0,03	0,5	0,2	0,15	0,15[2]	0,15	höchstzulässige Abschaltzeiten
			0,13	0,06	0,05	0,04[2]	–[3]	kürzeste Nichtauslösezeiten

[1] Für RCBOs des allgemeinen Typs, die eingebaut in oder nur für Zusammenbau mit Steckdose und Steckern bestimmt sind, und für RCBOs mit Überstromauslöser des allgemeinen Typs mit $I_{\Delta n} < 30$ mA kann der Wert 0,25 A anstelle des Wertes $5\,I_{\Delta n}$ verwendet werden

[2] Diese Prüfung wird mit einem Strom von $I_{\Delta t}$ durchgeführt, der dem unteren Grenzwert des Überstromschnellauslösungsbereichs gemäß Typ B, C oder D entspricht, je nachdem, welcher zutreffend ist. Für Typ B = $3\,I_n$; Typ C = $5\,I_n$; Typ D = $10\,I_n$

[3] Die Unterscheidung zwischen Schnellauslösung und Fehlerstromauslösung kann nicht sichergestellt werden

[4] 500 A oder $10\,I_n$, je nachdem, welcher Wert höher ist

Auch für RCBO vom Typ A gelten die in der Tabelle angegebenen höchstzulässigen Abschaltzeiten, wobei jedoch die Stromwerte (d. h. $I_{\Delta n}$, $2\,I_{\Delta n}$, $5\,I_{\Delta n}$, 0,25 A und 500 A) für RCBO mit $I_{\Delta n} > 0{,}01$ A um den Faktor 1,4 und für RCBO mit $I_{\Delta n} < 0{,}01$ A um den Faktor 2 erhöht werden

Tabelle 14.13 Normwerte der Abschaltzeit und der Nichtauslösezeit für den Betrieb unter Fehlerbedingungen für RCBO des Typs AC
(Quelle: DIN EN 61009-1 (VDE 0664-20):2005-06)

Augenblick der Lichtbogenlöschung. Die Nichtauslösezeit ist die größte Zeitspanne zwischen dem Augenblick, in der ein Wert des Fehlerstroms I_Δ, der größer ist als der Nichtauslösefehlerstrom $I_{\Delta no}$, an den Schalter angelegt werden kann, ohne eine Abschaltung zu bewirken.

Die geforderten Abschaltzeiten und Nichtauslösezeiten für RCCB sind in **Tabelle 14.12** zusammengestellt.

Für RCBO sind die geforderten Abschaltzeiten und die Nichtauslösezeiten in **Tabelle 14.13** dargestellt. Für Fehlerstrom-Schutzschalter RCCB Typ B und RCBO Typ B gelten die in **Tabelle 14.14** angegebenen Abschaltzeiten.

Effektivwert des Fehlerstroms	Halbwellen-Gleichfehlerstrom			Fehlerstrom aus Zweipuls-, Sechspuls-, Drehstrom-Mittelpunkt-Gleichrichterschaltung und glatter Gleichfehlerstrom	
	Typ S	**Allgemeiner Typ $I_{\Delta n} > 0{,}01$ A**	**Allgemeiner Typ $I_{\Delta n} < 0{,}01$ A**	**Typ S**	**Allgemeiner Typ**
$1{,}4\ I_{\Delta n}$	0,5 s	0,3 s			
$2\ I_{\Delta n}$			0,3 s	0,5 s	0,3 s
$2 \times 1{,}4\ I_{\Delta n}$	0,2 s	0,15 s			
$2 \times 2\ I_{\Delta n}$			0,15 s	0,2 s	0,15 s
$5 \times 1{,}4\ I_{\Delta n}$	0,15 s	0,04 s			
$5 \times 2\ I_{\Delta n}$			0,04 s	0,15 s	0,04 s

Tabelle 14.14 Normwerte der Abschaltzeiten für RCCB Typ B und RCBO Typ B für den Betrieb unter Fehlerbedingungen
(Quelle: Entwurf VDE 0664-100:2002-05 und Entwurf VDE 0664-200:2003-07)

14.2.1.2.3 Bemessungsschaltvermögen und Bemessungsfehlerschaltvermögen

Das **Bemessungsschaltvermögen** I_m eines RCCB ist der Effektivwert der Wechselstromkomponente des vom Hersteller bestimmten unbeeinflussten Stroms, den ein RCCB unter festgelegten Bedingungen einschalten, führen und ausschalten kann.

Der **Bemessungkurzschlussstrom** I_{nc} eines RCBO ist der vom Hersteller für diesen RCBO bestimmte Wert des Grenz-Kurzschlussschaltvermögens.

Das **Bemessungsfehlerschaltvermögen** $I_{\Delta m}$ für RCCB und RCBO ist der Effektivwert des vom Hersteller bestimmten unbeeinflussten Fehlerstroms, den ein Schalter unter festgelegten Bedingungen einschalten, führen und ausschalten kann.

Der Bemessungskurzschlussstrom I_{nc} ist für RCCB und RCBO mit folgenden Werten genormt: 3 kA, 4,5 kA, 6 kA, 10 kA, 15 kA, 20 kA, 25 kA.

Der Kleinstwert des Bemessungsschaltvermögens I_m ist entweder 10 I_n oder 500 A, je nachdem, welcher Wert größer ist.

In Beratung ist noch die Angabe des Bemessungskurzschlussstroms in Verbindung mit einer Sicherung. Die Angabe erfolgt in Ampere, jeweils ohne Einheit, durch das Bildzeichen:

Kennzeichnung: 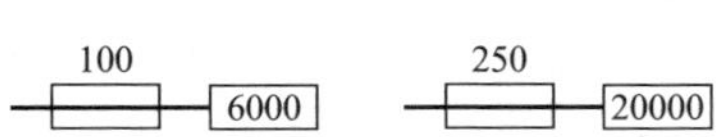

14.2.1.2.4 Aufschriften

RCCB und RCBO müssen dauerhaft beschriftet sein. Bei kleineren Geräten, bei denen der verfügbare Platz nicht ausreicht, sind mindestens folgende Informationen so aufzubringen, dass sie in eingebautem Zustand sichtbar und lesbar sind

- Bemessungsstrom in A
- Bemessungsfehlerstrom $I_{\Delta n}$ in A oder mA
- Zeichen $\boxed{\text{S}}$ für Geräte vom Typ S
- Betätigungstaste der Prüfeinrichtung, durch den Buchstaben T
- Auslösecharakteristik in Anwesenheit von Differenzströmen mit Gleichstromkomponenten für Schalter vom Typ A
- Zeichen für das Bemessungsausschaltvermögen in Verbindung mit einer Sicherung

Wenn auf der Vorderseite der Schalter nicht möglich, können folgende Angaben auch seitlich oder auf der Rückseite der Schalter aufgebracht werden

- Name oder Warenzeichen des Herstellers
- Typbezeichnung, Katalognummer oder Seriennummer
- Bemessungsspannung in V
- Betriebsposition (Gebrauchslage), falls erforderlich
- Angabe, dass das Gerät funktionell von der Netzspannung abhängig ist, soweit zutreffend
- Schaltbild, sofern der korrekte Anschluss nicht eindeutig ersichtlich ist
- Auslösecharakteristik in Anwesenheit von Differenzströmen mit Gleichstromkomponenten für Schalter vom Typ AC
- Schalter für die Anwendung bei Umgebungstemperaturen zwischen –25 °C und +40 °C müssen mit dem Zeichen –25 versehen werden

Folgende Angaben müssen nicht auf dem Schaltgerät angebracht werden, sind aber in den Katalogen des Herstellers anzugeben

- Bemessungsfrequenz, falls das Gerät für eine andere Frequenz als 50 Hz gebaut ist
- Bemessungsschaltvermögen I_m
- Schutzart, falls von IP20 abweichend
- Bemessungsfehlerschaltvermögen $I_{\Delta m}$, wenn es vom Bemessungsschaltvermögen I_m abweicht

a) b)

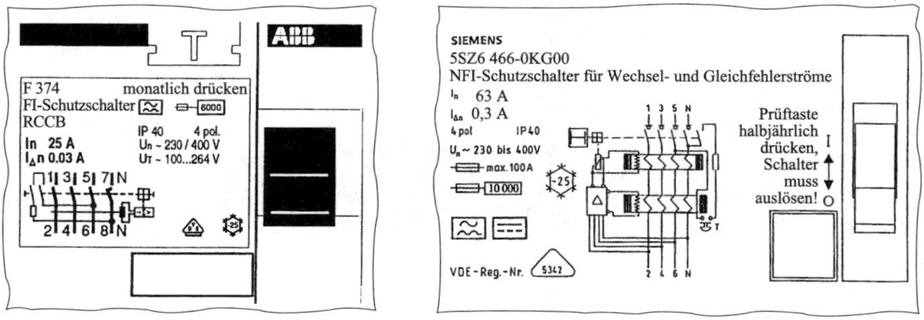

Bild 14.23 Beispiele von Aufschriften bei handelsüblichen Schaltern
a) pulsstromsensitiver Schalter
b) allstromsensitiver Schalter

RCBO sind zusätzlich noch mit folgenden Angaben bzw. Änderungen zu versehen

- Auf der Vorderseite ist der Bemessungsstrom ohne die Einheit „A" anzugeben, dem das Zeichen für die Überstromauslösung (B, C oder D) vorangestellt wird, z. B. C16
- Seitlich sind das Bemessungsschaltvermögen in Ampere in einem Rechteck ohne die Einheit A und die Energiebegrenzungsklasse (z. B. 3) in einem Quadrat, soweit zutreffend, anzugeben
- In den Katalogen hat der Hersteller noch die Referenzkalibriertemperatur anzugeben, falls diese von 30 °C abweicht

In **Bild 14.23** sind die Aufschriften von zwei handelsüblichen Schaltern gezeigt.

14.2.1.3 Auswahl und Errichtung von Fehlerstrom-Schutzeinrichtungen (RDC)

RDC sind so auszuwählen, dass die in einer Anlage auftretenden Fehlerströme erkannt und ausgeschaltet werden können. Die verschiedenen RDC sind für folgende Fehlerströme geeignet

- Typ AC zum Schutz bei sinusförmigen Wechselfehlerströmen
- Typ A zum Schutz bei sinusförmigen Wechselfehlerströmen und bei pulsierenden Gleichfehlerströmen
- Typ B zum Schutz bei sinusförmigen Wechselfehlerströmen, pulsierenden Wechselfehlerströmen und glatten Gleichfehlerströmen in Wechselspannungsnetzen

Fehlerstrom-Schutzeinrichtungen (RCD) vom Typ B dürfen keine RCD vom Typ A vorgeschaltet werden. **Bild 14.24** zeigt hierzu ein Planungsbeispiel.

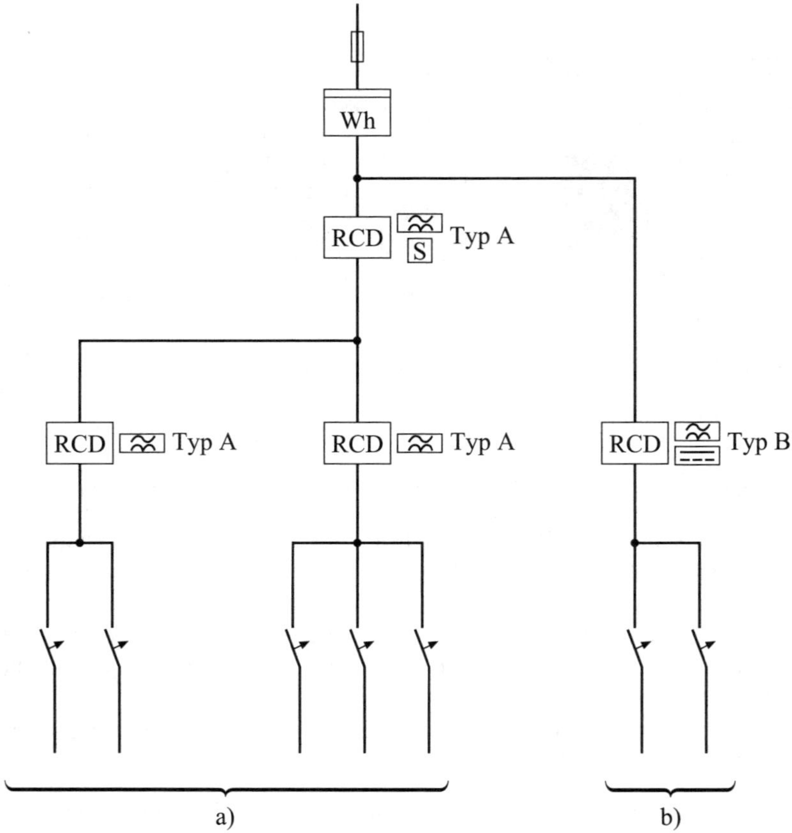

Bild 14.24 Beispiel für den Einsatz von Fehlerstrom-Schutzeinrichtungen vom Typ A und Typ B
a) Stromkreise, bei denen im Fehlerfall Wechselfehlerströme und/oder pulsierende Gleichfehlerströme auftreten können
b) Stromkreise, bei denen im Fehlerfall Wechselfehlerströme und/oder pulsierende Gleichfehlerströme und/oder glatte Gleichfehlerströme auftreten können
(Quelle: DIN VDE 0100-530 (VDE 0100-530):2005-06 Bild B.2)

14.2.1.3.1 RCD zum Schutz gegen elektrischen Schlag

Zum Schutz gegen elektrischen Schlag dürfen folgende RDC eingesetzt werden

- Netzspannungsunabhängige Fehlerstrom-Schutzschalter Typ A zur Auslösung bei Wechselfehlerströmen und pulsierenden Gleichfehlerströmen
  - ohne eingebaute Überstrom-Schutzeinrichtung (RCCB)
  - mit eingebauter Überstrom-Schutzeinrichtung (RCBO)

- Fehlerstrom-Schutzeinrichtungen Typ B zur Auslösung bei Wechselfehlerströmen, pulsierenden und glatten Gleichfehlerströmen
  - ohne eingebaute Überstrom-Schutzeinrichtung (RCCB)
  - mit eingebauter Überstrom-Schutzeinrichtung (RCBO)

  Anmerkung: Fehlerstrom-Schutzschalter Typ B arbeiten bei Wechselfehlerströmen und pulsierenden Gleichfehlerströmen **netzspannungsunabhängig** und bei glatten Gleichfehlerströmen **netzspannungsabhängig**
- Fehlerstrom-Auslöser (RCU oder RC Unit) zum Anbau an Leitungsschutzschalter nach DIN EN 61009-1 (VDE 0664-20):2000-09, Anhang G
- Leistungsschalter mit Fehlerstrom-Auslöser (CBR) nach DIN EN 60947-2 (VDE 0660-101):2002-09, Anhang B

Wenn in einer elektrischen Anlage glatte Gleichfehlerströme zu erwarten sind, müssen Fehlerstrom-Schutzschalter (RCB) Typ B verwendet werden.

14.2.1.3.2 RCD zum Brandschutz

Es dürfen für den Brandschutz die in 14.1.3.1 beschriebenen Fehlerstrom-Schutzschalter (RCD) verwendet werden, wobei noch zu beachten ist, dass der Bemessungsdifferenzstrom nicht größer als 300 mA ist. Dabei müssen Fehlerstrom-Schutzschalter vom Typ A oder Typ B eingesetzt werden. Wenn in der Anlage glatte Gleichfehlerströme zu erwarten sind, müssen RCD vom Typ B zur Anwendung gelangen.

14.2.1.3.3 RCD zum zusätzlichen Schutz (Zusatzschutz)

Fehlerstrom-Schutzschalter mit einem Bemessungsdifferenzstrom von 30 mA oder kleiner dürfen als Zusatzschutz eingesetzt werden. Die Anwendung schließt die Notwendigkeit von Schutzmaßnahmen zum Basisschutz und zum Fehlerschutz nach VDE 0100-410 nicht aus. Der Fehlerschutz und der Zusatzschutz dürfen durch dieselbe Schutzeinrichtung erfüllt werden, vorausgesetzt, der Bemessungsdifferenzstrom der RCD ist ≤ 30 mA, und der RCD ist am Anfang des Stromkreises eingebaut.

14.2.2 RCCB für höhere Spannungen bzw. höhere Ströme – DIN VDE 0664-101

Die Norm DIN VDE 0664-101 (VDE 0664-101) gilt für spannungsunabhängige Fehlerstrom-Schutzschalter ohne Überstromschutz für Hausinstallationen und ähnliche Anwendungen mit einer Bemessungsspannung $U_n > 440$ V AC bis $U_n \leq 690$ V AC und einem Bemessungsstrom zwischen $I_n > 125$ A und $I_n \leq 250$ A. Der größte Bemessungskurzschlussstrom liegt bei 25 kA.

Bevorzugte Bemessungswerte sind für

- Bemessungsspannungen
  230 V, 400 V, 500 V, 660 V und 690 V

- Bemessungsströme
  10 A, 13 A, 16 A, 20 A, 25 A, 32 A, 40 A, 63 A, 80 A, 100 A, 125 A, 160 A, 200 A, 225 A und 250 A
- Bemessungsfehlerströme
  0,01 A, 0,03 A, 0,1 A, 0,3 A, 0,5 A und 1 A
- Bemessungskurzschlussstrom
  3 kA, 4,5 kA, 6 kA, 10 kA, 25 kA

Ansonsten gelten die wesentlichen Forderungen, wie sie in DIN EN 61008-1 (VDE 0664-10) für RCCB ohne Überstromschutz für spannungsunabhängige Fehlerstrom-Schutzschalter beschrieben sind.

14.2.3 PRCD – DIN VDE 0661

Ortsveränderliche Fehlerstromschutzeinrichtungen ohne eingebauten Überstromschutz (PRCD) für Hausinstallationen und ähnliche Anwendungen sind seit 1975 im Handel und in Gebrauch. Sie sind nach DIN VDE 0661:1988-04 „Ortsveränderliche Schutzeinrichtungen“ zur Schutzpegelerhöhung mit folgenden Bemessungsdaten genormt

- Bemessungsspannung $U_n = 230$ V
- Bemessungsstrom $I_n = 16$ A
- Bemessungsdifferenzstrom $I_{\Delta n} \leq 30$ mA

PRCD gibt es sowohl als Fehlerstrom-Schutzschalter als auch als Differenzstrom-Schutzschalter. Die grundsätzlichen Schaltbilder sind in **Bild 14.25** gezeigt.

Die Fehlerstromschutzeinrichtungen sind für Umgebungstemperaturen von –25 °C bis +40 °C geeignet und sind entsprechend zu kennzeichnen (Schneeflocke).

Kennzeichen: 

Der Bemessungsdifferenzstrom muss $I_{\Delta n} \leq 30$ mA (handelsüblich sind Schalter mit 10 mA und 30 mA Bemessungsstrom) sein, wobei die Auslösezeit im Fehlerfall $\Delta t = 200$ ms nicht überschreiten darf. In der Regel wird eine Auslösezeit von $\Delta t < 40$ ms erreicht. Die Abschaltung erfolgt allpolig, d. h., es werden Außenleiter, Neutralleiter und Schutzleiter vom Netz getrennt. Die Schutzeinrichtung löst aus beim Auftreten von Wechselfehlerströmen und/oder pulsierenden Gleichfehlerströmen, die innerhalb einer Periode der Netzfrequenz mindestens eine Halbperiode lang null oder nahezu null werden.

Die Norm „Elektrisches Installationsmaterial – Ortsveränderliche Fehlerstromschutzeinrichtungen ohne eingebauten Überstromschutz für Hausinstallationen und für ähnliche Anwendungen“ nach DIN VDE 0661-10 (VDE 0661-10) ist international und regional abgestimmt.

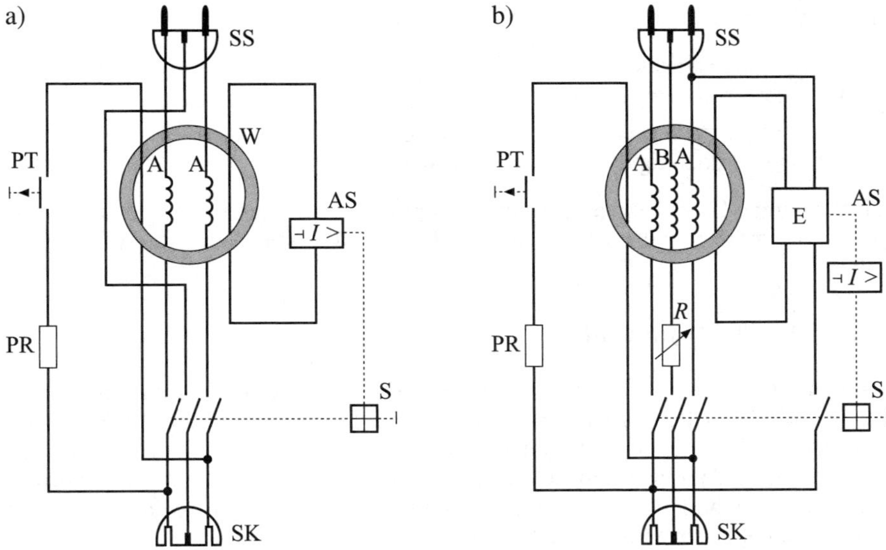

Bild 14.25 Schaltungen ortsveränderlicher Schutzeinrichtungen PRCD
a) Fehlerstromprinzip
b) Differenzstromprinzip

A Hauptwicklung
B Hilfswicklung
AS Auslösespule
PR Prüfwiderstand
PT Prüftaste
E elektronischer Verstärker
W Summenstromwandler
R spannungsabhängiger Widerstand
S Schaltschloss, Betätigungsorgan
SK Schutzkontakt-Kupplung
SS Schutzkontakt-Stecker

Die Geräte bestehen aus einem Stecker, einer Fehlerstrom-Schutzeinrichtung und einer oder mehreren Steckdosen oder einer anderen Anschlussmöglichkeit und sind entweder netzspannungunabhängig oder netzspannungsabhängig und enthalten keinen eingebauten Überstromschutz. Sie sind für einphasige Stromkreise für Bemessungsströme bis zu 16 A und Bemessungsspannungen von maximal 250 V AC ausgelegt. Vorzugswert der Bemessungsspannung sind 230 V AC. Bevorzugte Bemessungsströme sind 6 A, 10 A, 13 A und 16 A. Der Bemessungsfehlerstrom liegt bei 0,01 A oder 0,03 A. Normwerte für die maximal zulässige Ausschaltzeiten für Wechselfehlerströme sind in Abhängigkeit vom Fehlerstrom

- $t = 0{,}3$ s bei $I_{\Delta} = I_{\Delta n}$
- $t = 0{,}15$ s bei $I_{\Delta} = 2\,I_{\Delta n}$
- $t = 0{,}04$ s bei $I_{\Delta} = 5\,I_{\Delta n}$
- $t = 0{,}04$ s bei $I_{\Delta} = 250$ A

Hinsichtlich Umgebungstemperatur kann gewählt werden

- Anwendung zwischen: –5 °C und +40 °C
  mit einer Grenztemperatur von –20 °C und +60 °C
- Anwendung zwischen: –25 °C und +40 °C
  mit einer Grenztemperatur von –35 °C und +60 °C

Die genannten Grenztemperaturen gelten für die Lagerung und während des Transports, was die Hersteller bei der Konstruktion und Materialauswahl zu beachten haben.

14.2.4 SRCD – VDE 0662

Die Norm für „Ortsfeste Schutzeinrichtungen in Steckdosenausführung zur Schutzpegelerhöhung" (SRCD) nach Entwurf DIN VDE 0662 (VDE 0662):1993-08 ist eine nationale Norm, die zur Zeit nur als Entwurf vorliegt. Sie gilt für ortsfeste Fehlerstrom-/Differenzstrom-Schutzeinrichtungen, die als genormte Steckdosen eine Baueinheit bilden und für ortsfeste Installation geeignet sind. Schutzziel solcher Einrichtungen ist der Zusatzschutz, z. B. in Baderäumen und landwirtschaftlichen Bereichen.

Die Bemessungsspannung ist 230 V AC, der Bemessungsstrom ist 16 A. Der Bemessungsdifferenzstrom kann 10 mA oder 30 mA betragen. Die Umgebungstemperatur sollte zwischen –25 °C und +40 °C liegen, wobei ein täglicher Mittelwert von +35 °C nicht überschritten werden sollte.

SRCD erfassen Fehler-/Differenzströme, die von stromführenden aktiven Leitern (Außenleiter und/oder Neutralleiter) im Fehlerfall gegen Erde oder den PEN-Leiter fließen, und lösen aus beim Auftreten von

- sinusförmigen Wechselfehlerströmen und
- pulsierenden Gleichfehlerströmen, die innerhalb jeder Periode der Netzfrequenz mindestens eine Halbperiode lang den Wert null oder nahezu null annehmen

Im Fehlerfall muss die SRCD innerhalb 0,2 s auslösen.

Im Entwurf DIN IEC 23E/214/CD (VDE 0662-10):1995-11 „Fehlerstromschutzeinrichtungen ohne Überstromschutz, ein- oder angebaut an ortsfeste Steckdosen (SRCD)" mit Änderung A1 mit Erscheinungsdatum 2000-07 ist die regionale und internationale Variante von SRCD abgehandelt. Die technischen Anforderungen sind nahezu identisch, nur bei den Bemessungsströmen und den zulässigen Umgebungstemperaturen gibt es Abweichungen. Bei einer Bemessungsspannung von 230 V AC ist die bevorzugte Reihe der Bemessungsströme der SRCD 6 A, 10 A, 13 A, 16 A, 20 A, 25 A und 32 A, während die Bemessungsströme für die Steckdose bei 6 A, 10 A, 13 A und 16 A liegen. Bei den Umgebungstemperaturen sind auch hier zwei Ausführungen möglich:

- Umgebungstemperatur –5 °C bis +40 °C
- Umgebungstemperatur –25 °C bis +40 °C

wobei für Lagerung und beim Transport gilt

- Grenzwerte –20 °C bis +60 °C
- Grenzwerte –35 °C bis +60 °C

Dies ist bei der Konstruktion und bei der Materialauswahl zu berücksichtigen.

14.2.5 Leistungsschalter mit Fehlerstromschutz (CBR) – DIN EN 60947-2 (VDE 0660-101), Anhang B

Es gilt hier die Norm DIN EN 60947-2 (VDE 0660-101) „Niederspannungsschaltgeräte – Teil 2: Leistungsschalter“. In Anhang B „Leistungsschalter mit Fehlerstromschutz“ werden Leistungsschalter, die eine Fehlerstromfunktion als integrierte Einheit besitzen, und Geräte, die aus einer Kombination von Leistungsschalter und Fehlerstromgerät bestehen, behandelt. Der mechanische und elektrische Zusammenbau dieser Kombination darf sowohl in der Fabrik als auch vor Ort vom Anwender nach den Anleitungen des Herstellers vorgenommen werden.

Aber auch andere Kombinationen sind denkbar. Häufig kommt in der Praxis bei größeren Bemessungsströmen ($I_n \geq 160$ A bis 4 000 A) eine Kombination aus

- Leistungsschalter
- Summenstromwandler
- Fehlerstrom-Steuereinrichtung oder Differenzstrom-Steuereinrichtung

zur Anwendung. **Bild 14.26** zeigt hierzu eine Prinzipschaltung. Der Leistungsschalter kann auch durch ein Schütz oder ein anderes geeignetes Schaltgerät ersetzt werden.

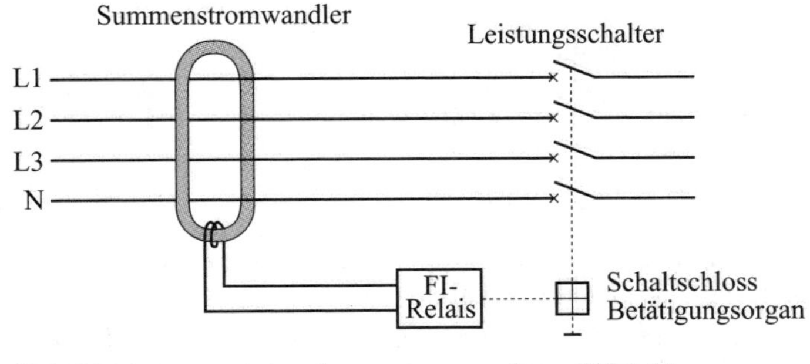

Bild 14.26 Leistungsschalter, Summenstromwandler und FI-Relais

14.3 Isolationsüberwachungsgeräte (IMD) – VDE 0413-8

Isolationsüberwachungsgeräte (IMD) (en: Insulating Monitoring Device), in DIN VDE 0100-410 Isolationsüberwachungseinrichtungen genannt, gelangen in ungeerdeten IT-Systemen hauptsächlich in medizinisch genutzten Räumen, auf Schiffen, in der Industrie und im Bergbau zur Anwendung. Um einen sicheren Betrieb dieser ungeerdet betriebenen Anlagen sicherzustellen, ist es wichtig, Erdschlüsse, die durch Isolationsfehler entstehen können, zu vermeiden. Deshalb wird in diesen Anlagen der Isolationswiderstand gegen Erde dauernd überwacht, und die Geräte haben die Aufgabe, die Unterschreitung eines Mindestwerts des Isolationswiderstands der Anlage akustisch und optisch zu melden.

Isolationsüberwachungsgeräte für diese Aufgaben sind nach DIN EN 61557-8 (VDE 0413-8) „Isolationsüberwachungsgeräte für IT-Netze" genormt und können eingesetzt werden für

- IT-Wechselspannungsnetze mit Bemessungsspannungen bis 1 000 V
- IT-Wechselspannungsnetze mit galvanisch verbundenen Gleichstromkreisen mit Bemessungsspannungen bis 1 000 V
- IT-Gleichspannungsnetze mit Bemessungsspannungen bis 1 500 V

Dabei ist das Messverfahren für den Erdschlussstrom bzw. für den Isolationswiderstand nicht vorgeschrieben, um dem Hersteller der Geräte größtmöglichen Spielraum für Weiterentwicklungen zu lassen. Isolationsüberwachungsgeräte müssen in der Lage sein, sowohl symmetrische als auch unsymmetrische Isolationsverschlechterungen zu erkennen.

Anmerkung: Eine symmetrische Isolationsverschlechterung liegt dann vor, wenn sich der Isolationswiderstand des zu überwachenden Netzes (annähernd) gleichmäßig verringert. Eine unsymmetrische Isolationsverschlechterung liegt dann vor, wenn sich der Isolationswiderstand eines Leiters wesentlich stärker verringert als der der übrigen Leiter.

14.3.1 Technische Anforderungen

Die technischen Anforderungen an Isolationsüberwachungsgeräte sind in **Tabelle 14.15** dargestellt.

Die in der Tabelle 14.15 gebrauchten Begriffe bedeuten

- Ansprechzeit t_{an} ist die Zeit, die ein Isolationsüberwachungsgerät unter vorgegebenen Bedingungen zum Ansprechen benötigt
- Scheitelwert der Messspannung U_m ist der Scheitelwert der Spannung, der während der Messung an den Messanschlüssen vorhanden ist

Kennzeichnung	reine Wechselspannungsnetze	Wechselspannungsnetze mit galvanisch verbundenen Gleichstromkreisen und Gleichspannungsnetze
Ansprechzeit t_{an} [1)]	≤ 10 s bei 0,5 · R_{an} und C_e = 1 µF	≤ 100 s bei 0,5 · R_{an} und C_e = 1 µF
Scheitelwert der Messspannung U_m	bei 1,1 · U_n und 1,1 · U_v sowie $R_F = \infty$: ≤ 120 V	bei 1,1 · U_n und 1,1 · *U*v sowie $R_F = \infty$: ≤ 120 V
Messstrom I_m	≤ 10 mA bei $R_F = 0$	≤ 10 mA bei $R_F = 0$
Wechselstrom-innenwiderstand Z_i [2)]	≥ 250 Ω/V Netznennspannung, mindestens ≥ 15 kW	≥ 250 Ω/V Netznennspannung, mindestens ≥ 15 kW
Innenwiderstand R_i [2)]	≥ 30 Ω/V Netznennspannung, mindestens ≥ 1,8 kW	≥ 30 Ω/V Netznennspannung, mindestens ≥ 1,8 kW
dauernd zulässige Netzspannung	≤ 1,15 · U_n	≤ 1,15 · U_n
dauernd zulässige Fremdgleich-spannung U_{fg}	nach Angaben des Herstellers	≤ Scheitelwert 1,15 · U_n, entfällt bei Gleichspannungsnetzen
Ansprech-abweichung [3)]	0 % bis +30 % vom Sollansprechwert R_{an}	0 % bis +50 % vom Sollansprechwert R_{an}
Netzleitkapazität C_E	C_E < 1 µF	C_E < 1 µF
Temperaturbereich	0 °C bis +35 °C	0 °C bis +35 °C
Umgebungs-bedingungen	Betrieb: [4)] Klasse 3K5 (IEC 60721-3-3), –5 °C bis +45 °C Transport: Klasse 2K3 (IEC 60721-3-2), –25 °C bis +70 °C Lagerung: Klasse 1K4 (IEC 60721-3-1), –25 °C bis +55 °C	Betrieb: [4)] Klasse 3K5 (IEC 60721-3-3), –5 °C bis +45 °C Transport: Klasse 2K3 (IEC 60721-3-2), –25 °C bis +70 °C Lagerung: Klasse 1K4 (IEC 60721-3-1), –25 °C bis +55 °C
Kontaktkreise	IIB (IEC 60255-23)	IIB (IEC 60255-23)
Kontaktklasse	AC 250 V / DC 300 V	AC 250 V / DC 300 V
Kontaktbemes-sungsspannung	UC 5 A	UC 5 A
Einschaltvermögen	2 A, AC 230 V, cos φ = 0,4	2 A, AC 230 V, cos φ = 0,4
Ausschaltvermögen	0,2 A, DC 220 V, L/R = 0,04 s	0,2 A, DC 220 V, L/R = 0,04 s

Die Anmerkungen bedeuten:

1) Bei IT-Netzen, deren Spannung betriebsbedingt mit niedriger Frequenz variiert wird (z. B. bei Umrichternetzen mit niederfrequenten Regelvorgängen oder Gleichstrommotoren mit niederfrequenten Stellvorgängen), richtet sich die Ansprechzeit nach den im Betrieb zwischen Netz und Erde niedrigsten auftretenden Frequenzen. Diese Ansprechzeiten können von den oben angegebenen Ansprechzeiten abweichen.

2) In IT-Netzen, in denen die Impedanz zwischen Netz und Erde während des Betriebs unter 30 Ω/V beträgt, kann der Wechselstrominnenwiderstand R_i niedriger als 250 Ω/V und der Gleichstrominnenwiderstand R_i niedriger als 30 Ω/V sein.

3) Die Ansprechabweichung darf bei einer Umgebungstemperatur zwischen –5 °C und +45 °C bei Spannungen zwischen 0 % und 115 % der Nennspannung an den Messanschlussklemmen des Messkreises und bei einer Versorgungsspannung U_v zwischen 85 % und 110 % ihres Nennwerts sowie bei Netzableitkapazitäten C_E zwischen 0 µF und 1 µF nicht überschritten werden. Ist der Ansprechwert einstellbar, so ist der Bereich der Ansprechwerte zu kennzeichnen, bei dem diese Fehlergrenzen nicht eingehalten werden, z. B. durch Punkte an den Grenzen des Bereichs oder der Bereiche.

4) Ausnahme: Betauung und Vereisung.

Tabelle 14.15 Anforderungen an Isolationsüberwachungsgeräte
(Quelle: DIN EN 61557-8 (VDE 0413-8):2007-12)

- Messstrom I_m ist der maximale Strom, der aus der Messspannungsquelle, begrenzt durch den Innenwiderstand R_i des Isolationsüberwachungsgeräts, zwischen Netz und Erde fließen kann
- Wechselstrominnenwiderstand Z_i ist die Gesamtimpedanz des Isolationsüberwachungsgeräts zwischen Netz- und Erdanschlüssen
- Gleichstrominnenwiderstand R_i ist der Wirkwiderstand des Isolationsüberwachungsgeräts zwischen Netz- und Erdanschlüssen
- Nennspannung/Bemessungsspannung U_n ist die Spannung, nach der ein Netz oder ein Gerät benannt ist und auf die sich bestimmte Betriebsmerkmale beziehen
- Fremdgleichspannung U_{fg} ist die Gleichspannung, die in einem Wechselspannungsnetz zwischen den Leitern des Wechselspannungsnetzes und Erde auftritt (hervorgerufen durch Gleichstromanteile)
- Netzableitkapazität C_E ist der maximal zulässige Wert der Gesamtkapazität des zu überwachenden Netzes einschließlich aller angeschlossenen Betriebsmittel gegen Erde, bis zu dem ein Isolationsüberwachungsgerät bestimmungsgemäß arbeiten kann
- Versorgungsspannung U_v ist die Spannung eines Messgeräts an einer Stelle, an der dieses elektrische Leistung zum Zweck der Stromversorgung aufnimmt oder aufnehmen kann

Isolationsüberwachungsgeräte für IT-Wechselstromnetze oder IT-Drehstromnetze arbeiten in der Regel mit einer überlagerten Gleichspannung mit 24 V Bemessungsspannung. Ein prinzipielles Schaltbild für ein Isolationsüberwachungsgerät in einem Wechselstromnetz ist in **Bild 14.27** gezeigt.

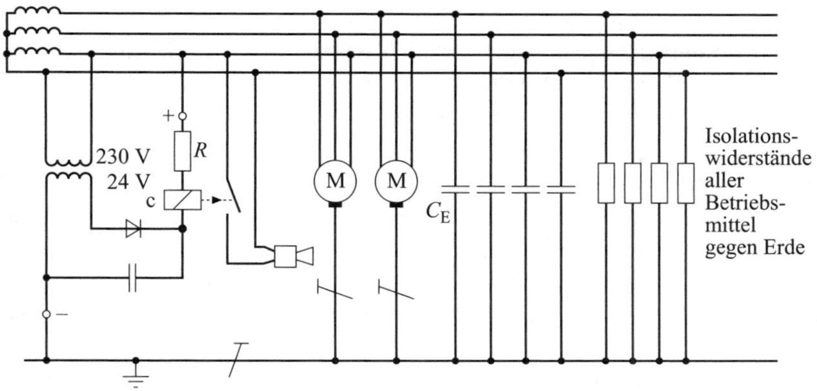

Bild 14.27 Isolationsüberwachungsgerät in einem IT-Drehstromnetz mit vier Leitern

Es gibt auch Isolationsüberwachungsgeräte mit einstellbarem Ansprechwert (z. B. 2 kW bis 60 kW), dabei darf die Einstellung dieses Werts nur mittels Schlüssels oder Werkzeugs vorgenommen oder verändert werden können.

14.3.2 Aufschriften auf Isolationsüberwachungsgeräten

Auf einem Isolationsüberwachungsgerät sind dauerhaft folgende Aufschriften so anzubringen, dass sie in eingebautem Zustand gut lesbar sind

- Typ des Geräts sowie Ursprungszeichen oder Name des Herstellers
- Art des zu überwachenden IT-Netzes
- Anschlussschaltbild oder Nummer des Anschlussschaltbilds oder Nummer der Betriebsanleitung
- Bemessungsspannung oder Bemessungsspannungsbereich
- Nennwert der Versorgungsspannung
- Frequenz der Versorgungsspannung, falls abweichend von 50 Hz
- Sollansprechwert R_{an} oder minimaler und maximaler Ansprechwert R_{an} und, wenn zutreffend, der Bereich der Sollansprechwerte, in denen eine höhere Abweichung, als in Tabelle 14.15 angegeben, auftritt

Außen und, wenn notwendig, auch innen sind in dem Gerät noch Herstellungsnummer, Herstellungsjahr oder Herstellerbezeichnung anzugeben.

Zusätzlich sind in der Betriebsanleitung noch folgende Daten anzugeben

- Wechselstrominnenwiderstand Z_i des Messkreises als Funktion der Bemessungsfrequenz

- Gleichstrominnenwiderstand R_i des Messkreises
- Scheitelwert der Messspannung U_m nach Tabelle 14.15 bei Speisung mit dem Bemessungswert der Versorgungsspannung U_v
- Höchstwert des Messstroms I_m nach Tabelle 14.15 bei kurzgeschlossenen Messklemmen
- Schaltvermögen der eingebauten Schaltglieder
- Hinweis, dass Isolationsüberwachungsgeräte nicht parallel geschaltet werden dürfen (z. B. bei Netzkopplungen)
- Anschlussplan, falls dieser nicht auf dem Gerät angebracht ist
- Hinweis auf den Einfluss von Netzableitkapazitäten $C_{\hat{E}}$ und auf deren maximal zulässigen Wert
- Hinweis auf den Spannungsbereich bei Versorgung aus dem zu überwachenden Netz
- Fremdgleichspannung U_{fg} beliebiger Polarität, die dauernd an dem Isolationsüberwachungsgerät anliegen kann, ohne dass das Gerät beschädigt wird
- Prüfspannung/Schärfegrad für Spannungs-/EMV-Prüfungen bzw. Angabe der Prüfbedingungen

14.3.3 Isolationsfehlersucheinrichtung – VDE 0413-9

Zusammen mit weiteren Komponenten kann eine Isolationsüberwachungseinrichtung im IT-System auch als **Isolationsfehlersucheinrichtung** zur Anwendung gelangen. Die Norm DIN EN 61557-9 (VDE 0413-9) „Einrichtungen zur Isolationsfehlersuche in IT-Systemen" behandelt diesen Fall. Eine Einrichtung zur Isolationsfehlersuche besteht aus einem Isolationsüberwachungsgerät (IMD) und verschiedenen Zusatzgeräten, die in tragbarer Ausführung sein können oder fest installiert sind. Die Komponenten der Isolationsfehlersucheinrichtung prägen einen Prüfstrom zwischen Netz und Erde ein und lokalisieren die fehlerbehafteten Netzabschnitte oder Stromkreise. Die verschiedenen Komponenten dürfen aus mehreren Einheiten bestehen oder in einem Gerät zusammengefasst werden. Es müssen sowohl symmetrische als auch unsymmetrische Isolationsfehler lokalisiert werden können. Die einzelnen Komponenten und ihre Funktion sind:

- Isolationsüberwachungsgerät (IMD): Überwacht den Isolationszustand einer Anlage
- Steuergerät (CD): Das Steuergerät legt die Reihenfolge der Prüfung fest und bestimmt die logischen Verknüpfungen zur Suche von Isolationsfehlern und zur Fehlersignalisierung
- Prüfgerät (TD): Das Prüfgerät beinhaltet den Prüfgenerator
- Ankoppelgerät (CU): Das Ankoppelgerät bildet in Verbindung mit dem Prüfgerät die Verbindung zum überwachenden Netz

- Stromwandler oder Messzange (RCT): Die Stromwandler dienen zur Erfassung des Prüfstroms und sind an ein Auswertegerät angeschlossen
- Auswertegerät (EV): An das Auswertegerät sind die Stromwandler für die Erfassung des Prüfstroms angeschlossen

Ein Beispiel für ein IT-System mit mehreren Stromkreisen und den Komponenten für eine Isolationsfehlersucheinrichtung zeigt **Bild 14.28**.

Isolationsfehlersucheinrichtungen mit netzfremder Prüfstromquelle können auch zur Überwachung und Fehlersuche in abgeschalteten Netzen oder Stromkreisen eingesetzt werden.

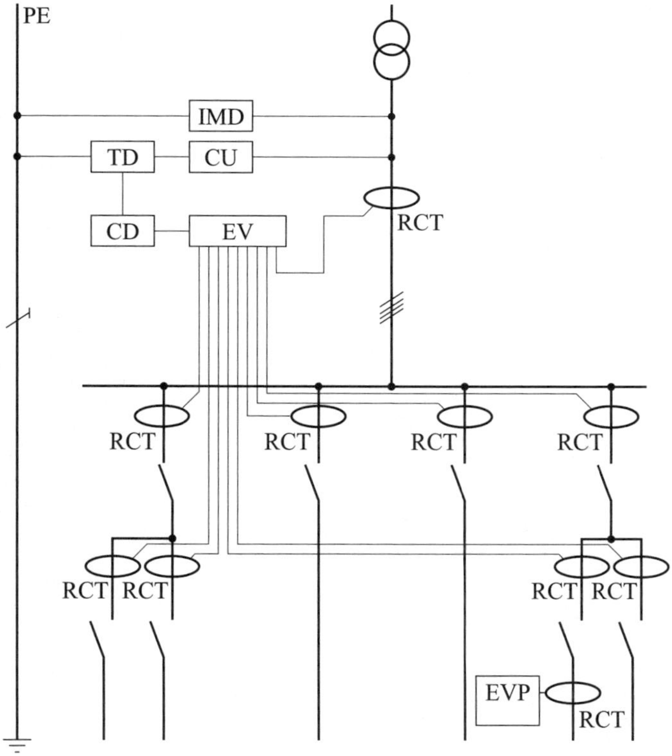

Bild 14.28 Komponenten einer Isolationsfehlersucheinrichtung

IMD	Isolationsüberwachungsgerät	EV	Auswertegerät
TD	Prüfgerät	EVP	Tragbares Auswertegerät
CU	Ankoppelgerät	RCT	Stromwandler
CD	Steuergerät		

(Quelle: DIN EN 61557-9 (VDE 0413-9):2000-08)

15 Prüfungen – DIN VDE 0100-600

Elektrische Anlagen müssen vor ihrer ersten Inbetriebnahme vom Errichter der Anlage geprüft werden (Erstprüfung). Dies gilt auch für die Erweiterung oder Änderung bestehender Anlagen, wobei die Prüfung nur für den erweiterten oder geänderten Teil der Anlage durchzuführen ist. Grundlage für die Erstprüfung einer elektrischen Anlage ist DIN VDE 0100-600:2008-06 „Prüfungen".

Wiederholungsprüfungen von elektrischen Anlagen (z. B. in bestimmten Zeitabständen) sind eine betriebliche Angelegenheit, und sind vom Betreiber der Anlage zu veranlassen. Sie sind nach DIN VDE 0105-100/A1:2008-06 „Betrieb von elektrischen Anlagen" Abschnitt 5.3.101 „Wiederkehrende Prüfungen" auszuführen.

Die Prüfung elektrischer Betriebsmittel (z. B. Maschinen und Geräte) hat der Hersteller vorzunehmen. Die Prüfbestimmungen sind in den einschlägigen Normen für die Errichtung (Herstellung) der Betriebsmittel enthalten. Die erforderliche Prüfungen nach einer Instandsetzung von Betriebsmitteln, sind ebenfalls in den entsprechenden Normen beschrieben.

In der Norm DIN VDE 0701-0702 (VDE 0701-0702):2008-06 „Prüfung nach Instandsetzung, Änderung elektrischer Geräte – Wiederholungsprüfung elektrischer Geräte – Allgemeine Anforderungen für die elektrische Sicherheit" wird die Prüfung der elektrischen Sicherheit von elektrischen Geräten mit Bemessungsspannungen bis AC 1 000 V und DC 1 500 V nach Instandsetzungen, Änderung und bei Wiederholungsprüfungen behandelt.

In diesem Kapitel wird nur die Erstprüfung elektrischer Anlagen, die nach den Normen der Reihe DIN VDE 0100 errichtet wurden, behandelt.

15.1 Begriffe

Für die Anwendung von DIN VDE 0100-600 gelten folgende Begriffe.
(Quelle: DIN VDE 0100-600 Abschnitt 6.3)

Prüfung
besteht aus allen Maßnahmen, mit denen die Übereinstimmung der elektrischen Anlage mit den Anforderungen der Normen der Reihe DIN VDE 0100 (VDE 0100) überprüft wird.

Besichtigen
ist die Untersuchung der elektrischen Anlage mit allen Sinnen, um die richtige Auswahl und die ordnungsgemäße Errichtung der elektrischen Betriebsmittel nachzuweisen.

Erproben und Messen
ist das Durchführen von Maßnahmen, mit denen die ordnungsgemäße Funktion einer elektrischen Anlage nachgewiesen wird. Hierzu gehört auch die Ermittlung von Werten, die durch Besichtigen nicht festgestellt werden können, mit geeigneten Messgeräten.

Prüfbericht
besteht aus der Aufzeichnung der Ergebnisse aus Besichtigen, Erproben und Messen.

Instandhaltung
sind alle technischen und administrativen Maßnahmen, einschließlich deren Überwachung, die dazu vorgesehen sind, ein Teil in einem Zustand zu erhalten oder es wieder in einen Zustand zu bringen, mit dem es die gewünschte Funktion erfüllen kann.

15.2 Allgemeine Anforderungen an die Erstprüfung – Teil 600 Abschnitt 61

Eine elektrische Anlage muss während der Errichtung und nach Fertigstellung, bevor sie vom Benutzer in Betrieb genommen wird, geprüft werden. Dies gilt auch für die Erweiterung oder Änderung einer bestehenden Anlage, durch deren Prüfung nachgewiesen werden muss, dass die Änderung oder Erweiterungen der Normenreihe DIN VDE 0100 (VDE 0100) entsprechen und die Sicherheit der bestehenden Anlage nicht beeinträchtigt ist.

Bei der Prüfung ist vor allem zu beachten

- die Prüfung ist von einer Elektrofachkraft durchzuführen, die entsprechende Erfahrung besitzt und zur Durchführung der Prüfung befähigt ist
- den Prüfern müssen aussagefähige Unterlagen über die Anlage zur Verfügung gestellt werden (z. B. Schaltpläne, Berechnungsunterlagen, Diagramme, Tabellen usw., soweit vorhanden)
- die Prüfungen sind vorzunehmen, dass eine Gefährdung von Personen und Nutztieren oder eine Beschädigung von Eigentum sowie Betriebsmitteln vermieden wird, auch wenn Fehler in Stromkreisen vorhanden sind
- die Messungen müssen mit normgerechten Messgeräten durchgeführt werden
- von der Prüfung ist ein Prüfprotokoll zu erstellen

15.3 Besichtigen – Teil 600 Abschnitt 61.2

Das Besichtigen ist der erste Teil der Prüfung und sollte bereits während der Errichtung der Anlage durchgeführt werden. Wird die Anlage erst nach Fertigstellung besichtigt, so hat dies in spannungsfreiem Zustand der Anlage zu erfolgen. Beim Besichtigen sollten äußerlich erkennbare Mängel und Schäden an Betriebsmitteln und offensichtliche Installationsfehler festgestellt werden.

Die Anlageteile, die Schutzzwecken dienen, sind besonders zu beachten und eingehend zu besichtigen.

Auf folgende Details ist bei der Besichtigung zu achten

- Schutz gegen elektrischen Schlag
- vorhanden sein von Brandabschottungen
- Auswahl der Leiter hinsichtlich Strombelastbarkeit
- Auswahl und Einstellung von Schutz- und Überwachungseinrichtungen
- richtige Anordnung von Schalt- und Trenngeräten
- Auswahl der Betriebsmittel unter Berücksichtigung der äußeren Einflüsse
- Kennzeichnung von Neutralleiter, Schutzleiter und PEN-Leiter
- vorhanden sein von Schaltungsunterlagen und Warnhinweisen
- Kennzeichnung der Stromkreise
- ordnungsgemäße Leiterverbindungen
- Zugänglichkeit zur leichten Bedienung, Identifizierung und Wartung

15.4 Erproben und Messen – Teil 600 Abschnitt 61.3

15.4.1 Allgemeine Anforderungen

Folgende Prüfungen (falls zutreffend) sind in der angegebenen Reihenfolge durchzuführen

- Durchgängigkeit der Verbindungen der Schutzleiter, der Schutzpotentialausgleichsleiter und der Leiter des zusätzlichen Schutzpotentialausgleichs
- Isolationswiderstand der elektrischen Anlage
- Schutz durch SELV und PELV oder Schutztrennung
- Widerstand von isolierenden Fußböden oder Wänden
- Schutz durch automatische Abschaltung der Stromversorgung
- Zusätzlicher Schutz
- Spannungspolarität

- Phasenfolge
- Funktionsprüfung
- Spannungsfall

Während der Prüfungen bzw. nach den Prüfungen ist ein Prüfbericht zu erstellen und so die Prüfung zu dokumentieren.

15.4.2 Durchgängigkeit der Leiter

Hierbei sind nicht nur die stromführenden Leiter (in der Regel die Außenleiter) zu prüfen, sondern auch alle Schutzleiter, Schutzpotentialausgleichsleiter und Leiter für den zusätzlichen Potentialausgleich. Die Prüfung dient in erster Linie dazu, die korrekte Ausführung der Klemmstellen und Verbindungen nachzuweisen. Ein zulässiger Höchstwert für die Leiter ist nicht vorgegeben. Anhaltswerte für Leiterwiderstandsbeläge der verschiedenen Querschnitte in Ω/km sind in **Tabelle 15.1** gegeben. Damit kann der Widerstand einer Leitung anhand ihrer Länge abgeschätzt und der ausreichende Widerstandswert festgestellt werden. Übergangswiderstände sind ggf. zu beachten.

Die Messung mit einer Stromquelle durchzuführen, deren Leerlaufspannung zwischen 4 V und 24 V Gleichspannung oder Wechselspannung liegt, hat sich in der Vergangenheit bewährt. Der Messstrom sollte mindestens 200 mA betragen.

15.4.3 Isolationswiderstand der elektrischen Anlage

Für die erste Prüfung des Isolationswiderstand einer elektrischen Anlage nach der Errichtung oder Änderung einer Verbraucheranlage, also vor deren Inbetriebnahme, ist der Errichter der Anlage verantwortlich.

In Verbraucheranlagen sind die in **Tabelle 15.2** festgelegten Mindestwerte für den Isolationswiderstand einzuhalten. Unter Berücksichtigung eines Gebrauchsfehlers der Isolationsmessgeräte von ± 30 % ist es empfehlenswert den Mindestmesswert nach Tabelle 15.2 einzuhalten.

Die Messspannung, mit der die Isolationsmessung durchgeführt wird, ist in Tabelle 15.2 festgelegt. Gemessen werden muss mit Gleichspannung, um den Einfluss der Kapazität zwischen den Leitern und Erde auszuschließen. Zu beachten sind elektronische Bauelemente, die durch die Prüfspannung zerstört werden könnten. Ggf. sind diese vor der Messung abzuklemmen.

Für die Messung des Isolationswiderstands sind Isolations-Messgeräte nach DIN EN 61557-2 (VDE 0413-2) „Geräte zum Prüfen, Messen oder Überwachen von Schutzmaßnahmen – Isolationswiderstand“ zu verwenden. In der Bauart als Kurbelinduktor oder als batteriebetriebenes Gerät sind Prüfspannungen 100 V, 500 V, 1 000 V, 5 000 V und 10 000 V Gleichspannung üblich.

Leiterquerschnitt in mm²	Leiterwiderstände in mΩ/m			
	Θ = 15 °C	Θ = 20 °C	Θ = 25 °C	Θ = 30 °C
1,5	11,862	12,100	12,339	12,576
2,5	7,137	7,280	7,424	7,566
4	4,470	4,560	4,650	4,739
6	2,970	3,030	3,090	3,149
10	1,774	1,810	1,846	1,881
16	1,119	1,141	1,164	1,186
25	0,710	0,724	0,738	0,753
35	0,516	0,526	0,536	0,547
50	0,381	0,389	0,397	0,404
70	0,266	0,271	0,276	0,282
95	0,193	0,197	0,201	0,205
120	0,154	0,157	0,160	0,163
150	0,126	0,129	0,132	0,134
185	0,103	0,105	0,107	0,109

Die Umrechnung auf eine andere Leitertemperatur, ausgehend von einer Leitertemperatur von Θ = 20 °C, erfolgt nach der Beziehung

$$R_{\Theta} = R_{20}\,(1 + \alpha\,\Delta\Theta)$$

Dabei bedeuten

- R_{Θ} Leiterwiderstand (Resistanz) in mΩ/m bei der Leitertemperatur Θ
- R_{20} Leiterwiderstand in mΩ/m bei 20 °C
- α Temperaturkoeffizient bei 20 °C in K^{-1} mit $\alpha = 0{,}00393\ K^{-1}$ für Kupfer
- $\Delta\Theta$ Temperaturdifferenz in K zwischen der Bezugstemperatur mit 20 °C und der Temperatur Θ, für die der Widerstand bestimmt werden soll
  $\Delta\Theta = \Theta - 20$ °C

Tabelle 15.1 Leiterwiderstandsbeläge R' für Kupferleitungen bei verschiedenen Temperaturen in Abhängigkeit vom Leiterquerschnitt S zur überschlägigen Berechnung von Leiterwiderständen

Anlage bzw. Stromkreis	Mess-Gleichspannung V	Isolationswiderstand in kΩ	
		gefordert	Mindestmesswert[1)]
Kleinspannung SELV und PELV	250	≥ 500	≥ 715
Nennspannung $U \leq 500$ V sowie FELV	500	≥ 1 000	≥ 1 430
Nennspannung $U > 500$ V	1 000	≥ 1 000	≥ 1 430

[1)] Die Werte gelten nur für Messgeräte mit einem Gebrauchsfehler von ± 30 %. Bei geringeren Fehlergrenzen gelten auch geringere Mindestmesswerte

Tabelle 15.2 Isolationswiderstände und Messspannungen

Die wichtigsten Forderungen an Isolations-Messgeräte sind

- die Ausgangsspannung muss eine Gleichspannung sein (Wechselspannung ist wegen der induktiven und kapazitiven Einflüsse der Anlage ungeeignet)
- der Messstrom muss mindestens 1 mA betragen
- der Kurzschlussstrom darf 12 mA nicht überschreiten
- der Gebrauchsfehler zwischen 25 % und 75 % der Skalenlänge darf ± 30 % nicht überschreiten

Kurzbeschreibung der wichtigsten Gerätekonstruktionen

- **Kurbelinduktor**
  Durch eine Dynamo mit Handkurbel wird die Prüfspannung von z. B. 500 V erzeugt. Eine annähernd konstante Drehzahl muss während der Messung eingehalten werden. Hierzu wird zunächst gekurbelt und die Prüfspannung gemessen. Verschiedene Geräte haben einen Fliehkraftregler, bei ihnen muss der Bedienende nur eine bestimmte Drehzahl überschreiten um die Prüfspannung zu erzeugen. Geräte mit Kurbelinduktor gelangen kaum noch zur Anwendung.
- **Batteriegerät**
  Aus einer Batteriespannung erzeugt ein elektronischer Zerhacker zunächst eine Wechselspannung, die hochtransformiert und wieder gleichgerichtet wird. Die Elektronik erlaubt es, die Forderungen nach Strombegrenzung und Leerlaufspannung gut zu erfüllen. Es gibt diese Geräte in handlicher Ausführung.

Der Isolationswiderstand muss zwischen jedem aktiven Leiter und Erde gemessen werden. Als Erde angesehen werden darf der geerdete Schutzleiter einer Anlage oder auch in einem TN-C-System der PEN-Leiter. Zu prüfen sind alle nicht geerdeten Leiter gegen Erde bzw. gegen den Schutzleiter oder den PEN-Leiter,also

- L1 – Erde bzw. L1 – PE/PEN
- L2 – Erde bzw. L2 – PE/PEN
- L3 – Erde bzw. L3 – PE/PEN
- N – Erde bzw. N – PE/PEN

Zur Messung des Isolationswiderstands muss der Neutralleiter von der Erde getrennt werden. Er darf mit einem Außenleiter verbunden werden. Diese Verbindung ist wichtig, wenn in dem zu prüfenden Stromkreis elektronische Betriebsmittel vorhanden sind. Besser ist es, elektronische Betriebsmittel und solche Bauelemente, die bei einer Prüfung Schaden nehmen könnten, vor der Prüfung vom Netz zu trennen.

Bei der Prüfung ist zuerst die Anlage durch herausnehmen der Überstrom-Schutzeinrichtungen (Unterverteilung, Hauptverteilung oder Hausanschlusskasten) vom Netz zu trennen, und danach alle Schalter in der Anlage zu schließen, was den Vorteil hat, dass alle Leitungen und die Verbrauchsmittel – die eigentlich nicht mitgeprüft

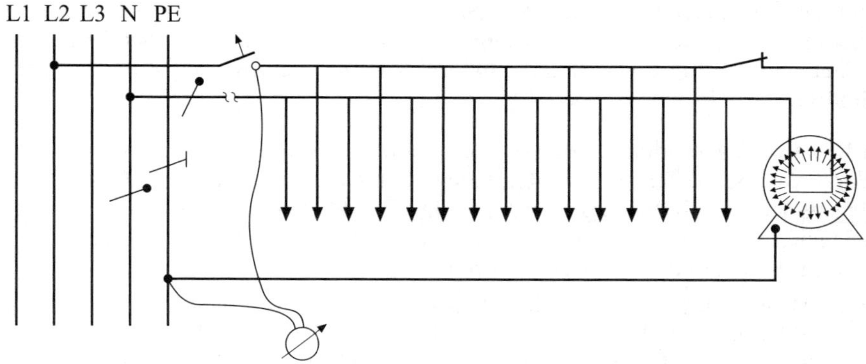

Bild 15.1 Isolationsprüfung mit angeschlossenen Verbrauchsmitteln

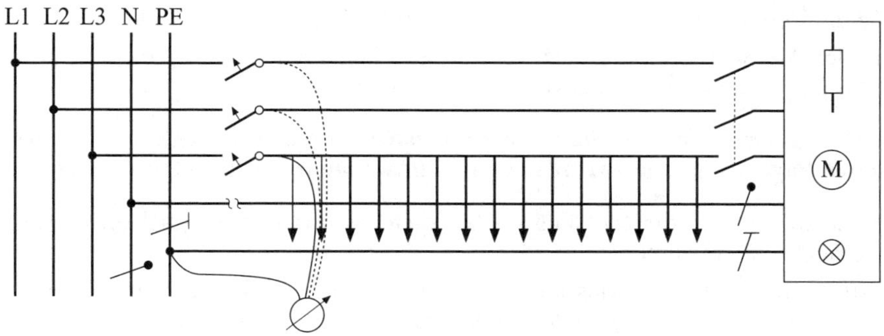

Bild 15.2 Isolationsprüfung bei abgetrennten Verbrauchsmitteln

werden müssen – geprüft werden (**Bild 15.1**). Reicht der so gemessene Wert nicht aus, können die Verbrauchsmittel abgetrennt und die Messung dann ohne angeschlossene Verbrauchsmittel wiederholt werden (**Bild 15.2**).

Bei den Messungen ist es zweckmäßig, zuerst die Gesamtanlage (alle Stromkreise) zu messen. Erst wenn diese Messung ein nicht befriedigendes Ergebnis bringt, ist eine Messung mit einzelnen Stromkreisen notwendig. Bei der Durchführung der Messung ist darauf zu achten, dass durch die Aufladung von Kabeln und Leitungen sowie Kondensatoren einige Sekunden vergehen, bis die Messspannung zur Verfügung steht. Der richtige Messwert wird bei stillstehendem Zeiger des Messgeräts abgelesen.

Obwohl eingangs erwähnt wurde, dass der Isolationswiderstand bei neuen Anlagen durch den Errichter zu prüfen ist, sollte beachtet werden, dass auch bestehende Anlagen von Zeit zu Zeit zu überprüfen sind. Den Auftrag zu dieser Messung muss der Betreiber der Anlage geben. In DIN VDE 0105-100/A1:2008-06 „Betrieb von elektrischen Anlagen – Allgemeine Festlegungen" Abschnitt 5.3.101.3.3 steht hierzu:

Elektrische Anlagen müssen in geeigneten Zeitabständen geprüft werden. Wiederkehrende Prüfungen sollen Mängel aufdecken, die nach der Inbetriebnahme aufgetreten sind und den Betrieb behindern oder Gefährdungen hervorrufen könnten.

Prüffristen können durch Gesetze, Verordnungen, Unfallverhütungsvorschriften oder andere Sicherheitsvorschriften vom Gesamtverband der Deutschen Versicherungswirtschaft (GDV) vorgegeben sein. In gewerblichen und landwirtschaftlichen Anlagen sowie in feuergefährdeten Betriebsstätten ist die Festlegung von Prüffristen häufig Bestandteil der Versicherungsverträge.

Beim Messen des Isolationswiderstands in Anlagen mit Nennspannungen bis AC 1 000 V und DC 1 500 V ist zu beachten, dass in TN- und TT-Systemen der Isolationswiderstand gemessen wird zwischen jedem aktiver Leiter (Außen- und Neutralleiter) gegen Erde oder Schutzleiter. Im TN-C- und TN-C-S-Systemen darf die Messung auch gegen den PEN-Leiter vorgenommen werden. Für diese Messung sind die Verbindungen zum Neutralleiter aufzutrennen.

Um den Messaufwand zu reduzieren und um Zerstörungen zu vermeiden, ist es zulässig für die Messung alle aktiven Leiter miteinander zu verbinden.

Der Isolationswiderstand einer elektrischen Anlage darf bei Wiederholungsprüfungen folgende Mindestwerte in Ω/V Nennspannung nicht unterschreiten

- 300 Ω/V sofern die Messung mit angeschlossenen und eingeschalteten Verbrauchsmitteln durchgeführt wird
- 1000 Ω/V sofern die Messung ohne eingeschaltete Verbrauchsmittel aber geschlossenen Schalteinrichtungen durchgeführt wird

Bei Anlagen im Freien sowie in Räumen oder Bereichen, deren Fußböden, Wände und Einrichtungen zu Reinigungszwecken abgespritzt werden, darf bei Wiederholungsprüfungen der Isolationswiderstand folgende Werte in Ω/V Nennspannung der Anlage nicht unterschreiten

- 150 Ω/V bei angeschlossenen und eingeschalteten Verbrauchsmitteln
- 500 Ω/V ohne angeschlossene Verbrauchsmittel

Abweichend von diesen Festlegungen muss der Isolationswiderstand im IT-System mindestens 50 Ω/V Nennspannung betragen.

Bei Schutzkleinspannung (SELV) und Funktionskleinspannung mit sicherer Trennung (PELV) ist der Isolationswiderstand der Leiter gegen Erde zu messen. Bei einer Messgleichspannung von 250 V ist ein Mindest-Isolationswiderstand von 0,25 MΩ erforderlich.

Bei Funktionskleinspannung ohne sichere Trennung (FELV) ist durch Messung nachzuweisen, dass die Körper ordnungsgemäß mit dem Schutzleiter des Stromkreises mit höherer Spannung bzw. dem Schutzpotentialausgleichsleiter des zugehörigen Stromkreise verbunden sind.

15.4.4 Schutz durch SELV, PELV oder durch Schutztrennung

Die Trennung aktiver Teile von Teilen anderer Stromkreise und Erde muss nachgewiesen werden. Dies erfolgt durch Messung des Isolationswiderstands, wobei die gemessenen Widerstandswerte und Messspannungen Tabelle 15.2 entsprechen müssen.

15.4.5 Widerstände isolierender Fußböden und Wände

Der Isolationswiderstand von Fußböden und Wänden gilt als ausreichend, wenn mindestens drei Messungen durchgeführt wurden und dabei der geforderte Isolationswiderstand erreicht oder überschritten wird. Wenn berührbare fremde leitfähige Teile vorhanden sind muss eine dieser Messungen im ungefähr 1 m Abstand von diesen Teilen erfolgen. Die beiden anderen Messungen sind in größerem Abstand durchzuführen. Diese Messungen müssen für jede zu prüfende Oberfläche wiederholt werden.

Der Widerstand isolierender Fußböden und Wände darf an keinem der Messpunkte kleiner sein als

- 50 kΩ, wenn die Nennspannung der Anlage 500 V nicht überschreitet
- 100 kΩ, wenn die Nennspannung der Anlage 500 V überschreitet

Zum Nachweis, dass die genannten Werte eingehalten werden – die Fußböden oder Wände also als isolierend gelten können – sind folgende Messverfahren anzuwenden

- bei Gleichspannungs-Systemen
  Verwendung der Prüfelektrode 1 und ein Isolations-Messgerät, welches mit einer Gleichspannung mit mindestens der Nennspannung des Versorgungsnetzes betrieben wird
- bei Wechselspannungs-Systemen
  wahlweise Verwendung der Prüfelektroden 1 oder 2 und
  - entweder eine Messung mit Wechselspannung von mindestens der Nennspannung des Versorgungsnetzes und mit zusätzlichen Schutzvorkehrungen, die entweder durch den Hersteller der Messeinrichtung oder durch eine kompetente Person, die für die Messung verantwortlich ist, vorgesehen werden
  - eine Messung mit einem Isolationswiderstands-Messgerät wie für Gleichspannungs- Systeme kombiniert mit einer Wechselspannungsmessung mit einer Spannung von mindestens 25 V und kleiner als 50 V

Die Messung der Fußbodenimpedanz ist nach der Strom-Spannungs-Methode durchzuführen. Dabei wird vom Außenleiter L oder von einer anderen Wechselstromquelle mit sicherer Trennung über ein Strommessgerät eine Spannung auf die Prüfelektrode gegeben. Die Spannung U_x an der Prüfelektrode wird mit einem Spannungsmessgerät gegen den Schutzleiter gemessen. Die Impedanz des Fußbodenwiderstands oder der Wand ist dann

$$Z_x = \frac{U_x}{I} \tag{15.1}$$

Es bedeuten

Z_x Impedanz in Ω des Fußbodens oder der Wand

U_x Spannung in V an der Prüfelektrode

I Strom in A, der während der Messung zu Fließen kommt

Anmerkung: Bei Verwendung einer Wechselstromquelle mit sicherer Trennung sollte der Ausgang der Spannungsquelle einseitig geerdet werden.

Beschreibung und Anwendung der Prüfelektroden

Prüfelektrode 1 (**Bild 15.3**)
Die Elektrode besteht aus einem metallenen Dreifuß, wobei die mit dem Boden oder der Wand in Berührung kommenden Teile die Punkte eines gleichseitigen Dreiecks bilden. Jede Auflage erfolgt durch einen flexiblen Gummiklotz, der bei Belastung einen engen Kontakt mit der zu prüfenden Oberfläche über eine Fläche von ungefähr 900 mm^2 sicherstellt und einen Widerstand von weniger als 5 000 Ω darstellt. Vor der Messung, ist die zu prüfende Oberfläche anzufeuchten oder mit einem feuchten Tuch zu bedecken.

Prüfelektrode 2 (**Bild 15.4**)
Die Elektrode besteht aus einer quadratischen Metallplatte mit 250 mm × 250 mm Seitenlänge. Unter der Metallplatte ist ein feuchtes Tuch mit einer Seitenlänge von etwa 270 mm × 270 mm anzuordnen.

Beide Prüfelektroden sind während der Messung mit ungefähr 750 N (Gewicht einer Person) bei Fußböden oder 250 N (Anpressdruck mit einer Hand) bei Wänden anzudrücken. Die Belastung beeinflusst die Widerstandsmessung nicht wesentlich.

Bei Fußböden und Wänden, die nicht befeuchtet werden dürfen, wie bestimmte Teppichböden und Tapeten, sollte auf das feuchte Tuch verzichtet werden. Bei Befeuchtung werden normalerweise andere Werte gemessen.

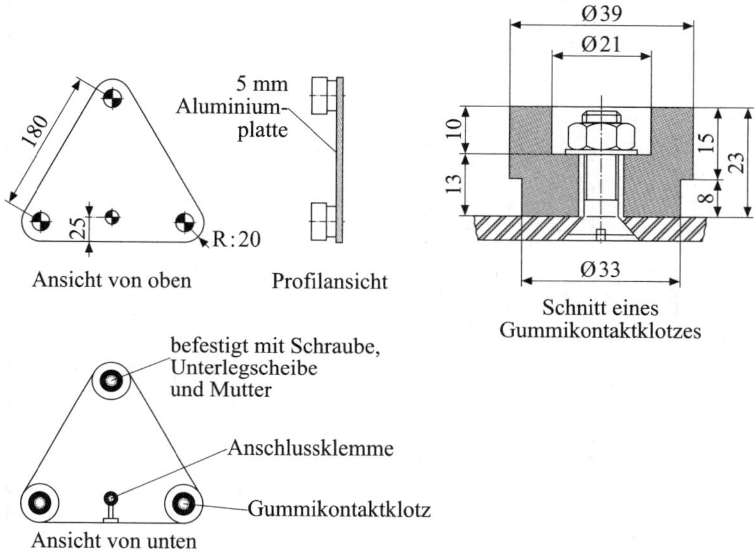

Bild 15.3 Prüfelektrode 1 (Maße in mm)
(Quelle: DIN VDE 0100-600:2008-06 Bild A.1)

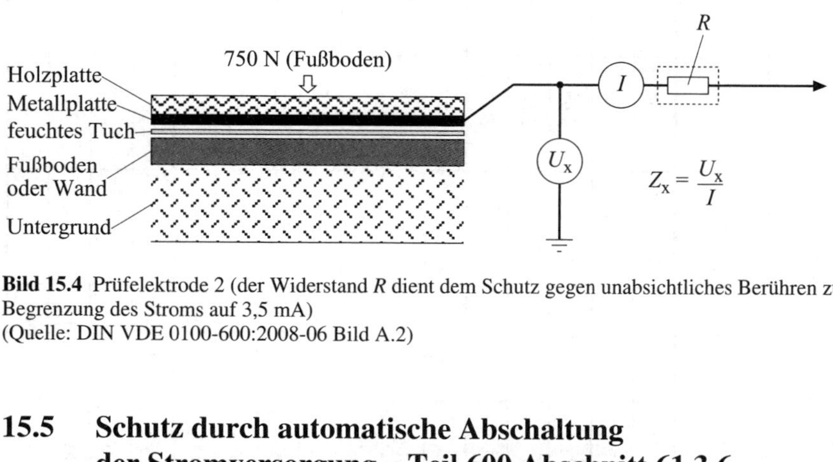

Bild 15.4 Prüfelektrode 2 (der Widerstand *R* dient dem Schutz gegen unabsichtliches Berühren zur Begrenzung des Stroms auf 3,5 mA)
(Quelle: DIN VDE 0100-600:2008-06 Bild A.2)

15.5 Schutz durch automatische Abschaltung der Stromversorgung – Teil 600 Abschnitt 61.3.6

15.5.1 Prüfung von TN-Systemen

Wichtige technische Daten zur Prüfung von TN-Systemen sind in **Tabelle 15.3** dargestellt.

	Sicherungseinsatz nach DIN EN 60269-1 (VDE 0636-10) der Betriebsklasse gG				LS-Schalter DIN VDE 0641-11 (VDE 0641-11) und Leistungsschalter[2)] für die überschlägige Prüfung $t_a \leq 0{,}4$ s; $t_a \leq 0{,}5$ s (Die Kurzschlussauslösung erfolgt in der Regel in $t \leq 0{,}1$ s.)					
I_n[1)] A	I_a (5 s) A	Z_S (5 s) Ω	I_a (0,4 s) A	Z_S (0,4 s) Ω	$I_a = 5\,I_n$ (Typ B) A	Z_S Ω	$I_a = 10\,I_n$ (Typ C) A	Z_S Ω	$I_a = 12\,I_n$ A	Z_S Ω
2	9,2	25,00	16	14,38			20	11,5	24	9,58
4	19	12,11	32	7,19			40	5,75	48	4,79
6	27	8,52	47	4,89	30	7,67	60	3,83	72	3,19
10	47	4,89	82	2,80	50	4,60	100	2,30	120	1,92
16	65	3,54	107	2,15	80	2,88	160	1,44	192	1,20
20	85	2,71	145	1,59	100	2,30	200	1,15	240	0,96
25	110	2,09	180	1,28	125	1,84	250	0,92	300	0,77
32	150	1,53	265	0,87	160	1,44	320	0,72	384	0,60
35	173	1,33	295	0,78	175	1,31	350	0,66	420	0,55
40	190	1,21	310	0,74	200	1,15	400	0,58	480	0,48
50	260	0,88	460	0,50	250	0,92	500	0,46	600	0,38
63	320	0,72	550	0,42	315	0,73	630	0,36	756	0,30
80	440	0,52							960	0,24
100	580	0,40							1200	0,19
125	750	0,31							1440	0,16
160	930	0,25							1920	0,12

[1] Nennstrom für Nennwechselspannung gegen geerdeten Leiter U_0 von 230 V und 50 Hz.
[2] Für Leistungsschalter nach DIN EN 60947-2 (VDE 0660-101) sind die Werte für I_a als Vielfaches von I_n den jeweiligen Normen oder Herstellerkennlinien zu entnehmen und die Schleifenimpedanz Z_S zu ermitteln, wobei für die Ermittlung der Schleifenimpedanz die in der Norm enthaltene Fehlergrenze von + 20 % zu berücksichtigen ist.

Beispiel

Ermittlung der Schleifenimpedanz bei Leistungsschaltern
Erforderlicher Kurzschlussstrom für die unverzögerte Auslösung 100 A
Erhöhung um die Grenzabweichung + 20 % (von 100 A), also auf 120 A

Daraus folgt $Z_S = \frac{U_0}{I_a} = \frac{230\ \text{V}}{120\ \text{A}} = 1{,}916\ \Omega$

Für die überschlägige Prüfung dürfen mit hinreichender Genauigkeit verwendet werden

- $I_a = 5\ I_n$ für LS-Schalter nach Normen der Reihe DIN VDE 0641-11 mit Charakteristik B
- $I_a = 10\ I_n$ für LS-Schalter nach Normen der Reihe DIN VDE 0641-11 mit Charakteristik C und Leistungsschalter nach DIN EN 60947-2 (VDE 0660-101) bei entsprechender Einstellung
- $I_a = 12\ I_n$ für Leistungsschalter nach DIN EN 60947-2 (VDE 0660-101) bei entsprechender Einstellung und LS-Schalter mit Charakteristik K bis 63 A

Tabelle 15.3 Werte zur Beurteilung von Überstrom-Schutzeinrichtungen in TN-Systemen
(Quelle: DIN VDE 0100-600:2008-06 Tabelle NA.1)

Folgende Messungen bzw. Überprüfungen sind erforderlich

- Messung oder Berechnung der Schleifenimpedanz
  Wenn Berechnungen der Schleifenimpedanz vorliegen oder die Schutzleiterimpedanz bekannt ist, und für die Anlage die Leitungslängen und Querschnitte bekannt sind, genügt es die Durchgängigkeit der Schutzleiter zu prüfen.
- Überprüfung der Schutzeinrichtungen
  Durch Besichtigen des Nennstroms von Sicherungen, des Einstellstroms von Leistungsschaltern sowie durch Besichtigen und Erproben von RCDs.
- Prüfung von RCDs
  Die automatische Abschaltung durch RCDs im Fehlerfall ist durch Erzeugung eines Differenzstroms unter Verwendung geeigneter Prüfgeräte nachzuweisen. Die Messung der Abschaltzeit ist nicht gefordert.
- Prüfung auf Einhaltung der Bedingungen für die Spannungswaage
  Falls zutreffend muss der wirksame Erdungswiderstand R_B nachgewiesen werden. Hierzu ist folgende Bedingung einzuhalten (siehe DIN VDE 0100-410:2007-06 Abschnitt 411.4.1)

$$\frac{R_B}{R_E} \leq \frac{50\ \text{V}}{U_0 - 50\ \text{V}} \tag{15.2}$$

Es bedeuten

R_B Erdungswiderstand in Ω aller parallelen Erder im Netz

R_E kleinster Widerstand in Ω von fremden leitfähigen Teilen, die sich in Kontakt mit Erde befinden und nicht mit dem Schutzleiter verbunden sind und über die ein Fehler zwischen Außenleiter und Erde auftreten kann

U_0 Nennwechselspannung in V Außenleiter gegen Erde

15.5.2 Prüfung von TT-Systemen

Wichtige technische Daten zur Prüfung von TT-Systemen sind in **Tabelle 15.4** dargestellt.

Folgende Messungen bzw. Überprüfungen sind erforderlich.

- Messung des Erdungswiderstands
  Der Erdungswiderstand R_A für die Körper der elektrischen Betriebsmittel der elektrischen Anlage ist zu messen.
- Prüfung der Schutzeinrichtungen
  Die Kenndaten und/oder die Wirksamkeit der zugehörigen Schutzeinrichtungen sind zu prüfen.

- Prüfung von RCDs
  Die automatische Abschaltung durch RCDs im Fehlerfall ist durch Erzeugung eines Differenzstroms unter Verwendung geeigneter Prüfgeräte nachzuweisen. Die Messung der Abschaltzeit ist nicht gefordert. Technische Daten zur Prüfung von RCDs sind in **Tabelle 15.5** enthalten.
- Prüfung von Überstrom-Schutzeinrichtungen
  Durch Besichtigen ist der Nennstrom von Sicherungen festzustellen und der eingestellte Strom von Leistungsschaltern zu überprüfen.

15.5.3 Prüfung von IT-Systemen

Folgende Messungen bzw. Überprüfungen sind erforderlich.

- Besichtigen
  Durch Besichtigen ist zu prüfen, ob kein aktiver Leiter der Anlage direkt geerdet ist und die Körper einzeln, gruppenweise oder in ihrer Gesamtheit mit einem Schutzleiter verbunden sind.
- Erproben
  Die Funktion der Isolationsüberwachungseinrichtungen sollte durch Betätigen der Prüfeinrichtung erprobt werden.
- Fehlerstrom beim ersten Fehler
  Der Fehlerstrom beim ersten Fehler ist zu berechnen oder zu messen. Diese Messung ist nicht erforderlich, wenn alle Körper der Anlage mit dem Erder der Stromversorgung verbunden sind und das System über eine Impedanz mit Erde verbunden ist. Die Messung ist nur erforderlich, wenn eine Berechnung nicht möglich ist.
- Bedingungen beim zweiten Fehler
  Wenn beim zweiten Fehler ähnliche Bedingungen wie in einem TN-System auftreten ist Abschnitt 15.5.1 sinngemäß anzuwenden.
  Wenn beim zweiten Fehler ähnliche Bedingungen wie in einem TT-System auftreten ist Abschnitt 15.5.2 sinngemäß anzuwenden.

15.5.4 Messung von Erdungswiderständen

Der Widerstand eines Erders kann nach der nachfolgend beschriebenen Messmethode gemessen werden (**Bild 15.5**).

Zwischen dem zu messenden Erder E und einem Hilfserder (Hilfselektrode) HE, der so weit vom Erder entfernt einzubringen ist, dass sich die Spannungslinien nicht überschneiden, wird ein konstanter Wechselstrom I zum Fließen gebracht. Die Stromquelle, die für die Messung verwendet wird, muss von der Einspeisung getrennt sein, z. B. durch einen Transformator mit getrennten Wicklungen.

	Sicherungseinsatz nach DIN EN 60269-1 (VDE 0636-10) der Betriebsklasse gG			LS-Schalter nach DIN VDE 0641-11 (VDE 0641-11) und Leistungsschalter[1] für die überschlägige Prüfung								
I_n A	I_a (5 s) A	R_A bei $U_L = 50$ V Ω	R_A bei $U_L = 25$ V Ω	$I_a = 5\ I_n$ A	R_A bei $U_L = 50$ V Ω	R_A bei $U_L = 25$ V Ω	$I_a = 10\ I_n$ A	R_A bei $U_L = 50$ V Ω	R_A bei $U_L = 25$ V Ω	$I_a = 10\ I_n$ A	R_A bei $U_L = 50$ V Ω	R_A bei $U_L = 25$ V Ω
2	9,2	5,4	2,7	10	5,0	2,5	20	2,5	1,25	24	2,10	1,05
4	19	2,6	1,3	20	2,5	1,25	40	1,25	0,63	48	1,04	0,52
6	27	1,8	0,9	30	1,7	0,83	60	0,83	0,41	72	0,69	0,34
10	47	1,1	0,53	50	1,0	0,50	100	0,50	0,25	120	0,42	0,21
16	65	0,77	0,38	80	0,63	0,32	160	0,32	0,16	192	0,26	0,13
20	85	0,59	0,29	100	0,50	0,25	200	0,25	0,13	240	0,21	–
25	110	0,45	0,23	125	0,40	0,20	250	0,20	0,10	300	0,17	–
32	150	0,33	0,16	160	0,31	0,16	320	0,16	–	384	0,13	–
35	173	0,29	0,14	175	0,29	0,14	350	0,14	–	420	0,12	–

[1] Für Leistungsschalter nach DIN EN 60947-2 (VDE 0660-101) sind die Werte für I_a als Vielfaches von I_n den jeweiligen Normen oder Herstellerkennlinien zu entnehmen und die Schleifenimpedanz Z_S zu ermitteln, wobei für die Ermittlung der Schleifenimpedanz die in der Norm enthaltene Fehlergrenze von + 20 % zu berücksichtigen ist.

Beispiel

Ermittlung der Schleifenimpedanz bei Leistungsschaltern
Erforderlicher Kurzschlussstrom für die unverzögerte Auslösung 100 A
Erhöhung um die Grenzabweichung + 20 % (von 100 A), also auf 120 A

Daraus folgt $R_A = \frac{U_L}{I_a} = \frac{50\ \text{V}}{120\ \text{A}} = 0{,}417\ \Omega$

Für die überschlägige Prüfung dürfen mit hinreichender Genauigkeit verwendet werden:

- $I_a = 5\ I_n$ für LS-Schalter nach Normen der Reihe DIN VDE 0641-11 (VDE 0641-11) mit Charakteristik B
- $I_a = 10\ I_n$ für LS-Schalter nach Normen der Reihe DIN VDE 0641-11 (VDE 0641-11) mit Charakteristik C und Leistungsschalter nach DIN EN 60947-2 (VDE 0660-101) bei entsprechender Einstellung
- $I_a = 12\ I_n$ für Leistungsschalter nach DIN EN 60947-2 (VDE 0660-101) bei entsprechender Einstellung und für LS-Schalter mit Charakteristik K bis 63 A

Tabelle 15.4 Werte für Abschaltströme bei Sicherungen und Leistungsschaltern im TT-System (Quelle: DIN VDE 0100-600:2008-06 Tabelle NA.2)

Erdungswiderstand	**Bemessungs-differenzstrom**	$I_{\Delta n}$	**10 mA**	**30 mA**	**100 mA**	**300 mA**	**500 mA**
Maximal zulässiger Erdungswiderstand, gemessen an Körpern von Betriebsmitteln	R_A bei	$U_L = 50$ V $U_L = 25$ V	5 000 Ω 2 500 Ω	1 666 Ω 833 Ω	500 Ω 250 Ω	166 Ω 83 Ω	100 Ω 50 Ω
Diese Tabelle enthält theoretische Werte. Aufgrund der möglichen Schwankungen beim Erdungswiderstand sollten deutlich niedrigere Widerstandswerte gemessen werden als in dieser Tabelle angegeben. Die Schwankungen zwischen trockenem und feuchtem Erdreich kann den fünffachen Wert ausmachen.							

Tabelle 15.5 Bemessungsdifferenzstrom von RCDs und maximal zulässiger Erdungswiderstand gemessen an den Körpern der Betriebsmittel (Quelle: DIN VDE 0100-600:2008-06 Tabelle NA.3)

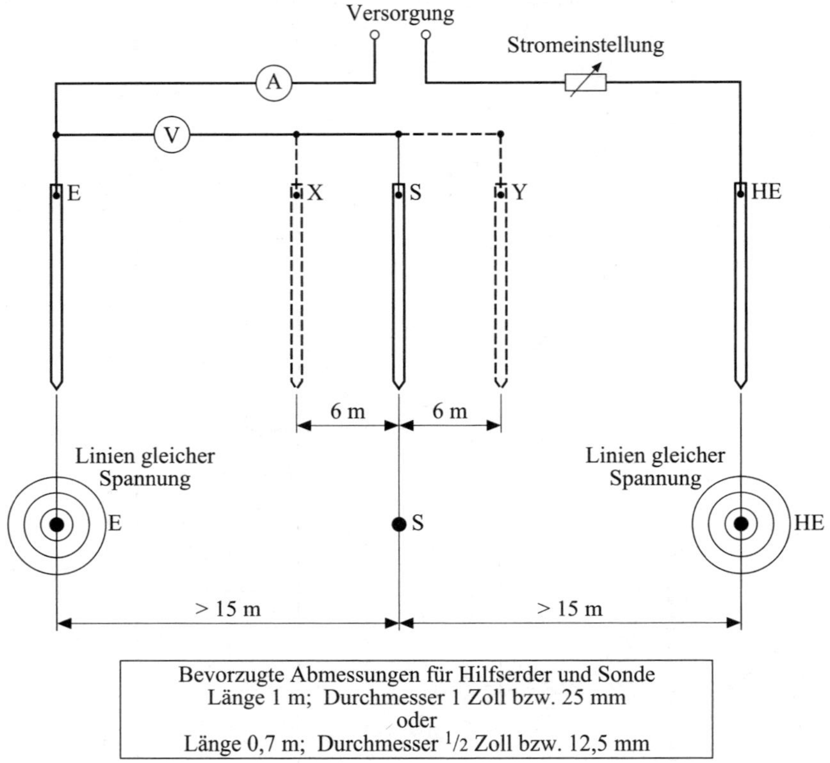

Bild 15.5 Messung des Ausbreitungswiderstands eines Erders
Seitenansicht (oben)
Draufsicht (unten)
(Quelle: DIN VDE 0100-600:2008-06 Bild B.1)

In Bild 15.5 bedeuten

- E Erder (zu messendes Objekt), während der Messung von der Stromversorgung getrennt
- HE Hilfserder
- S Sonde
- X alternative Position der Sonde S
- Y weitere alternative Position der Sonde S

Der Ausbreitungswiderstand des Erders R_E ergibt sich zu

$$R_E = \frac{U}{I} \tag{15.3}$$

Dabei wird vorausgesetzt, dass sich Erder und Hilfserder gegenseitig nicht beeinflussen, das bedeutet, dass sich die Linien der Spannungswerte nicht schneiden bzw. überlappen.

Zum Nachweis, dass der gemessene Erdungswiderstand richtig ist, werden noch zwei weitere Messungen (X und Y) durchgeführt, bei denen der Abstand der Sonde jeweils um 6 m von der ursprünglichen Sonde S aus, verändert wird. Wenn die Ergebnisse annähernd übereinstimmen, wird der Mittelwert aus den drei Messungen als Erdungswiderstand angenommen. Falls es keine solche Übereinstimmung ergibt, muss die Messung mit einem größeren Abstand zwischen Erder und Hilfserder wiederholt werden.

Wird die Messung bei Netzfrequenz durchgeführt, muss der Innenwiderstand des Spannungsmessers mindestens 200 Ω/V betragen.

15.5.5 Messung des Erdschleifenwiderstands mit Stromzangen

Das Verfahren ist anwendbar in TN-Systemen und in TT-Systemen, wenn sehr viele Erdverbindungen vorhanden sind, sodass der Erdungswiderstand eines Einzelerders in der Regel sehr viel kleiner ist als der Gesamterdungswiderstand.

In **Bild 15.6** wird die Messanordnung mit zwei Stromzangen in einem TN-System gezeigt. Mit der ersten Zange wird eine Messspannung in die Schleife induziert,

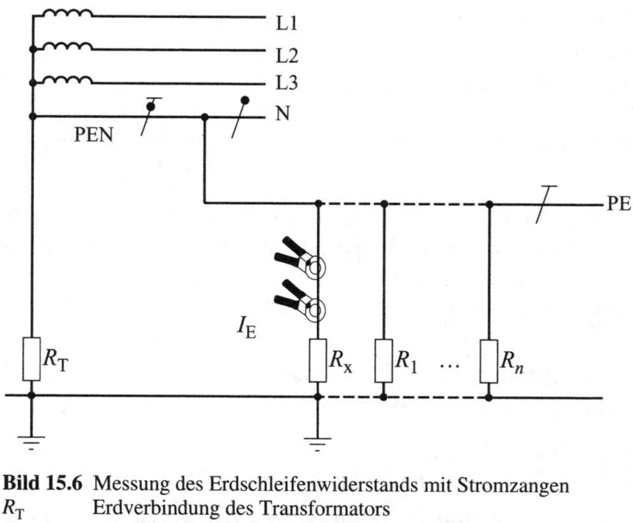

Bild 15.6 Messung des Erdschleifenwiderstands mit Stromzangen
R_T Erdverbindung des Transformators
R_X zu messender unbekannter Erdwiderstand
R_1 … R_n parallele Erdverbindungen, verbunden über einen Schutzpotentialausgleich oder einen PEN-Leiter
(Quelle: DIN VDE 0100-600:2008-06 Bild B.3)

während mit der zweiten Zange der Strom, der in der Schleife zum Fließen kommt, gemessen wird.

Da der Gesamtwiderstand der parallelen Erdungswiderstände vernachlässigbar ist, ist der unbekannte Erderwiderstand gleich dem gemessenen Schleifenwiderstand, oder er ist etwas kleiner. Es gilt

$$R_X = \frac{U_M}{I_M} \tag{15.4}$$

Es sind

R_X zu messender unbekannter Erdwiderstand in Ω

U_M Messspannung in V

I_M Messstrom in A

Die Zangen können einzeln an einem Messgerät angeschlossen werden, oder sie können in einer Spezialzange kombiniert sein.

In TT-Systemen, wo nur die unbekannte Verbindung zur Erde zur Verfügung steht, kann die Schleife durch eine kurzzeitige Verbindung zwischen dem Erder und dem Neutralleiter während der Messung geschlossen werden (Quasi-TN-System). Um mögliche Risiken aufgrund von Strömen, die durch Spannungsunterschiede zwischen Neutralleiter und Erde hervorgerufen werden, zu vermeiden, sollte das Netz beim Herstellen und Trennen dieser Verbindung abgeschaltet werden, was heute im Zeichen einer sicheren Stromversorgung fast nicht mehr möglich sein dürfte.

15.5.6 Messung von Kurzschlussströmen bzw. Schleifenimpedanzen

Es gibt grundsätzlich zwei Methoden, den Kurzschlussstrom zu messen. Die beiden Messmethoden sind

a) Durch Schaltgeräte wird ein direkter Kurzschluss zwischen einem Außenleiter und dem PEN-Leiter ggf. auch Schutzleiter hergestellt und nach kurzer Zeit (etwa 100 ms) wieder abgeschaltet. Nach dem Abklingen des Einschwingvorgangs wird der letzte Teil des Messwerts (etwa 40 ms) gespeichert und steht als Ergebnis zur Verfügung.

b) Durch Einschaltung eines Prüfwiderstands R_P wird der bei Belastung auftretende Spannungsfall gemessen und daraus der Kurzschlussstrom berechnet.

Geräte nach a) sind teuer und störanfällig und werden in der Praxis kaum noch verwendet. Nachfolgend wird nur die Messmethode nach b) behandelt.

Die prinzipielle Messschaltung ist in **Bild 15.7** gezeigt. Bei der Messung wird zunächst der Schalter S_V eingelegt und der Vorprüfwiderstand R_V (etwa 1 000 Ω bis 2 000 Ω) an das Netz geschaltet. Dabei wird festgestellt, ob eine Unterbrechung im PEN-Leiter vorliegt und die Prüfung abgebrochen werden muss. Danach erfolgt

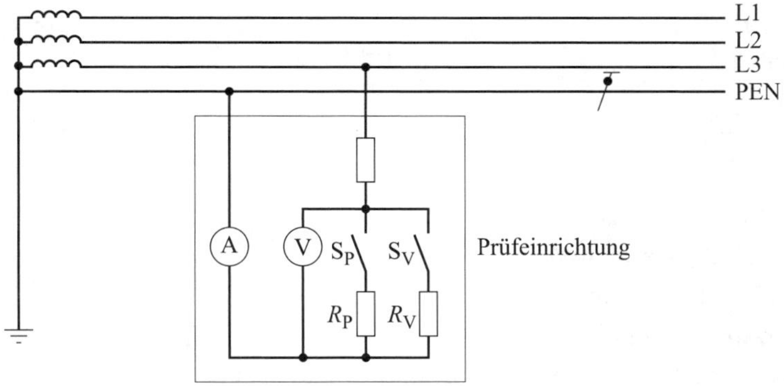

Bild 15.7 Messung des Kurzschlussstroms bzw. Schleifenwiderstands

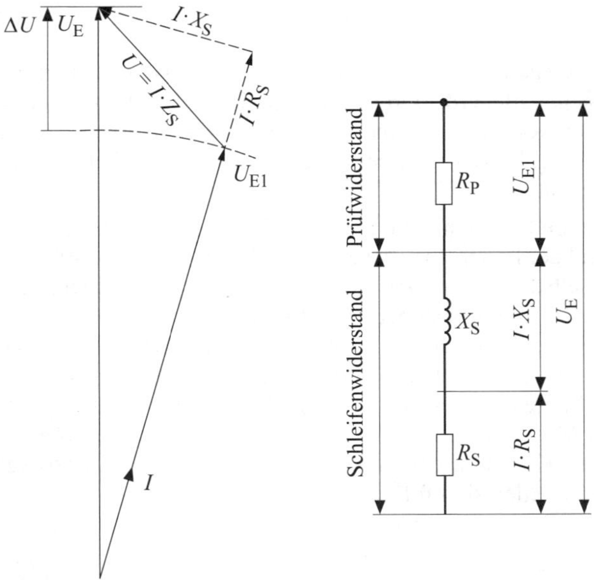

Bild 15.8 Ersatzschaltbild zur Messung des Kurzschlussstroms bzw. Schleifenwiderstands

die Hauptprüfung, wobei durch den Schalter S_P der Widerstand R_P (etwa 5 Ω bis 25 Ω) eingeschaltet wird. Dabei wird der Spannungsfall U_{E1} am Hauptwiderstand gemessen. Die Netzspannung U_E wird nicht gleichzeitig gemessen; sie ist entweder kur vor oder kurz nach der Belastungsmessung vorzunehmen. Die Zusammenhänge zeigt **Bild 15.8**. Aus den Messwerten ergeben sich der Kurzschlussstrom I_k und der Schleifenwiderstand R_S zu

$$I_k = \frac{U_E}{U_E - U_{E1}} I \quad (15.5)$$

$$R_S = \frac{\Delta U}{I} = \frac{U_E - U_{E1}}{I} \quad (15.6)$$

In den Gln. (15.5) bis (15.8) bedeuten

I_k	Kurzschlussstrom in A
R_S	Schleifenwiderstand in Ω
U_E	Netzspannung in V
U_{E1}	Spannungsfall in V am Hauptbelastungswiderstand
ΔU	Differenzspannung zwischen U_E und U_{E1}
$I_{k\,(Messwert)}$	gemessener Kurzschlussstrom in A
$R_{S\,(Messwert)}$	gemessener Schleifenwiderstand in Ω

Sind bei dieser Messung vorwiegend Resistanzen (Ohm'sche Widerstände) vorhanden, ist die Messung relativ genau. Bei größeren Reaktanzen (induktive Widerstände), wie sie bei Freileitungsnetzen vorkommen, sind Fehler zu erwarten. Auch bei der Messung in der Nähe von Transformatoren oder Generatoren und bei kapazitiven sind mit erheblichen Fehlern zu rechnen.

Die Spannung $U_{E1} = I\,R_P$ ist die Spannung, die über dem Belastungswiderstand gemessen wird. Der Widerstand der Leiterschleife setzt sich aber aus einem Wirk- und Blindanteil zusammen, weshalb die Differenzspannung $\Delta U = U_E - U_{E1}$ kleiner ist als die tatsächliche (geometrische) Differenzspannung $U = I\,Z_S$. Da ΔU zu klein gemessen wird, ist auch der ermittelte Schleifenwiderstand zu klein bzw. der Kurzschlussstrom wird zu groß errechnet, was zu gefährlichen Fehldimensionierungen führen kann. Es kommen noch systembedingte Messfehler von ± 30 % hinzu, wobei durch Lastveränderungen während der Messung oder durch Spannungsschwankungen weitere Fehler auftreten können. Eine Korrektur der Messergebnisse ist deshalb unbedingt erforderlich. Dringend zu empfehlen sind folgende Korrekturen

$$I_k = \frac{I_{k\,(Messwert)}}{1{,}5} \quad (15.7)$$

$$Z_S = 1{,}5\, Z_{S\,(Messwert)} \quad (15.8)$$

15.5.7 Messung des Auslösestroms bei RCDs

Die Messung der Berührungsspannung und des Auslösestroms bei RCDs kann nach zwei Methoden gemessen werden

- Prüfschaltung mit Sonde (**Bild 15.9**)
- Prüfschaltung ohne Sonde (**Bild 15.10**)

Nachfolgend werden die Prüfungen beschrieben.

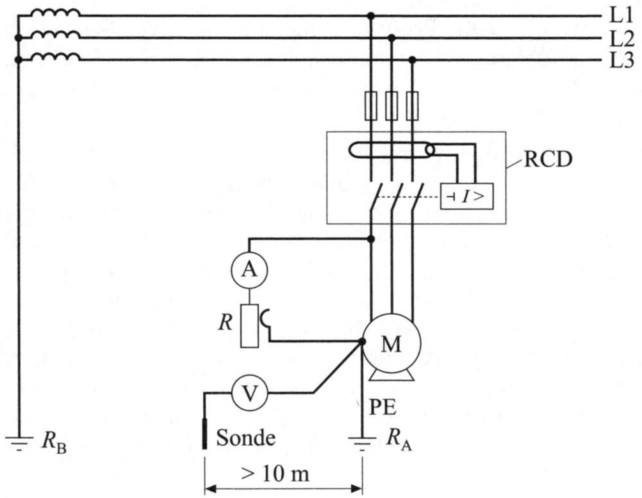

Bild 15.9 Prüfschaltung mit Sonde

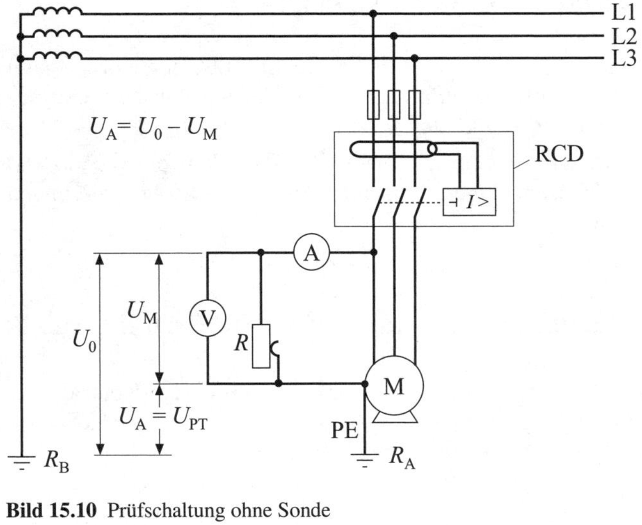

Bild 15.10 Prüfschaltung ohne Sonde

Bei der Prüfung nach Bild 15.9 wird zunächst der Widerstand *R* sehr hoch eingestellt, sodass kaum ein Strom fließen und keine Spannung gemessen werden kann. Danach wird der Widerstand langsam verkleinert, und es kommt ein Strom zum Fließen, bis der RCD auslöst. Am Spannungsmesser kann Berührungsspannung und am Strommesser der Auslösestrom abgelesen werden. Es wird empfohlen, diese Prüfung mehrmals durchzuführen und die Geschwindigkeit der Widerstandsverkleinerung zu variieren. Die in Bild 15.9 dargestellte Prüfschaltung ist nicht anwendbar, wenn aufgrund der Erdungsbedingungen oder des Umfangs der Anlage keine Sonde im neutralen Erdreich eingebracht werden kann. Außerdem kann das Einbringen einer Sonde oft so umständlich sein, dass gerne darauf verzichtet wird.

Die handelsüblichen Messgeräte arbeiten deshalb nach der in Bild 15.10 dargestellten Schaltung, wobei der Belastungswiderstand zwischen dem Schutzleiter und einem Außenleiter gelegt wird. Zunächst wird der Widerstand so eingestellt, dass kein oder nur ein minimaler Strom zum Fließen kommt. Danach wird der Widerstand verkleinert, sodass ein Strom zur Erde fließen kann. Der Widerstand *R* und der Erdungswiderstand R_A liegen jetzt in Reihe, und die Spannung teilt sich auf. Die Berührungsspannung ist die Differenz der Netzspannung gegen Erde und der am Spannungsmesser abgelesenen Spannung. Handelsübliche Geräte sind so ausgeführt, dass die Berührungsspannung direkt abgelesen werden kann. Der Auslösestrom kann direkt am Strommesser abgelesen werden. Wenn der RCD nicht auslöst, ist die Messung abzubrechen, sobald die für die Anlage zulässige Berührungsspannung erreicht ist.

15.6 Zusätzlicher Schutz – Teil 600 Abschnitt 61.3.7

Die Prüfung der Maßnahmen, die für den zusätzlichen Schutz getroffen wurden, sind durch Besichtigen und Messen durchzuführen. Bei der Prüfung von Fehlerstrom-Schutzeinrichtungen (RCDs) sind geeignete Messgeräte zu verwenden.

Anmerkung: Wenn Fehlerstrom-Schutzeinrichtungen (RCD) für den Fehlerschutz und den zusätzlichen Schutz gemeinsam eingesetzt werden, genügt es, die Anforderungen zum Fehlerschutz zu prüfen.

15.7 Prüfung der Spannungspolarität – Teil 600 Abschnitt 61.3.8

Wenn Regeln den Einbau von einpoligen Schalteinrichtungen in den Neutralleiter verbieten, muss durch eine Prüfung der Spannungspolarität festgestellt werden, dass Schalteinrichtungen nur in den Außenleitern eingebaut sind.

15.8 Prüfung der Phasenfolge – Teil 600 Abschnitt 61.3.9

Im Falle von mehrphasigen Stromkreisen muss die Einhaltung der Reihenfolge der Phasen geprüft werden. Bei Drehstrom-Steckdosen sollte im Normalfall ein Rechtsdrehfeld vorliegen.

15.9 Funktionsprüfungen – Teil 600 Abschnitt 61.3.10

An Baugruppen, wie Kombinationen von Schalt- und Steuergeräten, Antrieben, Steuerungen und Verriegelungen müssen Funktionsprüfungen durchgeführt werden. Dabei ist festzustellen, ob sie den Anforderungen der Normen entsprechen, richtig eingebaut, eingestellt und errichtet sind.

Folgende Funktionsprüfungen können erforderlich werden

- die Wirksamkeit von Sicherheitseinrichtungen (Not-Aus-Einrichtungen, Verriegelungen, Druckwächter)
- Funktion von RCDs, Isolationsüberwachungseinrichtungen und Differenzstrom-Überwachungseinrichtungen durch Betätigen der Prüftaste
- Funktionsfähigkeit von Melde- und Anzeigeeinrichtungen, wie die Rückmeldung der Schaltstellungsanzeige an ferngesteuerten Schaltern, Meldeleuchten

15.10 Spannungsfall – Teil 600 Abschnitt 61.3.11

Wenn die Einhaltung eines bestimmten Spannungsfalls gefordert wird, kann

- der Spannungsfall durch Messung der Impedanz des Stromkreises berechnet werden
- der Spannungsfall durch Anwendung von **Bild 15.11** abgeschätzt werden

Das Diagramm ist zur Ermittlung der maximalen Kabel-/Leitungslänge bei 4 % Spannungsfall anwendbar unter folgenden Vorausetzungen

- Nennwechselspannung 400 V
- Leitertemperatur 55 °C
- Drehstromsystem mit drei Außenleitern 400/230 V
- PVC-Isolierung der Adern
- Leitermaterial Kupfer

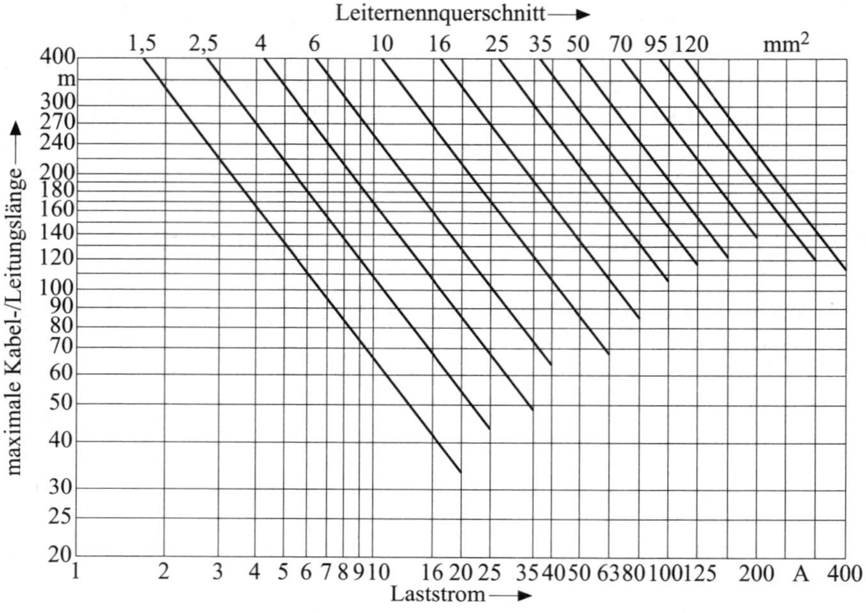

Bild 15.11 Diagramm zur Abschätzung des Spannungsfalls bzw. der maximalen Kabel-/Leitungslänge (Quelle: DIN VDE 0100-600:2008-06 Anhang D)

Bei Anwendung von Ein-Phasen-Wechselspannungssystemen ist die ermittelte Kabel-/Leitungslänge durch 2 zu teilen. Bei der Verwendung von Aluminium-Leitern ist die Kabel-/Leitungslänge durch 1,6 zu teilen.

Die Anwendung des Diagramms ist nicht zur Ermittlung für die Strombelastbarkeit von Leitern vorgesehen.

15.11 Messgeräte

Die verwendeten Messgeräte müssen der Normenreihe DIN EN 60557 (VDE 0413) „Elektrische Sicherheit in Niederspannungsnetzen bis AC 1 000 V und DC 1 500 V" entsprechen. Wichtig ist die Beachtung der maximal zulässigen Gebrauchsfehler der Messgeräte (**Tabelle 15.6**). Gegebenenfalls sind Fehlergrenzen (maximale Messabweichung) der Messgeräte bei der Durchführung von Messungen zu berücksichtigen, z. B. durch Anwendung eines Korrekturfaktors.

Prüfgeräte	DIN VDE	Fehlergrenzen
Isolations-Messgeräte	0413-2	± 30 %
Schleifenwiderstands-Messgeräte	0413-3	± 30 %
Widerstands-Messgeräte	0413-4	± 30 %
Erdungs-Messgeräte	0413-5	± 30 %
Geräte zum Prüfen von RCDs in TN-, TT- und IT-Systemen	0413-6	+ 20 % U[1)] ± 10 % I[2)] ± 10 % t[3)]
Drehfeldrichtungsanzeiger	0413-7	–
Isolations-Überwachungsgeräte für IT-Systeme zum Überwachen von Wechselspannungsnetzen mit galvanisch verbundenen Gleichstromkreisen und von Gleichspannungsnetzen	0413-8	+ 30 % bei Wechselspannung + 50 % bei Gleichspannung
Isolationsfehlersucheinrichtung zum Überwachen von IT-Systemen für AC und DC und Lokalisieren von fehlerhaften Netzabschnitten bzw. Stromkreisen, in Verbindung mit mehreren Zusatzgeräten	0413-9	+ 30 % bei Wechselspannung + 50 % bei Gleichspannung
Strom- und Spannungsmessgeräte	0411-1 0411-2-032	
Messgeräte zur Durchführung mehrerer Messaufgaben	0413-10	

[1)] U = Fehlerspannung
[2)] I = Auslösestrom
[3)] t = Auslösezeit

Tabelle 15.6 Geräte zum Prüfen elektrischer Anlagen

15.12 Dokumentation der Prüfung – Teil 600 Abschnitt 61.4

Die Prüfung der elektrischen Anlage und das Erstellen eines Prüfprotokolls sind zum Zwecke der Beweissicherung dringend zu empfehlen. Das Prüfprotokoll soll so ausführlich wie möglich angefertigt werden, sodass auch nach längerer Zeit über die durchgeführten Messungen und Prüfungen Auskünfte gegeben werden können.

Ein Prüfprotokoll sollte so ausgefertigt werden, dass folgende Angaben mindestens enthalten sind

Übergabebericht + Prüfprotokoll (Nachweise) Blatt 1 ZVEH

Übergabebericht① **Nr.** 1040646 | **Auftrag Nr.** ____________

Auftraggeber②
Herr/Frau/Firma ____________

____

____

Elektroinstallationsbetrieb (Auftragnehmer)

Anlagenplaner/Anlagenverantwortlicher:

Anlage: ____________

EVU ____________ Netzspannung ________ V

Netz: TN-System ☐ TT-System ☐ IT-System ☐

Zähler-Nr. ____________ Zählerstand ____________

Übergabebericht + Prüfprotokoll bestehend aus Blatt 1 bis ______

Schaltungsunterlagen übergeben ☐

EIB-Lastenheft und -Dokumentation übergeben ☐

	Raum ③ Anlagenteil / Anzahl der Betriebsmittel	Wohnzimmer	Schlafzimmer	Kinderzimmer	Balkon/Terrasse	Bad	Küche	Flur	Treppe	Keller	Boden	Toilette	Garage										Aufenthaltsraum	Büro	Laden	Werkstatt	Lager	Hof	Stall	Scheune
Elektroinstallation	Leuchten-Auslass																													
	Leuchten																													
	Ausschalter																													
	Wechselschalter																													
	Serienschalter																													
	Stromstoßschalter																													
	Dimmer																													
	Taster																													
	Steck-dosen 1fach																													
	Steck-dosen .....fach																													
Geräte	Heizgerät																													
	Warmwasser-bereiter																													
	Elektroherd																													
Elektrische Maschinen																														
	Verteiler																													

Gemäß Übergabebericht elektrische Anlage funktionsfähig übernommen:

Auftraggeber ②:

Ort ____________ Datum ____________ Unterschrift ____________

Bild 15.12 Muster „Übergabebericht + Prüfprotokoll“

Übergabebericht + Prüfprotokoll (Nachweise) Blatt 2 **ZVEH**

Prüfprotokoll① **Nr.** 1040646 | **Auftrag Nr.** ______

Prüfung④ durchgeführt nach: UVV „Elektrische Anlagen und Betriebsmittel" (VBG4) ☐ ______ ☐
DIN VDE 0100-610 ☐ DIN V VDE 0829 und EN 50090 ☐

Grund der Prüfung: Neuanlage ☐ Erweiterung ☐ Änderung ☐ Instandsetzung ☐

Besichtigung:

Richtige Auswahl der Betriebsmittel	☐	Wärmeerzeugende Betriebsmittel	☐	Hauptpotentialausgleich	☐
Betriebsmittel ohne Schäden	☐	Zielbezeichnung der Leitungen im Verteiler	☐	Zusätzlicher (örtlicher) Potentialausgleich	☐
Schutz gegen direktes Berühren	☐	Leitungsverlegung	☐	______	☐
Sicherheitseinrichtungen	☐	Kleinspannung mit sicherer Trennung	☐	______	☐
Brandabschottung	☐	Schutztrennung	☐	Anordnung der Busgeräte im Stromkreisverteiler	☐
		Schutzisolierung	☐	Busleitungen/Aktoren	☐

Erprobung: Bemerkungen: ______

Funktion der Schutz- und Überwachungseinrichtungen	☐	Drehfeldrichtung der Drehstrom-Steckdosen	☐	Funktion der Installationsbus-Anlage *EIB*	☐
Funktion der Starkstromanlage	☐	Drehrichtung der Motoren	☐	______	☐

Messung: Erdungswiderstand .... Ω Durchgängigkeit Schutzleiter/Potentialausgleich ☐
Isolationswiderstand der Busleitung .... kΩ Durchgängigkeit/Polarität der Busleitungen ☐

Verwendete Messgeräte nach DIN VDE	Fabrikat	Typ	Fabrikat	Typ	Fabrikat	Typ

Stromkreis Nr.	Ort/Anlagenteil	Leitung/Kabel			Überstrom-Schutzeinrichtung		Z_s *) Ω oder I_k		Fehlerstrom-Schutzeinrichtung			U_L ≤......V
		Art	Leiter-anzahl	Quer-schnitt mm²	Art/ Charak-teristik	I_n A	A	R_{isol} MΩ	I_n/Art A	$I_{\Delta n}$ mA	I_{mess} mA	U_{mess} V
	Hauptleitung											
	Verteiler-Zuleitung											

Prüfergebnis:
Bei der Prüfung wurden keine Mängel festgestellt ☐ Prüfplakette in Stromkreisverteiler eingeklebt ☐ Nächster Prüfungstermin: ______

Unterschriften Die elektrische Anlage entspricht den anerkannten Regeln der Elektrotechnik
*) Nichtzutreffendes streichen!

Prüfer⑤ Verantwortlicher Unternehmer⑤

Ort Datum Unterschrift Ort Datum Unterschrift

Bild 15.12 (Fortsetzung)

- Anschrift des Kunden (Bezug zur elektrischen Anlage)
- Art der Erdverbindung (Netzsystem), Spannung, Stromkreise, Schutzmaßnahmen
- Beschreibung der Schutzeinrichtungen
- Darstellung der Messergebnisse
- Fabrikat und Typ der verwendeten Messgeräte
- Bemerkungen zum Messverfahren und zu den Berechnungen
- Hinweise auf Mängel und deren Beseitigung
- Datum und Unterschrift (Prüfer, Betreiber, ggf. auch Eigentümer)
- Verteilung des Prüfprotokolls (Prüfer und Betreiber je ein Exemplar)

Bewährt haben sich vorgedruckte Prüfprotokolle, wie sie von verschiedenen Verlagen – in der Regel in Blockform und zum Durchschreiben geeignet – angeboten werden. **Bild 15.12** zeigt ein Beispiel eines Vordrucks „Übergabebericht + Prüfprotokoll", der vom ZVEH, Bundesfachgruppe Elektroinstallation, erarbeitet wurde.

16 Berechnung von Kurzschlussströmen – DIN VDE 0102

16.1 Allgemeines

Kurzschlussströme können für elektrische Anlagen sehr hohe Beanspruchungen darstellen. Die Begrenzung von Kurzschlussströmen und die rasche Abschaltung ist erforderlich um Zerstörungen von Anlagen, Anlageteilen und Betriebsmitteln zu verhindern. Bei der Planung elektrischer Anlagen ist es deshalb notwendig die wichtigsten Kurzschlussströme im Voraus zu ermitteln, um die Anlagen kurzschlussfest auslegen zu können.

Die verschiedenen Kurzschlussarten, die im Niederspannungsbereich wichtig sind, sind in **Bild 16.1** dargestellt.

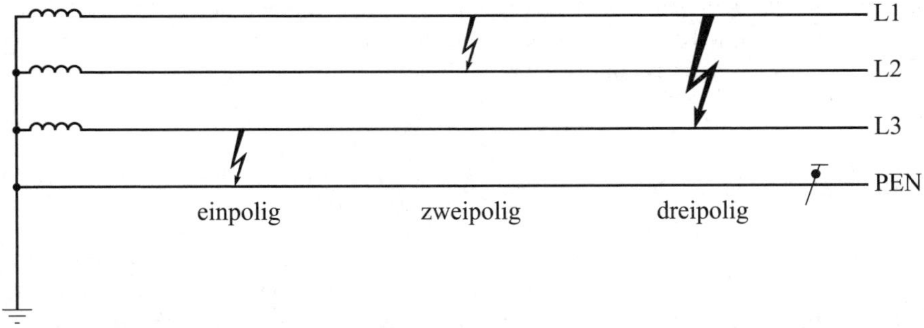

Bild 16.1 Verschiedene Kurzschlussarten (jeweils ohne Erdberührung) im Niederspannungsbereich

Der „kleinste einpolige Kurzschlussstrom" ist wichtig für die Dimensionierung der vorgesehenen Schutzeinrichtungen in einer Anlage, die im Fehlerfall ja in einer ausreichend kurzer Zeit die Anlage abschalten müssen.

Die Ermittlung der höchsten Beanspruchung einer Anlage erfordert die Berechnung der größten „Dauerkurzschlussströme" und der maximalen „Stoßkurzschlussströme", wobei je nach Art und Aufbau der Anlage der einpolige, zweipolige oder dreipolige Kurzschlussstrom die höchste Beanspruchung darstellen kann.

Zur Berechnung der in einer elektrischen Anlage auftretenden Kurzschlussströme, gibt es umfangreiche Fachliteratur und Normen in denen die verschiedenen Berechnungsmethoden gezeigt sind und die auch ausreichend Beispiele enthalten.

Folgende Normen – zur Berechnung von Kurzschlussströmen im Niederspannungsbereich – sind wichtig

- DIN EN 60909-0 (VDE 0102) „Kurzschlussströme in Drehstromnetzen – Berechnung der Ströme“
- DIN EN 60909-0 Beiblatt 1 (VDE 0102 Beiblatt 1) „Kurzschlussströme in Drehstromnetzen – Beispiele für die Berechnung von Kurzschlussströmen“
- DIN EN 60909-4 Beiblatt 4 (VDE 0102 Beiblatt 4) „Kurzschlussströme in Drehstromnetzen – Daten elektrischer Betriebsmittel für die Berechnung von Kurzschlussströmen“

Die in DIN EN 61660-1 (VDE 0102-10) und DIN EN 61660-1 Beiblatt 1 (VDE 0102-10 Beiblatt 1) „Kurzschlussströme in Gleichstrom-Eigenbedarfsanlagen in Kraftwerken und Schaltanlagen“ behandelten Themen sind hier nicht relevant und werden nicht weiter berücksichtigt.

Weitere Normen, die im Zusammenhang von Kurzschlussströmen und Dimensionierung der Anlagen zu berücksichtigen sind, sind die Normen der Reihe DIN EN 61660 (VDE 0103) „Kurzschlussströme – Berechnung der Wirkungen“. In diesen Normen werden die mechanischen und thermischen Auswirkungen von Kurzschlüssen aufgezeigt, also die Kurzschlussfestigkeit von elektrischen Anlagen behandelt. Dieses Thema gehört zum Bau von Schaltanlagen und ist für Eigenbedarfsanlagen von Kraftwerken von Interesse und wird hier nicht weiter behandelt.

16.2 Begriffe

Nachfolgend werden Begriffe, die für die Berechnung von Kurzschlussströmen im Niederspannungsbereich wichtig sind und mit denen in DIN EN 60909 (VDE 0102) „Kurzschlussströme in Drehstromnetzen“ gearbeitet wird, dargestellt. Unter Quelle wird auf den Abschnitt verwiesen, unter dem der Begriff entweder in DIN VDE 0100-200 „Begriffe“ oder in oben genannter Norm aufgenommen ist. Auf die Angabe des entsprechenden Abschnitts im „Internationalen Elektrotechnischen Wörterbuch (IEV)“ wurde verzichtet.

Kurzschluss
ist eine zufällige oder beabsichtigte leitfähige Verbindung zwischen zwei oder mehr leitfähigen Punkten, durch die die elektrischen Potentialdifferenzen zwischen diesen leitfähigen Punkten zu null oder nahezu null erzwungen werden.
(Quelle: DIN EN 60909-0 (VDE 0102):2002-07 Abschnitt 1.3.1)

Kurzschluss zwischen Außenleiter und Erde
ist ein Kurzschluss zwischen einem Außenleiter und Erde in einem Netz mit Neutralleitererdung oder mit Neutralpunkt-Impedanzerdung.
(Quelle: DIN VDE 0100-200:2006-06 Abschnitt 826-14-11)

Kurzschluss zwischen Außenleitern
ist ein Kurzschluss zwischen zwei oder mehr Außenleitern, der mit einem Kurzschluss zwischen Außenleiter und Erde an derselben Stelle kombiniert sein kann oder nicht.
(Quelle: DIN VDE 0100-200:2006-06 Abschnitt 826-14-12)

Generatorferner Kurzschluss
ist ein Kurzschluss, bei dem die Größe des Wechselstromanteils des zu erwartenden Kurzschlussstrom im Wesentlichen konstant bleibt (siehe Bild 16.2).
(Quelle: DIN EN 60909-0 (VDE 0102):2002-07 Abschnitt 1.3.17)

Generatornaher Kurzschluss
ist ein Kurzschluss, bei dem mindestens eine Synchronmaschine einen zu erwartenden Anfangs-Kurzschlusswechselstrom liefert, der größer als das Doppelte des Bemessungsstroms der Maschine ist, oder ein Kurzschluss, zu dem Asynchronmotoren mehr als 5 % des Anfangs-Kurzschlusswechselstroms I_k'' ohne Motoren beitragen (siehe Bild 16.3).
(Quelle: DIN EN 60909-0 (VDE 0102):2002-07 Abschnitt 1.3.18)

Kurzschlussstrom
ist ein Überstrom, hervorgerufen durch einen Kurzschluss in einem elektrischen Netz.
(Quelle: DIN EN 60909-0 (VDE 0102):2002-07 Abschnitt 1.3.2)

Zu erwartender Kurzschlussstrom
ist der Strom, der eintreten würde, wenn der Kurzschluss durch eine ideale Verbindung mit vernachlässigbarer Impedanz ersetzt würde ohne Änderung der Einspeisung.
(Quelle: DIN EN 60909-0 (VDE 0102):2002-07 Abschnitt 1.3.3)

Ausschaltwechselstrom
ist der Effektivwert als Mittelwert einer Periode der Wechselstromkomponente des zu erwartenden Kurzschlussstroms im Augenblick der Kontakttrennung des erstlöschenden Pols einer Schalteinrichtung.
(Quelle: DIN EN 60909-0 (VDE 0102):2002-07 Abschnitt 1.3.9)

Kurzschlusswechselstrom
ist der Effektivwert des Wechselstromanteils eines zu erwartenden Kurzschlussstroms, wobei der Gleichstromanteil, soweit vorhanden, nicht berücksichtigt wird.
(Quelle: DIN EN 60909-0 (VDE 0102):2002-07 Abschnitt 1.3.4)

Anfangs-Kurzschlusswechselstrom I_k''
ist der Effektivwert des Wechselstromanteils eines zu erwartenden Kurzschlussstrom im Augenblick des Kurzschlusseintritts, wenn die Impedanz ihre Größe zum Zeitpunkt Null beibehält (siehe Bild 16.2 und Bild 16.3).
(Quelle: DIN EN 60909-0 (VDE 0102):2002-07 Abschnitt 1.3.5)

Anfangs-Kurzschlusswechselstromleistung S_k''
ist eine fiktive Größe, berechnet als Produkt aus dem Anfangs-Kurzschlusswechselstrom I_k'', der Netznennspannung U_n und dem Faktor $\sqrt{3}$; $S_k'' = \sqrt{3}\, U_n\, I_k''$
(Quelle: DIN EN 60909-0 (VDE 0102):2002-07 Abschnitt 1.3.6)

Abklingender (aperiodischer) Anteil des Kurzschlussstroms $i_{d.c.}$
ist der Mittelwert zwischen der oberen und unteren Hüllkurve des Kurzschlussstrom, der von einem Anfangswert auf null abklingt entsprechend Bild 16.2 und Bild 16.3.
(Quelle: DIN EN 60909-0 (VDE 0102):2002-07 Abschnitt 1.3.7)

Stoßkurzschlussstrom i_p
ist der maximal mögliche Augenblickswert des zu erwartenden Kurzschlussstroms (siehe Bild 16.2 und Bild 16.3). Die Größe des Stoßkurzschlussstroms ist abhängig vom Augenblick des Kurzschlusseintritts. Die Berechnung des dreipoligen Stoßkurzschlussstroms gilt für den Leiter und den Augenblick, in dem der größtmögliche Kurzschlussstrom auftritt. Folgefehler werden nicht betrachtet.
(Quelle: DIN EN 60909-0 (VDE 0102):2002-07 Abschnitt 1.3.8)

Dauerkurzschlussstrom I_k
ist der Effektivwert des Kurzschlussstroms, der nach Abklingen aller Ausgleichsvorgänge bestehen bleibt (siehe Bild 16.2 und Bild 16.3).
(Quelle: DIN EN 60909-0 (VDE 0102):2002-07 Abschnitt 1.3.10)

Netznennspannung U_n
ist die Spannung zwischen den Leitern, für die ein Netz bestimmt ist und auf die sich bestimmte Betriebseigenschaften beziehen.
(Quelle: DIN EN 60909-0 (VDE 0102):2002-07 Abschnitt 1.3.13)

Spannungsfaktor c
für die Berechnung der kleinsten und größten Kurzschlussströme. Durch die Anwendung des Spannungsfaktors brauchen bei der Berechnung der Kurzschlussströme nicht beachtet zu werden

- Spannungsänderungen abhängig von der Zeit und dem Ort
- Änderung der Stellung von Transformatorstufenschaltern
- Lasten und Kapazitäten in der Anlage
- subtransientes Verhalten von Generatoren und Motoren

Für Niederspannungsanlagen ist c_{max} = 1,05 bzw. 1,1 und c_{min} = 0,95
(Quelle: DIN EN 60909-0 (VDE 0102):2002-07 Abschnitt 1.3.15 und Tabelle 1)

Ersatzspannungsquelle $c\, U_n / \sqrt{3}$
Spannung einer idealen Quelle, die an der Kurzschlussstelle im Mitsystem eingeführt wird zur Berechnung des Kurzschlussstroms.
(Quelle: DIN EN 60909-0 (VDE 0102):2002-07 Abschnitt 1.3.14)

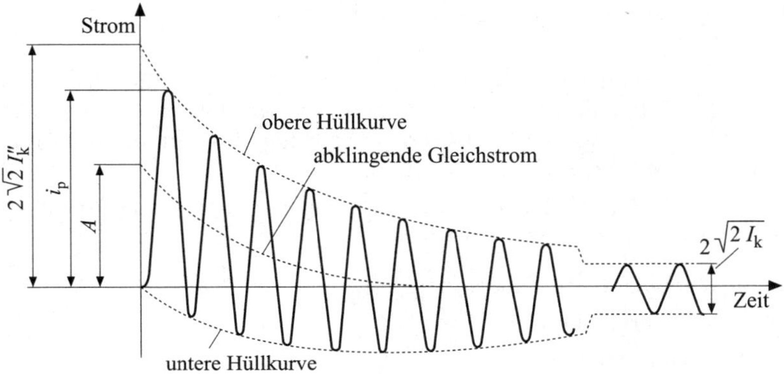

Bild 16.2 Kurzschlussstrom für generatorfernen Kurzschluss mit konstanten Wechselstromanteil (schematischer Verlauf)

I''_k Anfangs-Kurzschlusswechselstrom
I_k Dauerkurzschlussstrom
i_p Stoßkurzschlussstrom
$i_{d.c.}$ Gleichstromanteil des Kurzschlussstroms
A Anfangswert des Gleichstromanteils $i_{d.c.}$
(Quelle: DIN EN 60909-0 (VDE 0102):2002-07 Bild 1)

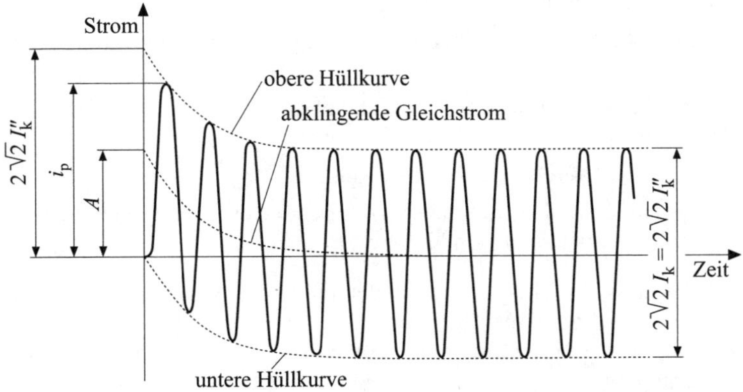

Bild 16.3 Kurzschlussstrom für generatornahen Kurzschluss mit abklingendem Wechselstromanteil (schematischer Verlauf)

I''_k Anfangs-Kurzschlusswechselstrom
I_k Dauerkurzschlussstrom
i_p Stoßkurzschlussstrom
$i_{d.c.}$ Gleichstromanteil des Kurzschlussstroms
A Anfangswert des Gleichstromanteils $i_{d.c.}$
(Quelle: DIN EN 60909-0 (VDE 0102):2002-07 Bild 2)

16.3 Eigenschaften von Kurzschlussströmen

Eine vollständige Berechnung der Kurzschlussströme sollte den zeitlichen Verlauf der Ströme an der Kurzschlussstelle von Beginn des Kurzschlusses bis zu seinem Ende liefern, abhängig vom Augenblickswert der Spannung beim Eintritt des Kurzschlusses (siehe hierzu **Bild 16.2** und **Bild 16.3**).

In der Praxis ist eine solch umfangreiche Berechnung nicht notwendig. Abhängig vom Anwendungsfall interessieren in der Regel

- der kleinste einpolige Kurzschlussstrom I_{k1min}
- der größte Dauerkurzschlussstrom I_{k}
- der größte Stoßkurzschlussstrom i_{p}

16.4 Vereinbarungen zur Berechnung von Kurzschlussströmen

Zur Berechnung der kleinsten und größten Kurzschlussströme sind folgende Vereinbarungen getroffen

- für die Dauer des Kurzschlusses tritt keine Änderung der Art des Kurzschlusses ein, d. h., ein dreipoliger Kurzschluss bleibt dreipolig und ein einpoliger Kurzschluss bleibt einpolig während der gesamten Kurzschlussdauer
- während der Kurzschlussdauer tritt keine Änderung (Schaltzustand) im betroffenen Netz ein
- die Impedanz der Transformatoren bezieht sich auf die Stellung des Stufenschalters für die Hauptanzapfung
- Lichtbogenwiderstände werden nicht berücksichtigt
- alle Leitungskapazitäten und Admittanzen von nichtrotierenden Lasten werden vernachlässigt, mit Ausnahme der im Nullsystem

Diese Vereinfachungen sind nicht für alle Niederspannungsanlagen exakt zutreffend, sie liefern aber im Allgemeinen Ergebnisse mit ausreichender Genauigkeit. Die Berechnung der Kurzschlussströme nach dem Verfahren der „Symmetrischen Komponenten" (Zerlegung eines unsymmetrischen Drehstromsystems in drei symmetrische Systeme) mit Einführung einer Ersatzspannungsquelle wird besonders bei unsymmetrischen (einpoligen) Kurzschlüssen, Kurzschlüssen mit Rückleitung über das Erdreich und bei zwei oder mehrseitig gespeisten Kurzschlüssen empfohlen.

Bei der Berechnung mit verschiedenen Spannungsebenen ist es notwendig alle Impedanzen auf eine Spannungsebene umzurechnen. Üblich ist es, auf die Spannungsebene umzurechnen, für die der Kurzschlussstrom berechnet werden soll. Die Betriebsmittel-Impedanzen sind in über- oder unterlagerten Netzen mit dem Quadrat des Bemessungs-Übersetzungsverhältnisses t_r zu dividieren oder zu multiplizieren. Spannungen und Ströme sind mit dem Bemessungs-Übersetzungsverhältnis t_r umzurechnen.

16.4.1 Umrechnung von Resistanzen auf andere Temperaturen

Die Resistanzen (Wirkwiderstand, Ohm'scher Widerstand) von Kabeln, Leitungen und Sammelschienen und auch die entsprechenden längenbezogenen Werte (Resistanzbelag) in Ω/km werden normalerweise für eine Temperatur von 20 °C angegeben. Soll die Resistanz eines Leiters in einem Kabel oder in einer Leitung bei einer anderen Temperatur berücksichtigt werden, ist die Resistanz umzurechnen. Es gilt die Beziehung

$$R_{\Theta} = [1 + \alpha\,(\Theta_e - 20\,°\mathrm{C})]\, R_{L20} \tag{16.1}$$

mit

R_{Θ} Resistanz in Ω, mΩ oder Ω/km bei der Leitertemperatur Θ

α Temperaturkoeffizient mit 0,004/K, der mit ausreichender Genauigkeit für Aluminium, Kupfer und Aluminiumlegierungen (AlMgSi) gilt

Θ_e Leitertemperatur am Ende der Kurzschlusses in °C

R_{L20} Resistanz in Ω, mΩ oder Ω/km bei einer Leitertempertur von 20 °C

Bei einer Leitertemperatur von 80 °C ist demnach die Resistanz

$$R_{L80} = [1 + 0{,}004\,/\,\mathrm{K}\,(80\,°\mathrm{C} - 20\,°\mathrm{C})]\, R_{L20} = 1{,}24\, R_{L20}$$

um 24 % größer als die bei 20 °C.

16.4.2 Impedanzkorrekturfaktoren für Transformatoren

Für Transformatoren mit zwei Wicklungen – mit oder ohne Stufenschalter – ist ein Impedanzkorrekturfaktor K_T einzuführen. Dabei ist die Impedanz des Transformators, angegeben in den Gln. (16.29) bis (16.31) zu korrigieren nach der Beziehung

$$Z_{TK} = K_T\, Z_T \tag{16.2}$$

mit dem Korrekturfaktor

$$K_T = 0{,}95\, \frac{c_{max}}{1 + 0{,}6\, x_T} \tag{16.3}$$

dabei gilt für x_T

$$x_T = \frac{X_T\, S_{rT}}{U_{rT}{}^2} \tag{16.4}$$

In den Gln. (16.2) bis (16.4) bedeuten

Z_{TK} korrigierte Impedanz des Transformators in Ω oder mΩ

K_T Korrekturfaktor

Z_T Impedanz des Transformators mit $\underline{Z}_T = \underline{R}_T + \underline{X}_T$ in Ω oder mΩ

c_{max} Spannungsfaktor, bezogen auf die Spannung des Netzes, das an der Unterspannungsseite des Transformators angeschlossen ist, einzusetzen mit 0,95 im Niederspannungsbereich

x_T bezogene Reaktanz des Transformators

X_T Reaktanz des Transformators im Mitsystem in Ω oder mΩ

S_{rT} Bemessungsleistung des Transformators in kVA oder MVA

U_{rT} Bemessungsspannung auf der Unterspannungsseite des Transformators zwischen den Außenleitern in V

Im Niederspannungsbereich wird das Ergebnis der Kurzschlussstromberechnung durch den Impedanzkorrekturfaktor ganz gering beeinflusst, wenn in der Kurzschlussbahn noch Kabel und Leitungen vorhanden sind und die Impedanzen des Netzes sehr viel größer ist, als die Impedanz des Transformators. Nur bei einem Klemmenkurzschluss am Transformator oder einem Kurzschluss in der Sammelschienenanlage werden die Kurzschlussströme geringfügig größer ermittelt.

Der Impedanzkorrekturfaktor ist bei der Berechnung von unsymmetrischen Kurzschlussströmen auch auf die Gegenimpedanz und die Nullimpedanz des Transformators anzuwenden. Impedanzen $\underline{Z}_N$ zwischen dem Sternpunkt des Transformators und Erde sind mit 3 $\underline{Z}_N$ in das Nullsystem einzuführen, jedoch ohne einen Korrekturfaktor.

16.4.3 Berücksichtigung von Motoren und statischen Umrichtern

Bei der Berechnung der kleinsten Kurzschlussströme können Motoren und statische Umrichter generell vernachlässigt werden.

Bei der Berechnung von großen Kurzschlussströmen sollten Motoren und statische Umrichter angemessen berücksichtigt werden. Hinweise hierzu sind in DIN EN 60909 (VDE 0102) Abschnitt 3.8 „Asynchronmotoren“ und Abschnitt 3.9 „Statische Umrichter“ gegeben.

16.4.4 Berücksichtigung von Stromschienen und Sammelschienen

Die Berechnung der Resistanzen und Reaktanzen von Stromschienensystemen und Sammelschienen kann notwendig werden, wenn es erforderlich wird dynamische und thermische Auswirkungen von Kurzschlussströmen abzuschätzen.

Eine Hilfe zur Ermittlung, vor allem zur Bestimmung der Reaktanzen, bietet die Norm DIN EN 60439-2 (VDE 0660-502) „Niederspannungs-Schaltgerätekombinationen – Besondere Anforderungen an Schienenverteiler“

In DIN VDE 0660-502 wird u. a. vom Hersteller einer Anlage gefordert, dass er Resistanzen, Reaktanzen und Impedanzen für eine Temperatur von 20 °C und bei Beharrungsbetriebstemperatur der Anlage angibt. Außerdem müssen der durchschnittliche Resistanzbelag und Reaktanzbelag je Meter Länge des Schienenverteilers bei Bemessungsfrequenz angegeben werden. Die Werte dürfen durch Messung oder durch Berechnungen aus Messungen ermittelt werden.

Die Resistanz (Wirkwiderstand, Ohm'scher Widerstand) von Schienen kann bei großen Querschnitten in der Regel vernachlässigt werden. Die Resistanz kann ermittelt werden nach

$$R'_{\mathrm{S}} = \frac{1}{\kappa\, S} = \frac{\rho}{S} \qquad (16.5)$$

Die Reaktanz (induktiver Blindwiderstand) ist abhängig von der Schienenanordnung, den Querschnitten und vom Aufbau der Anlage. Sie kann deshalb nur näherungsweise ermittelt werden mit

$$X'_{\mathrm{S}} = \omega\, L_{\mathrm{S}} \approx 2\,\pi\, f \left[\ln\left(2\,\frac{\pi\, a + h}{\pi\, b + 2\, h} \right) + 0{,}03 \right] 10^{-7} \qquad (16.6)$$

Die verschiedenen Resistanzwerte und Reaktanzwerte der Sammelschienen ergeben sich dann mit der vorhandenen Länge der Sammelschienen zu

$$R_{\mathrm{S}} = L\, R'_{\mathrm{S}} \qquad (16.7)$$

$$X_{\mathrm{S}} = L\, X'_{\mathrm{S}} \qquad (16.8)$$

In den Gln. (16.5) bis (16.8) bedeuten

R'_{S} Resistanz der Sammelschienen (Stromschienen) in Ω/m

L Länge der Sammelschiene in m

κ Leitwert des Materials der Sammelschienen in m/(Ωmm^2)

ρ spezifischer Widerstand des Materials der Sammelschienen in Ωmm^2/m

S Querschnitt der Sammelschienen in mm^2

X'_{S} Reaktanz der Sammelschiene in Ω/m

ω Kreisfrequenz in Hz mit $\omega = 2\,\pi f$

f Frequenz in Hz

b Schienenbreite in cm oder mm

h Schienenhöhe in cm oder mm

a mittlerer Abstand der Sammelschienen (Außenleiter) in cm oder mm mit

$$a = \sqrt[3]{a_1\ a_2\ a_3} \qquad (16.9)$$

Dabei sind die Abstände
a_1 Abstand von Schienenmitte L1 zu L2
a_2 Abstand von Schienenmitte L2 zu L3
a_3 Abstand von Schienenmitte L1 zu L3
(vergleiche auch Abschnitt 16.8.4 und Bild 16.7)

Wenn die Anordnung der Sammelschienen in einer Ebene erfolgt und die Abstände der Schienen gleich sind ergibt sich für den mittleren Abstand der Schienen $a = 1{,}25\ a_1$

Bei den Größen für die Schienenbreite *b*, die Schienenhöhe *h* und den mittleren Abstand *a* ist zu beachten, dass die Werte in gleicher Dimension eingesetzt werden.

16.5 Symmetrische Komponenten

Bei der Berechnung der Kurzschlussströme ist es zweckmäßig das Verfahren der „**Symmetrischen Komponenten**" anzuwenden. Dabei wird ein unsymmetrisches Drehstromsystem in drei symmetrische Komponenten zerlegt. Die drei Komponenten sind

- Mitsystem ist ein rechtsdrehendes symmetrisches System, wobei die Einzelgrößen (Spannungen, Ströme und Impedanzen) mit dem Index (1) bezeichnet werden
- Gegensystem ist ein gegenläufiges (linksdrehendes) symmetrisches System, wobei die Einzelgrößen (Spannungen, Ströme und Impedanzen) mit dem Index (2) bezeichnet werden
- Nullsystem ist ein gleichphasiges dreifaches Nullsystem mit drei Zeigern, die die gleiche Richtung haben, wobei die Einzelgrößen (Spannungen, Ströme und Impedanzen) mit dem Index (0) bezeichnet werden

Für die Berechnung der Kurzschlussströme werden die verschiedenen Impedanzen der Anlageteile, wie Generatoren, Transformatoren, Leitungen, Drosselspulen, Motoren u.dgl. jeweils in Mitimpedanz (Z_1), Gegenimpedanz (Z_2) und Nullimpedanz (Z_0) zerlegt. Im Bereich der Niederspannung sind in der Regel die Resistanzen und Reaktanzen für das Mitsystem und das Gegensystem gleich groß und es gilt $R_{(1)} = R_{(2)}$ und $X_{(1)} = X_{(2)}$. An der Fehlerstelle (F) wird eine Ersatzstromquelle eingeführt, wobei dann der Kurzschlussstrom für das gesamte System berechnet werden kann.

(Einzelheiten hierzu siehe DIN EN 60909-0 (VDE 0102)). In **Bild 16.4** ist der Netzplan für einen Kurzschluss im Niederspannungsnetz gezeigt. **Bild 16.5** ist das zugehörige Ersatzschaltbild gezeigt, das sich mit den symmetrischen Komponenten und Ersatzstromquelle für einen einpoligen Kurzschluss im Niederspannungsbereich ergibt.

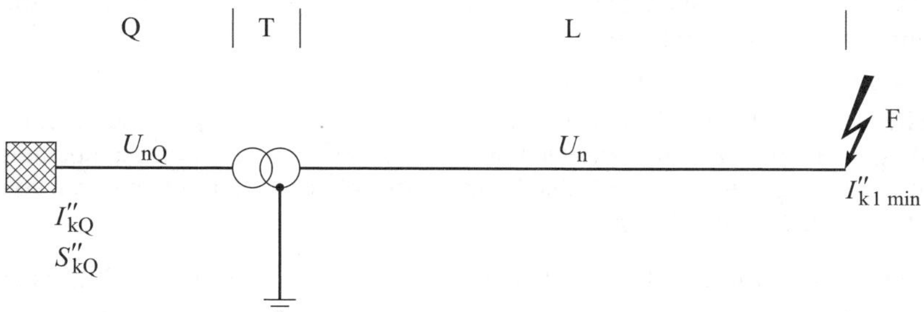

Bild 16.4 Netzplan für einen einpoligen Kurzschluss im Niederspannungsbereich
S''_{kQ} Anfangs-Kurzschlusswechselstromleistung
I''_{kQ} Anfangskurzschlussstrom
U_{nQ} Nennspannung der Oberspannungsseite des Transformators
U_n Nennspannung der Unterspannungsseite des Transformators
I_{k1min} kleinster einpoliger Kurzschlussstrom
F Fehlerstelle/Kurzschlusspunkt
L Leitung/Kabel vom Transformator bis zur Fehlerstelle
T Transformator
Q Netzeinspeisung (Stromquelle)

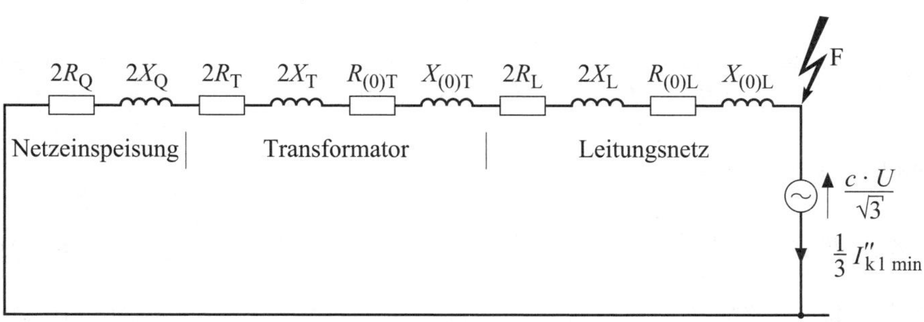

Bild 16.5 Ersatzschaltbild für einen einpoligen Kurzschluss im Niederspannungsbereich, dargestellt durch symmetrische Komponenten mit Ersatzspannungsquelle
Anmerkung: Dabei wurde davon ausgegangen, dass der Impedanzkorrekturfaktor für Transformatoren nicht angewandt werden muss. Wäre dies der Fall sind R_T und X_T durch R_{TK} und X_{TK} zu ersetzen. Sinngemäß sind auch die Nullwiderstände zu korrigieren und es sind $R_{(0)T}$ und $X_{(0)T}$ durch $R_{(0)TK}$ und $X_{(0)TK}$ zu ersetzen.

16.6 Berechnung der kleinsten einpoligen Kurzschlussströme

Bei der Berechnung der **kleinsten Kurzschlussströme** sind noch folgende grundsätzliche Festlegungen zu beachten

- der Spannungsfaktor ist in Anlagen bis 1 000 V anzusetzen mit $c_{\min} = 0{,}95$
- die Netzeinspeisung und Schaltung der Netze sollte so gewählt werden, dass die minimal möglichen Ströme berechnet werden
- Motoren können vernachlässigt werden
- Die Resistanzen (Ohm'schen Widerstände) der Kabel und Leitungen sind bei einer erhöhten Leitertemperatur anzusetzen (heute ist keine bestimmte Leitertemperatur zur Berechnung gefordert; die früher hier einzusetzenden Leitertemperaturen von 80 °C waren ein guter Kompromiss)

Bei einem generatorfernen Kurzschluss ist $I_k'' = I_k$ und es gilt, wie Bild 16.5 zeigt

$$\frac{c\,U_n}{\sqrt{3}} = \frac{1}{3}\,I_k''\,\Sigma Z \tag{16.10}$$

daraus folgt

$$I_{k1\min} = \frac{3\,c\,U_n}{\sqrt{3}\,\Sigma Z} = \frac{\sqrt{3}\,c\,U_n}{\Sigma Z} \tag{16.11}$$

oder in anderer Schreibweise dargestellt

$$I_{k1\min} = \frac{\sqrt{3}\,c\,U_n}{\sqrt{(R_{(1)} + R_{(2)} + R_{(0)})^2 + (X_{(1)} + X_{(2)} + X_{(0)})^2}} \tag{16.12}$$

mit Gl. (16.10) folgen

$$\Sigma Z = \sqrt{\Sigma R^2 + \Sigma X^2} \tag{16.13}$$

$$\Sigma R = 2\,R_Q + 2\,R_T + 2\,R_L + R_{(0)T} + R_{(0)L} \tag{16.14}$$

$$\Sigma X = 2\,X_Q + 2\,X_T + 2\,X_L + X_{(0)T} + X_{(0)L} \tag{16.15}$$

und es ergibt sich damit die Gleichung für den kleinsten einpoligen Kurzschlussstrom (Dauerkurzschlussstrom) zu

$$I_{\mathrm{k1min}} = \frac{\sqrt{3}\, c\, U_{\mathrm{n}}}{\sqrt{(2\,R_{\mathrm{Q}} + 2\,R_{\mathrm{T}} + 2\,R_{\mathrm{L}} + R_{(0)\mathrm{T}} + R_{(0)\mathrm{L}})^2 + (2\,X_{\mathrm{Q}} + 2\,X_{\mathrm{T}} + 2\,X_{\mathrm{L}} + X_{(0)\mathrm{T}} + X_{(0)\mathrm{L}})^2}} \tag{16.16}$$

Dabei wurde davon ausgegangen, dass der Impedanzkorrekturfaktor für Transformatoren nicht angewandt werden muss. Wäre dies der Fall sind R_{T} und X_{T} durch R_{TK} und X_{TK} zu ersetzen. Sinngemäß sind auch die Nullwiderstände zu korrigieren und es sind $R_{(0)\mathrm{T}}$ und $X_{(0)\mathrm{T}}$ durch $R_{(0)\mathrm{TK}}$ und $X_{(0)\mathrm{TK}}$ zu ersetzen.

In den Gln. (16.9) bis (16.15) und in Bild 16.5 bedeuten

I_{k1min}	kleinster einpoliger Kurzschlussstrom in A
c	Spannungsfaktor, mit 0,95 anzusetzen
U_{n}	Netznennspannung in V (Spannung zwischen den Außenleitern)
ΣZ	Summe der Impedanzen in Ω
ΣR	Summe der Resistanzen in Ω
ΣX	Summe der Reaktanzen in Ω
R_{Q}, X_{Q}	Resistanz, Reaktanz im vorgelagerten Netz in Ω
R_{T}, X_{T}	Resistanz, Reaktanz des Transformators in Ω
R_{L}, X_{L}	Resistanz, Reaktanz des Leitungsnetzes in Ω
$R_{(0)\mathrm{T}}$, $X_{(0)\mathrm{T}}$	Nullresistanz, Nullreaktanz des Transformators in Ω
$R_{(0)\mathrm{L}}$, $X_{(0)\mathrm{L}}$	Nullresistanz, Nullreaktanz des Leitungsnetzes in Ω
$R_{(1)}$, $X_{(1)}$	Resistanz, Reaktanz im Mitsystem in Ω
$R_{(2)}$, $X_{(2)}$	Resistanz, Reaktanz im Gegensystem in Ω
$R_{(0)}$, $X_{(0)}$	Resistanz, Reaktanz im Nullsystem in Ω

Die Ermittlung der Einzelgrößen kann nach Abschnitt 16.8 erfolgen.

16.7 Berechnung der Dauerkurzschlussströme und der Stoßkurzschlussströme

Bei der Berechnung der **größten Kurzschlussströme** sind noch folgende grundsätzliche Festlegungen zu beachten

- der Spannungsfaktor ist in Anlagen bis 1 000 V anzusetzen mit
  $c_{\max} = 1{,}05$ für Netze mit einer Spannungstoleranz von + 6 % (das sind Netze, die von 380 V auf 400 V Nennspannung umgetauft wurden)
  $c_{\max} = 1{,}10$ für Netze mit einer Spannungstoleranz von + 10 %
- die Netzeinspeisung und Schaltung der Netze sollte so gewählt werden, dass die maximal möglichen Ströme berechnet werden

- Motoren sollten angemessen berücksichtigt werden (kann bei Anlagen bis 1 000 V in der Regel vernachlässigt werden; ggf. DIN EN 60909-0 (VDE 0102) Abschnitte 3.8 und 3.9 beachten)
- Die Resistanzen (Ohm'schen Widerstände) der Kabel und Leitungen sind bei einer Leitertemperatur von 20 °C anzusetzen

Für die Berechnung der verschiedenen Dauerkurzschlussströme sind die Gln. (16.17) bis (16.22) anzuwenden. Die angegebenen Gleichungen können wie beim kleinsten einpoligen Kurzschluss nach der Zerlegung des Drehstromsystems in die einzelnen Komponenten hergeleitet werden.

Für den größten einpoligen Dauerkurzschlussstrom gilt

$$I_{\mathrm{k1max}} = \frac{c\,U_{\mathrm{n}}}{\sqrt{3}\,Z_{\mathrm{k1}}} \tag{16.17}$$

$$\begin{aligned} Z_{\mathrm{k1}} &= \sqrt{R_{\mathrm{k}}^2 + X_{\mathrm{k}}^2} \\ &= \sqrt{(R_{\mathrm{Q}} + R_{\mathrm{TK}} + R_{\mathrm{A}} + R_{\mathrm{PEN}})^2 + (X_{\mathrm{Q}} + X_{\mathrm{TK}} + X_{\mathrm{A}} + X_{\mathrm{PEN}})^2} \end{aligned} \tag{16.18}$$

Für den größten zweipoligen Dauerkurzschlussstrom gilt

$$I_{\mathrm{k2max}} = \frac{c\,U_{\mathrm{n}}}{2\,Z_{\mathrm{k2}}} \tag{16.19}$$

$$Z_{\mathrm{k2}} = \sqrt{R_{\mathrm{k}}^2 + X_{\mathrm{k}}^2} = \sqrt{(R_{\mathrm{Q}} + R_{\mathrm{TK}} + R_{\mathrm{A}})^2 + (X_{\mathrm{Q}} + X_{\mathrm{TK}} + X_{\mathrm{A}})^2} \tag{16.20}$$

Für den größten dreipoligen Dauerkurzschlussstrom gilt

$$I_{\mathrm{k3max}} = \frac{c\,U_{\mathrm{n}}}{\sqrt{3}\,Z_{\mathrm{k3}}} \tag{16.21}$$

$$Z_{\mathrm{k3}} = Z_{\mathrm{k2}} \tag{16.22}$$

In den Gln. (16.16) bis (16.21) bedeuten

I_{kmax} größter Dauerkurzschlussstrom in A, kA (einpolig, zweipolig, dreipolig)

U_{n} Netznennspannung zwischen den Außenleitern in V

c Spannungsfaktor, einzusetzen mit
$c_{\mathrm{max}} = 1{,}05$ für Netze mit einer Spannungstoleranz von + 6 % (das sind Netze, die von 380 V auf 400 V Nennspannung umgetauft wurden)
$c_{\mathrm{max}} = 1{,}10$ für Netze mit einer Spannungstoleranz von + 10 %

Z_k	Kurzschlussimpedanz in Ω, mΩ (einpolig, zweipolig, dreipolig)
R_Q, X_Q	Resistanz, Reaktanz des vorgelagerten Netzes in Ω, mΩ
R_{TK}, X_{TK}	Resistanz, Reaktanz des Transformators mit Impedanzkorrekturfaktor in Ω, mΩ
R_A, X_A	Resistanz, Reaktanz des Außenleiters in Ω, mΩ
R_{PEN}, X_{PEN}	Resistanz, Reaktanz des PEN-Leiters in Ω, mΩ

Die Resistanzen sind in allen Gleichungen für eine Leitertemperatur von 20 °C einzusetzen.

Die Berechnung der Stoßkurzschlussströme bei den verschiedenen (einpolig, zweipolig, dreipolig) Kurzschlussströmen erfolgt nach der Beziehung

$$i_p = \kappa \sqrt{2}\, I_{kmax} \tag{16.23}$$

In Gl. (16.23) bedeuten

i_p	Stoßkurzschlussstrom in kA; größter auftretender Scheitelwert des Kurzschlussstroms nach Bild 16.3 und Bild 16.4 (einpolig, zweipolig, dreipolig)
I_{kmax}	maximaler Dauerkurzschlussstrom in kA (einpolig, zweipolig, dreipolig)
κ	Stoßziffer; Faktor zur Ermittlung des Stoßkurzschlussstroms, wenn der maximale Dauerkurzschlussstrom bekannt ist, ergibt sich aus dem Verhältnis der Resistanzen und Reaktanzen der Kurzschlussbahn (**Bild 16.6**)

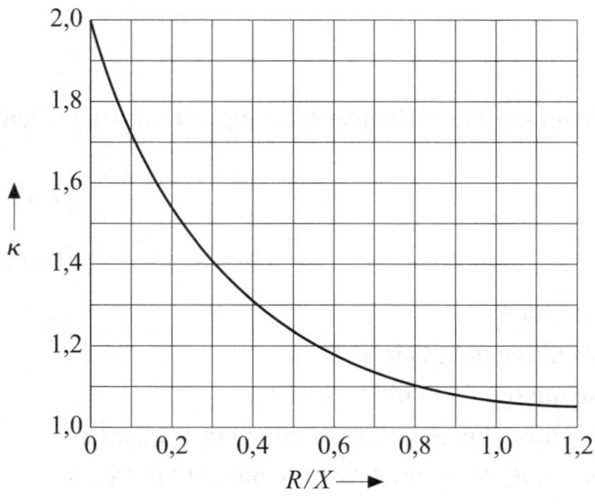

Bild 16.6 Stoßziffer zur Ermittlung des Stoßkurzschlussstroms (Quelle: DIN EN 60909-0 (VDE 0102):2002-07 Bild 15)

16.8 Rechengrößen zur Berechnung von Kurzschlussströmen

Die verschiedenen Einzelgrößen (Impedanzen, Resistanze, Raktanzen) der Betriebsmittel sind in den nachfolgenden Abschnitten 16.8.1 bis 16.8.5 beschrieben und können durch Anwendung von Formeln oder Tabellen ermittelt werden.

16.8.1 Widerstände des vorgelagerten Netzes

Wenn der Anfangs-Kurzschlusswechselstrom I''_{kQ} am Anschlusspunkt Q bekannt ist, kann die Netzinnenimpedanz Z_Q (Kurzschlussmitimpedanz $Z_{(1)Q}$ am Anschlusspunkt Q bestimmt werden mit

$$Z_{(1)Q} = Z_Q = \frac{1{,}0\, U_{nQ}}{\sqrt{3}\, I''_{kQ}} \tag{16.24}$$

Ist die Anfangs-Kurzschlusswechselstromleistung S''_{kQ} am Anschlusspunkt Q bekannt, kann die Reaktanz berechnet werden mit

$$X_{(1)Q} = X_Q = \frac{1{,}0\, U_{nQ}}{S''_{kQ} \cdot 10^6} \tag{16.25}$$

Wenn nur das Verhältnis R_Q / X_Q bekannt ist, kann X_Q berechnet werden mit

$$X_{(1)Q} = X_Q = \frac{Z_Q}{\sqrt{1 + \left(\dfrac{R_Q}{X_Q}\right)^2}} \tag{16.26}$$

Ist weder R_Q noch X_Q bekannt, kann mit hinreichender Genauigkeit mit folgenden Beziehungen gearbeitet werden

$$X_{(1)Q} = X_Q \approx 0{,}955\, Z_Q \tag{16.27}$$

$$R_{(1)Q} = R_Q = 0{,}1\, X_Q \tag{16.28}$$

In den Gln. (16.23) bis (16.27) bedeuten

Z_Q Netzinnenimpedanz am Anschlusspunkt Q in Ω/Strang

U_{nQ} Netznennspannung am Anschlusspunkt Q in V oder kV

I''_{kQ} Anfangs-Kurzschlusswechselstrom am Anschlusspunkt Q in A oder kA

S''_{kQ} Anfangs-Kurzschlusswechstromleistung am Anschlusspunkt Q in MVA

R_Q Netzinnenresistanz am Anschlusspunkt Q in Ω/Strang

X_Q Netzinnenreaktanz am Anschlusspunkt Q in Ω/Strang

16.8.2 Widerstände von Transformatoren

Die Resistanzen, Reaktanzen und Impedanzen von Transformatoren mit zwei getrennten Wicklungen – mit und ohne Stufenschalter – können aus den Bemessungsdaten des Transformators berechnet werden.

Es gelten

$$Z_{(1)T} = Z_T = \frac{u_{kr}\, U_{rT}^2}{S_{rT} \cdot 10^5} \tag{16.29}$$

$$R_{(1)T} = R_T = \frac{u_{Rr}\, U_{rT}^2}{S_{rT} \cdot 10^5} \tag{16.30}$$

$$X_{(1)T} = X_T = \frac{u_{Xr}\, U_{rT}^2}{S_{rT} \cdot 10^5} = \sqrt{Z_T^2 - R_T^2} \tag{16.31}$$

Es bedeuten

U_{rT} Bemessungsspannung des Transformators in V

S_{rT} Bemessungsleistung des Transformators in kVA

u_{kr} Bemessungswert der Kurzschlussspannung in %

u_{Rr} Bemessungswert für den Wirkspannungsfall in%

u_{Xr} Bemessungswert für die Blindstreuspannung in %

Der Wirkspannungsfall u_{Rr} und die Blindstreuspannung u_{Xr} sind nicht immer bekannt; sie können ermittelt werden mit

$$u_{Rr} = \frac{P_{krT}}{S_{rT}} \cdot 10^{-1} \tag{16.32}$$

$$u_{Xr} = \sqrt{u_{kr}^2 - u_{Rr}^2} \tag{16.33}$$

Für die üblicherweise nach DIN 42500 in Netzen eingesetzten Leistungstransformatoren, die eine Kurzschlussspannung von $u_{kr} = 4$ % haben, sind die erforderlichen Werte in **Tabelle 16.1** zusammengestellt.

Bei der verschiedenen Rechenwerten für Transformatoren kann es, vor allem bei der Berechnung der größten Kurzschlussströme, notwendig sein, den Impedanzkorrekturfaktor K_T zu berücksichtigen. Dabei sind alle Widerstände der Transformatoren zu korrigieren. Die Anwendung ist in Abschnitt 16.4.2 beschrieben.

S_{rT}	50	100	160	200	250	315	400	500	630	kVA
u_{Rr}	2,20	1,75	1,47	1,43	1,30	1,24	1,15	1,10	1,03	%
u_{Xr}	3,34	3,60	3,72	3,74	3,78	3,80	3,83	3,85	3,86	%
P_{krT}	1100	1750	2350	2850	3250	3900	4600	5500	6500	W

Tabelle 16.1 Rechenwerte von Transformatoren mit einer Kurzschlussspannung von u_{kr} = 4 %
(Quelle: Beiblatt 4 zu DIN EN 60909-0 (VDE 0102):2003-02)

16.8.3 Nullwiderstände von Transformatoren

Die näherungsweise Ermittlung der Nullresistanzen (Nullwirkwiderstände) und Nullreaktanzen (Nullblindwiderstände) von Transformatoren kann nach **Tabelle 16.2** erfolgen.

Nullwiderstände	Schaltgruppe		
	Dy	**Dz, Yz**	**Yy**[1)]
$R_{(0)T}$	R_T	$0{,}4 \cdot R_T$	R_T
$X_{(0)T}$	$0{,}95 \cdot X_T$	$0{,}1 \cdot X_T$	$(7 \ldots 100) \cdot X_T$
[1)] Transformatoren der Schaltgruppe Yy sind wegen ihrer hohen Jochstreuspannung meist ungeeignet			

Tabelle 16.2 Nullwiderstände von Transformatoren
(Quelle: Beiblatt 4 zu DIN EN 60909-0 (VDE 0102):2003-02)

Bei den verschiedenen Rechenwerten für Transformatoren kann es, vor allem bei der Berechnung der größten Kurzschlussströme, notwendig sein, den Impedanzkorrekturfaktor K_T zu berücksichtigen. Dabei sind alle Widerstände der Transformatoren zu korrigieren. Die Anwendung ist in Abschnitt 16.4.2 beschrieben.

16.8.4 Widerstände des Leitungsnetzes

Beim Auftreten von Kurzschlussströmen ist aufgrund der Stromwärmeverluste in den Leitungen mit einer höheren Leitertemperatur als 20 °C (Ausgangstemperatur) zu rechnen. Bei der Berechnung des kleinsten Kurzschlussstroms, bestand früher die Forderung, die Leitertemperatur bei 80 °C anzusetzen. DIN EN 60909-0 (VDE 0102) fordert hier lediglich: „Die Berechnungen sind bei einer höheren Temperatur durchzuführen.“ Nun ist die Ermittlung einer exakten Temperatur im Kurzschlussfall nahezu unmöglich, da sich die Temperatur laufend ändert. Die Berechnung bei einer Leitertemperatur von 80 °C dürfte einen vertretbaren Kompromiss darstellen.

Die Leitertemperaturen im Kurzschlussfall zur Berechnung der Resistanzen werden deshalb angesetzt mit 20 °C bei der Berechnung der größten Kurzschlussströme und mit 80 °C bei Berechnung der kleinsten Kurzschlussströme.

Die Umrechnung von Resistanzen auf andere Leitertemperaturen ist in Abschnitt 16.4.1 gezeigt. Es gelten folgende Beziehungen

$$R_{(1)\mathrm{L}} = R_{\mathrm{L}} = \frac{L}{\kappa\, S} \qquad \text{(bei 20 °C Leitertemperatur)} \tag{16.34}$$

$$R_{(1)\mathrm{L}} = R_{\mathrm{L}} = \frac{L}{\kappa\, S} \cdot 1{,}24 \qquad \text{(bei 80 °C Leitertemperatur)} \tag{16.35}$$

$$R_{(1)\mathrm{L}} = R_{\mathrm{L}} = R'\, L \cdot 10^{-3} \tag{16.36}$$

$$X_{(1)\mathrm{L}} = X_{\mathrm{L}} = X'\, L \cdot 10^{-3} \tag{16.37}$$

In den Beziehungen (16.34) bis (16.37) gelten

R_{L} Resistanz (Wirkwiderstand) der Leitungen in Ω

X_{L} Reaktanz (induktiver Widerstand) der Leitung in Ω

L einfache Leitungslänge in m

κ Leitwert bei 20 °C in m/(Ωmm^2), nach DIN EN 60909-0 (VDE 0102) mit folgenden Werten
– für Kupfer 54 m/(Ωmm^2) bei Freileitungen und 56 m/(Ωmm^2) bei Kabel
– für Aluminium 34 m/(Ωmm^2) bei Freileitungen und 33 m/(Ωmm^2) bei Kabel

S Leiterquerschnitt in mm^2

1,24 Faktor, der sowohl für Kupfer als auch für Aluminium die Temperaturerhöhung von 20 °C auf 80 °C im Kurzschlussfall berücksichtigt

R' Resistanzbelag (Wirkwiderstandsbelag pro km) einer Leitung oder eines Kabels bei einer bestimmten Leitertemperatur (in Tabelle 16.3 sind das 80 °C) in Ω/km

X' Reaktanzbelag (induktiver Widerstand pro km) einer Leitung oder eines Kabels in Ω/km (siehe Tabelle 16.3)

Der Reaktanzbelag X' kann ermittelt werden nach der Beziehung

$$X' = \omega\, L_{\mathrm{K,L}} = 2\,\pi\, f \left[\frac{\mu_0}{2\,\pi} \left(\ln \frac{2\,a}{d} + \frac{\mu_{\mathrm{r}}}{4} \right) \right] \cdot 10^{-3} \tag{16.38}$$

wobei bedeuten

ω Kreisfrequenz in Hz, mit $\omega = 2\,\pi\,f$

$L_{K,L}$ Leiterinduktivität für Kabel und Leitungen in H

μ_0 Induktionskonstante mit $1{,}257 \cdot 10^6$ Vs/(Am)

μ_r Permeabilität (bei nicht magnetischen Werkstoffen ≈ 1)

f Netzfrequenz in Hz

d Leiterdurchmesser in mm oder cm

a mittlerer Leiterabstand der Außenleiter in mm oder cm nach **Bild 16.7** mit

$$a = \sqrt[3]{a_1\, a_2\, a_3} \tag{16.39}$$

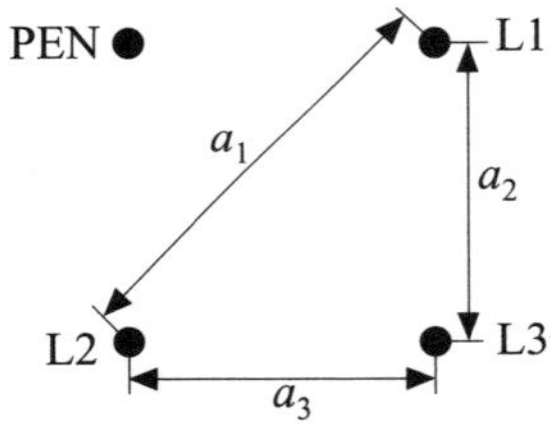

Bild 16.7 Mittlerer Abstand der Außenleiter

Nach Einsetzen der konstanten Größen ergibt sich der Reaktanzbelag zu

$$X' = 0{,}628 \cdot \left[\ln\left(\frac{2\,a}{d}\right) + 0{,}25\right] \tag{16.40}$$

Leiterdurchmesser d und Leiterabstände a sind in den gleichen Dimensionen einzusetzen.

In der Praxis ist es üblich mit Resistanzbelägen, Reaktanzbelägen oder Impedanzbelägen zu rechnen. Die **Tabelle 16.3** zeigt die genannten Größen für Kabel und Leitungen bei einer Leitertemperatur von 80 °C, also zur Berechnung des kleinsten einpoligen Kurzschlussstroms. **Tabelle 16.4** zeigt die genannten Größen bei einer Leitertemperatur von 20 °C an. **Tabelle 16.5** zeigt die entsprechenden Werte für Freileitungen, ebenfalls für eine Leitertemperatur von 80 °C. Weitere Tabellen sind in Abschnitt 16.11 zu finden.

Tabelle 16.3 gibt Widerstandsbeläge in Ω/km an, die streng genommen nur für Kabel und Mantelleitungen gelten. Für bewegliche Leitungen (z. B. H07RN-F und ähnliche Leitungen) können die angegebenen Werte ebenfalls verwendet werden.

Bei anderen Leitungen (z. B. Stegleitungen oder Einzeladern in Rohr) kann der dem Querschnitt entsprechende Resistanzbelag eingesetzt werden und der Reaktanzbelag verdoppelt werden, wodurch die Berechnung einen ausreichenden Sicherheitszuschlag enthält.

Bei Mehraderleitungen und Kabeln bis 16 mm^2 können die Tabellenwerte auch für zwei- und dreiadrige Leitungen bzw. Kabel verwendet werden.

Anzahl der Leiter und Querschnitt *S* in mm^2	**Kupfer**			**Aluminium**		
	Resistanzbelag R'_L	**Reaktanzbelag** X'_L	**Impedanzbelag** Z'_L	**Resistanzbelag** R'_L	**Reaktanzbelag** X'_L	**Impedanzbelag** Z'_L
4 × 1,5	14,620	0,115	14,620	–	–	–
4 × 2,5	8,770	0,110	8,770	14,800	0,110	14,800
4 × 4	5,480	0,107	5,480	9,260	0,107	9,260
4 × 6	3,660	0,100	3,660	6,170	0,100	6,170
4 × 10	2,244	0,094	2,246	3,700	0,094	3,700
4 × 16	1,415	0,090	1,418	2,324	0,090	2,326
4 × 25	0,898	0,086	0,902	1,489	0,086	1,492
4 × 35	0,652	0,083	0,657	1,086	0,083	1,089
4 × 50	0,482	0,083	0,489	0,796	0,083	0,800
4 × 70	0,336	0,082	0,346	0,551	0,082	0,557
4 × 95	0,244	0,082	0,257	0,398	0,082	0,406
4 × 120	0,195	0,080	0,211	0,316	0,080	0,326
4 × 150	0,155	0,080	0,174	0,258	0,080	0,270
4 × 185	0,125	0,080	0,148	0,207	0,080	0,222
4 × 240	0,095	0,079	0,124	0,162	0,079	0,180
4 × 300	0,078	0,079	0,111	0,133	0,079	0,155

Tabelle 16.3 Widerstandsbeläge in Ω/km bei 80 °C Leitertemperatur und 50 Hz für Kabel und Mantelleitungen
(Quelle: Beiblatt 4 zu DIN EN 60909-0 (VDE 0102):2003-02)

Anzahl der Leiter und Querschnitt S in mm²	NYY			NAYY		
	Resistanzbelag R'_L	Reaktanzbelag X'_L	Impedanzbelag Z'_L	Resistanzbelag R'_L	Reaktanzbelag X'_L	Impedanzbelag Z'_L
4 × 10	1,810	0,094	1,812	–	–	–
4 × 16	1,141	0,090	1,145	–	–	–
4 × 25	0,724	0,086	0,729	1,201	0,086	1,204
4 × 35	0,526	0,083	0,533	0,876	0,083	0,880
4 × 50	0,389	0,083	0,398	0,642	0,083	0,647
4 × 70	0,271	0,082	0,283	0,444	0,082	0,451
4 × 95	0,197	0,082	0,213	0,321	0,082	0,331
4 × 120	0,157	0,080	0,176	0,255	0,080	0,267
4 × 150	0,125	0,080	0,148	0,208	0,080	0,223
4 × 185	0,101	0,080	0,129	0,167	0,080	0,185
4 × 240	0,077	0,079	0,110	0,131	0,079	0,153
4 × 300	0,063	0,079	0,101	0,107	0,079	0,133

Tabelle 16.4 Widerstandsbeläge in Ω/km bei 20 °C Leitertemperatur und 50 Hz für Kabel und Mantelleitungen
(Quelle: Beiblatt 4 zu DIN EN 60909-0 (VDE 0102):2003-02)

Querschnitt S in mm²	Kupfer			Aluminium		
	Resistanzbelag R'_L	Reaktanzbelag X'_L	Impedanzbelag Z'_L	Resistanzbelag R'_L	Reaktanzbelag X'_L	Impedanzbelag Z'_L
16	1,406	0,360	1,451	2,226	0,360	2,255
25	0,924	0,340	0,985	1,463	0,340	1,502
35	0,650	0,330	0,729	1,029	0,330	1,081
50	0,465	0,320	0,565	0,737	0,320	0,804
70	0,342	0,310	0,462	0,541	0,310	0,624
95	0,242	0,290	0,378	0,382	0,290	0,480
120	0,192	0,290	0,348	0,305	0,290	0,421

Tabelle 16.5 Widerstandsbeläge in Ω/km bei 80 °C Leitertemperatur und 50 Hz für Freileitungen mit einem mittleren Leiterabstand von 561 mm, also einer quadratischen Leiteranordnung mit jeweils 500 mm Leiterabstand
(Quelle: Beiblatt 4 zu DIN EN 60909-0 (VDE 0102):2003-02)

16.8.5 Nullwiderstände des Leitungsnetzes

Die Ermittlung der Nullresistanzen (Nullwirkwiderständen) und Nullreaktanzen (Nullblindwiderstände) von Kabeln und Leitungen erfolgt mit Hilfe von **Tabelle 16.6**. Weitere Tabellen sind in Abschnitt 16.11 enthalten. In der Tabelle 16.6 ist jeweils der Quotient $R_{(0)L}/R_L$ und $X_{(0)L}/X_L$ angegeben. Es gilt dann

$$R_{(0)L} = \text{Tabellenwert } R_L \tag{16.41}$$

$$X_{(0)L} = \text{Tabellenwert } X_L \tag{16.42}$$

Anzahl der Leiter und Nennquerschnitt q_n in mm²	$R_{(0)}/R_L$				$X_{(0)}/X_L$			
	Kupfer		**Aluminium**		**Kupfer**		**Aluminium**	
	a	*c*	*a*	*c*	*a*	*c*	*a*	*c*
4 × 1,5	4,0	1,03	–	–	3,99	21,28	–	–
4 × 2,5	4,0	1,05	–	–	4,01	21,62	–	–
4 × 4	4,0	1,11	–	–	3,98	21,36	–	–
4 × 6	4,0	1,21	–	–	4,03	21,62	–	–
4 × 10	4,0	1,47	–	–	4,02	20,22	–	–
4 × 16	4,0	1,86	–	–	3,98	17,09	–	–
4 × 25	4,0	2,35	–	–	4,13	12,97	–	–
4 × 35	4,0	2,71	4,0	2,12	3,78	10,02	4,13	15,47
4 × 50	4,0	2,95	4,0	2,48	3,76	7,61	3,76	11,99
4 × 70	4,0	3,18	4,0	2,84	3,66	5,68	3,66	8,63
4 × 95	4,0	3,29	4,0	3,07	3,65	4,63	3,65	6,51
4 × 120	4,0	3,35	4,0	3,19	3,65	4,21	3,65	5,53
4 × 150	4,0	3,38	4,0	3,26	3,65	3,94	3,65	4,86
4 × 185	4,0	3,41	4,0	3,32	3,65	3,74	3,65	4,35
4 × 240	4,0	3,42	–	–	3,67	3,62	–	–
4 × 300	4,0	3,44	–	–	3,66	3,52	–	–

a Rückleitung über 4. Leiter
c Rückleitung über 4. Leiter und Erde

Tabelle 16.6 Quotienten für $R_{(0)L}/R_L$ und $X_{(0)L}/X_L$ für Kabel NYY und NAYY in Abhängigkeit von der Rückleitung bei $f = 50$ Hz
(Quelle: Beiblatt 4 zu DIN EN 60909-0 (VDE 0102):2003-02)

16.9 Vereinfachtes Rechenverfahren zur Berechnung des kleinsten einpoligen Kurzschlussstroms

Die Berechnung von Kurzschlussströmen nach der Methode der symmetrischen Komponenten ist aufwändig und erfordert in der Regel auch Übung. In der Praxis gelangt deshalb zur Ermittlung des kleinsten einpoligen Kurzschlussstroms ein vereinfachtes Verfahren zur Anwendung. Wichtigste Vereinfachung ist nicht mehr mit Resistanzen und Reaktanzen zu rechnen, sondern nur Impedanzen zu arbeiten und diese auch noch arithmetisch und nicht geometrisch zu addieren. Der in der Praxis auftretende Fehler liegt normalerweise unter 10 % und kann in Extremfällen auch bis zu 20 % betragen. Diese Methode ist zulässig, da die Impedanz immer zu groß berechnet wird und der errechnete Kurzschlussstrom zu klein ist. Die Schutzeinrichtungen werden deshalb eher zu klein als zu groß bemessen. Das Verfahren sollte nicht angewandt werden, wenn Kabel und Freileitungen in einem Stromkreis gemischt vorkommen und Impedanzen in ähnlicher Größe aufweisen, da hier der Fehler bei der arithmetischen Addition zu groß wird.

Die Beziehung für den kleinsten einpoligen Kurzschlussstrom ist

$$I_{\mathrm{k1min}} = \frac{c\,U_{\mathrm{n}}}{\sqrt{3}\,Z} \tag{16.43}$$

in den Gln. (16.43) und (16.44) bedeuten

I_{k1min} kleinster einpoliger Kurzschlussstrom in A

c Spannungsfaktor, einzusetzen mit $c_{\mathrm{min}} = 0{,}95$

U_{n} Netznennspannung zwischen den Außenleitern in V

Z gesamte Impedanz der Leiterschleife zur Kurzschlussstelle in Ω, bestehend aus den Einzelimpedanzen
- des vorgelagerten Netzes Z_{Q} in Ω
- des Transformators Z_{T} in Ω
- des Leitungsnetzes $Z_{\mathrm{L}} = Z_{\mathrm{A}} + Z_{\mathrm{PEN}}$ in Ω

wobei als wichtige Vereinbarung die Addition der Einzelgrößen arithmetisch erfolgt

Es gilt damit für die gesamte Impedanz des Kurzschlussstromkreises

$$Z = Z_{\mathrm{Q}} + Z_{\mathrm{T}} + Z_{\mathrm{A}} + Z_{\mathrm{PEN}} \tag{16.44}$$

Die Ermittlung der verschiedenen Einzelimpedanzen erfolgt mittels nachfolgend dargestellten zugeschnittenen Größengleichungen.

16.9.1 Impedanz des vorgelagerten Netzes

$$Z_Q = \frac{1{,}1 \cdot U_n^2}{S''_{kQ} \cdot 10^6} \tag{16.45}$$

mit

Z_Q Impedanz des vorgelagerten Netzes in Ω

U_n Netznennspannung zwischen den Außenleitern in V

S''_{kQ} Anfangs-Kurzschlusswechselstromleistung in MVA

Die Impedanz des vorgelagerten Netzes kann unbedenklich vernachlässigt werden, wenn $S''_{kQ} > 100$ MVA ist.

16.9.2 Impedanz von Transformatoren

$$Z_T = \frac{u_{kr}\, U_n^2}{S_{rT} \cdot 10^5} \tag{16.46}$$

mit

Z_T Impedanz des Transformators in Ω

u_{kr} Kurzschlussspannung des Transformators in %

U_n Netznennspannung zwischen den Außenleitern in V

S_{rT} Bemessungsleistung des Transformators in kVA

Der Impedanzkorrekturfaktor für Transformatoren wird vernachlässigt.

16.9.3 Impedanz des Leitungsnetzes

Die Resistanzen und Reaktanzen können für jeden Einzelfall berechnet werden, wobei im Allgemeinen bei Kabeln, Mehraderleitungen und Einzeladerleitungen in Rohr bis etwa 70 mm² die Reaktanz vernachlässigt werden kann. Es gilt $R_L \approx Z_L$. Bei Freileitungen darf die Reaktanz nicht vernachlässigt werden. die Resistanz ist für eine Leitertemperatur von 80 °C zu ermitteln. Normalerweise wird mit Impedanzbelägen Z' gerechnet, die aus Tabellen zu entnehmen sind. Wichtig ist, dass die Tabellen für eine Resistanz mit 80 °C Leitertemperatur berechnet ist. Es gelten folgende Beziehungen

$$R_L = \frac{2\,L}{\kappa\, S} \cdot 1{,}24 \tag{16.47}$$

$$Z_L = Z_A + Z_{PEN} \tag{16.48}$$

$$Z_A = Z'_L \, L_A \cdot 10^{-3} \tag{16.49}$$

$$Z_{PEN} = Z'_L \, L_{PEN} \cdot 10^{-3} \tag{16.50}$$

$$Z_L = Z'_L \cdot 2\,L \cdot 10^{-3} \tag{16.51}$$

(wenn Außenleiter und PEN-Leiter querschnittsgleich sind)

mit

R_L Resistanz der Hin- und Rückleitung zur Kurzschlussstelle in Ω

L einfache Leitungslänge zur Kurzschlussstelle in m

κ spezifischer Leitwert bei 20 °C in m/(Ω mm²)

S Leiterquerschnitt in mm²

1,24 Faktor, der sowohl für Kupfer wie auch für Aluminium die Temperaturerhöhung der Leiter von 20 °C auf 80 °C berücksichtigt

Z_L Impedanz der Leiterschleife im Kurzschlussfall in Ω

Z_A Impedanz des Außenleiters bis zur Kurzschlussstelle in Ω

Z_{PEN} Impedanz des PEN-Leiter bis zur Kurzschlussstelle in Ω

Z'_L Impedanzbelag bei 80 °C Leitertemperatur einer Leitung oder eines Kabels in Ω/km (siehe Tabelle 16.3)

L_A Länge des Außenleiters bis zur Kurzschlussstelle in m

L_{PEN} Länge des PEN-Leiters bis zur Kurzschlussstelle in m

16.9.4 Ermittlung der zulässigen Stromkreislänge nach dem vereinfachten Rechenverfahren

Häufig ist in der Praxis nach der zulässigen Stromkreislänge gefragt, wenn für die Stelle an der eine Leitung angeschlossen werden soll, die dort vorhandene Impedanz (Vorimpedanz Z_V) oder der kleinste einpolige Kurzschlussstrom bekannt ist. Unter Verwendung der Gln. (16.42) und (16.50) ergibt sich umgestellt die zulässige Stromkreislänge

$$L_x = \frac{\dfrac{c\,U_n}{\sqrt{3}\,I_{k1min}} - Z_V}{2\,Z'_L} \tag{16.52}$$

darin bedeuten

L_x einfache Stromkreislänge in km

c Spannungsfaktor $c_{min} = 0{,}95$

U_n Netznennspannung zwischen den Außenleitern in V

I_{k1min} kleinster einpoliger Kurzschlussstrom in A, der die geforderte Abschaltung der anzuschließenden Leitung in ausreichend kurzer Zeit in die Wege leitet

Z_V Vorimpedanz in Ω; Impedanz, die an der Anschlussstelle ermittelt wurde, gerechnet oder gemessen und auf 80 °C Leitertemperatur korrigiert wurde

Z'_L Impedanzbelag der anzuschließenden Leitung in Ω/km (siehe Tabelle 16.3)

16.10 Beispiele zu Berechnung von Kurzschlussströmen

16.10.1 Beispiel zur Berechnung des kleinsten einpoligen Kurzschlussstroms nach DIN EN 60909-0 (VDE 0102)

Von einer 20/0,4-kV-Umspannstation wird über ein Kabel NYY 4 × 95 mm² mit einer Länge von $L = 560$ m eine Unterverteilung eingespeist. Die Anfangs-Kurzschlusswechselstromleistung wird mit $S''_{kn} = 230$ MVA angegeben, und der Transformator, Schaltgruppe Dy 5, hat eine Bemessungsleistung von $S_{rT} = 400$ kVA und eine prozentuale Kurzschlussspannung $u_{kr} = 4$ %. Der kleinste einpolige Kurzschlussstrom, der an der Unterverteilung zu erwarten ist, ist zu berechnen.

Nach Gl. (16.11) ist der kleinste einpolige Kurzschlussstrom

$$I_{k1min} = \frac{\sqrt{3}\, c\, U_n}{\Sigma Z} = \frac{\sqrt{3}\, c\, U_n}{\sqrt{\Sigma R^2 + \Sigma X^2}}$$

Danach gilt es, die verschiedenen Einzelimpedanzen zu ermitteln.

1. Ermittlung der Impedanzen des vorgelagerten Netzes

$$X_Q = \frac{1{,}0 \cdot U_{nQ}^2}{S''_{kQ} \cdot 10^6} = \frac{1{,}0 \cdot 400^2\ \text{V}^2}{230\ \text{MVA} \cdot 10^6} = 0{,}000696\ \Omega = 0{,}696\ \text{m}\Omega$$

$$R_Q = 0{,}1\, X_Q = 0{,}1 \cdot 0{,}696\ \text{m}\Omega = 0{,}070\ \text{m}\Omega$$

2. Ermittlung der Transformatorenimpedanzen mit Impedanzkorrekturfaktor nach Gl. (16. 3)

Transformatorenimpedanzen

$$R_T = \frac{u_{Rr}\, U_{rT}^2}{S_{nT} \cdot 10^5} = \frac{1{,}15 \cdot 400^2\ \text{V}^2}{400\ \text{kVA} \cdot 10^5} = 0{,}0046\ \Omega = 4{,}6\ \text{m}\Omega$$

$$X_T = \frac{u_{Xr}\, U_{rT}^2}{S_{nT} \cdot 10^5} = \frac{3,38 \cdot 400^2\ \text{V}^2}{400\ \text{kVA} \cdot 10^{-5}} = 0,01532\ \Omega = 15,320\ \text{m}\Omega$$

$$R_{(0)T} = R_T = 4,6\ \text{m}\Omega$$

$$X_{(0)T} = 0,95\, X_T = 0,95 \cdot 15,320\ \text{m}\Omega = 14,554\ \text{m}\Omega$$

Der Impedanzkorrekturfaktor für den Transformator K_T ist

$$K_T = 0,95 \cdot \frac{c_{max}}{1 + 0,6\, x_T}$$

mit

$$x_T = \frac{X_T\, S_{rT}}{U_{rT}^2} = \frac{15,320\ \Omega \cdot 400\ \text{kVA}}{400^2\ \text{V}^2} = 0,0383$$

$$K_T = 0,95 \cdot \frac{1,0}{1 + 0,6 \cdot 0,0383} = \frac{0,95}{1,02298} = 0,9286594 = 0,929$$

Die korrigierten Impedanzen des Transformators sind damit

$$R_{TK} = R_T\, K_T = 4,6\ \text{m}\Omega \cdot 0,929 = 4,273\ \text{m}\Omega$$

$$X_{TK} = X_T\, K_T = 15,320\ \text{m}\Omega \cdot 0,929 = 14,232\ \text{m}\Omega$$

$$R_{(0)TK} = R_{(0)T}\, K_T = 4,6\ \text{m}\Omega \cdot 0,929 = 4,273\ \text{m}\Omega$$

$$X_{(0)TK} = X_{(0)T}\, K_T = 14,554\ \text{m}\Omega \cdot 0,929 = 13,521\ \text{m}\Omega$$

3. Ermittlung der Impedanzen des Leitungsnetzes

$$R_L = R_L'\, L \cdot 10^{-3} = 0,244\ \Omega/\text{km} \cdot 0,560\ \text{km} = 0,13664\ \Omega = 136,640\ \text{m}\Omega$$

$$X_L = X_L'\, L \cdot 10^{-3} = 0,082\ \Omega/\text{km} \cdot 0,560\ \text{km} = 0,04592\ \Omega = 45,920\ \text{m}\Omega$$

$$R_{(0)L} = 4,0 \cdot R_L = 4,0 \cdot 136,640\ \text{m}\Omega = 546,560\ \text{m}\Omega$$

$$X_{(0)L} = 3,65 \cdot 45,920\ \text{m}\Omega = 167,608\ \text{m}\Omega$$

4. Bestimmung von ΣR und ΣX

$$\begin{aligned}\Sigma R &= 2\, R_Q + 2\, R_{TK} + 2\, R_L + R_{(0)TK} + R_{(0)L}\\ &= 2 \cdot 0,070\ \text{m}\Omega + 2 \cdot 4,273\ \text{m}\Omega + 2 \cdot 136,640\ \text{m}\Omega + 4,273\ \text{m}\Omega + 546,560\ \text{m}\Omega\\ &= 832,799\ \text{m}\Omega\end{aligned}$$

$$\begin{aligned}\Sigma X &= 2\,X_{\mathrm{Q}} + 2\,X_{\mathrm{TK}} + 2\,X_{\mathrm{L}} + X_{(0)\mathrm{TK}} + X_{(0)\mathrm{L}} \\ &= 2 \cdot 0{,}696\ \mathrm{m\Omega} + 2 \cdot 14{,}232\ \mathrm{m\Omega} + 2 \cdot 45{,}920\ \mathrm{m\Omega} + 13{,}521\ \mathrm{m\Omega} + 167{,}608\ \mathrm{m\Omega} \\ &= 302{,}608\ \mathrm{m\Omega}\end{aligned}$$

5. Berechnung des Kurzschlussstroms

$$I_{\mathrm{k1min}} = \frac{\sqrt{3}\,c\,U}{\sqrt{R^2 + X^2}} = \frac{\sqrt{3} \cdot 0{,}95 \cdot 400\ \mathrm{V}}{\sqrt{0{,}832799^2\ \Omega^2 + 0{,}302825^2\ \Omega^2}} = 742{,}743\ \mathrm{A}$$

Wäre der Impedanzkorrekturfaktor für den Transformator nicht berücksichtigt worden, hätte die Berechnung einen Kurzschlussstrom von 741,051 A ergeben. Die Differenz liegt damit bei –0,23 %.

6. Berechnung des Kurzschlussstroms nach der vereinfachten Methode (zum Vergleich)

Die Impedanz des vorgelagerten Netzes wird vernachlässigt, da die Anfangs-kurzschlusswechselstromleistung $S''_{\mathrm{kQ}} > 100\ \mathrm{MVA}$ ist (siehe Gl. (16.45) mit Erläuterungen). Der Impedanzkorrekturfaktor für den Transformator wird nicht berücksichtigt.

Impedanz des Transformators

$$Z_{\mathrm{T}} = \frac{u_{\mathrm{kn}}\,U^2}{S_{\mathrm{n}} \cdot 10^5} = \frac{4{,}0 \cdot 400^2\ \mathrm{V}^2}{400\ \mathrm{kVA} \cdot 10^5} = 0{,}016\ \Omega$$

Impedanz der Leitungen (Hin- und Rückleitung)

$$Z_{\mathrm{L}} = 2\,Z'\,L \cdot 10^{-3} = 2 \cdot 0{,}257\ \Omega/\mathrm{km} \cdot 560\ \mathrm{m} \cdot 10^{-3} = 0{,}28784\ \Omega$$

Gesamtimpedanz

$$Z = Z_{\mathrm{T}} + Z_{\mathrm{L}} = 0{,}016\ \Omega + 0{,}28784\ \Omega = 0{,}30384\ \Omega$$

Kurzschlussstrom

$$I_{\mathrm{k1min}} = \frac{c\,U}{\sqrt{3}\,Z} = \frac{0{,}95 \cdot 400\ \mathrm{V}}{\sqrt{3} \cdot 0{,}30384\ \Omega} = 722{,}06\ \mathrm{A}$$

Der nach der vereinfachten Methode ermittelte Kurzschlussstrom ist um 20,7 A zu klein berechnet, was einem Fehler von –2,8 % entspricht.

16.10.2 Beispiel zur Berechnung der größten Dauerkurzschlussströme und der Stoßkurzschlussströme

Aus einem 20-kV-Netz mit einer Anfangskurzschlusswechselstromleistung S''_{kQ} = 480 MVA wird ein 20/0,4-kV-Transformator nach DIN 42500 mit S_{rT} = 630 kVA und u_{kr} = 4 % versorgt. Über ein 30 m langes Kabel NYY 3 × 300/150 mm^2 ist eine Sammelschienen-Verteilung angeschlossen. Zu ermitteln sind der einpolige, zweipolige und dreipolige Dauerkurzschlussstrom sowie die entsprechenden Stosskurzschlussströme. (Zur Vereinfachung wird der Impedanzkorrekturfaktor des Transformators nicht berücksichtigt.)

Ermittlung der Einzelimpedanzen (siehe Abschnitt 16.8)

- für das vorgelagerte Netz, bezogen auf die 0,4-kV-Ebene

$$R_{\mathrm{Q}} = 0{,}1\, X_{\mathrm{Q}} = 0{,}1 \cdot 0{,}367\ \mathrm{m\Omega} = 0{,}037\ \mathrm{m\Omega}$$

$$X_{\mathrm{Q}} = \frac{1{,}0\, U_{\mathrm{nQ}}^2}{S''_{\mathrm{kQ}} \cdot 10^6} = \frac{1{,}0 \cdot 400^2\ \mathrm{V}^2}{480\ \mathrm{MVA} \cdot 10^6} = 0{,}000333\ \Omega = 0{,}333\ \mathrm{m\Omega}$$

- für den Transformator

$$R_{\mathrm{T}} = \frac{u_{\mathrm{Rr}} \cdot U^2}{S_{\mathrm{rT}} \cdot 10^5} = \frac{1{,}03 \cdot 400^2\ \mathrm{V}^2}{630\ \mathrm{kVA} \cdot 10^5} = 0{,}002616\ \Omega = 2{,}616\ \mathrm{m\Omega}$$

$$X_{\mathrm{T}} = \frac{u_{\mathrm{Xr}} \cdot U^2}{S_{\mathrm{rT}} \cdot 10^5} = \frac{3{,}86 \cdot 400^2\ \mathrm{V}^2}{630\ \mathrm{kVA} \cdot 10^5} = 0{,}009803\ \Omega = 9{,}803\ \mathrm{m\Omega}$$

- für das Kabel

$$R_{\mathrm{A}} = R'_{\mathrm{L}}\, L = 0{,}063\ \Omega/\mathrm{km} \cdot 0{,}030\ \mathrm{km} = 0{,}00189\ \Omega = 1{,}890\ \mathrm{m\Omega}$$
$$X_{\mathrm{A}} = X'_{\mathrm{L}}\, L = 0{,}079\ \Omega/\mathrm{km} \cdot 0{,}030\ \mathrm{km} = 0{,}00237\ \Omega = 2{,}370\ \mathrm{m\Omega}$$
$$R_{\mathrm{PEN}} = R'_{\mathrm{L}}\, L = 0{,}125\ \Omega/\mathrm{km} \cdot 0{,}030\ \mathrm{km} = 0{,}00375\ \Omega = 3{,}750\ \mathrm{m\Omega}$$
$$X_{\mathrm{PEN}} = X'_{\mathrm{L}}\, L = 0{,}080\ \Omega/\mathrm{km} \cdot 0{,}030\ \mathrm{km} = 0{,}0224\ \Omega = 2{,}400\ \mathrm{m\Omega}$$

Ermittlung der Kurzschlussimpedanzen

- für Z_{k1}

$$R_{\mathrm{k}} = R_{\mathrm{Q}} + R_{\mathrm{T}} + R_{\mathrm{A}} + R_{\mathrm{PEN}}$$
$$= 0{,}037\ \mathrm{m\Omega} + 2{,}616\ \mathrm{m\Omega} + 1{,}890\ \mathrm{m\Omega} + 3{,}750\ \mathrm{m\Omega} = 8{,}293\ \mathrm{m\Omega}$$

$$X_k = X_Q + X_T + X_A + X_{PEN}$$
$$= 0{,}333\ m\Omega + 9{,}803\ m\Omega + 2{,}370\ m\Omega + 2{,}400\ m\Omega = 14{,}906\ m\Omega$$

$$Z_{k1} = \sqrt{R_k^2 + X_k^2} = \sqrt{(8{,}293\ m\Omega)^2 + (14{,}906\ m\Omega)^2} = 17{,}058\ m\Omega$$

- für $Z_{k2} = Z_{k3}$

$$R_k = R_Q + R_T + R_A$$
$$= 0{,}037\ m\Omega + 2{,}616\ m\Omega + 1{,}890\ m\Omega = 4{,}543\ m\Omega$$

$$X_k = X_Q + X_T + X_A$$
$$= 0{,}333\ m\Omega + 9{,}803\ m\Omega + 2{,}370\ m\Omega = 12{,}506\ m\Omega$$

$$Z_{k2} = \sqrt{R_k^2 + X_k^2} = \sqrt{(4{,}543\ m\Omega)^2 + (12{,}506\ m\Omega)^2} = 13{,}306\ m\Omega$$

Ermittlung der größten Dauerkurzschlussströme

$$I_{k1} = \frac{c\,U}{\sqrt{3}\,Z_{k1}} = \frac{1{,}0 \cdot 400\ V}{\sqrt{3} \cdot 17{,}058\ m\Omega} = 13{,}593\ kA$$

$$I_{k2} = \frac{c\,U}{2\,Z_{k2}} = \frac{1{,}0 \cdot 400\ V}{2 \cdot 13{,}306\ m\Omega} = 15{,}031\ kA$$

$$I_{k3} = \frac{c\,U}{\sqrt{3}\,Z_{k3}} = \frac{1{,}0 \cdot 400\ V}{\sqrt{3} \cdot 13{,}306\ m\Omega} = 17{,}356\ kA$$

Ermittlung der Stoßkurzschlussströme

- für i_p einpolig

$$R : X = 8{,}293\ m\Omega : 14{,}906\ m\Omega = 0{,}556$$
$$\kappa = 1{,}2 \text{ (Bild 16.6)}$$
$$i_{p1} = \kappa \sqrt{2}\, I_{k1} = 1{,}2 \cdot \sqrt{2} \cdot 13{,}539\ kA = 22{,}976\ kA$$

- für i_p zweipolig

$$R : X = 4{,}543\ m\Omega : 12{,}506\ m\Omega = 0{,}363$$
$$\kappa = 1{,}32 \text{ (Bild 16.6)}$$
$$i_{p2} = \kappa \sqrt{2}\, I_{k2} = 1{,}32 \cdot \sqrt{2} \cdot 15{,}031\ kA = 28{,}059\ kA$$

- für i_p dreipolig

$$R : X = 4,543\ \text{m}\Omega : 12,506\ \text{m}\Omega = 0,363$$

$$\kappa = 1,32 \quad \text{(Bild 16.6)}$$

$$i_{p3} = \kappa \sqrt{2}\, I_{k3} = 1,32 \cdot \sqrt{2} \cdot 17,356\ \text{kA} = 32,400\ \text{kA}$$

16.10.3 Beispiele zur Kurzschlussstromberechnung in der Praxis

Beispiel 1

Für die in **Bild 16.8** dargestellte Industrieanlage soll überprüft werden, ob die Koordinierung der Leitungsabschnitt und die Auswahl Überstromschutzorgane richtig durchgeführt wurde, d. h., die Abschaltzeiten im Fehlerfall sollen ermittelt werden.

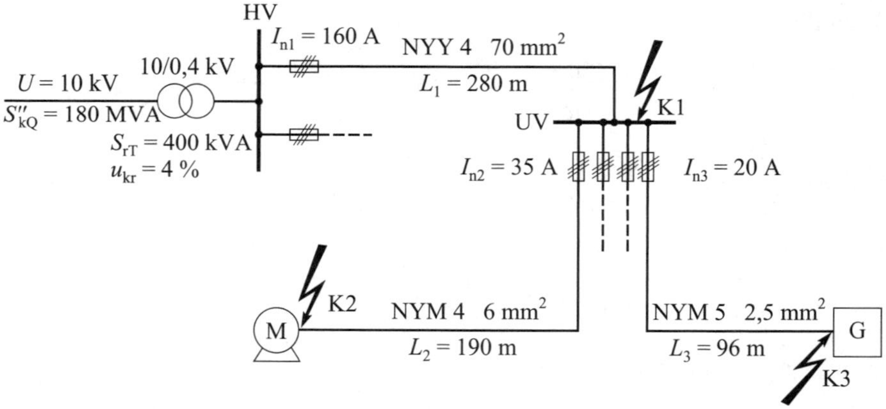

Bild 16.8 Beispiel zur Kurzschlussstromberechnung

Wegen der Aufgabenstellung ist es erforderlich, für die zu untersuchende Stromkreise – jeweils für den ungünstigsten Punkt – den Kurzschlussstrom zu berechnen.

Die zu berechnenden Kurzschlussstelle K1 bis K3 sind im Bild eingetragen. Zweckmäßigerweise werden zuerst alle Einzelimpedanzen berechnet.

Bestimmung der Einzelimpedanzen

$$Z_Q = \frac{1,1 \cdot U^2}{S''_{kQ} \cdot 10^6} = \frac{1,1 \cdot 400^2\ \text{V}^2}{180\ \text{MVA} \cdot 10^6} = 0,001\ \Omega \quad \text{(vernachlässigbar klein)}$$

$$Z_T = \frac{u_{kr}\, U^2}{S_{rT} \cdot 10^5} = \frac{4,0 \cdot 400^2\ V^2}{400\ kVA \cdot 10^5} = 0,016\ \Omega$$

$$Z_{L1} = Z_A + Z_{PEN} = 2\, Z_A = 2\, Z'_A\, L_A = 2 \cdot 0,346\ \Omega/km \cdot 0,280\ km = 0,194\ \Omega$$

$$Z_{L2} = 2\, Z'_L\, L_A = 2 \cdot 3,66\ \Omega/km \cdot 0,190\ km = 1,391\ \Omega$$

$$Z_{L3} = 2\, Z'_L\, L_A = 2 \cdot 8,77\ \Omega/km \cdot 0,096\ km = 1,684\ \Omega$$

Berechnung der Kurzschlussströme und Bestimmung der Abschaltzeiten

- Kurzschlussstelle K1

$$Z = Z_Q = Z_T + Z_{L1} = 0,001\ \Omega + 0,016\ \Omega + 0,194\ \Omega = 0,211\ \Omega$$

$$I_{k1} = \frac{c\,U}{\sqrt{3}\,Z} = \frac{0,95 \cdot 400\ V}{\sqrt{3} \cdot 0,211\ \Omega} = 1039,8\ A$$

Bei einem Überstromschutzorgan $I_{n1} = 160$ A und einem Kurzschlussstrom von $I_{k1} \approx 1\,040$ A ergibt sich nach Bild 16.10 eine Abschaltzeit von $t = 4{,}0$ s. Die Abschaltbedingung ist erfüllt.

- Kurzschlussstelle K2

$$Z = Z_Q + Z_T + Z_{L1} + Z_{L2}$$
$$= 0,001\ \Omega + 0,016\ \Omega + 0,194\ \Omega + 1,391\ \Omega = 1,602\ \Omega$$

$$I_{k2} = \frac{c\,U}{\sqrt{3}\,Z} = \frac{0,95 \cdot 400\ V}{\sqrt{3} \cdot 1,602\ \Omega} = 136,9\ A$$

Bei einem Überstromschutzorgan $I_{n2} = 35$ A und einem Kurzschlussstrom von $I_{k1} \approx 137$ A ergibt sich nach Bild 16.10 eine Abschaltzeit von $t = 30$ s. Die Abschaltbedingung $t \leq 5$ s ist nicht erfüllt.

Konsequenzen wären Überstrom-Schutzeinrichtungen mit kleinerem Nennstrom oder der Einbau von Fehlerstrom-Schutzeinrichtungen.

- Kurzschlussstelle K3

$$Z = Z_Q + Z_T + Z_{L1} + Z_{L3}$$
$$= 0,001\ \Omega + 0,016\ \Omega + 0,194\ \Omega + 1,684\ \Omega = 1,895\ \Omega$$

$$I_{k3} = \frac{c\,U}{\sqrt{3}\,Z} = \frac{0,95 \cdot 400\ V}{\sqrt{3} \cdot 1,895\ \Omega} = 115,8\ A$$

Bei einem Überstromschutzorgan $I_{n3} = 20$ A und einem Kurzschlussstrom von $I_{k3} \approx 116$ A ergibt sich nach Bild 16.10 eine Abschaltzeit von $t = 1{,}6$ s. Die Abschaltbedingung ist erfüllt.

Beispiel 2

Für die Einbaustelle des Hausanschlusskastens (HAK) wird vom Energieversorger (Versorgungsnetzbetreiber) ein Kurzschlussstrom von 360 A genannt. Die Hausanschlusssicherung soll 63 A betragen. Für die in **Bild 16.9** dargestellte Anlage sind die Verhältnisse zu untersuchen.

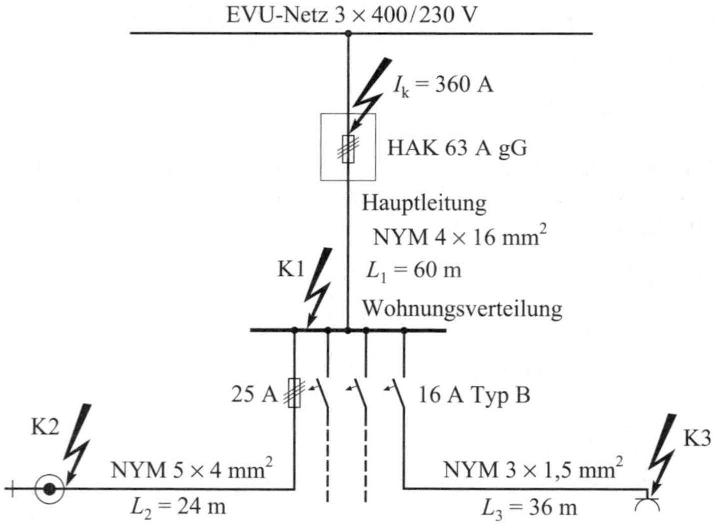

Bild 16.9 Beispiel zur Kurzschlussstromberechnung mit vorgegebenem Kurzschlussstrom aus dem Netz

Zunächst wird die Impedanz Z_L des Netzes bis zum Hausanschlusskasten berechnet

$$Z_L = \frac{c\,U}{\sqrt{3}\,I_k} = \frac{0{,}95 \cdot 400\ \text{V}}{\sqrt{3} \cdot 360\ \text{A}} = 0{,}609\ \Omega$$

Die Impedanz der Hauptleitung bis zur Wohnungsverteilung ist

$$Z_{L1} = 2\,Z'_L\,L_1 = 2 \cdot 1{,}418\ \Omega/\text{km} \cdot 0{,}06\ \text{km} = 0{,}170\ \Omega$$

und die Impedanz an der Wohnungsverteilung ergibt sich zu

$$Z = Z_L + Z_{L1} = 0{,}609\,\Omega + 0{,}170\,\Omega = 0{,}779\,\Omega$$

wobei diese Impedanz die Vorimpedanz Z_V für alle von der Wohnungsverteilung abgehenden Stromkreise ist. Die Überprüfung der Hausanschlusssicherung durch Berechnung des Kurzschlussstroms an der Wohnungsverteilung ergibt für K1

$$I_{K1} = \frac{c\,U}{\sqrt{3}\,Z_V} = \frac{0{,}95 \cdot 400\text{ V}}{\sqrt{3} \cdot 0{,}779\,\Omega} = 281{,}6\text{ A}$$

Nach den Kennlinien für Überstromschutzorgane (Bild 16.10) ist die Abschaltzeit $t = 20$ s, was zulässig ist, da alle Teile der Hauptleitung in schutzisolierter Ausführung errichtet wurden (TAB-Forderung).

Für die von der Wohnungsverteilung abgehenden Stromkreise wird jetzt bei einer Vorimpedanz $Z_V = 0{,}779\ \Omega$ je nach Leitungsquerschnitt und Überstromschutzeinrichtung die maximal zulässige Stromkreislänge nach Gl. (16.52) ermittelt.

Anschluss Heißwassergerät K2

Für eine Überstromschutzeinrichtung $I_n = 25$ A muss bei einer Abschaltzeit von $t = 5$ s ein Abschaltstrom = Kurzschlussstrom von $I_{k2} = 130$ A zum Fließen kommen (Bild 16.10). Die zulässige Länge der 4-mm^2-Leitung zum Heißwassergerät ergibt sich damit zu

$$L = \frac{\dfrac{c\,U_n}{\sqrt{3}\,I_{k1min}} - Z_V}{2\,Z'_L} = \frac{\dfrac{0{,}95 \cdot 400\text{ V}}{\sqrt{3} \cdot 130\text{ A}} - 0{,}779\,\Omega}{2 \cdot 5{,}480\,\Omega/\text{km}} = 0{,}0829\text{ km} = 82{,}9\text{ m}$$

Mit $L_{2max} = 82{,}9$ m größer als $L_2 = 24$ m ist der Stromkreis richtig dimensioniert.

Für einen Leitungsschutzschalter Typ B mit $I_n = 16$ A muss bei einer Abschaltzeit von $t = 0{,}4$ s ein Abschaltstrom = Kurzschlussstrom $I_{k3} = 80$ A zum Fließen kommen (Bild 16.11). Die zulässige Länge der 1,5-mm^2-Leitung zur Steckdose ergibt sich zu

$$L = \frac{\dfrac{c\,U_n}{\sqrt{3}\,I_{k1min}} - Z_V}{2\,Z'_L} = \frac{\dfrac{0{,}95 \cdot 400\text{ V}}{\sqrt{3} \cdot 80\text{ A}} - 0{,}779\,\Omega}{2 \cdot 14{,}620\,\Omega/\text{km}} = 0{,}0671\text{ km} = 67{,}1\text{ m}$$

Auch dieser Stromkreis ist richtig dimensioniert, da $L_{3max} > L_3$ ist.

16.11 Tabellen für Berechnung von Kurzschlussströmen

Die wichtigsten Tabellen zur Berechnung von Kurzschlussströmen sind in Abschnitt 16.8 enthalten (Tabellen 16.3 bis 16.6). Weitere Tabellen, die zwar nicht häufig benötigt werden, die aber von Wichtigkeit sein können, sind nachfolgend aufgenommen.

16.11.1 Tabellen für Freileitung

Nennquerschnitt S mm^2	Sollquerschnitt mm^2	Resistanzbeläge R'_L in Ω/km bei der Leitertemperatur 20 °C	
		Kupfer	**Aluminium**
10	10	1,804	2,855
16	15,9	1,134	1,795
25	24,2	0,745	1,180
35	34,4	0,524	0,830
50 (siebendrähtig)	49,5	0,364	0,577
50 (19-drähtig)	48,3	0,375	0,594
70	65,8	0,276	0,436
95	93,2	0,195	0,308
120	117	0,155	0,246

Tabelle 16.7 Resistanzbeläge R'_L in Ω/km für Freileitungsseile nach DIN 48201 für Kupfer und DIN EN 50182 für Aluminium bei $f = 50$ Hz
(Quelle: Beiblatt 4 zu DIN EN 60909-0 (VDE 0102):2003-02)

Nenn-querschnitt S mm^2	Leiterradius r mm	Reaktanzbeläge X'_L in Ω/km					
		mittlerer Leiterabstand in cm					
		50	**60**	**70**	**80**	**90**	**100**
10	2,05	0,361	0,372	0,382	0,390	0,398	0,404
16	2,55	0,347	0,359	0,368	0,377	0,384	0,391
25	3,15	0,334	0,345	0,355	0,363	0,371	0,377
35	3,75	0,323	0,334	0,344	0,352	0,360	0,367
50	4,50	0,312	0,323	0,333	0,341	0,348	0,355
70	5,25	0,302	0,313	0,325	0,331	0,339	0,345
95	6,25	0,291	0,302	0,312	0,320	0,328	0,334
120	7,00	0,284	0,295	0,305	0,313	0,321	0,327

Tabelle 16.8 Reaktanzbeläge X'_L in Ω/km für Freileitungssysteme bei $f = 50$ Hz
(Quelle: Beiblatt 4 zu DIN EN 60909-0 (VDE 0102):2003-02)

$R_{(0)L}/R_L$	2 bei der Berechnung des größten Kurzschlussstroms 4 bei der Berechnung des kleinsten Kurzschlussstroms
$X_{(0)L}/X_L$	3 bei der Berechnung des größten Kurzschlussstroms 4 bei der Berechnung des kleinsten Kurzschlussstroms

Tabelle 16.9 Quotienten für $R_{(0)L}/R_L$ und $X_{(0)L}/X_L$ für Freileitungssysteme mit vier Leitern bei gleichem Querschnitt bei $f = 50$ Hz
(Quelle: Beiblatt 4 zu DIN EN 60909-0 (VDE 0102):2003-02)

16.11.2 Tabellen für Kabel

Nennquerschnitt S	**Resistanzbeläge** R'_L **in Ω/km bei der Leitertemperatur 20 °C**	
mm²	**Kupfer**	**Aluminium**
4	4,560	–
6	3,030	–
10	1,810	–
16	1,141	1,891
25	0,724	1,201
35	0,526	0,876
50	0,389	0,642
70	0,271	0,444
95	0,197	0,321
120	0,157	0,255
150	0,129[1)]	0,208
185	0,105[1)]	0,167
240	0,083[2)]	0,131
300	0,069[2)]	0,107

Der Resistanzbelag darf auch nach der Beziehung $R'_L = \rho/S$ in Ω/m ermittelt werden.
Die Umrechnung der Resistanzbeläge auf andere Leitertemperaturen siehe Anhang D.
Der Resistanzbelag bei 80 °C Leitertemperatur ist um den Faktor 1,24 größer als bei 20 °C.

[1)] abzüglich 0,004 Ω/km bei Vierleiterkabeln NYY und Vierleiterkabeln mit Schirm NYCWY bzw. 0,002 Ω/km bei Dreileiterkabeln mit Schirm verringerten Querschnitts NYCWY
[2)] abzüglich 0,006 Ω/km bei Vierleiterkabeln NYY und Vierleiterkabeln mit Schirm NYCWY bzw. 0,003 Ω/km bei Dreileiterkabeln mit Schirm verringerten Querschnitts NYCWY

Tabelle 16.10 Resistanzbeläge R'_L in Ω/km für 0,6/1-kV-Kabel der Typen
• NYY, NYCWY, NKLEY, NKBA
• NAYY, NAYCWY, NAKLEY, NAKBA
bei $f = 50$ Hz
(Quelle: Beiblatt 4 zu DIN EN 60909-0 (VDE 0102):2003-02)

Nennquerschnitt S mm^2	Reaktanzbeläge X'_L in Ω/km				
	Vierleiterkabel N(A)YY Vierleiterkabel mit Schirm N(A)YCWY	Vierleiterkabel N(A)KBA	Dreieinhalbleiterkabel N(A)KBA	Dreieinhalbleiterkabel mit Aluminiummantel N(A) KLEY	Dreileiterkabel mit Schirm N(A)YCWY
4	0,107	–	–	–	0,100
6	0,100	–	–	–	0,094
10	0,094	–	–	–	0,088
16	0,090	0,099	–	–	0,083
25	0,086	0,094	0,092	–	0,080
35	0,083	0,092	0,090	–	0,077
50	0,083	0,090	0,087	0,071	0,077
70	0,082	0,087	0,085	0,069	0,074
95	0,082	0,086	0,084	0,068	0,074
120	0,080	0,085	0,083	0,067	0,072
150	0,080	0,086	0,084	0,068	0,072
185	0,080	0,085	0,083	0,067	0,072
240	0,079	0,084	0,082	0,066	0,072
300	0,079	0,084	0,082	–	0,072

Tabelle 16.11 Reaktanzbeläge X'_L in Ω/km für 0,6/1-kV-Kabel der Typen
• NYY, NYCWY, NKLEY, NKBA
• NAYY; NAYCWY; NAKLEY; NAKBA
bei $f = 50$ Hz
(Quelle: Beiblatt 4 zu DIN EN 60909-0 (VDE 0102):2003-02)

Anzahl der Leiter und Nennquerschnitt S mm²	$R_{(0)L}/R_L$				$X_{(0)L}/X_L$			
	Kupfer		Aluminium		Kupfer		Aluminium	
	a	*c*	*a*	*c*	*a*	*c*	*a*	*c*
3 × 35/35	4,0	2,92	2,80	2,15	1,75	10,90	1,59	10,52
3 × 50/50	4,0	3,26	2,81	2,37	1,71	7,74	1,42	7,40
3 × 70/70	4,0	3,56	2,82	2,56	1,70	5,22	1,51	5,01
3 × 95/95	4,0	3,73	2,83	2,67	1,76	3,77	1,51	3,53
3 × 120/120	4,0	3,81	2,84	2,72	1,68	3,06	1,44	2,81
3 × 150/150	4,0	3,87	2,81	2,73	1,60	2,51	1,43	2,35
3 × 185/185	4,0	3,90	2,87	2,81	1,68	2,33	1,36	2,00
3 × 25/16	5,74	2,40	–	–	1,73	19,80	–	–
3 × 35/16	7,51	2,92	4,90	2,14	1,66	20,45	1,63	19,86
3 × 50/25	6,58	3,74	4,37	2,66	1,56	14,66	1,58	14,57
3 × 70/35	6,86	4,69	4,55	3,25	1,65	11,20	1,46	11,00
3 × 95/50	6,97	5,45	4,63	3,71	1,65	7,96	1,47	7,78
3 × 120/70	6,21	5,42	4,18	3,70	1,65	5,28	1,42	5,03
3 × 150/70	7,35	6,39	4,88	4,29	1,58	5,24	1,43	5,07
3 × 185/95	6,74	6,21	4,52	4,20	1,49	3,57	1,36	3,43
3 × 240/120	6,81	6,44	–	–	1,44	2,83	–	–
3 × 300/150	6,77	6,50	–	–	1,39	2,33	–	–

a Rückleitung über vierten Leiter
c Rückleitung über vierten Leiter und Erde

Tabelle 16.12 Quotienten für $R_{(0)L}/R_L$ und $X_{(0)L}/X_L$ für 0,6/1-kV-Kabel NYCWY und NAYCWY (drei Leiter und Schirm) in Abhängigkeit von der Rückleitung bei $f = 50$ Hz
(Quelle: Beiblatt 4 zu DIN EN 60909-0 (VDE 0102):2003-02)

Anzahl der Adern und Nennquerschnitt S mm²	$R_{(0)L}/R_L$				$X_{(0)L}/X_L$			
	Kupfer		Aluminium		Kupfer		Aluminium	
	a	*c*	*a*	*c*	*a*	*c*	*a*	*c*
4 × 1,5/1,5	2,50	1,04	–	–	1,10	20,84	–	–
4 × 2,5/2,5	2,50	1,09	–	–	1,11	20,64	–	–
4 × 4/4	2,50	1,18	–	–	1,10	19,36	–	–
4 × 6/6	2,50	1,33	–	–	1,12	17,96	–	–
4 × 10/10	2,50	1,62	–	–	1,12	13,87	–	–
4 × 16/16	2,51	1,92	–	–	1,11	9,27	–	–
4 × 25/16	2,85	2,26	–	–	1,80	7,52	–	–
4 × 35/16	3,07	2,52	2,70	2,10	2,05	6,27	1,54	8,74
4 × 50/25	2,99	2,61	2,61	2,24	1,86	4,23	1,22	5,41
4 × 70/35	3,05	2,75	2,66	2,40	1,85	3,13	1,26	3,65
4 × 95/50	3,12	2,86	2,70	2,50	1,87	2,57	1,28	2,65
4 × 120/70	3,11	2,90	2,64	2,50	1,71	2,16	1,11	1,96
4 × 150/70	3,32	3,06	2,83	2,65	1,94	2,28	1,36	2,04
4 × 185/95	3,42	3,18	2,84	2,70	1,80	2,01	1,23	1,66
4 × 240/120	3,70	3,45	–	–	1,81	1,96	–	–

b Rückleitung über vierten Leiter und Schirm
d Rückleitung über vierten Leiter, Schirm und Erde
Bei Rückleitung über vierten Leiter und Rückleitung über vierten Leiter und Erde gilt Tabelle E3

Tabelle 16.13 Quotienten für $R_{(0)L}/R_L$ und $X_{(0)L}/X_L$ für 0,6/1-kV-Kabel NYCWY und NAYCWY (vier Leiter und Schirm) in Abhängigkeit von der Rückleitung bei $f = 50$ Hz
(Quelle: Beiblatt 4 zu DIN EN 60909-0 (VDE 0102):2003-02)

Anzahl der Leiter und Nennquerschnitt S mm²	$R_{(0)L}/R_L$		$X_{(0)L}/X_L$	
	Kupfer		Kupfer	
	a	*c*	*a*	*c*
3 × 25/16	5,74	2,32	4,67	17,91
3 × 35/16	7,53	2,82	4,72	18,44
3 × 50/25	6,60	3,44	4,60	13,47
3 × 70/35	6,84	4,17	4,57	10,52
3 × 95/50	6,98	4,72	4,55	8,23
3 × 120/70	6,24	4,65	4,45	6,35
3 × 150/70	7,46	5,41	4,73	6,51
3 × 185/95	6,76	5,17	4,61	5,40
3 × 240/120	6,92	5,37	4,62	4,95
3 × 300/150	6,95	5,46	4,60	4,67

a Rückleitung über vierten Leiter (Schirm)
c Rückleitung über vierten Leiter (Schirm) und Erde

Tabelle 16.14 Quotienten für $R_{(0)L}/R_L$ und $X_{(0)L}/X_L$ für 0,6/1-kV-Kabel NYY (3 ½-Leiter-Kabel) in Abhängigkeit von der Rückleitung bei $f = 50$ Hz
(Quelle: Beiblatt 4 zu DIN EN 60909-0 (VDE 0102):2003-02)

Anzahl der Leiter und Nennquerschnitt S mm^2	$R_{(0)L}/R_L$								$X_{(0)L}/X_L$							
	Kupfer				Aluminium				Kupfer				Aluminium			
	a	*b*	*c*	*d*	*a*	*b*	*c*	*d*	*a*	*b*	*c*	*d*	*a*	*b*	*c*	*d*
4 × 16	4,0	3,17	1,84	1,92	4,0	2,83	1,42	1,55	4,05	2,37	15,54	12,27	4,05	1,73	19,13	15,39
4 × 25	4,0	3,35	2,33	2,32	4,0	3,05	1,79	1,88	3,89	2,63	11,91	9,27	3,89	2,07	16,68	12,77
4 × 35	4,0	3,46	2,67	2,59	4,0	3,18	2,12	2,14	3,78	2,74	9,24	7,24	3,78	2,24	13,99	10,42
4 × 50	4,0	3,51	2,92	2,80	4,0	3,26	2,46	2,40	3,69	2,77	7,19	5,66	3,69	2,32	11,16	8,10
4 × 70	4,0	3,60	3,14	3,00	4,0	3,36	2,82	2,67	3,66	2,86	5,52	4,46	3,66	2,47	8,30	6,05
4 × 95	4,0	3,69	3,27	3,14	4,0	3,47	3,05	2,88	3,57	2,91	4,52	3,78	3,57	2,58	6,30	4,76
4 × 120	4,0	3,73	3,33	3,22	4,0	3,51	3,18	2,98	3,52	2,92	4,06	3,44	3,52	2,60	5,31	4,06
4 × 150	4,0	3,78	3,36	3,27	4,0	3,54	3,24	3,05	3,55	2,94	3,81	3,23	3,55	2,63	4,67	3,58
4 × 185	4,0	3,83	3,39	3,35	4,0	3,60	3,31	3,14	3,51	2,94	3,61	3,09	3,51	2,65	4,19	3,27
4 × 240	4,0	3,92	3,41	3,45	4,0	3,65	3,35	3,21	3,51	2,92	3,48	2,95	3,51	2,63	3,83	2,98
4 × 300	4,0	4,01	3,43	3,55	4,0	3,72	3,39	3,30	3,44	2,85	3,35	2,83	3,44	2,58	3,57	2,79
3 × 25/16	5,73	4,32	2,31	2,44	5,72	3,76	1,66	1,87	4,43	2,39	16,55	12,73	4,43	1,63	20,38	15,97
3 × 35/16	7,51	5,48	2,77	2,96	7,46	4,77	1,89	2,18	4,69	2,39	16,80	12,68	4,69	1,54	20,64	15,88
3 × 50/25	6,58	5,14	3,40	3,38	6,60	4,53	2,42	2,61	4,56	2,69	12,76	9,28	4,56	1,93	17,74	12,59
3 × 70/35	6,82	5,56	4,11	3,97	6,92	5,01	3,12	3,19	4,51	2,92	10,02	7,36	4,51	2,22	14,96	10,32
3 × 95/50	6,95	5,80	4,66	4,42	6,97	5,22	3,80	3,68	4,37	2,96	7,83	5,76	4,37	2,33	11,90	7,93
3 × 120/70	6,18	5,37	4,58	4,32	6,21	4,92	4,06	3,79	4,22	3,06	5,98	4,58	4,22	2,53	8,77	5,93
3 × 150/70	7,30	6,24	5,26	4,96	7,36	5,64	4,64	4,32	4,49	3,11	6,10	4,50	4,49	2,49	8,77	5,65
3 × 185/95	6,60	5,84	5,03	4,80	6,73	5,36	4,73	4,34	4,35	3,14	5,08	3,87	4,35	2,58	6,83	4,48
3 × 240/120	6,74	6,09	5,22	5,07	6,86	5,53	5,02	4,60	4,40	3,16	4,73	3,57	4,40	2,60	5,92	3,83
3 × 300/150	6,69	6,19	5,25	5,22	6,89	5,64	5,18	4,77	4,32	3,10	4,41	3,33	4,32	2,55	5,26	3,38

a Rückleitung über vierten Leiter
b Rückleitung über vierten Leiter und Mantel
c Rückleitung über vierten Leiter und Erde
d Rückleitung über vierten Leiter, Mantel und Erde

Tabelle 16.15 Quotienten für $R_{(0)L}/R_L$ und $X_{(0)L}/X_L$ für 0,6/1-kV-Kabel NKBA und NAKBA in Abhängigkeit von der Rückleitung bei $f = 50$ Hz (Quelle: Beiblatt 4 zu DIN EN 60909-0 (VDE 0102):2003-02)

Anzahl der Adern und Nennquerschnitt S **mm²**	$R_{(0)L}/R_L$				$X_{(0)L}/X_L$			
	Kupfer		**Aluminium**		**Kupfer**		**Aluminium**	
	a	*c*	*a*	*c*	*a*	*c*	*a*	*c*
3 × 50	4,29	3,38	3,00	2,45	1,20	8,66	1,14	8,65
3 × 70	5,10	4,16	3,54	2,94	1,23	7,48	1,19	7,61
3 × 95	5,61	4,81	3,81	3,33	1,26	5,83	1,20	5,77
3 × 120	6,31	5,49	4,25	3,75	1,29	5,44	1,24	5,36
3 × 150	6,23	5,64	4,23	3,87	1,27	4,17	1,21	4,14
3 × 185	6,94	6,34	4,69	4,33	1,23	3,76	1,17	3,71
3 × 240	6,68	6,30	4,89	4,61	1,29	2,82	1,26	3,03

a Rückleitung über Mantel (Mantel ist der vierte Leiter)
c Rückleitung über Mantel (vierter Leiter) und Erde

Tabelle 16.16 Quotienten für $R_{(0)L}/R_L$ und $X_{(0)L}/X_L$ für 0,6/1-kV-Kabel NKLEY und NAKLEY in Abhängigkeit von der Rückleitung bei $f = 50$ Hz
(Quelle: Beiblatt 4 zu DIN EN 60909-0 (VDE 0102):2003-02)

16.12 Kennlinien von Überstrom-Schutzeinrichtungen

Bei der Berechnung von Kurzschlussströmen kann es mitunter vorkommen, dass auch die Abschaltzeiten, die von den eingesetzten Überstromschutzeinrichtungen gewährleistet werden, von Interesse sind. In **Bild 16.10** sind für gG-Sicherungen und gL-Sicherungen die oberen Grenzkurven angegeben. Sie geben bei vorgegebenem Strom die maximal zu erwartende Abschaltzeit an. Nach **Bild 16.11** können die Abschaltzeiten für Leitungsschutzschalter bestimmt werden.

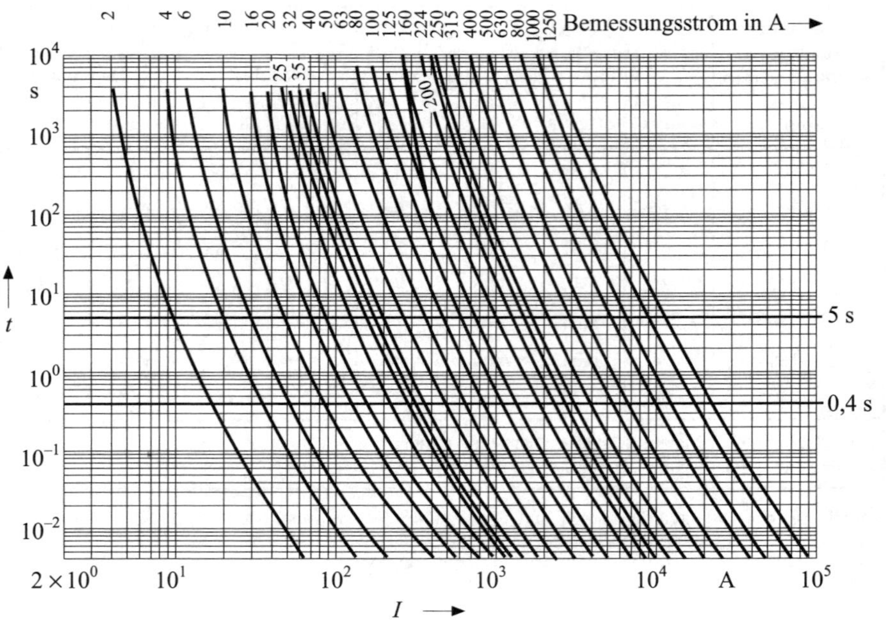

Bild 16.10 Zeit-Strom-Kennlinien (obere Grenzkurven) von gG- bzw. gL-Sicherungen

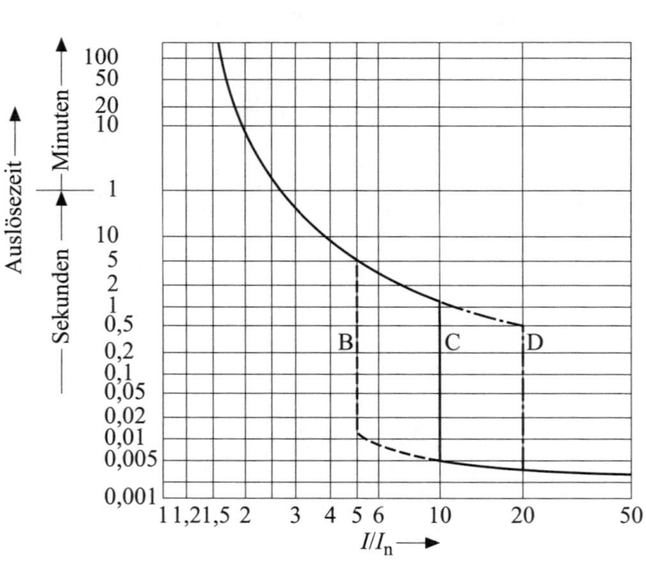

Bild 16.11 Zeit-Strom-Kennlinien für Leitungs-Schutzschalter mit den Charakteristiken B, C und D

17 Berechnung von Ausbreitungswiderständen von Erdern – DIN VDE 0101

Aussagen zur Berechnung von Ausbreitungswiderständen von Erdern sind in DIN VDE 0101 (VDE 0101):2000-01 „Starkstromanlagen mit Nennspannungen über 1 kV" zu finden. Hinsichtlich den Begriffen wird auf DIN VDE 0100-200 (VDE 0100-200) „Begriffe" und DIN VDE 0100-540 (VDE 0100-540) „Erdungsanlagen, Schutzleiter und Schutzpotentialausgleichsleiter" verwiesen (siehe hierzu auch die Abschnitte 1.3 und 10.3).

Erdungsanlagen und die Herstellung von Erdern sind in Kapitel 11 behandelt. Dort sind auch die nötigen grundsätzlichen Aussagen zum Thema Erdungen zu finden.

17.1 Grundlagen zur Berechnung von Ausbreitungswiderständen

Im Sprachgebrauch hat sich der Begriff „**Ausbreitungswiderstand**" noch nicht richtig durchgesetzt. Häufig wird hier der Begriff „Erdungswiderstand" verwendet, weil dieser Begriff gleich beschreibt, was gemeint ist. Definiert ist der Ausbreitungswiderstand als der Wirkwiderstand der Erde zwischen dem Erder und der Bezugserde.

Der Berechnung von Ausbreitungswiderständen wird häufig zu viel Gewicht in Sachen Genauigkeit beigemessen. Grundsätzlich ist festzustellen, dass sich normalerweise nur um eine „**Abschätzung des Ausbreitungswiderstands**" handelt, da das Ergebnis durch veränderliche Parameter, die nicht beeinflusst werden können, in weiten Bereichen schwanken kann. Wetterbedingte Einflüsse wie Regen, Feuchtigkeit, Trockenheit, Temperatur, Dürre und andere extreme Wetterbedingungen sind zum Beispiel nicht zu erfassen und der spezifische Erdwiderstand kann sich in weiten Bereichen verändern. Auch die Zusammensetzung des Erdreichs, die verschiedenen Bodenschichten und unterschiedliche Bodenarten spielen dabei eine Rolle.

17.2 Spezifischer Erdwiderstand ρ_E

Der spezifische Erdwiderstand ist der elektrische Widerstand, den ein Erdwürfel (aus homogenem Erdreich) mit einer Kantenlänge von jeweils einem Meter aufweist, wenn zwei gegenüberliegende Flächen als Elektroden betrachtet werden. Im räumlichen Strömungsfeld ist dieser Erdwürfel in **Bild 17.1** dargestellt. Der spezifische Erdwiderstand ρ_E wird nicht wie der spezifische Widerstand von Metallen, wie im Bereich der Elektrotechnik üblich, in $\Omega\,mm^2/m$, sondern wird in der Dimension $\Omega\,m^2/m$, also in $\Omega\,m$ angegeben.

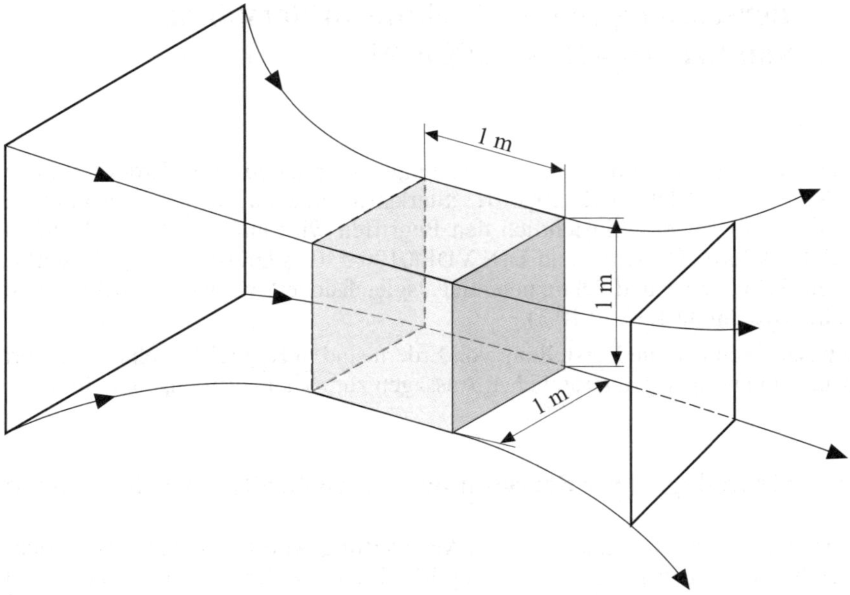

Bild 17.1 Erläuterung zum spezifischen Erdwiderstand im räumlichen Strömungsfeld

In **Tabelle 17.1** sind spezifische Erdwiderstände für verschiedene Bodenarten aus der Praxis und aus DIN VDE 0101 angegeben. Zum Vergleich ist der spezifische Widerstand für Beton und Wasser unterschiedlicher Qualität aufgeführt.

Der spezifische Erdungswiderstand kann je nach Bodenart, Temperatur, Körnung, Dichte und Feuchtigkeit beträchtlichen Schwankungen unterliegen. Hinzu kommt noch, dass in der Praxis sehr selten homogenes Erdreich vorhanden ist und mit zunehmender Tiefe besser leitende Bodenschichten vorhanden sind. Im Wesentlichen ist der spezifische Erdwiderstand von der Feuchtigkeit des Erdbodens (Niederschlagsmenge) und von der jahreszeitlich schwankenden Temperatur abhängig. Den Zusammenhang zwischen der Feuchtigkeit des Erdbodens und dem spezifischen Erdwiderstand zeigt **Bild 17.2**. Die Feuchtigkeit der Bodenarten liegt normalerweise zwischen 10 % und 30 % (Moorboden ausgenommen), wobei vor allem die oberen Bodenschichten durch Niederschläge beeinflusst werden. Dabei sind die Wasser-Aufnahmefähigkeit und die Wasser-Durchlässigkeit des Erdbodens von Bedeutung. Tiefere Bodenschichten werden dagegen durch Niederschläge kaum beeinflusst. Hier macht sich eher der Grundwasserspiegel, der jahreszeitlich schwankt, bemerkbar.

Der jahreszeitliche Verlauf des spezifischen Erdwiderstands, ohne Berücksichtigung der Niederschläge, ist hauptsächlich von der Temperatur des Erdreichs abhängig (**Bild 17.3**). Die Schwankungen des jahreszeitlichen Verlaufs sind durch den negati-

	Spezifischer Erdwiderstand ρ_E in Ωm		
	Werte aus VDE 0101	**Werte aus der Praxis**	**Durchschnittswerte**
Bodenart			
Moorboden, Sumpf	5 bis 40	5 bis 60	30
Lehm, Ton, Humus	20 bis 200	20 bis 300	100
Sand	200 bis 2 500	20 bis 2 000	200
Kies	2 000 bis 3 000	200 bis 2 000	1 000
Verwittertes Gestein	< 1000	600 bis 1 200	800
Sandstein	2 000 bis 3 000	2 000 bis 3 000	2 500
Moränenschutt	bis 30 000	–	–
Granit	bis 50 000	1 000 bis 50 000	–
Beton und Wasser			
Zement		50	
Beton 1/3 (Zement/Sand)		150	
Beton 1/5		400	
Beton 1/7		500	
Quellwasser, sehr sauber		≈ 1 000	
Regenwasser		≈ 330	
Bachwasser		≈ 100	
Leitungswasser		≈ 30	
Schmutzwasser		≈ 10	
Salzwasser, Meerwasser		≈ 0,3	

Tabelle 17.1 Spezifischer Erdwiderstand verschiedener Bodenarten und spezifischer Widerstand für Beton und Wässer verschiedener Qualität

ven Temperaturkoeffizienten ($\alpha = -0{,}037$ 1/K bis $\alpha = -0{,}023$ 1/K) bedingt, sodass in Mitteleuropa der Maximalwert des Ausbreitungswiderstands eines Erders im Winter (Februar) und der Minimalwert im Sommer (August) zu erwarten ist.

Wenn für die Bemessung einer Erdungsanlage der gemessene spezifische Erdwiderstand zu Grunde gelegt wird, ist entweder eine Korrektur des gemessenen Wertes angebracht oder bei der Planung sollte ein entsprechender Sicherheitszuschlag zu berücksichtigt werden.

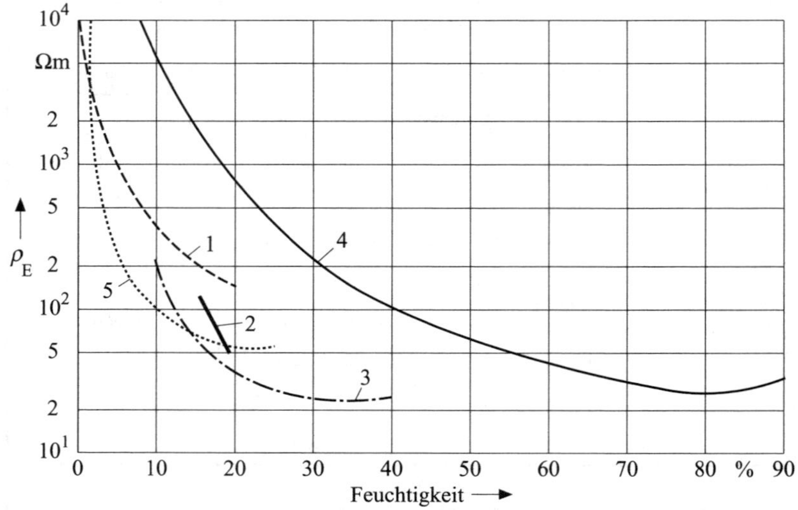

Bild 17.2 Zusammenhang zwischen Feuchtigkeit des Erdreichs und spezifischem Erdwiderstand für verschiedene Bodenarten

1 Sand
2 Lehm
3 Ton
4 Moor
5 sandiger Lehm

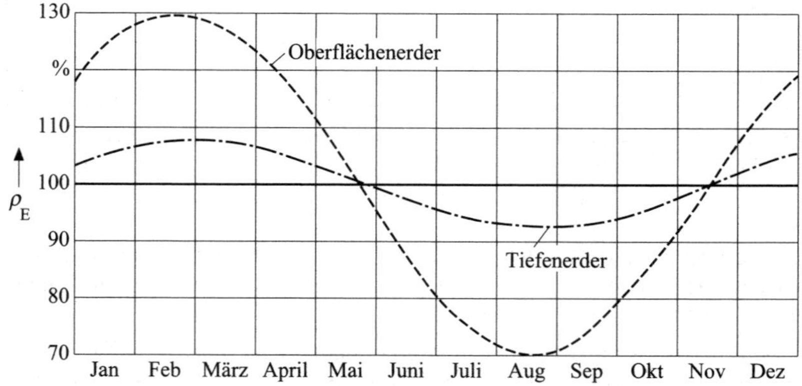

Bild 17.3 Jahreszeitliche Schwankungen des spezifischen Erdwiderstands, bedingt durch die Temperatur des Erdreichs

17.3 Ausbreitungswiderstand von Erdern

Der Ausbreitungswiderstand eines Erders ist der Widerstand der Erde zwischen dem Erder und der Bezugserde, also dem dazwischenliegenden Erdkörper. Der Erdungswiderstand ergibt sich aus dem Ausbreitungswiderstand und dem Widerstand der Leitung zu dem Erder (Erdungsleitung). Im Niederspannungsbereich kann der Widerstand der Leitung zum Erder in der Regel vernachlässigt werden.

Für die Berechnung des Ausbreitungswiderstands eines Erders gibt es Berechnungsmöglichkeiten, vorausgesetzt, es liegt homogenes Erdreich vor und es handelt sich um relativ einfache Erderanordnungen. Hierfür gibt es genaue, korrekt mathematisch abzuleitende Gleichungen und auch Näherungsformeln. In den folgenden Abschnitten werden für die bereits genannten häufigen Erderarten derartige Gleichungen angegeben. Weitere Gleichungen für andere Erderarten und Erderformen sind der Fachliteratur zu entnehmen.

17.3.1 Oberflächenerder

Für Oberflächenerder (Eingrabtiefe maximal 1,5 m), als Banderder oder Seilerder gilt bei gestreckter Verlegung und genauer Berechnung

$$R_{\mathrm{EO}} = \frac{\rho_{\mathrm{E}}}{\pi L} \ln \frac{2L}{d} \qquad (17.1)$$

Bei der Verlegung als Ringerder, in annähernd kreisrunder Form gilt

$$R_{\mathrm{EO}} = \frac{\rho_{\mathrm{E}}}{\pi^2 D} \ln \frac{2\pi D}{d} \qquad (17.2)$$

Als Näherungsgleichungen für gestreckt verlegte Erder gelten

$$R_{\mathrm{EO}} = \frac{2\rho_{\mathrm{E}}}{L} \quad \text{für } L \leq 10\ \mathrm{m} \qquad (17.3)$$

$$R_{\mathrm{EO}} = \frac{3\rho_{\mathrm{E}}}{L} \quad \text{für } L > 10\ \mathrm{m} \qquad (17.4)$$

In den Gln. (17.1) bis (17.4) bedeuten

R_{EO} Ausbreitungswiderstand des Oberflächenerders in Ω

ρ_{E} spezifischer Erdwiderstand in Ωm

L Band- oder Seillänge des Erders in m

D Durchmesser des Ringerders in m, mit $D = L/\pi$

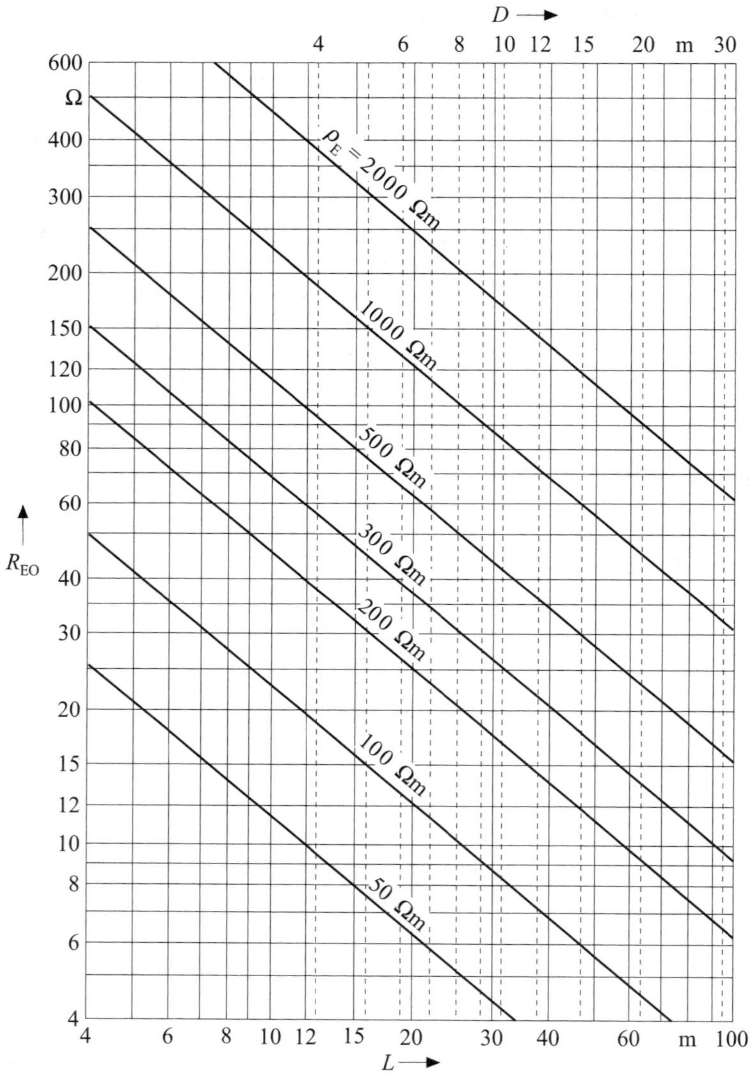

Bild 17.4 Ausbreitungswiderstand von Oberflächenerdern (Bandmaterial, Rundmaterial oder Seil) bei gestreckter Verlegung oder als Ring im homogenen Erdreich

L Länge in m

D Ringdurchmesser in m

R_{EO} Ausbreitungswiderstand in Ω

ρ_E spezifischer Erdwiderstand in Ωm

(Quelle: DIN VDE 0101:2000-01)

d Seildurchmesser in m, falls der Erder aus Rundmaterial besteht, oder halbe Bandbreite in m, falls Bandstahl verwendet wird

ln natürlicher Logarithmus mit der Basis e = 2,7182818

Als Hilfe zur Ermittlung des Ausbreitungswiderstands von Oberflächenerdern in gestreckter Verlegung und als Ringerder kann **Bild 17.4** verwendet werden.

Bei Bodenarten mit abweichenden spezifischem Erdwiderstand von ρ_E = 50 Ωm/ 100 Ωm/200 Ωm/300 Ωm/500 Ωm/1000 Ωm/2000 Ωm ist das Interpolieren nicht ganz einfach. Der in Bild 17.4 abgelesene Widerstand R_{EO} der nächstliegenden Kurve für den spezifischen Erdwiderstand ist mit folgender Beziehung umzurechnen

$$R_X = R_{EO} \frac{\rho_X}{\rho_E} \tag{17.5}$$

17.3.2 Tiefenerder

Bei Tiefenerdern ist zu beachten, dass unter Umständen nur die wirksame Länge des Erders eingesetzt werden darf, wenn kein homogenes Erdreich vorliegt und unterschiedlich leitende Bodenschichten vorliegen. Außerdem sollte die Länge des Erders erst ab angenommener Frostgrenze angesetzt werden, weil die im Frostbereich eingebrachte Stablänge als Erder unwirksam ist. In Deutschland liegt die Frostgrenze bei etwa 0,7 m, sodass diese Länge von der tatsächlichen Stablänge abzuziehen ist, um die wirksame Länge des Erders zu erhalten.

Für Tiefenerder gilt folgende genaue Gleichung

$$R_{ET} = \frac{\rho_E}{2\,\pi\,t_w} \ln \frac{4\,t_w}{d} \tag{17.6}$$

Als Näherungsgleichung gilt

$$R_{ET} = \frac{\rho_E}{t_w} \tag{17.7}$$

In den Gln. (17.6) und (17.7) bedeuten

R_{ET} Ausbreitungswiderstand des Tiefenerders in Ω

ρ_E spezifischer Erdwiderstand in Ωm

t Länge (Stablänge) des Erders in m

t_w wirksame Länge des Erders in m; $t_w = t - 0{,}7$ m

d Stabdurchmesser in m

ln natürlicher Logarithmus mit der Basis e = 2,7182818

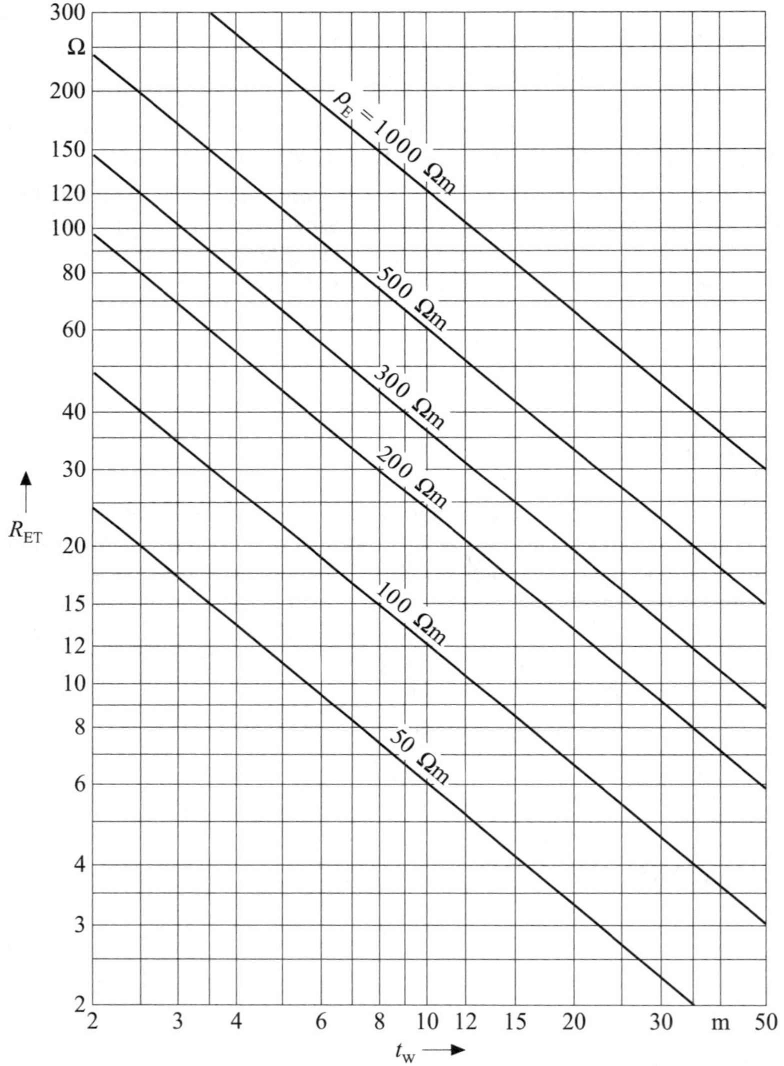

Bild 17.5 Ausbreitungswiderstand von senkrecht oder nahezu senkrecht eingebrachten Tiefenerdern
t_W Tiefe (wirksame Länge des Erders) in m
R_{ET} Ausbreitungswiderstand in Ω
ρ_E spezifischer Erdwiderstand in Ωm
(Quelle: DIN VDE 0101:2000-01)

Als Hilfe zur Ermittlung des Ausbreitungswiderstands von senkrecht oder nahezu senkrecht eingebrachten Tiefenerdern kann **Bild 17.5** verwendet werden.

Bei Bodenarten mit abweichenden spezifischem Erdwiderstand von ρ_E = 50 Ωm/ 100 Ωm/200 Ωm/300 Ωm/500 Ωm/1000 Ωm ist das Interpolieren nicht ganz einfach. Der in Bild 17.5 abgelesene Widerstand R_{ET} der nächstliegenden Kurve für den spezifischen Erdwiderstand ist mit folgender Beziehung umzurechnen

$$R_X = R_{ET} \frac{\rho_X}{\rho_E} \tag{17.8}$$

In den Gln. (17.5) und (17.8) bedeuten

R_X gesuchter Ausbreitungswiderstand in Ω

R_{EO}/R_{ET} im Bild ermittelter Ausbreitungswiderstand in Ω

ρ_X spezifischer Erdwiderstand für den tatsächlichen spezifischen Erdwiderstand

ρ_E spezifischer Erdwiderstand der zur Ablesung verwendeten Gerade

17.3.3 Fundamenterder

Der Ausbreitungswiderstand eines Fundamenterders kann nur mit einer Näherungsformel berechnet werden. Dafür wird für den rechteckigen Fundamenterder ein Ersatzdurchmesser ermittelt werden. Grundlage der Berechnung ist die Formel für einen Halbkugelerder. Die Betonummantelung des Fundamenterders braucht nicht berücksichtigt zu werden und es kann gerechnet werden, als läge der Erder direkt im Erdreich. Es ist

$$R_{EF} = \frac{2\,\rho_E}{\pi\, D} \tag{17.9}$$

wobei D als Ersatzdurchmesser einzusetzen ist, mit

$$D = \sqrt{\frac{4\,L\,B}{\pi}} \tag{17.10}$$

In den Gln. (17.9) und (17.10) bedeuten

R_{EF} Ausbreitungswiderstand des Fundamenterders in Ω

ρ_E spezifischer Erdwiderstand in Ωm

D Durchmesser des Ersatzerders in m

L Länge des Fundaments in m

B Breite des Fundaments in m

17.3.4 Natürliche Erder

Die Berechnung des Ausbreitungswiderstands von natürlichen Erdern wird in der Regel an der schwierigen geometrischen Form der Erder scheitern. Der häufigste Fall in der Praxis dürfte noch ein Kabel mit Erderwirkung oder eine metallene Wasserleitung sein, deren Erdungswiderstand abzuschätzen ist. Der Ausbreitungswiderstand kann mit Hilfe von **Bild 17.6** ermittelt werden. Das Bild zeigt als wichtige Erkenntnis, dass der Ausbreitungswiderstand mit wachsender Kabellänge einem Grenzwert zustrebt. Doppelte Kabellänge bedeutet also nicht halber Ausbreitungswiderstand.

17.3.5 Maschenerder

Ein Maschenerder liegt vor, wenn in einem Industriebetrieb engmaschig Erder vorhanden sind, die (mehr oder weniger gut) in elektrischem Kontakt miteinander stehen, sodass alle Erdungsanlagen zusammen als sehr große Erdungsanlage anzusehen sind. Der Ausbreitungswiderstand eines solchen Maschenerders ist näherungsweise

$$R_{EM} = \frac{\rho_E}{2\,D} \qquad (17.11)$$

Es bedeuten

R_{EM} Erdungswiderstand des Maschenerders in Ω

ρ_E spezifischer Erdausbreitungswiderstand in Ωm

D Durchmesser des Kreises in m, der den gleichen Flächeninhalt wie der Maschenerder hat

17.3.6 Kombination aus einem Oberflächenerder und einem Tiefenerder

Es kommt vor, dass an einem Oberflächenerder (z. B. einem Banderder) am Ende des Erdes noch ein Tiefenerder eingebracht wird. In solchen Fällen können die einzelnen Längen der verschiedenen Erder addiert werden, um näherungsweise den Ausbreitungswiderstand zu ermitteln. Es gilt somit

$$R_{EK} = \frac{\rho_E}{L_0 + L_T} \qquad (17.12)$$

Es bedeuten

R_{EK} Ausbreitungswiderstand des kombinierten Erders in Ω

ρ_E spezifischer Erdwiderstand in Ωm

L_0 Länge des Oberflächenerders in m

L_T Länge des Tiefenerders in m

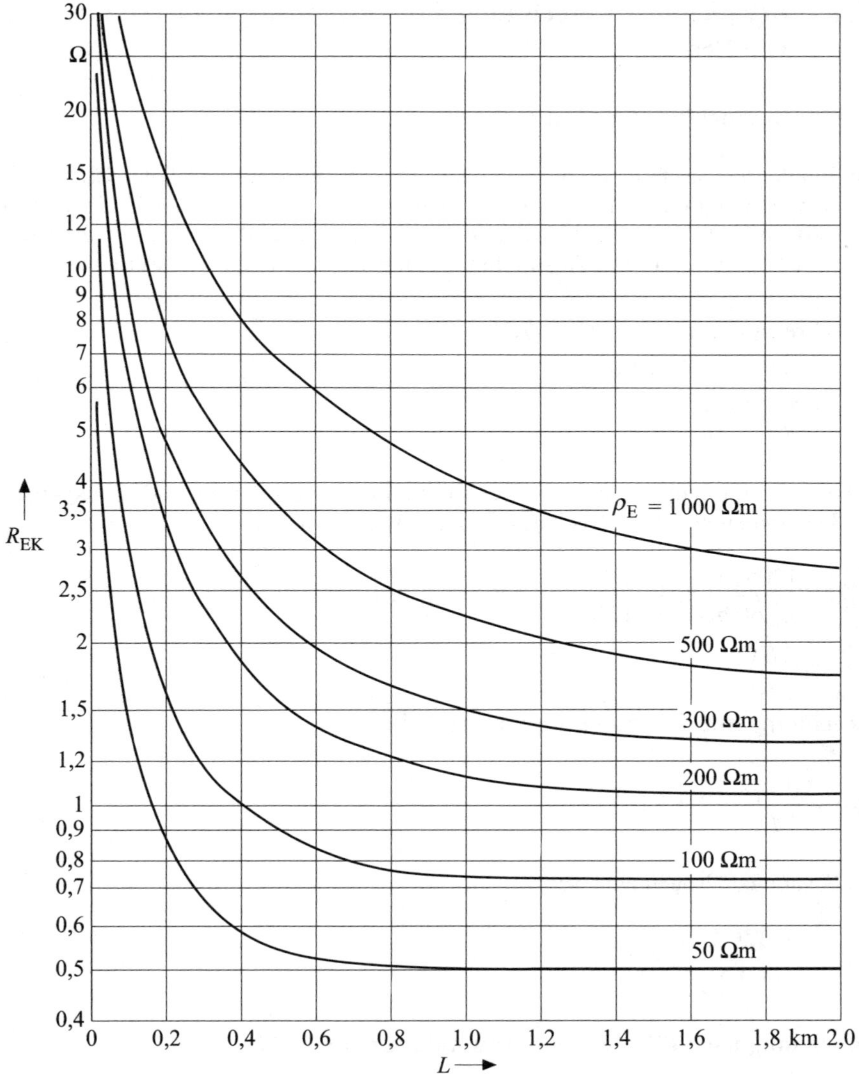

Bild 17.6 Ausbreitungswiderstand von Kabeln mit Erderwirkung, abhängig von der Kabellänge und vom spezifischen Erdwiderstand; gilt mit hinreichender Genauigkeit auch für Wasserrohre aus Metall

R_{EK} Ausbreitungswiderstand eines Kabels in Ω

L Kabellänge in m

ρ_E spezifischer Erdwiderstand in Ωm

(Quelle: DIN VDE 0101:2000-01)

17.4 Beispiele zur Berechnung des Ausbreitungswiderstands von Erdern

17.4.1 Beispiel für Oberflächenerder

Ein Banderder aus feuerverzinktem Stahl mit 35 mm × 3,5 mm Querschnitt soll in einem Kabelgraben mit einer Länge von $L = 60$ m in gestreckter Verlegung in etwa 80 cm Tiefe eingebracht werden. Der spezifische Erdwiderstand wurde mit $\rho_E = 120\ \Omega$m ermittelt. Der Ausbreitungswiderstand soll berechnet werden.

Berechnung mit genauer Gl. (17.1)

$$R_{EO} = \frac{\rho_E}{\pi L} \ln \frac{2L}{d}$$

wobei für d die halbe Bandbreite des Erders in m angesetzt wird. Die bekannten Größen können nun zur Berechnung eingesetzt werden.

$$R_{EO} = \frac{120\ \Omega\text{m}}{\pi \cdot 60\ \text{m}} \ln \frac{2 \cdot 60\ \text{m}}{0{,}0175\ \text{m}} = 0{,}6366\ \Omega \cdot \ln 6857 = 0{,}6366\ \Omega \cdot 8{,}833$$
$$= 5{,}6\ \Omega$$

Berechnung mit Näherungsgleichung (17.4)

$$R_{EO} = \frac{3\,\rho_E}{L} \qquad \text{für } L > 10\ \text{m}$$

Die bekannten Größen eingesetzt

$$R_{EO} = \frac{3 \cdot 120\ \Omega\text{m}}{60\ \text{m}} = 6{,}0\ \Omega$$

Berechnung nach Bild 17.4 und Anwendung der Gl. (17.5)

In Bild 17.4 wird für $\rho_E = 100\ \Omega$m und $L = 60$ m ein Ausbreitungswiderstand von $R = 4{,}8\ \Omega$ abgelesen. Dieser Wert muss nach Gl. (17.5) noch auf den richtigen spezifischen Erdwiderstand umgerechnet werden.

$$R_X = R\frac{\rho_X}{\rho_E} = 4{,}8\ \Omega \frac{120\ \Omega\text{m}}{100\ \Omega\text{m}} = 5{,}76\ \Omega$$

Sieht man die mit der genauen Gleichung ermittelte Lösung als richtig an, dann können die anderen Lösungen bei Abweichungen mit < 10 % als vertretbar angesehen werden.

17.4.2 Beispiel für Tiefenerder

Ein Staberder mit einer Stablänge von 18 m und einem Rohrdurchmesser von 25 mm soll lotrecht ins Erdreich eingebracht werden. Der spezifische Erdwiderstand wurde mit ρ_E = 180 Ωm ermittelt. Der zu erwartende Ausbreitungswiderstand soll ermittelt werden.

Berechnung mit genauer Gl. (17.6)

$$R_{ET} = \frac{\rho_E}{2\,\pi\,t_w} \ln \frac{4\,t_w}{d}$$

wobei die wirksame Tiefe mit $t_w = t - 0{,}7$ m = 18,0 m – 0,7 m = 17,3 m angesetzt wird. Die bekannten Größen können nun zur Berechnung eingesetzt werden.

$$R_{ET} = \frac{180\ \Omega\text{m}}{2\,\pi \cdot 17{,}3\ \text{m}} \ln \frac{4 \cdot 17{,}3\ \text{m}}{0{,}025} = 1{,}6559 \cdot \ln 2786 = 1{,}6559 \cdot 7{,}9259$$
$$= 12{,}9\ \Omega$$

Berechnung mit Näherungsgleichung (17.7)

$$R_{ET} = \frac{\rho_E}{t_w}$$

Die bekannten Größen eingesetzt

$$R_{ET} = \frac{180\ \Omega\text{m}}{17{,}3\ \text{m}} = 10{,}4\ \Omega$$

Berechnung nach Bild 17.5 und Anwendung der Gl. (17.8)

In Bild 17.5 wird für ρ_E = 200 Ωm und t_w = 17,3 m ein Ausbreitungswiderstand von R = 15,0 Ω abgelesen. Dieser Wert muss nach Gl. (17.8) noch auf den richtigen spezifischen Erdwiderstand umgerechnet werden

$$R_X = R\,\frac{\rho_X}{\rho_E} = 15{,}0\ \Omega\,\frac{180\ \Omega\text{m}}{200\ \Omega\text{m}} = 13{,}5\ \Omega$$

Sieht man die mit der genauen Gleichung ermittelte Lösung als richtig an, dann kann der mittels Bild 17.5 errechnete Wert noch akzeptiert werden. Die Lösung mit der Näherungsgleichung mit einer Abweichung von > 20 % ist doch schon sehr ungenau.

17.4.3 Beispiel für Fundamenterder

Der Ausbreitungswiderstand eines Fundamenterders für ein Einfamilienhaus mit den Abmessungen Länge $L = 18$ m und Breite $B = 13{,}5$ m soll bestimmt werden. Der spezifische Erdwiderstand liegt bei $\rho_{\mathrm{E}} = 150\ \Omega\mathrm{m}$.

Für Fundamenterder kann nur eine Näherungslösung erfolgen, da mit einem Ersatzdurchmesser gerechnet werden muss, der nach Gl. (17.10) zu ermitteln ist. Es gilt

$$D = \sqrt{\frac{4\,L\,B}{\pi}} = \sqrt{\frac{4 \cdot 18{,}0\ \mathrm{m} \cdot 13{,}5\ \mathrm{m}}{\pi}} = 17{,}6\ \mathrm{m}$$

Der näherungsweise ermittelte Ausbreitungswiderstand für den Fundamenterder ist nach Gl. (17.9)

$$R_{\mathrm{EF}} = \frac{2\,\rho_{\mathrm{E}}}{\pi \cdot D} = \frac{2 \cdot 150\ \Omega\mathrm{m}}{\pi \cdot 17{,}6\ \mathrm{m}} = 8{,}5\ \Omega$$

18 Berechnung des *k*-Faktors zur Schutzleiter-Querschnittsbestimmung – DIN VDE 0100-540

18.1 Grundlagen

Der Querschnitt des Schutzleiters kann prinzipiell vom Außenleiterquerschnitt abhängig, ausgewählt werden nach Tabelle 12.2. Es ist auch zulässig den Querschnitt des Schutzleiters nach dem im Fehlerfall fließenden Kurzschlussstrom und der Fehlerdauer zu berechnen, was im Regelfall zu einem kleineren Querschnitt führt.

Bei der **Berechnung des Querschnitts für den Schutzleiter** wird die Grundbeziehung, die die adiabatische Erwärmung eines Leiters beschreibt, verwendet. Es gilt

$$I^2 \, t \leq k^2 \, S^2 \tag{18.1}$$

Für eine Abschaltzeit von bis zu 5 s (diese Zeit ist die maximal zulässige Abschaltzeit für Schutzmaßnahmen mit Schutzleiter!) wird die Beziehung nach dem Schutzleiterquerschnitt S umgestellt, und es ergibt sich für die Berechnung des Querschnitts für den Schutzleiter folgende Gleichung

$$S \geq \frac{\sqrt{I^2 \, t}}{k} \tag{18.2}$$

In den Gln. (18.1) und (18.2) bedeuten

S Schutzleiterquerschnitt in mm^2 (Mindestquerschnitt!)

I Fehlerstrom (Kurzschlussstrom) in A, der bei einem vollkommenen Kurzschluss fließt

t Ansprechzeit der verwendeten Schutzeinrichtung in s (maximal $t = 5$ s)

k Faktor in $\text{A}\sqrt{\text{s}}/\text{mm}^2$, der vom Leiterwerkstoff, der Verlegeart, von zulässigen Anfangs- und Endtemperaturen abhängig ist (*k*-Werte siehe Abschnitt 18.2)

Ergibt sich bei der Berechnung des Schutzleiterquerschnitts ein nicht genormter Querschnitt, was fast immer der Fall sein dürfte, ist stets der nächstgrößere Normquerschnitt zu wählen.

Der Faktor k wird mit folgender Beziehung (Gl. (18.3)) berechnet

$$k = \sqrt{\frac{Q_\text{c} \, (\beta + 20\,°\text{C})}{\rho_{20}} \ln\left(1 + \frac{\Theta_\text{f} - \Theta_\text{i}}{\beta + \Theta_\text{i}}\right)} \tag{18.3}$$

Werkstoff	β [1)] °C	Q_c [2)] J/(°C mm³)	ρ_{20} Ωmm	$\sqrt{\frac{Q_c\,(\beta + 20\,°C)}{\rho_{20}}}$ $A\sqrt{s}/mm^2$
Kupfer	234,5	$3{,}45 \cdot 10^{-3}$	$17{,}241 \cdot 10^{-6}$	226
Aluminium	228	$2{,}50 \cdot 10^{-3}$	$28{,}264 \cdot 10^{-6}$	148
Blei	230	$1{,}45 \cdot 10^{-3}$	$214 \cdot 10^{-6}$	41
Stahl	202	$3{,}80 \cdot 10^{-3}$	$138 \cdot 10^{-6}$	78

[1)] Werte sind abgeleitet nach IEC 60287-1-1 Tabelle 1
[2)] Werte sind abgeleitet nach IEC 60853-2 Tabelle E2

Tabelle 18.1 Werte der Parameter verschiedener Werkstoffe
(Quelle: DIN VDE 0100-540:2007-06 Tabelle A.54.1)

In Gl. (18.3) bedeuten

- k Faktor in $A\sqrt{s}/mm^2$
- Q_c volumetrische Wärmekapazität des Leiterwerkstoffs bei 20 °C in J/(°C mm³)
- β Reziprokwert des Temperaturkoeffizienten des spezifischen Widerstands bei 0 °C für den Leiter in °C
- ρ_{20} spezifischer elektrischer Widerstand des Leiterwerkstoffs bei 20 °C in Ωmm
- Θ_i Anfangstemperatur des Leiters in °C
- Θ_f Endtemperatur des Leiters in °C

Die verschiedenen physikalischen Werte zur Berechnung des Faktors *k* sind in **Tabelle 18.1** dargestellt. Ein Beispiel für die Berechnung eines *k*-Werts ist in Abschnitt 18.3.1 vorgenommen.

18.2 Tabellen zur Ermittlung des *k*-Faktors

Der *k*-Wert ist also abhängig von

- dem Leitermaterial des Schutzleiters
- vom Isolationsmaterial und der dadurch gegebenen zulässigen Endtemperatur am Leiter
- von den Umgebungsbedingungen
- von der Verlegung des Schutzleiters im Kabel-/Leitungsverband (gebündelt oder ungebündelt mit anderen Kabeln/Leitungen, als Bewehrung, als konzentrischer Leiter oder als Mantel)

Tabellen mit den k-Werten für verschiedene Schutzleiter sind in den **Tabellen 18.2 bis 18.6** angegeben. Diese Tabellen entsprechen den Tabellen A.54.2 bis A.54.6 in Teil 540.

Leiterisolierung	**Temperatur °C**[2)]		**Leiterwerkstoff**		
	Anfang	**Ende**	**Kupfer**	**Aluminium**	**Stahl**
			Wert für k[3)]		
70 °C PVC	30	160/140[1)]	143/133[1)]	95/88[1)]	52/49[1)]
90 °C PVC	30	160/140[1)]	143/133[1)]	95/88[1)]	52/49[1)]
90 °C Duroplast	30	250	176	116	64
60 °C Gummi	30	200	159	105	58
85 °C Gummi	30	220	166	110	60
Silikon-Kautschuk	30	350	201	133	73

[1)] Bei PVC-isolierten Leitern mit Querschnitten über 300 mm² ist der kleinere Wert anzuwenden
[2)] Temperaturgrenzwerte für verschiedene Arten der Isolierung sind in IEC 60724 enthalten
[3)] Bezüglich des Verfahrens zur Berechnung von k siehe Abschnitt 18.1

Tabelle 18.2 Werte von k für isolierte Schutzleiter, die nicht Bestandteil von Kabeln und Leitungen sind und nicht mit anderen Kabeln und Leitungen gebündelt sind
(Quelle: DIN VDE 0100-540:2007-06 Tabelle A.54.2)

Leiterisolierung	**Temperatur °C**[2)]		**Leiterwerkstoff**		
	Anfang	**Ende**	**Kupfer**	**Aluminium**	**Stahl**
			Wert für k[3)]		
PVC	30	200	159	105	58
Polyethylen	30	150	138	91	50
ölbeständiger Kautschuk (CSP)	30	220	166	110	60

[2)] Temperaturgrenzwerte für verschiedene Arten der Isolierung sind in IEC 60724 enthalten
[3)] Bezüglich des Verfahrens zur Berechnung von k siehe Abschnitt 18.1

Tabelle 18.3 Werte von k für blanke Schutzleiter in Berührung mit Umhüllungen von Kabeln und Leitungen, jedoch ohne Bündelung mit anderen Kabeln und Leitungen
(Quelle: DIN VDE 0100-540:2007-06 Tabelle A.54.3)

Leiterisolierung	Temperatur °C[2)]		Leiterwerkstoff		
	Anfang	Ende	Kupfer	Aluminium	Stahl
			Wert für k[3)]		
70 °C PVC	70	160/140[1)]	115/103[1)]	76/68[1)]	42/37[1)]
90 °C PVC	90	160/140[1)]	100/86[1)]	66/57[1)]	36/31[1)]
90 °C Duroplast	90	250	143	94	52
60 °C Gummi	60	200	141	93	51
85 °C Gummi	85	220	134	89	48
Silikon-Kautschuk	180	350	132	87	47

[1)] Bei PVC-isolierten Leitern mit Querschnitten über 300 mm^2 ist der kleinere Wert anzuwenden
[2)] Temperaturgrenzwerte für verschiedene Arten der Isolierung sind in IEC 60724 enthalten
[3)] Bezüglich des Verfahrens zur Berechnung von k siehe Abschnitt 18.1

Tabelle 18.4 Werte für k für Schutzleiter, die als Ader innerhalb von Kabeln und Leitungen enthalten sind oder die in gemeinsamer Bündelung mit anderen Kabeln und Leitungen oder mit Aderleitungen verlegt sind
(Quelle: DIN VDE 0100-540:2007-06 Tabelle A.54.4)

Leiterisolierung	Temperatur °C[2)]		Leiterwerkstoff			
	Anfang	Ende	Kupfer	Aluminium	Blei	Stahl
			Wert für k[3)]			
70 °C PVC	60	200	141	93	26	51
90 °C PVC	80	200	128	85	23	46
90 °C Duroplast	80	200	128	85	23	46
60 °C Gummi	55	200	144	95	26	52
85 °C Gummi	75	200	140	93	26	51
Mineral, PVC-umhüllt[2)]	70	200	135	–	–	–
reines Mineral	105	250	135	–	–	–

[1)] Temperaturgrenzwerte für verschiedene Arten der Isolierung sind in IEC 60724 enthalten
[2)] Diese Werte dürfen auch für blanke Leiter angewendet werden, bei denen die Möglichkeit einer Berührung mit brennbarem Material besteht
[3)] Bezüglich des Verfahrens zur Berechnung von k siehe Abschnitt 18.1

Tabelle 18.5 Werte von k für Schutzleiter als metallene Umhüllung von Kabeln und Leitungen, z. B. als Bewehrung, Metallmantel, konzentrischer Leiter usw.
(Quelle: DIN VDE 0100-540:2007-06 Tabelle A.54.5)

Bedingungen	Anfangs-temperatur °C	Leiterwerkstoff					
		Kupfer		Aluminium		Stahl	
		Wert für k	maximale Temperatur °C	Wert für k	maximale Temperatur °C	Wert für k	maximale Temperatur °C
sichtbar und im abgegrenzten Bereich	30	228	500	125	300	82	500
normale Bedingungen	30	159	200	105	200	58	200
Feuergefährdung	30	138	150	91	150	50	150

Tabelle 18.6 Werte von *k* für blanke Schutzleiter in Fällen, in denen keine Gefährdung benachbarter Teile infolge der angegebenen Temperaturen entstehen
(Quelle: DIN VDE 0100-540:2007-06 Tabelle A.54.6)

18.3 Beispiele zur Berechnung des Schutzleiterquerschnitts

18.3.1 Berechnung des Wertes für den Faktor *k*

Der *k*-Wert nach Tabelle 18.3 für PVC-isolierte Kupferleiter bei einer Anfangstemperatur von 30 °C und einer Endtemperatur von 200 °C soll nachvollzogen werden.

Zur Berechnung gelangt die Gl. (18.3) zur Anwendung, wobei zunächst der erste Teil der Gleichung ermittelt wird. Die entsprechenden Materialkonstanten werden nach Tabelle 18.1 mit folgenden Größen angesetzt:

$$\beta = 234{,}5\ °\text{C}$$

$$Q_\text{c} = 3{,}45 \cdot 10^{-3}\ \text{J/°C mm}^2$$

$$\rho_{20} = 17{,}241 \cdot 10^{-6}\ \Omega\text{mm}$$

Damit kann der Ausdruck

$$\sqrt{\frac{3{,}45 \cdot 10^{-3}\ \text{J/°C mm}^3 \cdot (234{,}5 + 20)\ °\text{C}}{17{,}241 \cdot 10^{-6}\ \Omega\text{mm}}}$$

wie in Tabelle 18.1 Spalte 5 angegeben berechnet werden, wobei die Dimensionen mit

1 J = 1 Ws = 1 VA s und

1 Ω = 1 V/A eingesetzt werden, womit sich ergibt

$$\sqrt{\frac{878{,}025 \cdot 10^{-3}\ \text{VAs A °C}}{17{,}241 \cdot 10^{-6}\ \text{V °C mm}^3\ \text{mm}}}$$

Nach Kürzung von V gegen V und °C gegen °C ergibt sich zusammengefasst der gesuchte Ausdruck zu

$$\sqrt{50\,927\,\frac{\text{A}^2\ \text{s}}{\text{mm}^4}} = 225{,}67\ \text{A}\sqrt{\text{s}}/\text{mm}^2$$

der dem gesuchten Tabellenwert in Tabelle 18.1 entspricht. Mit den weiteren Werten

Θ_i = 30 °C (Leiteranfangstemperatur)

Θ_f = 200 °C (Leiterendtemperatur)

β = 234,5 °C

kann dann der Wert k berechnet; es ist mit

$$\begin{aligned} k &= 226\ \text{A}\sqrt{\text{s}}/\text{mm}^2\ \sqrt{\ln\left(1 + \frac{200\ \text{°C} - 30\ \text{°C}}{234{,}5\ \text{°C} + 30\ \text{°C}}\right)} \\ &= 226\ \text{A}\sqrt{\text{s}}/\text{mm}^2\ \sqrt{\ln\,(1 + 0{,}6427)} \\ &= 226\ \text{A}\sqrt{\text{s}}/\text{mm}^2\ \sqrt{0{,}4964} = 226\ \text{A}\sqrt{\text{s}}/\text{mm}^2 \cdot 0{,}70445 \\ &= 159{,}22\ \text{A}\sqrt{\text{s}}/\text{mm}^2 \end{aligned}$$

womit der gesuchte Tabellenwert in Tabelle 18.3 mit gerundet $159\ \text{A}\sqrt{\text{s}}/\text{mm}^2$ berechnet wäre.

18.3.2 Berechnung des Schutzleiterquerschnitts in einem TN-C-S-System

An einer Industrieverteilung mit einer Nennspannung von U_n = 230/400 V, die aus einer Station versorgt wird, wird die Impedanz (Vorimpedanz) mit Z_V = 0,95 Ω ermittelt. Ein Stromkreis mit einer Leitungslänge von 102 m, soll neu angeschlossen werden. Es ist vorgesehen die Leitung (H07V) mit fünf Adern (drei Außenleiter, ein Neutralleiter und ein Schutzleiter) in einem Elektroinstallationsrohr zu verlegen. Als Überstrom-Schutzeinrichtungen sind NH-Sicherungen mit 160 A Nennstrom mit der Betriebsklasse gG. Der Leiterquerschnitt für die Außenleiter und den Neutralleiter betragen 95 mm^2 Kupfer. Der Querschnitt des Schutzleiters soll berechnet werden. Die Situation zeigt **Bild 18.1**.

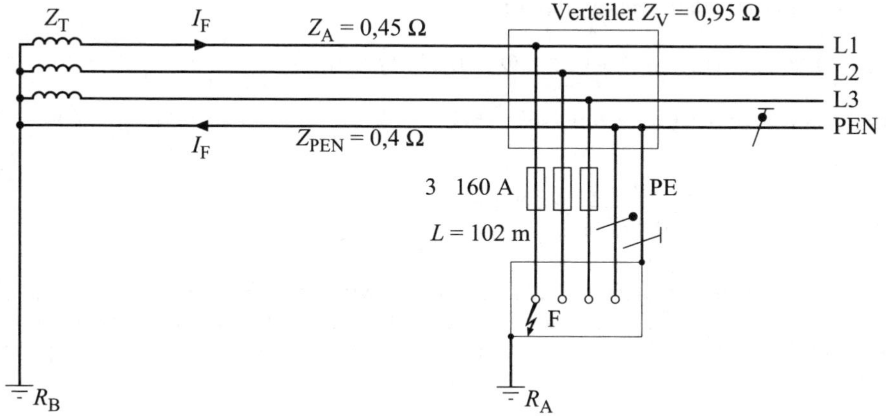

Bild 18.1 Beispiel zur Berechnung des Schutzleiterquerschnitts in einem TN-C-S-System
F Fehlerstelle
Z_V Vorimpedanz bestehend aus den Impedanzen des Außenleiters und des PEN-Leiters vom Transformator bis zum Verteiler
I_F Fehlerstrom
L Leitungslänge vom Verteiler bis zum Verbraucher

Es wird davon ausgegangen, dass der Fehlerstrom über den Außenleiter zur Fehlerstelle fließt und über den Schutzleiter und den PEN-Leiter zur Stromquelle zurückfließt, wobei der Anteil des Stroms, der über die Erder und das Erdreich fließt, vernachlässigt werden kann.

Nach den Tabellen 12.1 und 12.2 kann der Schutzleiterquerschnitt mit 35 mm^2 ermittelt werden.

Zunächst soll geprüft werden, welcher Kurzschlussstrom und welche Abschaltzeit sich ergeben, wenn mit diesem Querschnitt gerechnet wird. Bei der Berechnung des Schutzleiterquerschnitts ist zunächst die Impedanz für den ungünstigsten Fehlerfall zu ermitteln. Sie ergibt sich zu

$$Z = Z_V + Z_A + Z_{PE}$$

Mit Werten für den Leitungswiderstand pro km nach Tabelle 16.3 ist die Leitungsimpedanz für den Außenleiter mit 95 mm^2

$$Z_A = Z'_A\ L_A = 0{,}257\ \Omega/\text{km} \cdot 0{,}102\ \text{km} = 0{,}026\ \Omega$$

und die Impedanz für den Schutzleiter mit 50 mm^2

$$Z_{PE} = Z'_L\ L_{PE} = 0{,}489\ \Omega/\text{km} \cdot 0{,}102\ \text{km} = 0{,}050\ \Omega$$

Die Gesamtimpedanz beträgt damit:

$$Z = 0{,}095\,\Omega + 0{,}026\,\Omega + 0{,}050\,\Omega = 0{,}171\,\Omega$$

und somit liegt der Kurzschlussstrom bei

$$I_\mathrm{k} = \frac{c\,U}{\sqrt{3}\,Z} = \frac{0{,}95 \cdot 400\ \mathrm{V}}{\sqrt{3} \cdot 0{,}171\,\Omega} = 1283\ \mathrm{A}$$

Die Abschaltzeit für diesen Kurzschlussstrom wird nach Bild 16.10 mit $t = 1{,}2$ s ermittelt. Mit dem Faktor k nach Tabelle 18.4 für PVC-isolierte Kupferleiter von $k = 115$ A s/mm^2 ergibt sich dann nach Gl. (18.2) zunächst ein Schutzleiterquerschnitt von

$$S = \frac{\sqrt{I^2\,t}}{k} = \frac{\sqrt{1283^2\ \mathrm{A}^2\ 1{,}2\ \mathrm{s}}}{115\ \mathrm{A}\sqrt{\mathrm{s}}/\mathrm{mm}^2} = 12{,}2\ \mathrm{mm}^2$$

Dieser Wert ist aufzurunden und es werden zunächst 16 mm^2 als Querschnitt gewählt. Da mit nicht korrekten Impedanzwerten gerechnet wurde – es wurde mit 50 mm^2 gerechnet – muss der Querschnitt noch nachgerechnet werden.

Mit der Impedanz des Schutzleiters von 16 mm^2 (anstatt 50 mm^2) ergibt sich

$$Z_\mathrm{PE} = Z'_\mathrm{L}\ L_\mathrm{PE} = 1{,}418\ \Omega/\mathrm{km} \cdot 0{,}102\ \mathrm{km} = 0{,}145\,\Omega$$

Die gesamte Impedanz mit dem 16 mm^2 Schutzleiter ergibt sich zu

$$Z = Z_\mathrm{V} + Z_\mathrm{A} + Z_\mathrm{PE} = 0{,}095\,\Omega + 0{,}026\,\Omega + 0{,}145\,\Omega = 0{,}266\,\Omega$$

und der Kurzschlussstrom ist

$$I_\mathrm{k} = \frac{c\,U}{\sqrt{3}\,Z} = \frac{0{,}95 \cdot 400\ \mathrm{V}}{\sqrt{3} \cdot 0{,}266\,\Omega} = 824{,}8\ \mathrm{A}$$

Dieser Strom wird von der vorgeschalteten 160-A-Überstrom-Scheinrichtung der Betriebsklasse gG in einer Zeit von $t = 8$ s abgeschaltet. Da damit die Abschaltung zu Lange dauert (maximal 5 s sind zulässig) ist der Schutzleiterquerschnitt unzulässig.

Die Nachrechnung für einen Schutzleiterquerschnitt von 25 mm^2 ergibt einen Kurzschlussstrom von $I_\mathrm{k} = 1\,030$ A und eine Abschaltzeit von $t = 3{,}9$ s ($t \leq 5$ s) und geht in Ordnung.

Streng genommen ist diese Berechnung nicht richtig, denn es werden Impedanzen, die geometrisch addiert werden müssten arithmetisch addiert. Der Fehler dabei ist aber unerheblich, wenn die Ungenauigkeiten betrachtet werden, die beim Ablesen der Sicherungskennlinien entstehen.

Eine Möglichkeit schneller zu einem Ergebnis zu gelangen, besteht in der Anwendung der Gl. (18.2) ausgehend vom Nennstrom der gewählten Überstrom-Schutzeinrichtung. Nach Bild 16.10 löst eine 160-A-Sicherung einen Kurzschlussstrom von $I_k = 1\,000$ A innerhalb von $t = 5$ s aus. Diese Werte eingesetzt ergeben

$$S = \frac{\sqrt{I^2\,t}}{k} = \frac{\sqrt{1000^2\ \mathrm{A}^2\ 5\ \mathrm{s}}}{115\ \mathrm{A}\sqrt{\mathrm{s}}/\mathrm{mm}^2} = 19{,}44\ \mathrm{mm}^2$$

Auch hierbei ist das Ergebnis ein aufgerundeter Querschnitt von 25 mm^2, allerdings ohne Berechnung und Kenntnis der Kurzschlussströme, die in der Anlage zum Fließen kommen.

18.3.3 Berechnung des Schutzleiterquerschnitts in einem TT-System beim Einsatz einer Fehlerstrom-Schutzeinrichtung (RCD)

Ein etwas außerhalb liegender kleiner Verbraucher soll durch ein TT-System angeschlossen werden. Die automatische Abschaltung im Fehlerfall soll durch eine Fehlerstrom-Schutzeinrichtung (RCD) mit $I_{\Delta n} = 300$ mA erfolgen. Die Situation ist in **Bild 18.2** gezeigt. Die Nennspannung ist $U_n = 230/400$ V. Der Querschnitt des Schutzleiters vom Verbrauchsmittel bis zur Haupterdungsschiene soll festgelegt werden.

Im Fehlerfall (einpoliger Fehler zur Erde) kommt ein Strom zum Fließen in der Größenordnung von

$$I_F = \frac{U_0}{\Sigma R}$$

Die Summe der Widerstände im Fehlerstromkreis werden dominiert von den Erdungswiderständen und den Leitungswiderstanden. Transformatorenwiderstand und Widerstand des Erdreichs können vernachlässigt werden, ebenso die Widerstände des Erdungsleiters und des Schutzleiters.

$$\Sigma R = R_L + R_A + R_E = 1\,\Omega + 10\,\Omega + 1\,\Omega = 12\,\Omega$$

Damit wird der Fehlerstrom

$$I_F = \frac{230\ \mathrm{V}}{12\,\Omega} = 19{,}2\ \mathrm{A}$$

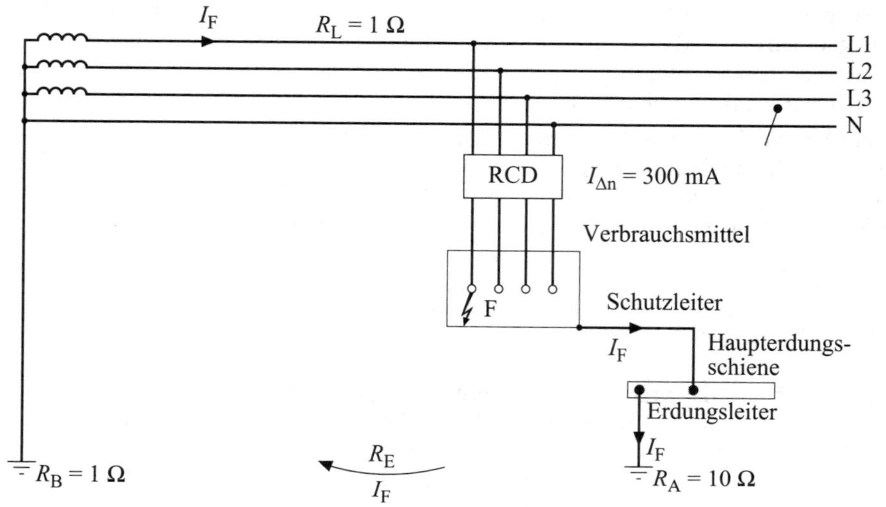

Bild 18.2 Beispiel zur Berechnung des Schutzleiterquerschnitts in einem TT-System
F Fehlerstelle
I_F Fehlerstrom
RCD Fehlerstrom-Schutzschalter
R_B Gesamterdungswiderstand des Verteilungsnetzes
R_A Widerstand des Anlagenerders
R_E Widerstand des Erdreichs

Eine Fehlerstrom-Schutzeinrichtung (RCD) löst bei einem Fehlerstrom von 19,2 A, unabhängig vom Nennstrom und vom Bemessungsdifferenzstrom, innerhalb einer Zeit von $t = 0{,}2$ s aus, weshalb mit dieser Zeit gearbeitet werden kann. (In der Praxis löst die Fehlerstrom-Schutzeinrichtung erheblich schneller aus.)

Zur Berechnung des Schutzleiterquerschnitts wird wieder Gl. (18.2) verwendet. Dabei wird der Faktor k für einen getrennt verlegten Schutzleiter nach Tabelle 18.2 (Schutzleiter, die nicht Bestandteil von Kabeln und Leitungen sind und getrennt verlegt werden) für Kupferleiter mit PVC-Isolierung ausgewählt ($k = 159\ \mathrm{A}\sqrt{\mathrm{s}}/\mathrm{mm}^2$).

$$S = \frac{\sqrt{I^2\,t}}{k} = \frac{\sqrt{19{,}2^2\ \mathrm{A}^2\ 0{,}2\ \mathrm{s}}}{159\ \mathrm{A}\sqrt{\mathrm{s}}/\mathrm{mm}^2} = 0{,}46\ \mathrm{mm}^2$$

Das bedeutet der Querschnitt ist so klein, dass festgelegte Mindestquerschnitte zu verwenden sind. In Abschnitt 12.1 wird bei mechanisch ungeschützter Verlegung ein Querschnitt von mindesten 4 mm^2 gefordert.

18.3.4 Berechnung des Schutzleiterquerschnitts wenn unterschiedliche Leitermaterialien und unterschiedliche Verlegearten vorliegen

Ein Beispiel soll zeigen, wie bei unterschiedlichen Leitermaterialien der Schutzleiter unterschiedlichen Verlegearten vorzugehen ist um der Schutzleiterquerschnitt zu bestimmen.

Ein Verbrauchsmittel soll mit einem Kabel NYY 4 × 70 mm² angeschlossen werden und es ist zu prüfen, welcher Schutzleiterquerschnitt erforderlich ist, wenn NYY 3 × 70 mm² verwendet werden würde und der Schutzleiter als separater Leiter aus Stahl (blank) zur Anwendung gelangen würde. Der Schutzleiter in blanker Ausführung wird die anderen Kabel und Leitungen berühren.

Nach Tabelle 12.1 wäre der Schutzleiterquerschnitt zu bemessen nach der Beziehung

$$S = \frac{k_1}{k_2} \cdot \frac{S_A}{2}$$

Darin bedeuten

S Schutzleiterquerschnitt in mm²

S_A Außenleiterquerschnitt in mm²

k_1 Wert k für den Leiter und die Verlegeart, die eigentlich vorgesehen war in $A\sqrt{s}/mm^2$

k_2 Wert k für den Leiter der verwendet werden soll und die Verlegeart, die vorgesehen ist $A\sqrt{s}/mm^2$

Für die Verlegeart als Ader innerhalb von Leitungen und Kabeln und Bündelung mit anderen Kabeln und Leitungen ist Tabelle 18.4 anzuwenden. Für PVC-isolierte Kupferleiter wird ein k-Wert abgelesen, der als $k_1 = 115\ A\sqrt{s}/mm^2$ gesetzt.

Der blanke Schutzleiter aus Stahl, in Berührung mit anderen Kabeln und Leitungen, wird nach Tabelle 18.3 mit $k_2 = 58\ A\sqrt{s}/mm^2$ ermittelt.

Damit kann der gesuchte Schutzleiterquerschnitt berechnet werden mit

$$S = \frac{115\ A\sqrt{s}/mm^2}{58\ A\sqrt{s}/mm^2} \cdot \frac{70\ mm^2}{2}$$
$$= 69{,}39\ mm^2$$

Ein blanker Schutzleiter aus Stahl mit dem Querschnitt von 70 mm² würde ausreichen.

19 Widerstands- und Leitwertgrößen

Nachfolgend sind die verschiedenen Widerstands- und Leitwertgrößen sowie die Formelzeichen und Einheiten, wie sie in der Wechselstromtechnik vorkommen, zusammengestellt. Auch einige wichtige Grundbeziehungen der Wechselstromtechnik sind in **Tabelle 19.1** angegeben.

Größe, Bezeichnung	**Formelzeichen**	**SI-Einheit**		**Gleichung**
		Name	**Kurzzeichen**	
Widerstandsgrößen				
Resistanz, Ohm'scher Widerstand, Wirkwiderstand	R	Ohm	Ω	$R = \frac{U}{I} \cdot \cos\varphi$
Reaktanz, Induktiver Blindwiderstand	X, X_i	Ohm	Ω	$X_i = \omega \cdot L$
Kondensanz, Kapazitiver Blindwiderstand	X, X_k	Ohm	Ω	$X_k = \frac{1}{\omega \cdot C}$
Impedanz, Scheinwiderstand	Z	Ohm	Ω	$Z = \sqrt{R^2 + (X_i - X_k)^2}$
Leitwertgrößen				
Konduktanz, Leitwert, Wirkleitwert	G	Siemens	S	$G = \frac{I}{U \cdot \cos\varphi}$
Suszeptanz, Induktiver Blindleitwert	B, B_i	Siemens	S	$B_i = \frac{1}{\omega \cdot L}$
Kapazitanz, Kapazitiver Blindleitwert	B, B_k	Siemens	S	$B_k = \omega \cdot C$
Admittanz, Scheinleitwert	Y	Siemens	S	$Y = \sqrt{G^2 + (B_i - B_k)^2}$

Tabelle 19.1 Widerstands- und Leitwertgrößen

20 Abkürzungen

AC oder a. c.
Alternating current
de: Wechselstrom

Al
Aluminium

AVBEltV
Verordnung über Allgemeine Bedingungen für die Elektrizitätsversorgung von Tarifkunden vom 21. Juni 1979

CBN
Common bonding network
de: gemeinsame Potentialausgleichsanlage

CEN
Comité Européen de coordination des Normes
de: Europäisches Komitee für Normung

CENELEC
Comité Européen de Normalisation Electrotechnique
de: Europäisches Komitee für elektrotechnische Normung

Cu
Cuprum
de: Kupfer

DC oder d. c.
Direct current
de: Gleichstrom

de
Deutsch

DI-Schalter
Differenzstrom-Schalter

DIN
Deutsches Institut für Normung e. V.

DKE
heute: Deutsche Kommission Elektrotechnik Elektronik Informationstechnik im DIN und VDE
früher: Deutsche Elektrotechnische Kommission im DIN und VDE

EEG
Erneuerbare-Energien-Gesetz (vom 21.07.2004)

EFK
Elektrofachkraft

EG
Europäische Gemeinschaft

EKG
Elektrokardiogramm

ELV
Extra-low voltage
de: Kleinspannung

EMI
Electromagnetic Inferences
de: Elektromagnetische Störungen

EMV
Elektromagnetische Verträglichkeit

en
Englisch

EN
European Standard
de: Europäische Norm

ENEC
European Norms Electrical Certification
de: Europäische Normen für elektrotechnische Zertifizierung

ENS
Einrichtung zur Netzüberwachung mit zugeordnetem Schaltorgan

EPR
Ethylen-Propylen-Rubber
de: Ethylen-Propylen-Kautschuk

ETFE
Ethylen-Tetrafluorethylen

EU
Europäische Union

EUP
Elektrotechnisch unterwiesene Person

EVU
Elektrizitäts-Versorgungs-Unternehmen

FB
Funktionspotentialausgleichsanschluss

FELV
Functional extra-low voltage
de: Funktionskleinspannung in einem geerdeten System

Fe
Ferrum
de: Eisen

FE
Funktionserdungsanschluss

FI-Schalter
Fehlerstrom-Schutzschalter

G
Gummi

GDV
Gesamtverband der Deutschen Versicherungswirtschaft e. V. (früher VdS)

GPSG
Geräte- und Produktsicherheitsgesetz

Gs
Gleichspannung

GSG
Gerätesicherheitsgesetz

HAK
Hausanschlusskasten

HD
Harmonization Document
de: Harmonisierungs-Dokument

HV
Hauptverteilung

IEC
International Electrotechnical Commission
de: Internationale Elektrotechnische Kommission

IEV
International Electrotechnical Vocabulary
de: Internationales Elektrotechnisches Wörterbuch

IIK
Butyl-Kautschuk

IMD
Insulation Monitoring Device
de: Isolationsüberwachungsgerät

ISO
International Organization for Standardization
de: Internationale Organisation für Normung

K
Komitee

L
Außenleiter
L1, L2, L3 für AC
L+, L– für DC

LEMP
Lightning-electromagnetic pulse
de: Atmosphärische Entladung

LPS
Lightning protection system
de: Blitzschutzsystem

LS-Schalter
Leitungsschutzschalter

MSR-Anlagen
Mess-, Steuer- und Regelanlagen

LV
Low Voltage

N
Neutralleiter

NN
Normalnull (Meereshöhe)

NEMP
Nuclear-electromagnetic pulse
de: Nuklear-elektromagnetischer Impuls; Nuklearexplosion

NH-Sicherung
Niederspannungs-Hochleistungssicherung

NR
Natural-Rubber
de: Natur-Kautschuk (Natur-Gummi)

PA
Potentialausgleichsleiter

PAS
Potentialausgleichsschiene

Pb
Plumbum
de: Blei

PB
Schutzleiterpotentialausgleichsleiteranschluss

PBE
Schutzleiterpotentialausgleichsleiteranschluss, geerdet

PBU
Schutzleiterpotentialausgleichsleiteranschluss, ungeerdet

PCB
Polychloriertes Biphenyl

PE
Polyethylen

PE
Schutzleiter

PELV
Protection extra-low voltage
de: Funktionskleinspannung mit elektrisch sicherer Trennung

PEL
PEL-Leiter

PEM
PEM-Leiter

PEN
PEN-Leiter (früher Null-Leiter)

RMS/r. m. s.
root mean square
de: Effektivwert

PRCD
Portable residual current protective device
de: Ortsveränderliche Differenzstrom-/Fehlerstrom-Schutzeinrichtung

PV
Photovoltaik

PVC
Polyvinylchlorid

RCBO
Residual current operated circuit-breaker with integral overcurrent protection
de: FI- oder DI-Schalter mit eingebautem Überstromauslöser
(FI/LS- oder DI/LS-Schalter)

RCCB
Residual current operated circuit-breaker without integral overcurrent protection
de: FI- oder DI-Schalter ohne eingebauten Überstromauslöser

RCD
Residual current protective device
de: Differenzstrom-Schutzeinrichtung/Fehlerstrom-Schutzeinrichtung

RCM
Residual current monitor for household and similar uses
de: Differenzstrom-Überwachungsgerät

SELV
Safety extra-low voltage
de: Sicherheitskleinspannung in einem nicht geerdeten System

SEMP
Switching-electromagnetic pulse
de: Schaltüberspannung

SHA
Selektive Haupt-Leitungsschutzschalter, netzspannungsabhängig

SHU
Selektive Haupt-Leitungsschutzschalter, spannungsunabhängig

SIR oder SiR
Silicon-Rubber
de: Silikon-Kautschuk

SR
Synthetic-Rubber
de: Synthetischer Kautschuk (Synthetik-Gummi)

TAB
Technische Anschlussbedingungen für den Anschluss an das Niederspannungsnetz

TÜV
Technischer Überwachungsverein

UC
Universal current
de: Allstrom

UK
Unterkomitee

ÜSE
Überspannungsschutzeinrichtung

ÜSE
Überstrom-Schutzeinrichtung

VDE
Verband der Elektrotechnik Elektronik Informationstechnik e. V.

VDEW
heute: Verband der Elektrizitätswirtschaft e. V.
früher: Vereinigung Deutscher Elektrizitätswerke e. V.

VdS
heute: GDV, Gesamtverband der Deutschen Versicherungswirtschaft e. V.
früher: Verband der Sachversicherer e. V.

VdTÜV
Vereinigung der technischen Überwachungsvereine

VNB
Verteilungsnetzbetreiber

VPE
Vernetztes Polyethylen

Ws
Wechselspannung

ZVEH
Zentralverband der Deutschen Elektro- und Informationstechnischen Handwerke e. V.

ZVEI
Zentralverband der Elektrotechnik- und Elektronik-Industrie e. V.

21 Literatur

[1] Grütz, A. (Hrsg.): Jahrbuch Elektrotechnik. Erscheint seit 1982 jährlich. Berlin und Offenbach: VDE VERLAG

[2] Rudolph, W.: Safety of Electrical Installations up to 1 000 V; Sicherheit für elektrische Anlagen bis 1 000 V. Berlin und Offenbach: VDE VERLAG, 1990

[3] Deutsches Institut für Normung e. V. (Hrsg.): DIN Normen für das Handwerk Band 2, Elektrotechniker-Handwerk. 7. Aufl., Berlin/Köln: Beuth-Verlag GmbH, 2002

[4] VDE VERLAG (Hrsg.): Wo steht was im VDE-Vorschriftenwerk? VDE-Schriftenreihe, Bd. 1. 25. Aufl., Berlin und Offenbach: VDE VERLAG, 2007

[5] Verordnung über Allgemeine Bedingungen für die Elektrizitätsversorgung von Tarifkunden (AVBEltV) vom 21. Juni 1979. Frankfurt am Main: VWEW-Verlag

[6] VDEW (Hrsg.): Technische Anschlussbedingungen für den Anschluss an das Niederspannungsnetz, TAB 2000. Frankfurt am Main: VWEW-Verlag, 2000

[7] Vogt, D.; Schmolke, H.: Elektro-Installation in Wohngebäuden. VDE-Schriftenreihe, Bd. 45. 6. Aufl., Berlin und Offenbach: VDE VERLAG, 2005

[8] Siemens Aktiengesellschaft (Hrsg.): Schalten, Schützen, Verteilen in Niederspannungsnetzen. 2. Aufl., Berlin und München: Siemens AG, 1990

[9] Warner, A.; Kloska, S.: Kurzzeichen an elektrischen Betriebsmitteln. VDE-Schriftenreihe, Bd. 15. 5. Aufl., Berlin und Offenbach: VDE VERLAG, 2006

[10] Cichowski, R. R.; Krefter, K.-H.: Lexikon der Installationstechnik. VDE-Schriftenreihe, Bd. 52. 3. Aufl., Berlin und Offenbach: VDE VERLAG, 2008

[11] Schröder, B.: Wo steht was in DIN VDE 0100? VDE-Schriftenreihe, Bd. 100. 3. Aufl., Berlin und Offenbach: VDE VERLAG, 2000

[12] Seip, G. G. (Hrsg.): Elektrische Installationstechnik. Teil 1: Energieversorgung und -verteilung; Teil 2: Installationsanlagen, -geräte und -systeme, Beleuchtungstechnik, Schutzmaßnahmen. 3. Aufl., Siemens Aktiengesellschaft, Berlin und München, 1993

[13] Rudolph, W.; Winter, O.: EMV nach VDE 0100. VDE-Schriftenreihe, Bd. 66. 3. Aufl., Berlin und Offenbach: VDE VERLAG, 2000

[14] Rudolph, W.: Einführung in DIN VDE 0100. VDE-Schriftenreihe, Bd. 39. 2. Aufl., Berlin und Offenbach: VDE VERLAG, 1999

[15] Krefter, K.-H.: DIN VDE 0100. VDE-Schriftenreihe, Bd. 105. 2. Aufl., Berlin und Offenbach: VDE VERLAG, 2005

[16] Kiefer, G.: VDE 0100 und die Praxis. 12. Aufl., Berlin und Offenbach: VDE VERLAG, 2006

[17] Müller, R.: Elektrotechnik, Lexikon für die Praxis. 2. Aufl., Berlin und Offenbach: VDE VERLAG, 2006

[18] Hösl, A.; Ayx, R.; Busch, H. W.: Die vorschriftsmäßige Elektroinstallation. 18. Aufl., Heidelberg: Hüthig Verlag

[19] Henning, W.; Rosenberg, W.: VDE-Prüfungen nach BGV A 3 und BetrSichV. VDE-Schriftenreihe, Bd. 43. 8. Aufl., Berlin und Offenbach: VDE VERLAG, 2006

[20] Bödeker, K. (Hrsg.); Kammerhoff, U.; Kindermann, R.; Matz, F.: Prüfung elektrischer Geräte in der Praxis VDE-Schriftenreihe, Bd. 62. 5. Aufl., Berlin und Offenbach: VDE VERLAG, 2007

[21] Kiefer, G.: DIN VDE 0100 richtig angewandt. VDE-Schriftenreihe, Bd. 106. 3. Aufl., Berlin und Offenbach: VDE VERLAG, 2007

[22] Hörmann, W.; Nienhaus, H.; Schröder, B.: Schnelleinstieg in die neue DIN VDE 0100-410 (VDE 0100-410):2007-06. VDE-Schriftenreihe, Bd. 140. 3. Aufl., Berlin und Offenbach: VDE VERLAG, 2007

[23] Schmolke, H.: EMV-gerechte Errichtung von Niederspannungsanlagen. VDE-Schriftenreihe, Bd. 126. Berlin und Offenbach: VDE VERLAG, 2008

Stichwortverzeichnis

Z